Walz
**Physik**
Band 1 · Ausgabe N

Walz

# Physik

## Band 1

mit SI-Einheiten

Ausgabe N

Lehr- und Arbeitsbuch

HERMANN SCHROEDEL VERLAG KG
Hannover · Dortmund · Darmstadt · Berlin

Herausgegeben und bearbeitet von
Professor Adolf Walz,
Institut zur Ausbildung
von Realschullehrern, PH Weingarten

Realschul-Konrektor
Otto Kracht, Petershagen

unter Mitarbeit von Schulrat
Max Stransky, Schwäbisch-Hall

unter Mitwirkung der Verlagsredaktion

Illustrationen:

Gundolf Frey, Friedrichshafen

Bildquellenverzeichnis:

Allgemeiner Deutscher Automobil Club e.V., München
Allgemeine Elektricitäts-Gesellschaft, AEG-Telefunken, Frankfurt a. M.
Botschaft der Vereinigten Staaten von Amerika, Bonn-Bad Godesberg
Bergbau-Museum, Bochum
DEMAG AG, Duisburg
Deutsche Bundesbahn-Direktion, Hannover
Deutsche Elektronen-Synchroton, Hamburg
Deutsche Lufthansa AG, Köln
Deutsches Museum, München
Deutsche Presse-Agentur GmbH, Hamburg
Deutscher Wetterdienst, Wetteramt Hannover
Ernst Leitz GmbH, Wetzlar
Fichtel & Sachs AG, Schweinfurt
Gesellschaft für Kernforschung mbH, Karlsruhe
Henschel-Werke AG, Kassel
Institut für Meteorologie und Geophysik der Freien Universität Berlin
KEYSTONE, Pressedienst Martin KG, München
Kracht, Otto, Petershagen
Kunsthistorisches Museum, Wien
Leybold-Heraeus GmbH und Co. KG, Köln
Luckhaupt, Horst, Grasdorf bei Hannover
Pressebild-Agentur Schirner, Düsseldorf
Phywe AG, Göttingen
Rheinhold & Mahla GmbH, Mannheim
Rheinstahl Hanomag AG, Hannover
Siemens AG, München
Dr. Stiebel Werke GmbH & Co., Holzminden
Ullstein GmbH, Berlin
VARTA GmbH, Hannover
Verkehrsverein Neuhausen am Rheinfall
Walz, Adolf, Weingarten
Carl Zeiss, Bildarchiv, Oberkochen, Württ.

ISBN 3-507-76034-7

© 1974 by
Hermann Schroedel Verlag KG,
Hannover

Alle Rechte vorbehalten.
Die Vervielfältigung und Übertragung auch einzelner Textabschnitte, Bilder oder Zeichnungen ist — mit Ausnahme der Vervielfältigung zum persönlichen und eigenen Gebrauch gemäß §§ 53, 54 URG — ohne schriftliche Zustimmung des Verlages nicht zulässig. Das gilt sowohl für Vervielfältigung durch Fotokopie oder irgendein anderes Verfahren, als auch für die Übertragung auf Filme, Bänder, Platten, Arbeitstransparente oder andere Medien.

Satz, Reproduktion, Druck und Einband
Universitätsdruckerei H. Stürtz AG,
Würzburg

Hinweis:
Zum Thema Elektronik ist im Verlag ein für Schülerpraktika konzipierter Elektronikbaukasten entwickelt worden: Elektronik, Bestell-Nr. 61213, mit Arbeits- und Protokollheft von A. Walz und H. Muckenfuß, Bestell-Nr. 61214.

# Inhaltsübersicht

Die in diesem Band behandelten Stoffgebiete sind in der Inhaltsübersicht durch Graurater kenntlich gemacht

## M₁ MECHANIK

### M₁ 1 Von den Kräften

| | | |
|---|---|---|
| M₁ 1.1 | Physik — eine Naturwissenschaft | 1 |
| M₁ 1.2 | Woraus besteht unsere Umwelt? Körper und Stoffe | 2 |
| M₁ 1.3 | Was sind Kräfte? Kräfte und ihre Wirkungen | 4 |
| M₁ 1.4 | Warum sind alle Körper schwer? Gewicht und Masse | 6 |
| M₁ 1.5 | Wie werden Kräfte gemessen? Kraftmesser, Einheit der Kraft | 8 |
| M₁ 1.6 | Was beobachtest du beim Seilziehen? Zusammensetzung von Kräften | 11 |

### M₁ 2 Eigenschaften fester Körper

| | | |
|---|---|---|
| M₁ 2.1 | Was ist schwerer, ein Pfund Blei oder ein Pfund Federn? Dichte | 13 |
| M₁ 2.2 | Warum springen Ping-Pong-Bälle? Elastizität, Härte, Festigkeit | 15 |
| M₁ 2.3 | Warum fällt man so leicht vom Schwebebalken? Schwerpunkt, Gleichgewicht | 18 |
| M₁ 2.4 | Warum kippt ein Kran nicht um? Standfestigkeit | 20 |
| M₁ 2.5 | Warum ist Glatteis so gefährlich? Die Reibung | 21 |

### M₁ 3 Einfache Maschinen

| | | |
|---|---|---|
| M₁ 3.1 | Wie kann man den Angriffspunkt einer Kraft verlagern? Seil und Stange | 24 |
| M₁ 3.2 | Wie kann man die Richtung einer Kraft ändern? Die feste Rolle | 25 |
| M₁ 3.3 | Wie kann man Kraft sparen? Die lose Rolle | 26 |
| M₁ 3.4 | Wie kann man mit einer kleinen Kraft schwere Lasten heben? Der Flaschenzug | 27 |
| M₁ 3.5 | Wie mißt man die Arbeit? Arbeit | 29 |
| M₁ 3.6 | Wie vergleicht man Leistungen? Die Leistung | 31 |
| M₁ 3.7 | Wie kann man mit einfachen Mitteln seine Kraft vergrößern? Die Hebel | 33 |
| M₁ 3.8 | Wie lassen sich Kräfte und Drehmomente verändern? Getriebe | 37 |
| M₁ 3.9 | Was beobachtest du bei Fahrten in den Bergen? Die schiefe Ebene | 41 |

### M₁ 4 Von Energie und Energieumwandlung

| | | |
|---|---|---|
| M₁ 4.1 | Was ist Energie? Die Energieformen der Mechanik | 43 |
| M₁ 4.2 | Was beobachten wir beim Schaukeln? Energieumwandlungen | 45 |
| M₁ 4.3 | Wie kann man natürliche Energiequellen nutzen? Wasserräder, Turbinen | 47 |

### M₁ 5 Aus der Mechanik der Flüssigkeiten

| | | |
|---|---|---|
| M₁ 5.1 | Welche besonderen Eigenschaften kennzeichnen Flüssigkeiten? | 49 |
| M₁ 5.2 | Inwiefern lassen sich Kräfte durch Flüssigkeiten übertragen? Druck und Druckkraft | 50 |
| M₁ 5.3 | Wie funktionieren Hydraulikgeräte? | 52 |
| M₁ 5.4 | Was muß man beim Tauchen beachten? Der hydrostatische Druck (Schweredruck) | 54 |
| M₁ 5.5 | Wie funktioniert unsere Wasserleitung? Verbundene Röhren | 57 |
| M₁ 5.6 | Wie mißt man Drücke? Manometer | 59 |
| M₁ 5.7 | Warum sind Wassertropfen rund? Adhäsion, Kohäsion, Kapillarwirkung | 60 |

### M₁ 6 Vom Schwimmen und von Schiffen

| | | |
|---|---|---|
| M₁ 6.1 | Warum sind wir in Wasser so leicht? Auftrieb | 62 |
| M₁ 6.2 | Wie hebt man ein gesunkenes Schiff? Schwimmen und Schweben | 64 |
| M₁ 6.3 | Wie tief liegt ein Schiff im Wasser? Schwimmen | 65 |
| M₁ 6.4 | Wie mißt man die Dichte von Flüssigkeiten? Aräometer, Stabilität beim Schwimmen | 66 |
| M₁ 6.5 | Welche Einrichtungen befähigen ein U-Boot zum Tauchen? Unterwasserschiffe | 67 |

## M₁ 7 Von den Gasen

| | | | |
|---|---|---|---|
| M₁ 7.1 | Wodurch unterscheiden sich Gase und Flüssigkeiten? | Eigenschaften der Gase | 68 |
| M₁ 7.2 | Welche Auswirkungen hat der Luftdruck? | Der Luftdruck | 69 |
| M₁ 7.3 | Was ist Preßluft? | Eigendruck in Gasen | 71 |
| M₁ 7.4 | Wie hängen Druck und Volumen eines Gases voneinander ab? | Gesetz von Boyle-Mariotte | 73 |
| M₁ 7.5 | Wie arbeiten Luftpumpen? | | 74 |
| M₁ 7.6 | Mit welchen Geräten mißt man den Luftdruck im Wetteramt? | Barometer | 75 |
| M₁ 7.7 | Was geschieht beim Ansaugen von Flüssigkeiten? | Heber | 77 |
| M₁ 7.8 | Wie sind Pumpen für Flüssigkeiten konstruiert? | Pumpen | 78 |
| M₁ 7.9 | Warum fliegt ein Luftballon? | Auftrieb in Luft | 80 |

## Wä WÄRMELEHRE (KALORIK)

### Wä 1 Temperatur und Temperaturmessung

| | | | |
|---|---|---|---|
| Wä 1.1 | Heiß und kalt, genau betrachtet | Die Temperatur | 1 |
| Wä 1.2 | Wie kann man Temperaturen messen? | Das Thermometer | 2 |
| Wä 1.3 | Warum liegt die Brücke auf Rollen? | Ausdehnung fester Körper | 5 |
| Wä 1.4 | Dehnen sich alle Flüssigkeiten in gleichem Maße aus? | Wärmeausdehnung der Flüssigkeiten | 8 |
| Wä 1.5 | Wie verhalten sich Gase beim Erwärmen? | Wärmeausdehnung der Gase | 10 |

### Wä 2 Die Ausbreitung der Wärme

| | | | |
|---|---|---|---|
| Wä 2.1 | Was geschieht beim Löten? | Wärmeleitung | 13 |
| Wä 2.2 | Warum ist die Zentralheizung mit Wasser gefüllt? | Wärmemitführung | 15 |
| Wä 2.3 | Frieren diese Tropenbewohner? | Wärmestrahlung | 17 |

### Wä 3 Von Wärme und Wärmemengen

| | | | |
|---|---|---|---|
| Wä 3.1 | Was ist Wärme? | Die thermische Bewegung der Moleküle | 19 |
| Wä 3.2 | Wie können wir Wärmemengen messen? | Das Joule | 22 |
| Wä 3.3 | Mit welchem Brennstoff wollen wir heizen? | Heizwert | 24 |
| Wä 3.4 | Warum werden in der Sonne manche Stoffe heißer als andere? | Die Artwärme | 25 |
| Wä 3.5 | Warum mischen wir heißes und kaltes Wasser? | Mischtemperatur | 26 |

### Wä 4 Änderungen des Aggregatzustandes

| | | | |
|---|---|---|---|
| Wä 4.1 | Wie verändert Wärme die Körper? | Aggregatzustände | 28 |
| Wä 4.2 | Warum geben wir Eiswürfel in die Bowle? | Schmelzwärme | 30 |
| Wä 4.3 | Wie wurde um 1800 Speiseeis hergestellt? | Lösungswärme, Kältemischung | 32 |
| Wä 4.4 | Wie kann man Flüssigkeiten voneinander trennen? | Siedepunkt | 33 |
| Wä 4.5 | Wie kocht die sparsame Hausfrau? | Verdampfungswärme, Kondensationswärme | 35 |
| Wä 4.6 | Was kann man beim Wäschetrocknen beobachten? | Vom Verdunsten | 37 |
| Wä 4.7 | Warum kochen manche Hausfrauen in Drucktöpfen? | Der Siedepunkt ist vom Druck abhängig | 39 |
| Wä 4.8 | Was ist Flüssiggas? | Der Dampfdruck | 41 |

### Wä 5 Wärme und mechanische Arbeit

| | | | |
|---|---|---|---|
| Wä 5.1 | Warum wird die Fahrradluftpumpe heiß? | Das Verhalten der Gase bei Druckänderungen | 43 |
| Wä 5.2 | Kann Energie verlorengehen? | Energieerhaltungssatz | 45 |

### Wä 6 Maschinen, die Wärme in Arbeit umformen

| | | | |
|---|---|---|---|
| Wä 6.1 | Wie wird eine Lokomotive angetrieben? | Dampfmaschine und Lokomotive | 47 |
| Wä 6.2 | Warum verwendet man in Kraftwerken Dampfturbinen? | Die Dampfturbine | 49 |
| Wä 6.3 | Wie arbeitet ein Kraftfahrzeugmotor? | Viertaktmotor | 50 |
| Wä 6.4 | Wie arbeitet ein Mopedmotor? | Der Zweitaktmotor | 52 |

| | | | |
|---|---|---|---|
| Wä 6.5 | Ein Motor mit rotierendem Kolben | Der Kreiskolbenmotor | 53 |
| Wä 6.6 | Wie arbeitet der Motor eines Lastkraftwagens? | Der Dieselmotor | 54 |
| Wä 6.7 | Wie werden Flugzeuge angetrieben? | Strahltriebwerke | 55 |
| Wä 6.8 | Ein Motor für die Weltraumfahrt | Die Rakete | 57 |

### Wä 7  Wetterkunde

| | | | |
|---|---|---|---|
| Wä 7.1 | Was zeigt uns die Wetterkarte? | | 59 |
| Wä 7.2 | Was wird in einer Wetterstation gemessen? | Die Wetterelemente | 60 |
| Wä 7.3 | Wie lesen wir eine Wetterkarte? | Die Wettervorhersage | 63 |

## Ak  AKUSTIK (LEHRE VOM SCHALL)

### Ak 1  Erzeugung und Ausbreitung von Schall

| | | | |
|---|---|---|---|
| Ak 1.1 | Warum schwingt eine Schaukel hin und her? | Die Schwingbewegung | 1 |
| Ak 1.2 | Wann erzeugen schwingende Körper Töne? | Tonhöhe, Hörbereich | 3 |
| Ak 1.3 | Warum können sich Mondfahrer nicht durch akustische Signale verständigen? | Schallausbreitung, Schallwelle | 4 |
| Ak 1.4 | Wie schnell ist ein Schallsignal? | Schallgeschwindigkeit, Echo | 6 |
| Ak 1.5 | Wie entsteht der Überschallknall? | Verdichtungsstöße | 7 |

### Ak 2  Von Musik und Musikinstrumenten

| | | | |
|---|---|---|---|
| Ak 2.1 | Wodurch unterscheiden sich die einzelnen Schallempfindungen | Obertöne, Lautstärke | 8 |
| Ak 2.2 | Wie werden Töne und Klänge in Musikinstrumenten erzeugt? | Musikinstrumente | 10 |
| Ak 2.3 | Wie entsteht die Tonleiter? | Frequenzverhältnisse | 11 |
| Ak 2.4 | Wie kann man Schall verstärken? | Erzwungenes Mitschwingen, Resonanz | 12 |

### Ak 3  Die Entstehung und Ausbreitung von Wellen

| | | | |
|---|---|---|---|
| Ak 3.1 | Wie entstehen Wasserwellen? | Die Querwelle, Wellenlänge | 14 |
| Ak 3.2 | Wodurch unterscheiden sich Schallwellen und Wasserwellen? | Die Längswelle | 16 |

## Op  OPTIK

### Op 1  Das Licht

| | | | |
|---|---|---|---|
| Op 1.1 | Wie wird Licht erzeugt? | Lichtquellen | 1 |
| Op 1.2 | Warum sind Körper nur im Licht sichtbar? | Direktes Licht und Streulicht | 2 |
| Op 1.3 | Wie breitet sich Licht aus? | Lichtstrahlen | 3 |
| Op 1.4 | Wie entstehen Schatten? | Schatten, Finsternisse | 4 |
| Op 1.5 | Wie groß ist die Geschwindigkeit des Lichts? | Die Lichtgeschwindigkeit | 6 |
| Op 1.6 | Von der Lichtmessung (Photometrie) | Lichtstärke, Beleuchtungsstärke, Lichtstrom | 7 |

### Op 2  Von der Reflexion des Lichts

| | | | |
|---|---|---|---|
| Op 2.1 | Wie wird das Licht von einem Spiegel zurückgeworfen? | Reflexion | 10 |
| Op 2.2 | Wie entsteht ein Spiegelbild? | Bilder am ebenen Spiegel | 11 |
| Op 2.3 | Warum sind Scheinwerferspiegel gewölbt? | Reflexion an gewölbten Spiegeln | 13 |
| Op 2.4 | Warum sehen wir uns im Rasierspiegel vergrößert? | Bilder in Wölbspiegeln | 15 |

### Op 3  Von der Brechung des Lichts

| | | | |
|---|---|---|---|
| Op 3.1 | Warum scheint ein Ruder an der Wasseroberfläche geknickt zu sein? | Lichtbrechung an der Grenzfläche durchsichtiger Stoffe | 16 |
| Op 3.2 | Warum ist ein Sprung im Glas sichtbar? | Totalreflexion | 19 |
| Op 3.3 | Was geschieht, wenn Licht durch dicke Glaskörper fällt? | Planparallele Platte, Prisma | 21 |
| Op 3.4 | Was bewirkt ein Brennglas? | Eigenschaften von Linsen | 22 |

| | | | |
|---|---|---|---|
| **Op 4** | **Auffangbare reelle optische Bilder** | | |
| Op 4.1 | Wie kann man auf einfache Weise ein Bild erzeugen? | Die Lochkamera. | 25 |
| Op 4.2 | Warum erzeugen Sammellinsen scharfe Bilder? | Das reelle Bild an Sammellinsen. | 27 |
| Op 4.3 | Was muß man beim Fotografieren beachten? | Der Fotoapparat | 30 |
| Op 4.4 | Wie sehen wir? | Das Auge, Brillen | 32 |
| Op 4.5 | Wie kann man kleine Dinge groß sehen? | Die Lupe | 34 |
| Op 4.6 | Wie entsteht ein Kinobild? | Projektoren | 35 |
| Op 4.7 | Nach welchem Prinzip arbeiten die Fernrohre? | Linsenfernrohre (Teleskope) | 37 |
| Op 4.8 | Warum benutzen die Astronomen Spiegelfernrohre? | Das Spiegelteleskop | 39 |
| Op 4.9 | Wie erreicht man sehr starke Vergrößerungen? | Das Mikroskop | 40 |
| **Op 5** | **Die Farben** | | |
| Op 5.1 | Wie entsteht ein Regenbogen? | Das Spektrum | 41 |
| Op 5.2 | Wie entsteht das farbige Fernsehbild? | Komplementärfarben, additive Farbmischung | 44 |
| Op 5.3 | Warum sehen wir die Körper farbig? | Körperfarben, subtraktive Farbmischung | 46 |

## El DIE LEHRE VON MAGNETISMUS UND ELEKTRIZITÄT

| | | | |
|---|---|---|---|
| **El 1** | **Von den Magneten** | | |
| El 1.1 | Woran erkennen wir einen Magneten? | Permanentmagnete | 1 |
| El 1.2 | Welche Kräfte üben zwei Magnete aufeinander aus? | Magnetisches Kraftgesetz | 3 |
| El 1.3 | Wie kann man ein Messer magnetisieren, und was geschieht dabei? | Elementarmagnete | 4 |
| El 1.4 | Was ist ein magnetisches Kraftfeld? | Magnetfelder | 6 |
| El 1.5 | Welche Struktur hat das Magnetfeld der Erde? | Das Erdfeld | 8 |
| **El 2** | **Der elektrische Strom und seine Wirkungen** | | |
| El 2.1 | Wie funktioniert die elektrische Taschenlampe? | Der Stromkreis | 9 |
| El 2.2 | Wozu dienen Isolatoren? | Leiter und Nichtleiter | 11 |
| El 2.3 | Was stellt man sich unter einem elektrischen Strom vor? | Elektronen in Metallen | 13 |
| El 2.4 | Wodurch gibt sich der elektrische Strom zu erkennen? | Stromwirkungen, Reihenschaltung | 15 |
| El 2.5 | Wie ist es möglich, mit einer Stromquelle mehrere Lampen zu betreiben? | Parallelschaltung | 16 |
| El 2.6 | Wodurch unterscheiden sich Gleich- und Wechselstrom? | Wechselstrom | 17 |
| El 2.7 | Warum benutzt der Elektriker einen Leitungsprüfer? | Schaltung der Wechselstromnetze | 18 |
| El 2.8 | Warum dürfen wir die Leitungen unseres Versorgungsnetzes nicht berühren? | Gefahr durch Strom | 19 |
| El 2.9 | Warum versieht man unsere Elektrogeräte mit Schutzkontaktsteckern? | Gefahrenschutz | 21 |
| **El 3** | **Die chemische Wirkung und die Wärmewirkung des elektrischen Stroms** | | |
| El 3.1 | Wie mißt man die Stärke des elektrischen Stroms? | Elektrizitätsmenge und Stromstärke | 22 |
| El 3.2 | Was geschieht in einer Batteriezelle? | Galvanische Elemente | 25 |
| El 3.3 | Warum schaltet man in vielen Batterien die Einzelzellen hintereinander? | Die elektrische Spannung | 27 |
| El 3.4 | Wie arbeiten elektrische Heizgeräte? | Technische Anwendung der Wärmewirkung, Thermostat | 29 |
| El 3.5 | Wozu fügt man in Stromkreise Sicherungen ein? | Schmelzsicherung, Sicherungsautomat | 31 |
| El 3.6 | Welche chemischen Wirkungen des elektrischen Stroms sind in der Technik von Bedeutung? | Elektrolyse | 32 |
| El 3.7 | Wissenswertes über die Glühlampe! | | 34 |

## El 4 Vom elektrischen Widerstand

| | | | |
|---|---|---|---|
| El 4.1 | Wie groß ist die Stromstärke in einem Stromkreis? | Ohmsches Gesetz | 35 |
| El 4.2 | Wovon hängt der Widerstand eines Drahtes ab? | Der Artwiderstand | 38 |
| El 4.3 | Wie sind Widerstände konstruiert? | Schiebewiderstand, Schichtwiderstand | 40 |
| El 4.4 | Welchen Einfluß hat die Temperatur auf den Widerstand? | Widerstandsthermometer, Supraleitung | 41 |
| El 4.5 | Warum sind am Weihnachtsbaum viele Lampen hintereinandergeschaltet? | Reihenschaltung von Widerständen | 42 |
| El 4.6 | Welche Gesetze gelten im verzweigten Stromkreis? | Parallelschaltung von Widerständen | 45 |

## El 5 Elektrischer Strom und Magnetismus

| | | | |
|---|---|---|---|
| El 5.1 | Hat ein elektrischer Strom auch Wirkungen außerhalb des Drahtes? | Magnetfeld eines Stroms | 47 |
| El 5.2 | Warum steckt in den meisten Spulen ein Eisenkern? | Elektromagnete | 49 |
| El 5.3 | Mit Hilfe von Elektromagneten lassen sich Vorgänge fernsteuern und automatisieren! | Elektromagnetische Relais; Klingel | 50 |
| El 5.4 | Wie überträgt der elektrische Strom unsere Sprache? | Der Fernsprecher | 52 |
| El 5.5 | Warum wirkt ein Lautsprecher besser als ein Fernhörer? | Lautsprecher | 53 |
| El 5.6 | Wie funktionieren unsere Strommesser? | Elektrische Meßinstrumente | 54 |
| El 5.7 | Welche Einrichtungen besitzt ein Vielfachmeßinstrument? | Spannungsmesser, Meßbereichserweiterung | 56 |
| El 5.8 | Nach welchem Prinzip arbeitet ein Elektromotor? | Elektromotor mit Permanentmagnet | 58 |
| El 5.9 | Warum nimmt man bei den meisten Motoren statt eines Dauermagneten einen Elektromagneten? | Elektromotoren mit Feldwicklung | 60 |

## El 6 Elektrischer Strom und Energie

| | | | |
|---|---|---|---|
| El 6.1 | Warum benutzen wir elektrische Geräte? | Energieübertragung | 62 |
| El 6.2 | Wann leuchten zwei Glühlampen gleich hell? | Die elektrische Leistung | 63 |
| El 6.3 | Welche Einheit benutzt man zum Messen der elektrischen Arbeit? | Ws; J; kWh | 66 |
| El 6.4 | Was kostet Wärme aus der Steckdose? | | 68 |
| El 6.5 | Welchen „Stundenlohn" hat ein Elektromotor? | | 69 |
| El 6.6 | Wie errechnet man die Leistung eines Gerätes bei Wechselstrombetrieb? | Effektivwerte | 70 |

## El 7 Elektrizität im Ruhezustand

| | | | |
|---|---|---|---|
| El 7.1 | Wodurch unterscheiden sich die Pole einer Gleichspannungsquelle? | Elektrische Ladung und Strom | 72 |
| El 7.2 | Warum beobachten wir beim Kämmen der Haare elektrische Erscheinungen? | Elektrische Kräfte | 74 |
| El 7.3 | Welche Richtung haben elektrische Kräfte? | Das elektrische Feld | 76 |
| El 7.4 | Welche Möglichkeiten gibt es, um Elektronenüberschuß und Elektronenmangel zu erzeugen? | Ladungstrennung, Influenz | 78 |
| El 7.5 | Wie entstehen Gewitter? | Spitzenwirkung | 80 |

## El 8 Die elektromagnetische Induktion

| | | | |
|---|---|---|---|
| El 8.1 | Nach welchem Prinzip arbeitet die Fahrradlichtmaschine? | Induktionsvorgänge | 81 |
| El 8.2 | Wovon hängt die Größe einer Induktionsspannung ab? | | 83 |
| El 8.3 | Wie arbeitet die Autolichtmaschine? | Gleichstrommaschine, Dynamoprinzip | 84 |
| El 8.4 | Entsteht bei Induktionsvorgängen Energie ohne Gegenleistung? | Lenzsches Gesetz | 86 |
| El 8.5 | Welche elektrischen Einrichtungen arbeiten aufgrund von Induktionseffekten? | | 87 |
| El 8.6 | Was ist Drehstrom? | Drehstromgenerator und Drehstromnetz | 88 |
| El 8.7 | Wie arbeitet ein Drehstrommotor? | Das Drehfeld | 91 |
| El 8.8 | Wie arbeiten Transformatoren? | Transformatoren | 92 |
| El 8.9 | Die Versorgung unserer Städte mit elektrischer Energie | Hochspannungsleitungen, Verbundnetz | 95 |

## EN ELEKTRONIK UND NACHRICHTENTECHNIK

### EN 1 Elektronen im Vakuum und in Gasen

| | | | |
|---|---|---|---|
| EN 1.1 | Was geht in Elektronenröhren vor? | Diode, Triode | 1 |
| EN 1.2 | Wie arbeiten Oszillographen und Fernsehbildröhren? | Elektronenstrahlröhren | 3 |
| EN 1.4 | Nach welchem Prinzip arbeitet die Fernsehkamera? | Photoeffekt, Photozelle | 5 |
| EN 1.5 | Wie erzeugt man Röntgenstrahlen? | Die Röntgenröhre | 6 |
| EN 1.6 | Warum leuchtet eine Glimmlampe? | Elektrizitätsleitung in Gasen | 6 |
| EN 1.7 | Was geschieht in der Leuchtstoffröhre? | Moderne Lichttechnik | 8 |

### EN 2 Die Halbleiter

| | | | |
|---|---|---|---|
| EN 2.1 | Welche Eigenschaften haben Halbleiter? | Elektronen- und Löcherleitung, Temperaturverhalten | 9 |
| EN 2.2 | Was ist eine Sonnenbatterie? | Photowiderstände, Photoelemente | 11 |
| EN 2.3 | Wie arbeitet ein Halbleitergleichrichter? | Die Halbleiterdiode, Gleichrichterschaltungen | 12 |
| EN 2.4 | Was ist ein Transistor? | Der Transistor | 14 |
| EN 2.5 | Transistoren ohne Steuerleistung | Der Feldeffekttransistor | 16 |
| EN 2.6 | Wie arbeiten Transistorverstärker? | Die Transistorkennlinie, Verstärkerschaltungen | 17 |
| EN 2.7 | Wie steuert man große elektrische Leistungen? | Thyristoren | 19 |

### EN 3 Elektrische Schwingungen und Wellen

| | | | |
|---|---|---|---|
| EN 3.1 | Welche Aufgaben erfüllen Kondensatoren in elektrischen Schaltungen? | Kapazität, Wechselstromwiderstand | 21 |
| EN 3.2 | Welche Funktion haben Spulen in elektronischen Schaltungen? | Selbstinduktion, Drosselspule | 23 |
| EN 3.3 | Wie baut man einen Tongenerator? | Der elektrische Schwingkreis | 25 |
| EN 3.4 | Wie erregt man Hochfrequenzschwingungen? | Hochfrequenzgenerator, Resonanzschwingkreis | 27 |
| EN 3.5 | Warum haben Rundfunksender verschieden lange Antennen? | HF-Sender, Sendedipol, Wellen | 28 |
| EN 3.6 | Was sind Rundfunkwellen? | Die Skala der elektromagnetischen Wellen | 30 |
| EN 3.7 | Wie wird Sprache und Musik übertragen? | Modulation und Demodulation | 31 |
| EN 3.8 | Wie sind hochwertige Rundfunkgeräte gebaut? | Das Überlagerungsprinzip | 33 |
| EN 3.9 | Was ist Radar? | Funkortung, Satellitenfunk | 34 |

## $M_2$ MECHANIK DER BEWEGTEN KÖRPER

### $M_2$ 1 Von den Bewegungen

| | | | |
|---|---|---|---|
| $M_2$ 1.1 | Warum beurteilen zwei Beobachter eine Bewegung manchmal verschieden? | Bezugssysteme | 1 |
| $M_2$ 1.2 | Unter welchen Umständen verläuft eine Bewegung mit unveränderter Geschwindigkeit? | Beharrungsgesetz, gleichförmige Bewegung | 2 |
| $M_2$ 1.3 | „... in 10 Sekunden von 0 auf 100 km/h!" | Die gleichmäßig beschleunigte Bewegung | 4 |
| $M_2$ 1.4 | Warum beschleunigt ein Moped besser als ein Lkw? | Kraft, Masse, Beschleunigung | 6 |
| $M_2$ 1.5 | Wir untersuchen die Fallbewegung | Freier Fall, Fall in Luft | 8 |

### $M_2$ 2 Zusammensetzung von Bewegungen und Kräften

| | | | |
|---|---|---|---|
| $M_2$ 2.1 | Wie setzen sich zwei Kräfte zusammen? | Das Kräfteparallelogramm | 10 |
| $M_2$ 2.2 | Wie groß ist die Zugkraft an einem Handwagen? | Kräftezerlegung | 12 |
| $M_2$ 2.3 | Was ist zu beachten, wenn man in einer Strömung schwimmt? | Überlagerung von Bewegungen | 14 |
| $M_2$ 2.4 | Warum ist die Bahn eines geworfenen Steins gekrümmt? | Wurfbewegung und verzögerte Bewegung | 16 |

| | | | |
|---|---|---|---|
| M₂ 2.5 | Wann wird ein Fahrzeug aus der Kurve getragen? | Kräfte bei der Kreisbewegung | 18 |
| M₂ 2.6 | Wann spricht man von Fliehkraft? | Zentrifugalkraft und Zentrifuge | 20 |
| M₂ 2.7 | Auf welchen Bahnen bewegen sich Satelliten und Raumschiffe? | Von der Raumfahrt | 22 |

| | | | |
|---|---|---|---|
| M₂ 3 | **Kräfte in strömenden Flüssigkeiten und Gasen** | | |
| M₂ 3.1 | Warum wird man beim Schwimmen in Strömungen mitgenommen? | Der Strömungswiderstand | 24 |
| M₂ 3.2 | Wie kann man den Luftwiderstand vermindern? | Wirbel, Stromlinien | 25 |
| M₂ 3.3 | Warum kann ein Flugzeug fliegen? | Dynamischer Auftrieb, Tragflügel | 26 |
| M₂ 3.4 | Warum haben Flugzeugflügel besondere Formen? | Erklärung von Widerstand und Auftrieb | 28 |
| M₂ 3.5 | Wodurch unterscheiden sich Raumfahrzeuge von Flugzeugen? | | 30 |

## AK  ATOM- UND KERNPHYSIK

| | | | |
|---|---|---|---|
| **AK 1** | **Vom Bau der Atome** | | |
| AK 1.1 | Was ist ein Atom? | Atomhülle und Atomkern | 1 |
| AK 1.2 | Was sind Elementarteilchen? | Proton und Neutron | 2 |
| AK 1.3 | Wodurch unterscheiden sich die Atomkerne der Grundstoffe? | Kernladung, Isotope | 3 |
| AK 1.4 | Welche Struktur hat die Atomhülle? | Orbitals, Periodensystem der Elemente | 5 |
| AK 1.5 | Wie entsteht Licht? | Spektrallinien, Quantensprünge | 6 |
| **AK 2** | **Die Radioaktivität** | | |
| AK 2.1 | Was sind radioaktive Strahlen? | α-, β- und γ-Strahlen | 7 |
| AK 2.2 | Wie weist man radioaktive Strahlen nach? | Nebelkammer, Geigerzähler | 9 |
| AK 2.3 | Wie lange strahlt ein radioaktiver Stoff? | Halbwertszeit | 11 |
| AK 2.4 | Wie erzeugt man künstliche Radioaktivität? | Kernumwandlung | 12 |
| **AK 3** | **Energiequelle Atom** | | |
| AK 3.1 | Wie arbeitet ein Atomreaktor? | Die Uranspaltung | 13 |
| AK 3.2 | Energiequellen der Zukunft | Brutreaktor, Kernfusion | 15 |
| AK 3.3 | Wie schützt man sich vor radioaktiver Strahlung? | Strahlengefahr und Strahlenschutz | 16 |

Namen- und Sachregister
Tabellenverzeichnis

# Vorwort

**Wie man sich in diesem Buch zurechtfindet**

Im Gesamtwerk sind folgende Teilgebiete der Physik dargestellt:

| Teilgebiet | Symbol |
|---|---|
| Mechanik I | **M₁** |
| Wärmelehre | **Wä** |
| Akustik | **Ak** |
| Optik | **Op** |
| Elektrik | **El** |
| Elektronik und Nachrichtentechnik | **EN** |
| Mechanik II | **M₂** |
| Atom- und Kernphysik | **AK** |

Über die Reihenfolge der Kapitel gibt das Inhaltsverzeichnis Auskunft. Dort kannst du dich auch über die Kapitelbezifferung und die Seitenzahl informieren. Bei den zweibändigen Ausgaben ist das Inhaltsverzeichnis der Gesamtausgabe abgedruckt. Was sich davon im vorliegenden Band befindet, ist grau unterrastert. Die Themen ohne Raster sind im anderen Band behandelt.
Jedes Teilgebiet ist für sich durchnumeriert, beginnt also jeweils mit Seite 1. Es trägt am rechten Außenrand zusätzlich eine Marke mit dem Gebietssymbol.
Diese Marke liegt auf den Mechanikseiten ganz oben. Bei den folgenden Gebieten ist sie jeweils etwas tiefer gestellt.
Da die Marken auch im Buchanschnitt sichtbar sind, kann jedes Teilgebiet sofort gefunden werden:
Man legt, geführt von den Marken im Inhaltsverzeichnis, den Finger auf die Marke des gewünschten Teilgebiets und sucht die darunterliegende Marke im Anschnitt. Dort öffnet man das Buch. Kurzes Vor- oder Zurückblättern führt schnell zur gesuchten Stelle.
Auch im alphabetischen Sach- und Namenverzeichnis stehen die Symbole vor den Seitenzahlen. Zum Nachschlagen eines Stichworts verfährt man wie oben.

# MECHANIK

## M₁ 1  Von den Kräften

### M₁ 1.1  Physik — eine Naturwissenschaft

Jeder Mensch muß sich ständig mit seiner Umwelt auseinandersetzen. Sie tritt ihm manchmal freundlich und manchmal feindlich gegenüber. Die ersten großen Eindrücke erhält ein Kind von den Menschen aus seiner Umgebung. Wenn es dann später die machtvollen Äußerungen der Natur erlebt, vermutet es dahinter zunächst auch Personen.
Bei vielen einfachen Völkern ging die geistige Entwicklung nicht wesentlich über die eines Kindes hinaus. Ihre Welt war deshalb voller Götter und Dämonen. Unsere Vorfahren glaubten z.B., wenn es blitzt und donnert, schlüge der Gott Thor mit seinem Hammer. Heute wissen wir, daß Blitze große elektrische Entladungen sind. Sie erhitzen die Luft längs ihrer Bahn und rufen dadurch den Donner hervor.

Wie kommen wir zu diesem Wissen?

Schon vor vielen hundert Jahren hat der Mensch begonnen, die **Erscheinungen seiner Umwelt** nüchtern und vorurteilslos zu **beobachten** und die Beobachtungen zu vergleichen und zu ordnen. Damit hat er die **Naturwissenschaften** geschaffen, in denen die **Physik** ein Teilgebiet darstellt.
Das wichtigste Arbeitsmittel des Physikers ist das **Experiment**: Er führt in seinem Arbeitsraum die Naturerscheinung, die er beobachten will, bewußt herbei. Dabei kann er die Bedingungen, unter denen sie auftritt, genau kontrollieren und nach seinem Willen verändern. Auf diese Weise kommt er schneller zu tieferen Einsichten, als wenn er sich nur auf die Beobachtung der Natur beschränkte.
Die Erkenntnisse der Naturwissenschaften geben dem Menschen in seinem Verhältnis zur Umwelt eine neue, ihm angemessene Würde. Er steht den Naturgewalten nicht mehr ratlos und hilflos gegenüber, sondern kann ihnen mit sinnvollen Maßnahmen entgegentreten. Oft gelingt es, die gewonnenen Erkenntnisse zu unserem Nutzen anzuwenden. Die Anwendung physikalischen Wissens nennen wir **Technik**.

**Aufgabe:**

Überlege, wie wir leben müßten, wenn es Naturwissenschaften und Technik nicht gäbe!

1.1 Blitze: Sie sind eindrucksvolle Naturerscheinungen.

1.2 Hier untersucht ein Physiker in seinem Labor, was geschieht, wenn der Blitz ein Auto trifft.

1.3 In der Technik werden die Erkenntnisse des Wissenschaftlers nutzbringend angewandt: Dieses Kraftwerk versorgt einen großen Bezirk mit elektrischem Strom.

**2.1** In der Optik erfährst du, warum unter einer Lupe alles größer aussieht.

## M, 1.2 Woraus besteht unsere Umwelt?

### Körper und Stoffe

In unserer Umwelt entdecken wir die verschiedensten Gegenstände: Steine, Bücher, Wasser, Gebäude und vieles andere. Wir können diese Dinge sehen. Dabei erkennen wir ihre Form und ihre Farbe. Wir können sie aber auch fühlen. Dabei stellen wir fest, daß sie glatt oder rauh, heiß oder kalt, hart oder weich sein können. Auch unsichtbare Dinge bleiben uns nicht verborgen: Stadtgas kann man riechen, die Luft kann man bei schneller Bewegung fühlen und manchmal auch hören.

> Wir erfassen die Umwelt mit unseren Sinnen.

Wenn wir etwas untersuchen wollen, reichen die Sinne oft nicht aus. Dann benutzen wir Instrumente, z.B. eine Lupe oder ein Hörrohr, und erhöhen damit die Leistungsfähigkeit unserer Sinnesorgane. Zu diesen Instrumenten zählen auch die **Meßgeräte.** Viele davon kennst du schon, denn du kannst mit Meterstab, Maßband, Litermaß, Waage und Uhr umgehen. Beim Lesen dieses Buches wirst du noch weitere Meßinstrumente kennenlernen.

Die wichtige Rolle, die unsere Sinne bei der Erforschung unserer Umwelt haben, führte auch zu der Einteilung der Physik in Teilgebiete. So erfahren wir in der **Optik** von dem, was wir sehen (Licht). Die **Akustik** berichtet uns über das, was wir hören (Schall), die **Wärmelehre** über das, was wir fühlen (Wärme). Die Welt der Körper, die wir fühlen und sehen können, wird in der **Mechanik** behandelt. Eine besondere Rolle spielt die **Elektrizität.** Diese ist unseren Sinnen nicht ohne weiteres zugänglich.

**2.2** In der Akustik wird untersucht, wie ein Ton entsteht.

### Wir unterscheiden Körper und Stoffe

In der Physik spricht man nicht von Dingen oder Gegenständen, sondern von **Körpern.** Im täglichen Leben versteht man unter diesem Begriff in erster Linie den menschlichen Körper, gelegentlich auch den eines anderen Lebewesens. Von den Physikern wurde die Bedeutung des Wortes erweitert. Es wurde zum **Fachwort,** zum physikalischen Begriff. Man spricht dann von einem Körper, wenn man ein Stück abgegrenzten Stoffes vor sich hat.
Zwei Körper können in ihrer Abgrenzung vollkommen gleich sein, d.h. gleiches Volumen und gleiche Form haben. Trotzdem können sie verschiedene Eigenschaften besitzen, und zwar dann, wenn sie aus verschiedenen **Stoffen** bestehen. Eine Kugel aus Holz hat z.B. andere Eigenschaften als eine andere, gleich große aus Stahl oder Glas.
Unterscheide in Zukunft streng zwischen Körper und Stoff!

**2.3** Uhrmacher

> Körper bestehen aus Stoffen.

Stoffe können fest, flüssig oder gasförmig sein. Zu den **festen Stoffen** gehören z.B. Holz, Stein, Eisen usw. Das Wasser und das Benzin gehören zu den **Flüssigkeiten,** Luft und Leuchtgas zu den **Gasen.** Die meisten Stoffe können in allen dieser **drei Aggregatzustände** vorkommen. Du weißt z.B. vom flüssigen Wasser, daß es fest (Eis), aber auch gasförmig (Dampf) werden kann.

### Alle Körper nehmen Raum ein

Alle Körper haben eine gemeinsame Eigenschaft. Das wollen wir jetzt untersuchen:

$V_1$ Wir füllen ein Gefäß nach Abb. 3.1 bis zum Rand mit Wasser. Dann legen wir einen festen Körper, z.B. einen Stein hinein. Der Körper verdrängt Wasser. Dieses fließt aus dem Gefäß und kann in einem Meßzylinder aufgefangen werden. Das Volumen des verdrängten Wassers ist gleich dem Volumen des festen Körpers.

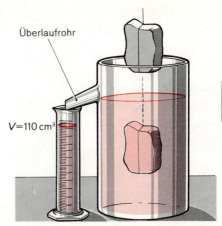

**3.1** Volumenbestimmung eines unregelmäßigen Körpers (Stein) mit dem Überlaufgefäß

$V_2$ Wir bauen die in Abb. 3.2 gezeigte Versuchsanordnung auf. Füllen wir in den Trichter Wasser, so strömt es nach unten und verdrängt die Luft im Erlenmeyerkolben. Die Luft wird in den umgestülpten Meßzylinder gedrückt und verdrängt aus ihm ein entsprechendes Wasservolumen (Volumen = Rauminhalt). Klemmt man den Gasableitungsschlauch zu, so kann durch das Trichterrohr nur dann Wasser fließen, wenn in ihm Luftblasen hochsteigen. Hier verdrängt das Wasser die Luft.

Die Ergebnisse dieser Versuche lassen sich in einem allgemeingültigen Satz zusammenfassen:

| Alle Körper haben ein Volumen. |

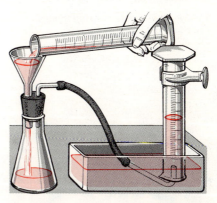

**3.2** Im Kolben verdrängt Wasser Luft, im Meßzylinder Luft das Wasser.

Einen solchen Satz bezeichnet man als **Naturgesetz.** Wir haben dieses Gesetz gefunden, weil wir **Versuche** angestellt haben. Jeder Versuch ist gewissermaßen eine Frage, die wir an die Natur richten. Wir wenden dabei die Sprache an, die die Natur versteht. Die Versuchsergebnisse sind die Antworten, die wir erhalten. Die Aufgabe des Physikers ist es, diese Antworten richtig zu deuten. Das ist nicht so leicht, wie es zunächst scheinen mag. Es gibt auch heute noch viele Naturerscheinungen, die bisher nicht befriedigend erklärt werden konnten.

**Merke dir,**

daß wir die Dinge in unserer Umwelt mit unseren Sinnen wahrnehmen;

daß alle Körper (= Dinge) aus Stoffen bestehen;

daß es feste, flüssige und gasförmige Stoffe gibt;

daß alle Körper ein Volumen haben;

daß dort, wo ein Körper ist, kein zweiter sein kann.

**Aufgabe:**

Hänge einen Stein nach Abb. 3.1 in ein Meßgefäß und beobachte das Steigen des Wasserspiegels! Erkläre, wie man mit dieser Anordnung den Rauminhalt des Steins (110 cm³) messen kann!

## M₁ 1.3 Was sind Kräfte?

**Kräfte und ihre Wirkungen**

Ein Schüler wirft einen Ball. Er spürt dabei in seinen Muskeln unmittelbar die hierzu notwendige **Kraft**. Läßt man den Stein aus einer Schleuder abschnellen, so empfindet man zwar nicht, was in den Gummibändern vor sich geht. Wir sagen aber, in ihnen wirke auch eine Kraft, da sie etwas ähnliches zuwege bringen wie unsere Muskeln. Damit übertragen wir das, was wir mit unseren Nerven in den Muskeln wahrnehmen, auf die unbelebte Natur.

Wenn wir mit der Hand eine Stahlkugel in die Nähe eines Magneten bringen, spüren wir deutlich, wie die Kugel zum Magneten hingezogen wird: Zwischen ihnen wirkt auch eine Kraft. Mit dieser **magnetischen Kraft** wollen wir jetzt einige Versuche machen:

**V₁** Wir legen eine große Stahlkugel auf den Tisch. Dann nähern wir ihr den Magneten. Sobald die Kugel auf den Magneten zurollt, ziehen wir ihn in etwa gleichem Abstand vor ihr her. Die Geschwindigkeit der Kugel wird dabei immer größer. Nehmen wir den Magneten fort, so bleibt die Geschwindigkeit gleich.

**V₂** Wir nähern den Magneten der rollenden Kugel von hinten. Jetzt wird sie gebremst.

**V₃** Wir nähern den Magneten der rollenden Kugel von der Seite. Die Kugel wird dadurch aus ihrer geradlinigen Bahn abgelenkt.

Eine Kraft erkennen wir also zunächst daran, daß sie einen Körper in Bewegung setzt, ihn bremst oder aus der Richtung bringt. Wir sagen: Sein Bewegungszustand wird geändert.

> Kräfte können den Bewegungszustand eines Körpers ändern.

Dies ist jedoch nicht ihre einzige Wirkung. Mit unserer Muskelkraft können wir z.B. den Ast eines Baumes verbiegen und damit dessen Form verändern. Diese Formänderung kann aber auch von einer anderen Kraft hervorgerufen werden. Hängen z.B. viele Früchte am Baum, so kann deren Gewicht den Ast ebenfalls verbiegen. Mit einem Versuch wollen wir prüfen, ob auch magnetische Kräfte die Form eines Körpers verändern können.

**V₄** Wir nähern einen Magneten einer einseitig eingespannten Blattfeder aus Stahl. Sie biegt sich. Auch die magnetische Kraft kann Formänderungen hervorrufen.

> Kräfte können Körper verformen.

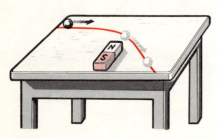

**4.1** Die Muskelkraft des Handballspielers setzt den Ball in Bewegung

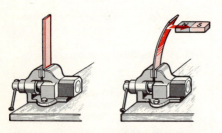

**4.2** Die Bewegungsrichtung einer rollenden Kugel wird durch die Kraft eines Magneten geändert.

**4.3** Hier wird ein Körper durch eine magnetische Kraft verformt.

## Wie erkennen wir eine Kraft?

Kräfte können wir mit unseren Sinnen nicht unmittelbar wahrnehmen. Die Erfahrung lehrt uns aber, daß Körper nicht „von selbst" in Bewegung geraten oder sich verformen. Treten diese Erscheinungen auf, so nehmen wir deshalb an, daß eine Kraft auf den Körper einwirkt.

> Werden Körper verformt oder wird ihr Bewegungszustand geändert, so sind Kräfte wirksam.

## Die Gewichtskraft

Man unterscheidet Kräfte nach ihrer Herkunft und spricht von elastischen Kräften, Federkräften, Muskelkräften, Gewichtskräften, magnetischen Kräften usw. Eine der wichtigsten dieser Kräfte wollen wir in einem besonderen Versuch kennenlernen:

$V_5$ Ein Körper wird an einem Faden aufgehängt. Schneidet man den Faden durch, so gerät der Körper in Bewegung. Er fällt mit zunehmender Geschwindigkeit nach unten. Die Ursache der Fallbewegung muß eine Kraft sein. Wir bezeichnen sie als das **Gewicht** des Körpers.

> Das Gewicht eines Körpers ist die Kraft, mit der er von der Erde angezogen wird.

## Die Kraftrichtung

Das Gewicht wirkt immer senkrecht nach unten. Unsere Muskelkraft können wir dagegen in beliebiger Richtung an einem Körper angreifen lassen. Sie wirkt beispielsweise waagrecht, wenn wir eine Tür öffnen, und schräg nach oben, wenn wir eine Kugel wegstoßen.

> Kräfte haben immer eine Richtung.

Es ist daher sinnvoll, wenn wir Kräfte durch Pfeile der entsprechenden Richtung darstellen. Die größere Kraft erhält dabei den längeren Pfeil.

5.1 Hier ist eine Kraft wirksam, denn der Baum wurde verformt. Ursache der Verformung ist die schnell strömende Luft.

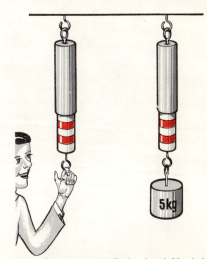

5.2 Verformung einer Feder durch Muskelkraft und durch das Gewicht eines Körpers

> **Merke dir,**
>
> daß wir Kräfte nur an ihren Wirkungen erkennen können;
>
> daß das Gewicht eines Körpers eine Kraft ist;
>
> daß Kräfte immer eine Richtung haben.

### Aufgaben:

1. Woran kann man das Vorhandensein einer Kraft erkennen?
2. Wo treten Kräfte als Zugkraft und wo als Druckkraft auf? (Durch die Vorsilbe „Zug" oder „Druck" wird nicht die Natur, sondern die Anwendung einer Kraft beschrieben).
3. In welcher Richtung wirkt die Kraft
a) wenn ein Pferd einen Wagen zieht?
b) wenn wir etwas hochheben?

## M₁ 1.4 Warum sind alle Körper schwer?

**Gewicht und Masse**

6.1 Gewichtspfeile zeigen immer zum Erdmittelpunkt.

Die Erde übt auf alle Gegenstände Kräfte aus, sie zieht sie senkrecht nach unten, zum Erdmittelpunkt hin (Abb. 6.1). Wir spüren diese Kräfte als **Gewicht** und sagen, die Körper seien schwer. Statt von der Gewichtskraft spricht man daher gelegentlich auch von der **Schwerkraft** oder von der **Erdanziehungskraft.** Man hat herausgefunden, daß die Erdanziehungskraft nicht an jedem Ort gleich groß ist. Sie wird rasch kleiner, wenn man sich von der Erde entfernt. In größerer Höhe wird deshalb ein Körper nicht so stark nach unten gezogen wie in Meereshöhe. Genaue Messungen zeigen sogar Unterschiede in der Größe der Schwerkraft an der Erdoberfläche. So ist beispielsweise ein Körper am Äquator um etwa 0,5% leichter als am Pol.

> Die Schwerkraft, die auf einen Körper wirkt (sein Gewicht), ändert sich mit dem Ort.

### Die Masse

Nicht nur die Erde zieht einen Körper an. Auch der Mond besitzt diese „gewichterzeugende" Eigenschaft, die man **Gravitation** nennt. Allerdings wird ein und derselbe Körper vom Mond 6mal schwächer nach unten gezogen als von der Erde. Raumfahrer sind deshalb auf dem Mond ganz leicht und können dort viel höher springen als auf der Erde. Auch eine Tafel Schokolade wiegt auf dem Mond weniger. Trotz des geringen Gewichts ist aber auf dem Mond in derselben Tafel auch dieselbe Menge Schokolade enthalten wie auf der Erde. Das „Material" Schokolade hat sich unterwegs nicht verringert. Seine Substanz — der Physiker spricht von **Masse** — ist gleichgeblieben. Die Überlegung gilt für alle Körper, die eine Raumreise mitmachen.

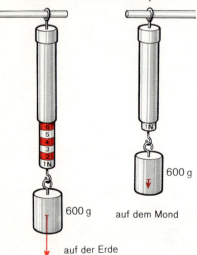

6.2 Auf einer Raumreise haben die Körper kein Gewicht, solange das Fahrzeug ohne Antrieb fliegt. Deshalb schwebt dieser Astronaut neben seiner Kapsel.

6.3 Ein und derselbe Körper erfährt auf dem Mond eine kleinere Anziehungskraft als auf der Erde.

> Die Masse eines Körpers ist überall gleich.

Die Anziehungskraft von Erde, Mond und anderen Körpern ist an deren Masse gebunden. Körper mit großer Masse üben deshalb eine große Anziehungskraft (Gravitation) aus.
Aber auch Körper mit kleiner Masse besitzen sie, z. B. die Tafel Schokolade. Die Erde zieht also nicht nur die Schokolade an, sondern auch die Schokolade die Erde. Die Anziehung ist wechselseitig.

> Massen ziehen sich gegenseitig an.

Ein Körper mit großer Masse wird auf der Erdoberfläche stärker nach unten gezogen als ein Körper mit kleiner Masse: an ihm wirkt eine größere Gewichtskraft. Mit Hilfe der Gewichtskräfte können wir also auch die Massen von Körpern miteinander vergleichen.

## Wie vergleicht man die Masse von Körpern?

**V₁** Um die Masse von 2 Körpern, z.B. von 2 Stücken Schokolade, zu vergleichen, legen wir sie auf eine **Balkenwaage**. Diese ist im Gleichgewicht, wenn beide Körper von der Erde gleich stark angezogen werden. Sie kommt aus dem Gleichgewicht, wenn wir die Masse des einen Körpers verringern oder vergrößern.
Auch auf dem Mond spielt die Waage ein, wenn zwei Körper gleicher Masse aufgelegt werden: Es wird sowohl der Körper auf der linken als auch auf der rechten Schale mit 6mal geringerer Kraft angezogen (Abb. 7.1).

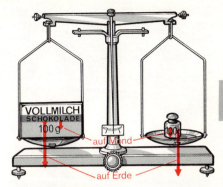

7.1 Mit der Balkenwaage vergleicht man Massen unabhängig vom Ort.

> Mit Hilfe einer Balkenwaage kann man Massen vergleichen.

**V₂** Liegen auf den beiden Schalen der Waage Körper aus verschiedenem Material, z.B. links einer aus Holz und rechts einer aus Eisen, so haben die Körper ebenfalls gleiche Masse, wenn die Waage einspielt.

> Körper gleicher Masse werden am selben Ort gleich stark von der Erde angezogen.

## Die Masseneinheit

Um den Massenvergleich zahlenmäßig durchführen zu können, braucht man einen Wägesatz. Die Massen seiner einzelnen Stücke stehen zur Masse eines „Normalkörpers" in einfacher Beziehung. Dieser Körper wird in Paris im „Internationalen Maßbüro" aufbewahrt. Er hat die Masse **1 Kilogramm** (kg). Diese dient bei allen Maßangaben als Einheit. Ihr 1000. Teil heißt **1 Gramm** (g).
Das „Urkilogrammstück" wurde 1799 aus einer Platin-Iridium-Legierung hergestellt. Man wollte ihm die Masse von 1 dm³ Wasser bei 4 °C geben. Das ist nicht ganz gelungen. Mit den heute zur Verfügung stehenden Meßmethoden kann man feststellen, daß 1 dm³ Wasser bei 4 °C nur die Masse 0,999972 kg hat.

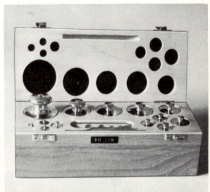

7.2 Wägesatz (1 g bis 1 kg)

> **Merke dir,**
>
> daß das Gewicht eines Körpers durch die Anziehungskraft der Erde hervorgerufen wird;
>
> daß die Schwerkraft **nicht** überall gleich ist;
>
> daß die Masse eines Körpers überall gleich ist;
>
> daß wir die Masse von Körpern mit einer Balkenwaage vergleichen können;
>
> daß die Maßeinheit der Masse das kg ist.

**Aufgaben:**

1. Erkläre den Unterschied zwischen „Gewicht" und „Masse".
2. Ist die Aufschrift „100 g" auf einer Schokoladentafel auch auf dem Mond berechtigt?
3. Begründe, warum man mit einer Balkenwaage an jedem Ort die Massen von zwei Körpern vergleichen kann!
4. Man hängt zwei Körper gleicher Masse nacheinander an eine elastische Feder. Was geschieht auf der Erde, was auf dem Mond? Was ist gleich und was ist anders als bei der Balkenwaage?

8.1 Uwe und Hans messen ihre Kräfte.

## M₁ 1.5  Wer ist stärker, Hans oder Uwe?

**Kraftmesser
Einheit der Kraft**

Hans und Uwe sind fast gleich stark. Beim Ringkampf gewinnt mal der eine, mal der andere. Dabei spielt aber nicht nur die Kraft ihrer Muskeln eine Rolle, sondern auch ihre Geschicklichkeit. Wer von ihnen besitzt nun aber die größere Muskelkraft? Auf der Abb. 8.1 siehst du, daß die beiden einen Weg gefunden haben, wie sie ihre Kräfte messen können. Sie ziehen an einem Expander. Das ist ein Apparat, der aus mehreren Schraubenfedern zusammengesetzt ist. Hans kann ihn etwas weiter ausziehen als Uwe. Das zeigt, daß Hans stärker ist.

### Wie mißt der Physiker Kräfte?

In der Physik gehen wir genauso vor wie Hans und Uwe. Wir messen die Kräfte mit Kraftmessern (Abb. 9.2). Genauso wie die Expander bestehen auch sie aus Schraubenfedern. Diese sind von zwei ineinander gleitenden Papphülsen umgeben. Die innere Hülse ist mit dem unteren Ende der Feder verbunden. Der am oberen Ende der Feder angebrachte Haken wird irgendwo befestigt. Läßt man nun auf den unteren Haken eine Kraft wirken, so wird die innere Hülse aus der äußeren herausgezogen, und zwar durch große Kräfte weiter als durch kleine. Dabei wird eine auf der inneren Hülse angebrachte Skala sichtbar. Auf ihr kann man ablesen, wie groß die wirkende Kraft ist.

> Schraubenfedern eignen sich als Kraftmesser.

### Die Einheit der Kraft

Die Kraftmesser haben eine Skala, die in Newton eingeteilt ist. Das **Newton (N)** ist die Einheit der Kraft. Sie ist benannt nach dem englischen Physiker **Isaak Newton** (1643 bis 1727).

> Das Newton (N) ist die Einheit der Kraft.

Große Kräfte mißt man in kN oder in MN (1 kN = 1000 N, 1 MN = 1000 kN), kleine in mN (1 N = 1000 mN).

### Wie ist die Einheit der Kraft festgelegt?

In M₁ 1.3 hast du gelernt, daß Körper beschleunigt werden, wenn auf sie Kräfte wirken. Aus Erfahrung weißt du, daß dabei die größere Kraft auch die größere Beschleunigung bewirkt. Deshalb kann ein Kind einen Stein nicht so weit werfen wie ein Erwachsener. Sicher hast du auch schon bemerkt, daß sich ein Stein großer Masse dem Beschleunigen stärker widersetzt als ein Stein kleiner Masse. Diese Zusammenhänge

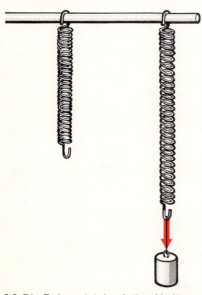

8.2 Die Feder zeigt durch ihre Verlängerung eine Kraft an.

hat man bei der Festlegung der Krafteinheit 1 Newton benutzt: Die Kraft 1 N wirkt dann auf einen Körper der Masse 1 kg, wenn dieser vom Stand aus in einer Sekunde auf die Geschwindigkeit 1 Meter je Sekunde gebracht wird. Sie ist etwa so groß wie die Gewichtskraft, mit der ein 100 g-Wägestück von der Erde angezogen wird.

### Wie groß ist die Gewichtskraft?

Die Gewichtskraft entsteht dadurch, daß die Erde alle Körper in ihrer Nähe anzieht (siehe $M_1$ 1.4). Dieser Anziehungskraft sind alle Dinge auf der Erde ausgesetzt. Weil diese Kraft immer gegenwärtig ist, muß jeder wissen, wie groß sie ist.

$V_1$ Wir hängen einen Körper mit der Masse $m = 1$ kg (Wägestück) an einen passenden Kraftmesser. Der Kraftmesser zeigt etwa 10 N an.
Das ist die Kraft, mit der die Erde diesen Körper anzieht. Wir bezeichnen sie als Gewichtskraft ($F_G$). Genaue Messungen haben ergeben, daß auf einen Körper mit der Masse $m = 1$ kg die Gewichtskraft 9,81 N wirkt.

> Die Erde übt auf einen Körper mit der Masse 1 kg die Gewichtskraft 9,81 N ≈ 10 N aus.

Wenn du $M_1$ 1.4 sorgfältig gelesen hast, wirst du wissen, daß dies keine allgemeingültige Zahl ist. Sie gilt nur für den sogenannten **Normort**. Wie groß die Gewichtskraft an anderen Orten ist, kannst du der folgenden Tabelle entnehmen. Du erkennst, daß die Abweichungen auf der Erde weniger als 0,5% betragen. Es genügt, wenn du dir für die Erde die Zahlen 9,81 bzw. 10 merkst.

### Masse und Gewicht

| Masse des Körpers | Wägestück (1 kg) | Schüler (60 kg) | Raumschiff (5 t = 5000 kg) |
|---|---|---|---|
| Er wiegt | | | |
| am Äquator | 9,7805 N | 586,83 N | 48,9 kN |
| am Pol | 9,8322 N | 589,93 N | 49,2 kN |
| auf dem Mond | 1,62 N | 97,2 N | 8,1 kN |
| auf dem Mars | 3,92 N | 235,2 N | 19,6 kN |
| auf dem Jupiter | 25,1 N | 1506 N | 125,5 kN |
| auf der Sonne | 274 N | 16440 N | 1370 kN |

Die Gewichtskraft, die am Normort auf einen Körper mit der Masse $m = 1$ kg wirkt, hat noch eine besondere Bedeutung: Sie war früher die Einheit der Kraft. Man nannte sie **1 Kilopond (kp)**. Solltest du in älteren Büchern noch Angaben finden, in denen Kräfte in kp gemessen sind, so kannst du sie mit folgender Beziehung leicht in N umrechnen:

> 1 kp = 9,81 N ≈ 10 N

9.1 So kannst du den Auftrieb eines Luftballons messen.

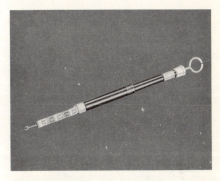

9.2 Kraftmesser

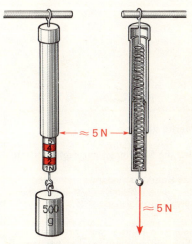

9.3 Kraftmesser im Schnitt

## Das Hookesche Gesetz

Zum Schluß wollen wir uns der Frage zuwenden, warum gerade Schraubenfedern für die Messung von Kräften verwendet werden. Dazu machen wir folgenden Versuch:

$V_2$ Wir hängen eine Schraubenfeder auf und befestigen neben ihr einen Maßstab. Dann belasten wir die Feder durch Körper, die eine Gewichtskraft von jeweils 0,5 N haben. Zunächst hängen wir nur ein Wägestück an. Die Feder verlängert sich dadurch um einen bestimmten Betrag. Mit jedem zusätzlich angehängten Stück verlängert sich die Feder jeweils um die gleiche Strecke.

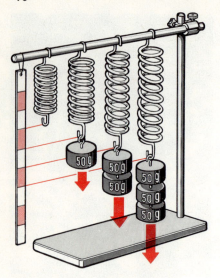

10.1 Anordnung zu $V_2$

> Die Verlängerung einer Feder wächst im gleichen Verhältnis wie die wirkende Kraft.

Dieser Zusammenhang wurde von dem Engländer Robert Hooke (1635–1703) gefunden. Man nennt ihn deshalb **Hookesches Gesetz**.

Mit seiner Hilfe läßt sich eine Kraftmessung in eine Längenmessung verwandeln. Würde man dagegen versuchen, die Größe einer Kraft aus ihrer beschleunigenden Wirkung zu ermitteln, so müßten eine Längen- und eine Zeitmessung durchgeführt werden.

In Abb. 10.2 ist die Abhängigkeit der Federdehnung von der wirkenden Kraft graphisch dargestellt. Die steil ansteigende Linie gehört zu einer weichen Feder, die weniger steile zu einer harten Feder. Aus der Grafik kann man entnehmen, daß die harte Feder bei einer Belastung von 1 N nur um 2,5 cm, die weichere bei der gleichen Belastung jedoch um 5 cm gedehnt wird. Teilt man die Belastung durch die Dehnung, so erhält man die **Federhärte**. Die harte Feder hat z.B. die Federhärte 2 N : 5 cm = 0,4 N/cm, die weiche die Federhärte 2 N : 10 cm = 0,2 N/cm.

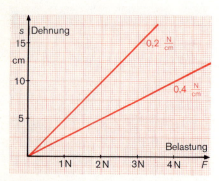

10.2 Graphische Darstellung des Hookeschen Gesetzes

> **Merke dir,**
>
> daß die Maßeinheit der Kraft 1 N ist;
>
> daß Schraubenfedern durch verschieden große Kräfte verschieden stark verlängert werden;
>
> daß wir Kräfte mit Kraftmessern (Schraubenfedern) messen können.

> **Aufgaben:**
>
> 1. Was ist ein Newton?
> 2. Mit welchem Meßinstrument kann man Kräfte messen? Beschreibe es.
> 3. Rechne um in N: 2360 p; 12480 kp; 3,4 kp.
> 4. Welche Masse hat ein Körper, der auf dem Mond 10 N wiegt? (Mondschwerkraft = $\frac{1}{6}$ Erdschwerkraft).
> 5. Wir wiegen 1 N Erbsen ab:
> a) auf der Erde; b) auf dem Mond. Vergleiche die Zahl der Erbsen, die man jeweils braucht!
> 6. Ein Körper, der eine Masse von 1,5 kg hat, wird an einen Kraftmesser gehängt. Wieviel N wiegt der Körper?
> a) auf der Erde;
> b) im Raumschiff, das mit abgestelltem Triebwerk durch den Weltraum fliegt;
> c) auf dem Mond.

## M₁ 1.6 Was beobachtest du beim Seilziehen?

## Zusammensetzung von Kräften

### Kräfte mit entgegengesetzter Richtung

Zwei Schülermannschaften ziehen an einem Seil in entgegengesetzter Richtung. Sind beide Gruppen gleich stark, so bleibt das Seil in Ruhe. Die von den beiden Mannschaften erzeugten Kräfte heben sich in ihrer Wirkung gegenseitig auf. Erst wenn eine Mannschaft stärker zieht, entsteht eine Bewegung. Dazu machen wir folgenden Versuch:

**V₁** Nach Abb. 11.2 ziehen wir an einem Wagen mit zwei Kraftmessern in entgegengesetzter Richtung. Solange beide Kräfte gleich groß sind, bleibt der Wagen in Ruhe. Wir sagen: Es besteht Gleichgewicht zwischen den beiden entgegengesetzt gerichteten Kräften.

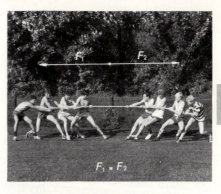

11.1 Gleichgewicht der Kräfte beim Tauziehen

> Ein Körper ist im Gleichgewicht, wenn auf ihn zwei gleich großen, entgegengesetzt gerichtete Kräfte wirken.

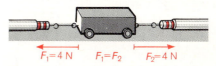

11.2 Wenn man mit zwei gleich großen Kräften in entgegengesetzter Richtung an einem Körper zieht, herrscht Gleichgewicht.

Solche Gesetze kann man in übersichtlicher Form darstellen. Man benutzt dazu **Symbole**. Das Symbol der Kraft ist $F$. $F$ ist aus dem englischen Wort force (Kraft) abgeleitet. Verschiedene Kräfte werden durch zusätzlich angehängte kleine Zeichen unterschieden. Man nennt solch ein Zeichen **Index** (Mehrzahl: Indizes oder Indexe). In dieser Kurzfassung heißt der Satz vom Kräftegleichgewicht:

$$F_1 = F_2.$$

Zieht die 1. Mannschaft mit der Kraft $F_1 = 5000\ N = 5\ kN$, so herrscht Kräftegleichgewicht, wenn die 2. Mannschaft mit der gleich großen Kraft $F_2 = 5000\ N = 5\ kN$ zieht.

**V₂** Wir binden ein Seil an einen Baum und lassen zwei Schüler daran ziehen. Scheinbar ist nur eine Kraft vorhanden. Da keine Bewegung entsteht, muß aber eine zur Erzeugung des Kräftegleichgewichts notwendige Gegenkraft vorhanden sein. Sie entsteht durch die elastische Verformung des Baumstammes.
Wenn wir am Seil ziehen, wird der Stamm gekrümmt. Dadurch bildet sich von selbst eine gleich große, aber entgegengesetzt gerichtete Kraft. Wir können das an dünneren Bäumen gut erkennen. Sie krümmen sich stark. Aber auch bei dicken Stämmen tritt eine Verformung ein, selbst wenn wir sie nicht unmittelbar wahrnehmen.

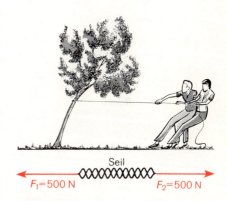

11.3 Beim Verbiegen des Baumes entsteht die Gegenkraft von selbst.

**V₃** Ein Lineal wird mit den beiden Enden auf Holzklötze gelegt. Auf die Mitte stellen wir einen schweren Körper. Durch das Gewicht des Körpers wird das Lineal verformt. Infolge der Verformung entsteht im Holz eine nach oben gerichtete Kraft, die genau so groß ist wie das Gewicht des Körpers.

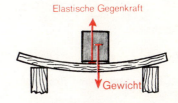

11.4 Durch das Gewicht eines Körpers wird die Unterlage verformt. Dabei entsteht eine dem Gewicht gleiche Gegenkraft nach oben.

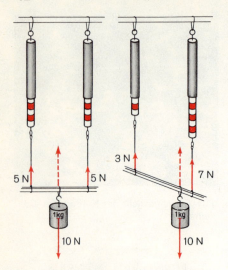

**12.1** Kräfte gleicher Richtung addieren sich zu einer Gesamtkraft.

**12.2** $F_R = F_1 + F_2$. Die Kraft $F_3$ hält der Resultierenden aus $F_1$ und $F_2$ das Gleichgewicht.

Auch eine Tischplatte verformt sich, wenn wir einen Gegenstand darauflegen. Dieser Gegenstand drückt nach unten. Der Tisch übt durch seine Verformung eine gleich große Kraft nach oben aus. Die Aktionskraft wirkt auf den Tisch. Die durch sie geweckte Reaktionskraft wirkt auf den Körper, der sie erzeugt hat, zurück. Es gilt immer: Aktionskraft = Reaktionskraft.

> Zu jeder Kraft gehört eine gleich große Gegenkraft.

### Kräfte mit gleicher Richtung

Was tust du, wenn du ein Auto anschieben sollst, aber dazu nicht stark genug bist? Du holst dir Hilfe! Dein Helfer schiebt nun mit dir in dieselbe Richtung. Jetzt addieren sich die beiden Kräfte. Das soll uns ein Versuch zeigen:

**V₄** Zwei Kraftmesser werden nebeneinander an einem Stativ befestigt. An ihre Haken hängen wir eine Holzleiste, in deren Mitte wiederum ein Wägestück ($m = 1$ kg, $F_G \approx 10$ N) befestigt wird. Beide Kraftmesser zeigen eine Kraft von 5 N an. Verschieben wir das Wägestück auf der Leiste, so lesen wir an beiden Kraftmessern verschiedene Werte ab. Deren Summe ist aber immer gleich dem Gewicht des Wägestücks.

> Gleichgerichtete Kräfte addieren sich zu einer Gesamtkraft.

Die aus mehreren Kräften entstehende Gesamtkraft $F_R$ heißt **Resultierende** aus diesen Kräften ($F_1$ und $F_2$). Wenn du z.B. mit $F_1 = 250$ N an einem Seil ziehst, dein Mitschüler aber mit $F_2 = 180$ N in gleicher Richtung, so ist die resultierende Kraft $F_R = 430$ N (Abb. 12.2). Dieser Resultierenden muß auf der anderen Seite ein stärkerer Schüler das Gleichgewicht halten. Er muß dabei ebenfalls eine Kraft von 430 N aufwenden.

---

**Merke dir,**

daß Kräfte mit gleicher Richtung sich addieren;

daß gleich große Kräfte mit entgegengesetzter Richtung sich aufheben: Gleichgewicht;

daß die zu einer Kraft gehörende Gegenkraft oft von selbst durch elastische Verformung eines Körpers entsteht;

daß aus mehreren Kräften eine Resultierende gebildet werden kann.

---

**Aufgaben:**

1. Was versteht man unter Kräftegleichgewicht?
2. Schreibe den Satz vom Kräftegleichgewicht in Kurzform.
3. Hänge einen Stein an einen Kraftmesser! Warum kommt er ins Gleichgewicht? Welche Kraft wirkt als Gegenkraft zum Gewicht? Wie groß ist sie?
4. Zwei Schüler ziehen an einem Seil, dessen Ende an einem Baum festgebunden ist. Warum fallen sie um, wenn man das Seil durchschneidet? Was geschieht in diesem Augenblick am Baum?
5. Zwei Jungen haben einen Körper mit dem Gewicht von 350 N zu tragen. Wieviel Kraft muß jeder aufbringen, wenn sie die Last an eine Stange genau in der Mitte zwischen sich hängen?

## M₁ 2 Eigenschaften fester Körper

### M₁ 2.1 Was ist schwerer, ein Pfund Blei oder ein Pfund Federn?

**Dichte**

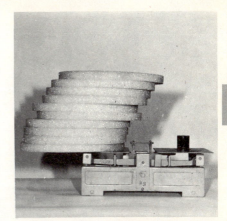

13.1 Der auf der linken Seite der Waage liegende Körper aus Schaumstoff ist genauso schwer wie der auf der rechten Seite liegende Körper aus Blei. Trotzdem sagt man, Styropor sei „leicht" und Blei sei „schwer". Warum?

Natürlich weißt du, daß beide gleich schwer sind. Vielleicht hast du es aber auch schon einmal erlebt, daß jemand auf diese Scherzfrage ganz unbedacht geantwortet hat, das Blei sei schwerer. Im Alltag sagen wir ja auch, Holz sei „leichter" als Eisen, obwohl doch jeder weiß, daß ein großes Stück Holz bestimmt schwerer ist als ein kleines Stück Eisen. Du erkennst an diesem Beispiel, daß in unserer Umgangssprache manche Begriffe unklar oder vieldeutig sind. In der Wissenschaft kann man nur mit klaren und eindeutigen Begriffen arbeiten, deswegen wollen wir diesem Widerspruch nachgehen.

Was geht in uns vor, wenn wir sagen, Holz sei leichter als Eisen? Ohne es auszusprechen, vergleichen wir in Gedanken das Gewicht von Holz- und Eisenstücken, die gleich groß sind. Bei dieser Auffassung von „Schwere" spielt also die „Größe" — genauer gesagt, das **Volumen** — des Körpers eine große Rolle. Diese Zusammenhänge sollen nun untersucht werden:

**V₁** Ein größeres Becherglas (2 l) wird auf einer Waage **austariert** (ins Gleichgewicht gebracht). Ein kleines Becherglas (100 ml) wird als Meßbecher benutzt. Wir füllen zunächst einen, dann zwei, drei usw. Meßbecher voll Sand („gestrichen voll"!) in das große Becherglas. Jedesmal ermitteln wir die Masse. Die gemessenen Werte tragen wir in eine Tabelle ein.

Wenn wir die in die Tabelle eingetragenen Werte vergleichen, entdecken wir zunächst, daß die Masse in demselben Maße größer wird, in dem wir auch das Volumen vergrößert haben. Das wird noch deutlicher, wenn wir für jede Messung den Quotienten aus Masse und Volumen bilden. Er hat immer denselben Wert. Solche gleichbleibenden Werte nennen wir **Konstanten**.

Tabelle zu V₁

| Volumen $V$ des Sandes | Masse $m$ | $\varrho = \dfrac{m}{V}$ |
|---|---|---|
| 100 cm³ | 180 g | 1,8 g/cm³ |
| 200 cm³ | 360 g | 1,8 g/cm³ |
| 300 cm³ | 540 g | 1,8 g/cm³ |
| 400 cm³ | 720 g | 1,8 g/cm³ |
| 500 cm³ | 900 g | 1,8 g/cm³ |

**V₂** Wir wiederholen V₁ mit Salz, Eisenpulver und Bleischrot, dabei erkennen wir, daß der Quotient aus Masse (Symbol: $m$) und Volumen (Symbol $V$) eine konstante Größe ist, deren Wert nur von der Art des Stoffes, vom Material, abhängt: Er ist eine **Materialkonstante**.

Die Materialkonstante $\dfrac{m}{V}$ heißt **Dichte**. Ihr Symbol ist $\varrho$.

$$\text{Dichte} = \frac{\text{Masse}}{\text{Volumen}}; \quad \varrho = \frac{m}{V}$$

Jedes Material hat seine eigene Dichte. Siehe Tabelle!

| Dichte in g/cm³ | | | |
|---|---|---|---|
| Gold | 19,3 | Glas | 2,5 |
| Blei | 11,3 | Beton | um 2 |
| Kupfer | 8,9 | Holz | 0,5 |
| Messing | um 8,5 | | bis 0,9 |
| Eisen | 7,2 | Kork | 0,2 |
| | bis 7,9 | Styropor | 0,03 |
| Aluminium | 2,7 | | bis 0,04 |
| Quecksilber | 13,6 | Wasser (rein) | 1 |
| konz. Koch- | | Spiritus | |
| salzlösung | 1,2 | (Weingeist) | 0,8 |
| Meerwasser | 1,03 | Benzin | ≈ 0,65 |

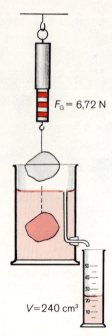

**14.1** So kann man die Wichte eines unregelmäßig geformten Körpers bestimmen: 1. Wir ermitteln die Gewichtskraft $F_G$ mit einem Kraftmesser. 2. Der Stein wird eingetaucht. Das Volumen des überlaufenden Wassers ist gleich dem Volumen $V$ des Steins. 3. Man teilt die Gewichtskraft durch das Volumen und erhält die Wichte.

---

**Merke dir,**

daß die Dichte der Quotient aus Masse und Volumen ist;

daß die Dichte überall gleich ist;

daß die Wichte der Quotient aus Gewichtskraft und Volumen ist;

daß die Wichte eine vom Material abhängige Größe ist;

daß die Wichte des gleichen Stoffes an verschiedenen Orten verschieden sein kann.

$\varrho$, sprich „rho", griech. Buchstabe „r" = Symbol für Dichte.

$\gamma$, sprich „gamma", griech. Buchstabe „g" = Symbol für Wichte.

---

Weiß man nicht, aus welchem Material ein Körper besteht, so kann man das oft ermitteln, indem man seine Dichte feststellt. Beispiel: Auf dem Speicher wird eine kleine Figur aus gelblich glänzendem Metall gefunden. Ist sie aus Gold? Oder ist sie aus der weit weniger kostbaren Legierung Messing? Diese Frage kann durch eine Bestimmung der Dichte entschieden werden. Durch eine Wägung wird zunächst die Masse bestimmt: 960 g. Dann stellt man mit einem Überlaufgefäß das Volumen fest: 120 cm³. Nun rechnen wir:

$$\varrho = \frac{m}{V} = \frac{960 \text{ g}}{120 \text{ cm}^3} = 8 \text{ g/cm}^3$$

Wäre die Figur aus Gold, so müßte sich eine Dichte von 19,3 g/cm³ ergeben haben. Sie kann also nur aus Messing sein.

**Wichte**

Früher verwendete man zu ähnlichen Berechnungen oft den Quotienten aus Gewichtskraft und Volumen. Diese Größe heißt **Wichte**. Ihr Symbol ist $\gamma$.

$$\text{Wichte} = \frac{\text{Gewichtskraft}}{\text{Volumen}}. \qquad \gamma = \frac{F_G}{V}$$

**V₃** Wir nehmen einen Körper, z.B. einen Stein, und bestimmen zunächst mit einem Kraftmesser seine Gewichtskraft ($F_G = 6,72$ N). Dann messen wir sein Volumen. Hierzu tauchen wir ihn nach Abb. 14.1 in ein Überlaufgefäß. Das verdrängte Wasser fangen wir in einem Meßglas auf ($V = 240$ cm³ = 0,24 dm³). Sein Volumen entspricht dem des Steins. Nun läßt sich die Wichte des Steins errechnen:

$$\gamma = \frac{F_G}{V} = \frac{6,72 \text{ N}}{0,24 \text{ dm}^3} = 28 \text{ N/dm}^3$$

Mißt man die Gewichtskraft in N und das Volumen in dm³, so erhält man für die Wichte der jeweiligen Stoffe Zahlen, die um dem Faktor 10 größer sind als die Dichte. Dabei muß man aber berücksichtigen, daß diese Zahlen nur an der Erdoberfläche (Normort) gelten. Da z.B. auf dem Mond die Gewichtskraft eines Körpers nur $\frac{1}{6}$ derjenigen auf der Erde beträgt, ist auch die Wichte dort entsprechend kleiner. Dagegen ist die Dichte eines Stoffes überall gleich groß.

**Aufgaben:**

1. Warum spricht man zwar von der Masse eines Körpers, aber von der Dichte eines Stoffes?
2. Welche Masse hat ein Eisenwürfel mit der Kantenlänge 20 cm?
3. Schätze zuerst die Masse von 1 m³ Styropor und berechne sie!
4. Ein Stein hat die Masse 10 kg und verdrängt 3,2 l Wasser. Wie groß ist seine Dichte?
5. Wie groß sind Wichte und Dichte von Aluminium auf dem Mond?

## M, 2.2 Warum springen Ping-Pong-Bälle?

**Elastizität
Härte
Festigkeit**

15.1 Ping-Pong-Bälle sind elastisch.

Beim Tischtennis schlagen wir Zelluloidbälle ins Feld des Gegners. Dort prallen sie auf und springen wieder empor. Wir sagen, die Bälle seien **elastisch**. Glas und Stahl sind ebenfalls elastische Stoffe. Das zeigt folgender Versuch:

**V₁** Wir lassen Stahl- und Glaskugeln auf eine dicke Glasplatte fallen. Sie springen fast bis zur gleichen Höhe zurück. Berußt man vorher die Glasplatte, so kann man an dem an der Auftreffstelle entstehenden Fleck erkennen, wie stark die Kugeln beim Aufprall verformt wurden. An den Kugeln selbst ist nach dem Versuch keine Verformung mehr zu erkennen.

> Elastische Körper nehmen nach einer Verformung wieder ihre alte Gestalt an.

**V₂** Wir wiederholen V₁ mit Kugeln aus Wachs und aus Plastilin. Sie springen nicht zurück. Dafür entsteht bei ihnen eine bleibende Verformung. Wir bezeichnen diese Stoffe als **plastisch**.

> Plastische Körper werden durch die Einwirkung einer Kraft bleibend verformt.

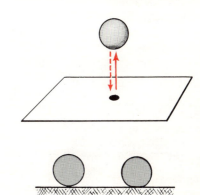

15.2 Eine berußte Stahlkugel fällt auf eine Glasplatte. Aus der Größe des Flecks kann man Rückschlüsse auf die elastische Verformung ziehen.

In weiteren Versuchen können wir die elastischen Körper noch genauer untersuchen.

**V₃** Nach Abb. 15.3 spannen wir einen dünnen Stahldraht aus und belasten ihn. Er wird dadurch gedehnt. Nach der Belastung geht die Dehnung wieder zurück. Der Draht ist elastisch.

**V₄** Wir wiederholen V₃ mit Kupferdraht. Er wird zunächst nur wenig belastet. Dabei zeigt er Elastizität. Nach einer Belastung mit einer größeren Kraft geht die Dehnung nicht mehr ganz zurück. Wir sagen dann, der Draht sei **überdehnt** oder seine **Elastizitätsgrenze** sei überschritten.

Alle elastischen Körper haben eine solche Elastizitätsgrenze. Wird diese überschritten, so nehmen die Körper plastische Eigenschaften an. Belastet man sie nur wenig mehr, so zerreißen sie. Bei der Konstruktion von Bauwerken und Maschinen muß man darauf achten, daß die Elastizitätsgrenze des verwendeten Materials auf keinen Fall überschritten wird. Die Ingenieure errechnen deshalb für jedes Bauelement die an ihm auftretenden Kräfte. Diese werden dann mit einem **Sicherheitsfaktor** multipliziert. Bei der Bemessung der Bauelemente geht man dann von diesen mehrfach größeren Kräften aus. Man erreicht so eine mehrfache Sicherheit.

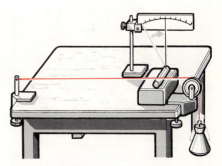

15.3 So kann man die elastische Verformung (Dehnung) messen. Der Zeiger macht die Dehnung im Verhältnis 1:30 sichtbar.

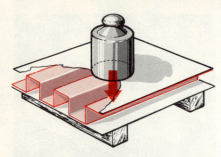

**16.1** Die Festigkeit eines Stoffes ist von seiner Form abhängig. Papier kann man erstaunlich hoch belasten, wenn man es in der hier dargestellten Weise zusammenklebt.

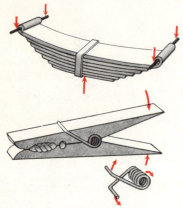

**16.2** In der Autofederung und in der Feder der Wäscheklammer wird die Elastizität von Stahl ausgenutzt.

| Härteskala nach Mohs | | | |
|---|---|---|---|
| Test-mineral | Härte | Beispiel | |
| Talk | 1 | Kalium | 0,5 |
|  |  | Graphit | 1 |
| Gips | 2 | Blei | 1,5 |
|  |  | Schwefel | 2 |
| Kalkspat | 3 | Zink, Gold, | 2,5 |
| Flußspat | 4 | Platin | 4 |
|  |  | Eisen | 4,5 |
| Apatit | 5 | Glas | 4—6 |
|  |  | Stahl | 5—8 |
| Feldspat | 6 | Granit | 6 |
| Quarz | 7 | Schmirgel | 7 |
| Topas | 8 | Chrom | 8 |
| Korund | 9 | Hartmetall | 9,5 |
| Diamant | 10 |  |  |

## Die Festigkeit

Um die **Festigkeit** von Bauteilen (Balken, T-Trägern usw.) im voraus berechnen zu können, macht man Versuche mit Probekörpern genormter Abmessungen. Aus deren Ergebnissen lassen sich Werte für die Festigkeitseigenschaften gewinnen.
Die Zusammenhänge sind aber sehr kompliziert. So ist beispielsweise die höchstmögliche Belastung bei Verbiegung auch von der Form abhängig. T-förmige Querschnitte haben sich als besonders günstig erwiesen. Das zeigt folgender Versuch:

$V_6$ Falte ein Stück Schreibpapier nach Abb. 16.1 und klebe es zwischen zwei glatte Stücke Papier. Unterstütze es an den beiden Enden (Abstand etwa 10 cm) und probiere, wie stark du es belasten kannst. Es kann leicht mehr als das 250fache seines Eigengewichts tragen.

Manche Stoffe halten einen sehr hohen Druck aus, zerreißen aber leicht (z. B. Steine), bei anderen Stoffen ist es umgekehrt (z. B. bei Stahl). Kombiniert man sie, so vereinigen die dann entstehenden **Verbundwerkstoffe** oft die vorteilhaften Eigenschaften der beiden Ausgangsstoffe. So hat z. B. Stahlbeton die Zerreißfestigkeit des Stahles und die Druckfestigkeit des Betons. Man verwendet ihn deshalb gern zum Bau von Brücken und Hochhäusern.
Ein anderer Verbundwerkstoff, aus dem man Bootsrümpfe und Autokarosserien herstellt, ist der glasfaserverstärkte Kunststoff (GFK). Bei ihm übernehmen dünne Glasfasern die Zugkräfte und das Kunstharz die Druckkräfte.

## Die Härte

Hast du schon einmal zugesehen, wenn der Glaser Glasscheiben schneidet? Er benutzt dazu Glasschneider, deren Schneide aus Diamanten besteht. Glas ist sehr hart. Wenn man es schneiden will, braucht man dazu einen Stoff, der noch härter ist: z. B. Diamant.

$V_5$ Versuche, mit einem Nagel eine Glasplatte zu ritzen. Es gelingt dir nicht. Versuche umgekehrt, mit der spitzen Seite einer Glasscherbe den Nagel zu ritzen. Es entsteht ein feiner Strich. Glas ist härter als Eisen.

Mit einem Diamanten kannst du auch Glas ritzen. Er ist der härteste Stoff, den wir kennen. Aus der nebenstehenden Tabelle kannst du entnehmen, daß Korund der zweithärteste Stoff ist. Aus ihm bestehen die Schleifscheiben, mit denen stählerne Werkzeuge bearbeitet werden.

Spröde Stoffe z. B. sind zwar sehr hart, besitzen aber trotzdem nur geringe Festigkeit. Dagegen haben zähe Stoffe eine große Festigkeit, aber nur geringe Härte.

## Die Moleküle

Die kleinsten Teilchen, aus denen ein Stoff besteht, nennt man Moleküle (oder Molekeln). Sie sind ihrerseits aus Atomen zusammengesetzt. So besteht z.B. ein Wassermolekül aus 2 Atomen Wasserstoff und einem Atom Sauerstoff.

Man kann einen Stoff mit einfachen Mitteln in seine Moleküle zerlegen, nicht aber die Moleküle in Atome. Das ist nur mit chemischen Mitteln möglich. Außerdem bekommt man dabei völlig neue Stoffe. So entstehen z.B. bei der Zerlegung des Wassers die beiden Gase Wasserstoff und Sauerstoff.

Moleküle sind sehr klein. Je nachdem ob sie aus wenigen oder vielen Atomen bestehen, haben sie einen Durchmesser von 1/1 000 000 bis 1/10 000 000 mm. Man kann sie deshalb nicht sehen. Nur einige Riesenmoleküle hat man unter Elektronenmikroskopen sichtbar machen können.

Weil die Moleküle so klein sind, muß jeder Stoff unvorstellbar viel davon enthalten. 1 mm³ Wasser enthält z.B. etwa 33 Trillionen Molekeln. Legte man so viel Eisenmolekeln zusammen wie Menschen auf der Erde leben, so wäre das entstehende Eisenstück selbst unter einem guten Mikroskop nicht zu erkennen.

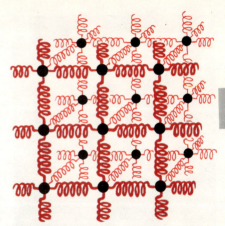

**17.1** Modellvorstellung über den Aufbau eines kristallinen Festkörpers

Moleküle und Atome werden untereinander durch starke Kräfte zusammengehalten. Diese Kräfte bestimmen weitgehend die Eigenschaften des Stoffes. Wird ein Körper verformt, so werden die Teilchen gegeneinander verschoben. Bei starken Zusammenhangskräften muß zur Verformung auch eine große Kraft aufgewendet werden. Wir sprechen dann von einem festen oder harten Stoff. Umgekehrt sind bei einem weichen Stoff die Zusammenhangskräfte zwischen den Atomen und Molekülen klein. Bei elastischen Stoffen sind diese Kräfte in der Lage, nach einer Verformung jedes Teilchen auf seinen alten Platz zurückzuholen. Bei den plastischen Stoffen bleibt dagegen jedes Teilchen auf dem neuen Platz, den es bei der Verformung erhalten hat.

> Die zwischen den Molekülen eines Stoffes wirkenden Kräfte bestimmen dessen Eigenschaften.

**Aufgaben:**

1. Nenne elastische und plastische Stoffe.
2. Wodurch unterscheiden sich plastische und elastische Stoffe?
3. Warum nimmt man bei Bauten T- und Doppel-T-Träger?
4. In welchen Gegenständen, die du oft gebrauchst, werden elastische Federn aus Stahl verwendet?
5. Besorge dir verschiedene Fäden, z.B. Nähgarn, Nähseide, Wollfäden, Perlonfäden. Belaste sie und stelle fest, wann sie zerreißen.
6. Warum macht man Brillen nicht aus Plexiglas?

> **Merke dir,**
>
> daß elastische Stoffe nach einer Verformung ihre alte Form wieder annehmen;
>
> daß dies aber nur bis zur Elastizitätsgrenze gilt;
>
> daß plastische Stoffe durch die Einwirkung einer Kraft bleibend verformt werden;
>
> daß es Stoffe verschiedener Härte gibt;
>
> daß die Zusammenhangskräfte zwischen den Atomen und Molekülen die Eigenschaften des Stoffes bestimmen.

## M₁ 2.3 Warum fällt man so leicht vom Schwebebalken?

**Schwerpunkt
Gleichgewicht**

**18.1** Es ist nicht leicht, das Gleichgewicht zu behalten.

Wenn du schon am Schwebebalken geturnt hast, wirst du dabei bemerkt haben, daß man leicht herunterfallen kann. Man muß schon einigermaßen geschickt sein, wenn man das **Gleichgewicht** behalten will. Wir wollen nun untersuchen, warum das so ist.

**V₁** Wir legen ein Buch auf einen kleineren Holzklotz. Obwohl es nur an einem Teil seiner Fläche unterstützt wird, fällt es nicht herab. Nun verkleinern wir die Stützfläche, indem wir immer kleinere Klötze verwenden. Auch beim kleinsten fällt das Buch nicht, wenn wir das Klötzchen im richtigen Punkt unter das Buch legen. Die gesamte Schwerkraft scheint in diesem einen Punkt anzugreifen. Wir nennen ihn **Schwerpunkt**.

> Unterstützt man einen Körper im Schwerpunkt, so ist er im Gleichgewicht.

**V₂** Wir suchen bei einem Lineal, einem Bierfilz und einem Frühstücksbrett den Schwerpunkt. Durch Probieren ermitteln wir den Punkt, in dem wir den Körper jeweils unterstützen müssen, wenn er im Gleichgewicht bleiben soll. Wir stellen dabei fest, daß es immer der geometrische Mittelpunkt des Körpers ist.

> Bei regelmäßig geformten Körpern liegt der Schwerpunkt im Mittelpunkt.

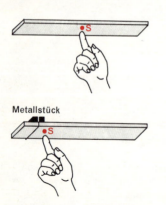

**18.2** Unterstützt man einen Körper im Schwerpunkt, so ist er im Gleichgewicht.

**V₃** Wir wählen beliebige Punkte am Rande eines kleinen Brettes, dessen Schwerpunkt wir kennen. In diesen Punkten hängen wir nacheinander das Brett auf und zeichnen jedesmal vom Aufhängepunkt eine senkrechte Linie. Alle Linien gehen auch durch den Schwerpunkt.

> Der Schwerpunkt eines Körpers liegt immer senkrecht unter dem Aufhängepunkt.

Diese Tatsache ermöglicht es uns, an unregelmäßig geformten Körpern auf einfache Weise den Schwerpunkt aufzufinden.
Wir denken uns wie in Abb. 18.3 von verschiedenen Aufhängepunkten aus das Lot gefällt. Der Schnittpunkt der Lote ist der Schwerpunkt.
Oft liegt dieser gar nicht im Körper selbst. Bei Töpfen, Kannen, Flaschen usw. befindet er sich z. B. in ihrem Hohlraum. Das zeigt uns, daß es sich beim Schwerpunkt um eine von uns Menschen gedachte Vereinfachung handelt. Die Schwerkraft greift ja an jedem Einzelteilchen des Körpers an. Wir können aber so tun, als ob sie in ihrer vollen Größe nur in einem Punkt (im Schwerpunkt!) wirke.

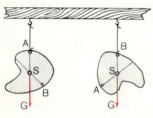

**18.3** So bestimmt man den Schwerpunkt einer Scheibe.

## Vom Gleichgewicht der Körper

Denke nun wieder an den Schwebebalken! Der Schwerpunkt des Turners liegt **über** dem Unterstützungspunkt. Er hat die Möglichkeit, eine tiefere Lage einzunehmen. Damit das nicht geschieht, muß der Turner ihn durch geschickte Bewegungen so verlagern, daß er immer genau über dem Balken bleibt. Gelingt das nicht, so fällt er herunter.

**V₄** Mit viel Geduld können wir ein Lineal so ins Gleichgewicht bringen, daß sich der Schwerpunkt g e n a u ü b e r dem Unterstützungspunkt befindet (Abb. 19.1 Mitte). Stößt man es nur ein klein wenig an, so kann es von selbst nicht in diese Lage zurückkehren. Es dreht sich vielmehr so lange, bis der Schwerpunkt seine tiefste Lage erreicht hat. Man spricht in diesem Fall vom **labilen Gleichgewicht**.

**Beispiel:** Beim Stehen befindet sich unser Körper im labilen Gleichgewicht. Nur dadurch, daß wir ständig unsere Gewichtsverteilung korrigieren, bleiben wir stehen. Unterbleiben diese Korrekturen einmal (z. B. bei Bewußtlosigkeit), so fallen wir um.

**V₅** Hängen wir ein Lineal so auf, daß sich der Schwerpunkt genau unter dem Unterstützungspunkt befindet, so ist es im **stabilen Gleichgewicht**. Stoßen wir es an, so kehrt es von selbst in seine vorherige Lage zurück (Abb. 19.1 oben).

**Beispiel:** Segelyachten haben einen schweren Kiel, der ihren Schwerpunkt sehr tief ins Wasser verlegt. Drückt der Wind gegen die Segel, so neigt sich das Schiff auf die Seite, dabei wird der Schwerpunkt angehoben. Wird der Wind schwächer, so richtet der Schwerpunkt, der nun eine möglichst tiefe Lage einnehmen will, das Schiff wieder auf.

**V₆** Hängen wir ein Lineal genau im Schwerpunkt auf, so können wir es in jede Lage drehen, ohne daß das Gleichgewicht gestört wird: **indifferentes Gleichgewicht** (Abb. 19.1 unten).
Ein auf dem Tisch liegendes Buch, ein Stein auf der Straße usw. befinden sich im stabilen Gleichgewicht.

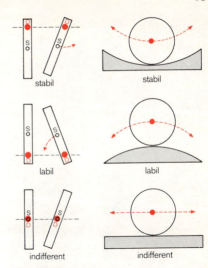

**19.1** Gleichgewichtslagen eines Lineals und einer Kugel

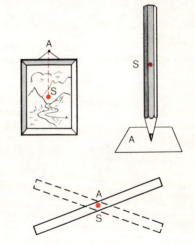

**19.2** Zu Aufgabe 5

### Aufgaben:

1. Was versteht man unter dem Schwerpunkt?
2. Wie findet man den Schwerpunkt eines Körpers?
3. Nenne Körper, die sich im stabilen, labilen und indifferenten Gleichgewicht befinden!
4. In welchem Gleichgewicht befindet sich ein Radfahrer?
5. Sieh dir Abb. 19.2 an. Wo ist das Gleichgewicht labil, wo stabil und wo indifferent? Begründe!
6. Warum baut man bei Motorschiffen die Maschinen im tiefsten Punkt des Rumpfes ein?

---

**Merke dir,**

daß der Schwerpunkt bei regelmäßigen Körpern in ihrem Mittelpunkt liegt;

daß der Schwerpunkt immer die tiefstmögliche Lage einzunehmen versucht;

daß sich ein Körper im Gleichgewicht befindet, wenn er im Schwerpunkt unterstützt wird.

## M₁ 2.4 Warum kippt ein Kran nicht um?

### Standfestigkeit

**20.1** Ein tief angebrachtes schweres Gegengewicht verhindert das Umkippen des Krans

Bei Bauarbeiten verwendet man hohe, schlanke Kräne. Sie haben lange Ausleger, mit denen sie jeden Punkt des Bauwerks erreichen können. Hängt an der Spitze des Auslegers einmal eine schwere Last, so befürchtet man, der Kran könne umfallen. Natürlich haben die Ingenieure dafür gesorgt, daß der Kran bei der zugelassenen Belastung n i c h t fällt. Sie müssen dazu wissen, wovon die **Standfestigkeit** eines Körpers abhängt. Dies wollen auch wir untersuchen:

**V₁** Wir basteln uns aus Holzstäbchen oder Metallbaukastenteilen einen Quader, wie ihn die Abb. 20.2 von der Seite gesehen zeigt. Der Körper ist symmetrisch, sein Schwerpunkt liegt deshalb in der Mitte. Wenn wir den Körper weit über eine Kante neigen, fällt er infolge seines eigenen Gewichts um.

**V₂** Wir verschieben nun die Bauteile des Quaders gegeneinander. Er kippt nur dann um, wenn das durch den Schwerpunkt gehende Lot die Tischplatte außerhalb der Standfläche schneidet (Abb. 20.2 ganz rechts). Bestätige dies auch für V₁!

> Ein Körper kippt, wenn das durch den Schwerpunkt gehende Lot die Standfläche nicht trifft.

Die Standfläche eines Körpers ist nicht die Fläche, mit der er die Unterlage berührt. Man versteht darunter die zwischen den äußersten Unterstützungspunkten aufgespannt gedachte Fläche. Bei einem Hocker mit drei Beinen ist die Standfläche z. B. das Dreieck, das von den Berührungspunkten der Beine mit dem Boden gebildet wird.

Da diese Unterstützungspunkte bei uns Menschen durch die Füße gegeben sind, dürfen wir unseren Schwerpunkt nicht allzusehr verlagern, wenn wir nicht umfallen wollen. Andererseits müssen wir uns mit einem schweren, weit ausladenden Sack auf dem Rücken nach vorn beugen, damit unsere kleine Unterstützungsfläche noch vom Schwerpunktlot getroffen wird.

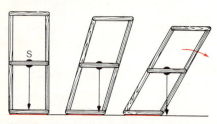

**20.2** Ein Körper kippt, wenn das Schwerpunktlot die Standfläche nicht mehr trifft.

**V₃** Wir befestigen eine Federwaage oben an einer Zigarrenkiste und messen die Kraft, die erforderlich ist, die Kiste umzukippen. Wir stellen fest, daß die Standfestigkeit abhängt
a) von der Größe der Standfläche
b) vom Gewicht des Körpers
c) von der Höhe des Schwerpunktes über der Standfläche.

Die Standfestigkeit von Baukränen wird dementsprechend auf folgende Weise erzielt: Dicht über dem Boden wird auf der dem Ausleger gegenüberliegenden Seite ein Kasten (Gegengewicht) angebracht. Dieser wird nach dem Aufstellen des Krans mit Kies gefüllt.

### Aufgaben:

1. Wann kippt ein Körper?
2. Überlege, wie groß die Standfestigkeit von Vasen mit und ohne Blumen ist!
3. Warum stellst du dich auf einem fahrenden Wagen breitbeinig hin?
4. Stelle dich dicht an die Wand und versuche, einen Gegenstand von deinen Füßen (mit gestreckten Beinen) aufzuheben! Warum geht das nicht?
5. Warum haben Sonnenschirme einen Fuß aus Beton?
6. Wie kann man die Standfestigkeit eines Körpers verbessern? Nenne Beispiele!

21.1 Unfall bei Glatteis

## M₁ 2.5 Warum ist Glatteis so gefährlich?

### Die Reibung

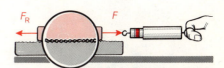

Hier sind 28 Autos aufeinandergefahren. Wie konnte das geschehen? Zum sicheren Fahren brauchen Kraftfahrzeuge einen festen Halt auf der Fahrbahn. Im Sommer ist dieser vorhanden, denn zwischen Reifen und Straßenbelag wirkt eine große **Reibungskraft**. Zwischen Reifen und Eis ist dagegen die Reibung viel kleiner. Schon verhältnismäßig kleine Kräfte genügen, um das Fahrzeug zum Gleiten zu bringen.

21.2 Die Reibungskraft $F_R$ kommt durch die Rauheit der Oberfläche zustande. Sie wird durch die Zugkraft $F$ überwunden. Im Kreis sind die Rauhigkeiten vergrößert.

### Wodurch entsteht Reibung?

Die Oberflächen der Körper sind nie vollkommen glatt. Sie besitzen kleine Unebenheiten. Diese verzahnen sich ineinander, wenn zwei Körper aufeinanderliegen. Sollen sie übereinander gleiten, so muß man dazu eine Zugkraft $F_Z$ aufwenden, die gerade so groß ist wie die Reibungskraft $F_R$. Wir wollen nun untersuchen, wovon sie abhängig ist.

**V₁** Wir ziehen einen Klotz mit einem Kraftmesser nacheinander mit verschiedener Geschwindigkeit über den Tisch. Es zeigt sich, daß die Reibungskraft immer gleich groß ist.

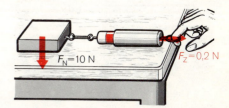

**V₂** Wir wiederholen V₁, legen aber auf den Klotz einen gleich großen zweiten. Dadurch verdoppeln wir die Kraft, mit der die aufeinander gleitenden Flächen zusammengepreßt werden. Diese Kraft nennen wir **Normalkraft** $F_N$. Die Reibungskraft ist jetzt doppelt so groß wie in V₁. Vergleichen wir Normalkraft und Reibungskraft miteinander, so erkennen wir:

> Die Reibungskraft $F_R$ ist stets ein Bruchteil der Normalkraft $F_N$.

21.3 Die Reibungskraft $F_R$ ist von der Normalkraft $F_N$ abhängig.

| Reibungszahlen (Näherungswerte) | | |
|---|---|---|
| Stoff | Haft-reibung | Gleit-reibung |
| Stahl—Stahl | 0,3 | 0,2 |
| Stahl—Eis | 0,03 | 0,02 |
| Holz—Holz | 0,4 | 0,25 |
| Gummi—Asphalt | 0,8 | 0,5 |
| Bremsbelag—Stahl | — | 0,3 |
| Rollreibung: | | |
| Eisenreifen auf Schiene: | | 0,002 |
| Gummireifen auf Asphalt: | | 0,035 |

Teilen wir $F_R$ durch $F_N$, so erhalten wir die Reibungszahl μ (griechischer Buchstabe, sprich: Mü).

$$\frac{\text{Reibungskraft}}{\text{Normalkraft}} = \text{Reibungszahl}; \quad \frac{F_R}{F_N} = \mu$$

**Beispiel:** Ein Schlitten wiegt zusammen mit dem Kind, das darauf sitzt, 400 N (Normalkraft $F_N$!). Ein anderes Kind zieht den Schlitten. Es muß dabei eine Kraft von 6 N aufwenden (Reibungskraft $F_R$).
Wir berechnen die Reibungszahl:

$$\mu = \frac{F_R}{F_N} = \frac{6\,\text{N}}{400\,\text{N}} = 0{,}015$$

Reiben andere Stoffe aufeinander, so ergeben sich auch andere Reibungszahlen.
Das zeigt folgender Versuch:

**V₃** Wir wiederholen $V_1$ und ziehen dabei den Klotz über ein Stück Schmirgelpapier. Die Reibungskraft ist nun viel größer.

> Die Reibungszahl ist von der Beschaffenheit der aufeinander gleitenden Flächen abhängig.

Die nebenstehende Tabelle enthält die Reibungszahlen für einige wichtige Stoffpaare.

### Die Haftreibung

Bei den Versuchen $V_1$ bis $V_3$ hast du sicher schon beobachtet, daß zu Beginn des Gleitvorganges größere Kräfte auftreten als während des Gleitens selbst. Das wollen wir jetzt untersuchen:

**V₄** Wir legen einen Klotz auf den Tisch, haken einen Kraftmesser ein und steigern ganz allmählich die Zugkraft. Hat sie einen bestimmten Wert erreicht, so beginnt der Körper zu gleiten. Ein Vergleich ergibt, daß die dazu notwendige Kraft etwa 1,5 mal so groß ist wie die in $V_1$ gefundene. Wir nennen sie **Haftreibungskraft**.

Das läßt sich so erklären:

Bei der ersten Bewegung zerreißt die Verzahnung. Da die rauhen Oberflächen jetzt nur noch mit geringerer Kraft ineinanderhaken, gleitet der Körper auch weiter, wenn die Zugkraft verringert wird. Jetzt muß nur noch die Gleitreibung überwunden werden.

> Die Haftreibungskraft ist größer als die Gleitreibungskraft.

**22.1** Lege einen Stab so auf deine Zeigefinger! Führe dann deine Hände langsam zur Mitte zusammen! Es gleitet abwechselnd jeweils nur ein Finger unter dem Stab. Beide treffen sich in der Nähe des Schwerpunktes! Bei diesem Vorgang wirken Normalkraft, Haftreibung und Gleitreibung zusammen. Erkläre!

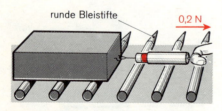

**22.2** Die Rollreibungskraft ist viel geringer als die Gleitreibungskraft.

**22.3** Schwere Körper werden durch Unterlegen von Rollen befördert.

## Die Rollreibung

Eine der bedeutendsten Erfindungen der Menschheit ist das Rad. Durch Räder wird die Reibung ganz erheblich herabgesetzt. Das zeigt folgender Versuch:

$V_5$ Wir legen unseren Holzklotz nach Abb. 22.2 auf runde Bleistifte. Die nun auftretende Reibungskraft ist sehr klein. Wir nennen sie **Rollreibungskraft**.

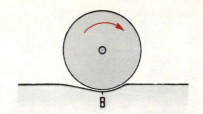

23.1 Beim Abrollen eines Rades wird die Unterlage oder das Rad verformt.

> Die Rollreibungskraft ist sehr klein.

Eigentlich erwarten wir beim Abrollen eines Rades auf der Straße gar keine Reibung, da ja nichts aneinander gleitet. Die dennoch zu beobachtende Kraft entsteht durch die unsymmetrische Verformung der Unterlage (Abb. 23.1). Das Rad läuft sozusagen bergauf. Kleinere Räder (Tretroller, Motorroller im Gelände) sinken tiefer in die Unterlage ein und erfahren deshalb eine größere Reibung. Ackerschlepper baut man daher mit großen Rädern.
Um auch die Gleitreibung im Achslager von Rädern zu vermeiden, stellt man **Kugellager** und **Rollenlager** (Abb. 23.2) her, bei denen Flächen gegeneinander abrollen, aber nicht aneinander gleiten. Man vermindert die Rollreibung durch Härtung der Flächen.

23.2 Kugellager und Rollenlager

## Durch Schmieren vermindert man die Reibungskraft

Auf frisch gewachsten Böden rutschen wir sehr leicht aus. Wachs und Öl vermindern offensichtlich die Reibung. Man schmiert deshalb alle Stellen von Maschinen, an denen Teile leicht übereinander gleiten sollen, z. B. die Achslager. Dazu wird zwischen die reibenden Flächen Öl oder Fett gebracht. Dann gleiten nicht mehr die unebenen Flächen der festen Stoffe, sondern die unmittelbar an diesen anliegenden Fettschichten aneinander. Dadurch sinkt die Reibungskraft beträchtlich.
Ähnlich wie Fett und Öl wirken manche fein verteilten festen Stoffe, z. B. Stearin, Talkum, Graphit und Molybdändisulfid. Besonders gering ist die Gleitreibung auf Eis und Schnee, weil z. B. unter Schlittenkufen und Schlittschuhkanten eine dünne Wasserschicht entsteht, die schmiert.

### Aufgaben:

1. Wie bestimmt man die Reibungszahl?
2. Warum muß eine Lokomotive schwer sein?
3. Wenn beim Anfahren am Berg die Antriebsräder eines Kraftwagens rutschen, kann man die Antriebsräder stärker belasten oder Sand unter die Räder streuen. Begründe diese Maßnahmen.
4. Warum darf man quietschende Bremsen nicht ölen?
5. Ein Schlitten von 200 kg Masse ($F_G \approx 2$ kN) soll über das Eis eines Sees gezogen werden. Wie groß ist die aufzuwendende Kraft?

> **Merke dir,**
>
> daß beim Gleiten eines Körpers auf einem anderen die Reibungskraft entsteht;
>
> daß die Reibungskraft ein Bruchteil der Normalkraft ist;
>
> daß die Reibungszahl der Quotient aus Reibungskraft und Normalkraft ist;
>
> daß man Gleitreibung, Haftreibung und Rollreibung unterscheidet;
>
> daß die Haftreibungskraft etwa 1,5mal so groß ist wie die Gleitreibungskraft;
>
> daß bei Rollreibung sehr kleine Kräfte auftreten;
>
> daß man die Reibungskraft durch Schmieren der gleitenden Flächen verkleinern kann.
>
> „normal" (math.) = senkrecht auf einer Fläche stehend

## M₁ 3 Einfache Maschinen

### M₁ 3.1 Wie kann man den Angriffspunkt einer Kraft verlagern? — Seil und Stange

24.1 Die Stange des Apfelpflückers überträgt die Kraft von unserer Hand auf den Apfel.

Wenn wir einen Apfel nicht unmittelbar vom Baum pflücken können, benutzen wir eine Stange mit Haken. Sie überträgt unsere Muskelkraft auf den Apfel oder den Ast. In ähnlicher Weise wirken die Schub- bzw. Zugstangen zwischen Kraftwagen und Anhänger.
Statt der Stange kann man sich auch eines Seiles bedienen. So überträgt beispielsweise ein Pferd seine Kraft auf den Wagen durch Zugseile. Auch das Stahlseil in einem Kran und das Abschleppseil werden zur Kraftübertragung benutzt.

**V₁** Miß nach Abb. 24.2. in einem „zerschnittenen" Seil die wirkende Kraft. Die Seilstücke AB und CD übertragen die Kraft offensichtlich unverändert. Der mittlere Federkraftmesser zeigt, daß im Seil eine Spannkraft von 1 N herrscht. Die Kraft bleibt gleich, wenn wir ihn an anderer Stelle einfügen;

> Seil und Stange übertragen Kräfte, ohne deren Größe zu verändern.

Die Kräfte können dabei nur in der Längsrichtung des Seils wirken. Die Stange kann dabei sowohl Zug- als auch Druckkräfte, das Seil aber nur Zugkräfte übertragen.

24.2 In der Mitte eines Seils ist die Kraft genauso groß wie am Anfang und am Ende.

> **Merke dir,**
>
> daß man mit einem Seil oder einer Stange Kräfte übertragen kann;
>
> daß Seil und Stange die Größe einer Kraft nicht zu ändern vermögen;
>
> daß ein Seil nur Zugkräfte übertragen kann;
>
> daß Stangen auch Schubkräfte übertragen können.

**Aufgaben:**

1. Gib an, wo ein Seil und wo eine Stange als Mittel zur Kraftübertragung benutzt wird.
2. In der Technik verwendet man Ketten und Riemen zur Kraftübertragung. Vergleiche mit dem Seil!
3. Beim sogenannten Bowdenzug (Fahrrad- und Motorradbremse) wird die Kraft durch ein Stahlseil übertragen, das in einem flexiblen Führungsrohr läuft. Welchem Zweck dient das Führungsrohr? Warum muß der Bowdenzug von Zeit zu Zeit geschmiert werden?

## M₁ 3.2 Wie kann man die Richtung einer Kraft ändern?

### Die feste Rolle

**25.1** Die Richtung der von der Fördermaschine erzeugten Kraft wird im Förderturm geändert.

Im Schacht eines Bergwerks fahren Förderkörbe auf und ab. Sie werden von schweren Maschinen bewegt und transportieren Kohle oder Erz ans Tageslicht. Die Fördermaschine darf nicht unmittelbar über dem Schacht stehen. Sie würde dort die Ladearbeiten behindern. Man stellt sie deshalb einige Meter vom Schacht entfernt auf.
Das Seil, mit dem sie die Förderkörbe bewegt, wird zunächst in den Förderturm geleitet. Dort wird es durch im Turm gelagerte Räder umgelenkt. Ein solches Rad nennt man auch **feste Rolle**. Das über die Rolle geführte Seil überträgt Kräfte. Man erkennt, daß mit der Seilrichtung auch die Kraftrichtung geändert wird.

> Mit Hilfe einer festen Rolle und eines Seils kann man die Richtung einer Kraft ändern.

Nun wollen wir untersuchen, ob sich dabei auch die Größe der Kraft ändert.

**V₁** Wir lassen nach Abb. 25.2 eine Schnur über eine Rolle laufen und hängen links eine Last von 5 N an. Der Kraftmesser im rechten Schnurteil zeigt, daß die am rechten Seilende zum Hinaufziehen aufzuwendende Kraft ebenfalls 5 N beträgt.

> An der festen Rolle sind Last und Kraft gleich.
> $F_L = F_K$

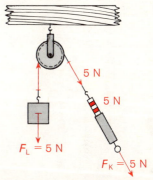

**25.2** Die Schnur überträgt die Zugkraft unverändert: $F_K = F_L$.

Eine Änderung der Richtung der Kraft könnten wir auch dadurch erreichen, daß wir das Seil über einen Balken oder durch einen Ring leiteten. Dabei würde jedoch eine sehr große Reibung entstehen.
Diesen Nachteil vermeidet eine gut gelagerte feste Rolle. Geringe Reibungskräfte treten jedoch auch in den Lagern der Rolle auf. Beim Hinaufziehen der Last ist deshalb eine um die Reibungskraft größere, beim Herablassen eine entsprechend kleinere Kraft aufzubringen.

> **Merke dir,**
>
> daß man mit der festen Rolle die Richtung einer Kraft ändern kann;
>
> daß Last und Kraft an der festen Rolle gleich groß sind;
>
> daß die Richtung einer Kraft sich auch auf andere Weise ändern läßt, die feste Rolle jedoch den Vorteil geringer Reibung hat.

**Aufgaben:**
1. Welche Aufgabe hat die feste Rolle?
2. In welchem Verhältnis stehen an der festen Rolle Last und Kraft?
3. Wo werden feste Rollen verwendet? Nenne Beispiele.

**26.1** Lose Rolle an einem Kran

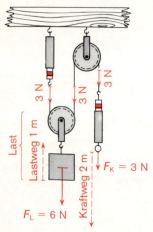

**26.2** Hier wirken lose und feste Rolle zusammen: $F_K = \frac{1}{2} F_L$.

**Merke dir,**

daß sich an einer losen Rolle die Last auf zwei Seile gleichmäßig verteilt;

daß an der losen Rolle die Kraft nur halb so groß ist wie die Last;

daß an der losen Rolle der Kraftweg doppelt so groß ist wie der Lastweg.

## M₁ 3.3 Wie kann man Kraft sparen? — Die lose Rolle

An Kränen kann man beobachten, daß der Haken, in dem die Last eingehängt wird, an einer Rolle befestigt ist. Diese Rolle liegt in einer Seilschlinge. Wenn das eine der beiden Seile eingeholt wird, bewegt sich die Rolle nach oben. Wir bezeichnen sie deshalb als **lose Rolle**.
Diese wollen wir jetzt untersuchen:

**V₁** Nach Abb. 26.2 hängen wir eine lose Rolle in eine Seilschlinge. Im Gegensatz zum Bild lassen wir auch das Seilende rechts zunächst an der Öse eines Kraftmessers enden. Zieht an der Rolle die Last $F_L = 6\,\text{N}$ nach unten, so zeigen beide Kraftmesser je 3 N an, also die Hälfte davon. (Dabei muß berücksichtigt werden, daß auch die Rolle eine Last darstellt: „tote Last".) Wir erkennen:

> An einer losen Rolle verteilt sich die Last gleichmäßig auf zwei Seile.

Wollen wir mit einer losen Rolle Lasten heben, so müssen wir das eine Seilende einholen. Dazu lenken wir es zweckmäßigerweise nach Abb. 26.2 über eine feste Rolle um. Beim Heben der Last brauchen wir nur die an dem freien Seilende auftretende Kraft zu überwinden. Die dazu erforderliche Kraft $F_K$ ist halb so groß wie die Last $F_L$.

> An der losen Rolle braucht man zum Heben einer Last nur eine halb so große Kraft.
> $$F_K = \frac{1}{2} F_L$$

Nun wollen wir noch untersuchen, welche Wege zurückgelegt werden:

**V₂** Baue eine Versuchsanordnung nach Abb. 26.2. Ziehe das freie Seilende 2 m nach unten. Die Last hebt sich dabei nur um 1 m.

> An der losen Rolle ist der Kraftweg ($s_K$) doppelt so groß wie der Lastweg ($s_L$).
> $$s_K = 2 \cdot s_L$$

**Aufgaben:**

1. In welchem Verhältnis stehen an der losen Rolle Last und Kraft?
2. In welchem Verhältnis stehen Lastweg und Kraftweg?
3. Mit welcher Kraft muß man bei einem Versuch nach Abb. 26.2 am Seil rechts ziehen, wenn an der Rolle ein Körper mit dem Gewicht $F_G = 24\,\text{N}$ hängt?

## M₁ 3.4 Wie kann man mit einer kleinen Kraft schwere Lasten heben?

### Der Flaschenzug

Wenn man das nach oben zeigende freie Seilende einer losen Rolle über eine feste Rolle nach unten umlenkt, so erhält man dadurch die Möglichkeit, das Seil über eine zweite lose Rolle zu führen. Weitere lose Rollen machen das Gerät brauchbarer, vor allem dann, wenn die festen und die losen Rollen jeweils gemeinsam in Halterungen angeordnet werden. Diese nennt man Flaschen, die ganze Vorrichtung **Flaschenzug**. Abb. 27.1 zeigt dir einen Kran, der seine Lasten mit einem Flaschenzug hebt, der aus 4 festen und ebensoviel losen Rollen besteht. Bei diesem Kran sind die Rollen nebeneinander angeordnet. Sie können aber auch wie in Abb. 27.2 untereinander liegen.

Betrachte Abb. 27.2! Du erkennst, daß bei 2 losen Rollen das Seil so geführt wird, daß sich die Last auf 4 Seilstücke gleichmäßig verteilt; bei 3 losen Rollen würde sie auf 6 Seile aufgeteilt, bei 4 sogar auf acht. (Siehe Abb. 27.1!)

> An einem Flaschenzug mit $n$ tragenden Seilen trägt jedes Seil $\frac{1}{n}$ der Last.

**27.1** Flaschenzug mit vier losen Rollen und acht tragenden Seilen

Wollen wir mit dem Flaschenzug eine Last heben, so ziehen wir am freien Seilende. Durch einen Versuch wollen wir prüfen, wie groß die Zugkraft sein muß.

**V₁** Wir befestigen an einem Flaschenzugmodell mit 4 Rollen (zwei losen und zwei festen) eine Last. Mit einem Kraftmesser ermitteln wir die Zugkraft. (Berücksichtige auch hier wieder die „tote Last"!)

Wir stellen fest:

> An einem Flaschenzug mit $n$ tragenden Seilen gilt:
> $$F_K = \frac{1}{n} \cdot F_L$$

**Beispiel:** Ein 2,8 kN schweres Wasserrohr wird in einen Graben hinabgelassen. Man verwendet einen Flaschenzug mit 4 Rollen (4 tragende Seile!). Die lose Flasche des Flaschenzuges wiegt 40 N. Wir berechnen die Kraft, die die Arbeiter aufwenden müssen:

$$F_K = \frac{1}{n} \cdot F_L = \frac{1}{4} \cdot 2840\,N = 710\,N$$

Diese Kraft kann von 2 Arbeitern aufgebracht werden. Flaschenzüge werden heute noch dort verwendet, wo schwere Lasten gehoben werden müssen. Außerdem werden beim Bau von Freileitungen die Drähte mit Flaschenzügen gespannt.

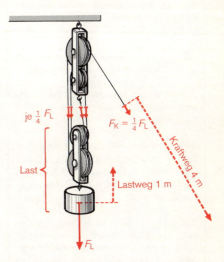

**27.2** Ein Flaschenzug mit zwei festen und zwei losen Rollen. Jedes Seil trägt $\frac{1}{4}$ der Last.

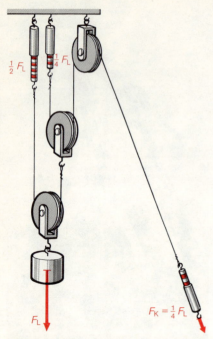

**28.1** Potenzflaschenzug. Überlege, in welchem Verhältnis Kraft und Last zueinander stehen, wenn 3 (oder 4) lose Rollen vorhanden sind!

### Der Potenzflaschenzug

**V₂** Wir ordnen nach Abb. 28.1 zwei lose Rollen so an, daß das freie Seilende der einen von der anderen Rolle gezogen wird. Nun halbiert jede Rolle die auf der vorhergehenden liegende Last. Bei 2 Rollen kann die Last $4 (= 2^2)$-mal so groß sein wie die Kraft, bei 3 Rollen $8 (= 2^3)$mal, bei 4 Rollen $16 (= 2^4)$mal so groß. Für den Potenzflaschenzug gilt also (wenn $n$ die Anzahl der losen Rollen ist):

$$F_L = 2^n \cdot F_K$$

### Kraft und Weg am Flaschenzug

Mit einem Flaschenzug kann man eine Kraft vervielfachen. Das erscheint uns wie ein Geschenk der Natur. Daß dieser Vorteil jedoch auch mit einem Nachteil verbunden ist, erkennen wir an folgendem Versuch:

**V₃** Wir messen an dem Flaschenzug in V₁ den Weg, den die Kraft zurücklegt (Kraftweg $s_K$), und den Weg, den die Last zurücklegt (Lastweg $s_L$).
Wir erkennen:

$$s_K = n \cdot s_L$$

Etwas Entsprechendes konnten wir schon bei der Untersuchung der losen Rolle feststellen. Wir können also ganz allgemein sagen:

> Was an Kraft gespart wird, geht an Weg verloren.

Diesen Satz nennt man die **Goldene Regel der Mechanik**. Sie gilt nicht nur bei losen Rollen und Flaschenzügen, sondern auch bei anderen einfachen Maschinen, die wir noch kennenlernen werden.

---

**Merke dir,**

daß ein Flaschenzug eine Kombination aus mehreren losen und festen Rollen ist;

daß an einem Flaschenzug die Kraft wesentlich kleiner ist als die Last;

daß an einem Flaschenzug der Kraftweg wesentlich länger ist als der Lastweg;

daß an einem Flaschenzug das Verhältnis zwischen Kraft und Last und das zwischen Kraftweg und Lastweg durch die Anzahl der tragenden Seile bestimmt wird;

daß man bei allen einfachen Maschinen mit dem Vorteil der kleineren Kraft den Nachteil des längeren Kraftweges in Kauf nehmen muß (Goldene Regel der Mechanik).

---

**Aufgaben:**

1. Zeichne einen Flaschenzug mit 3 losen und 3 festen Rollen. Achte dabei auf die Seilführung!
2. In welchem Verhältnis stehen am Flaschenzug Last und Kraft?
3. In welchem Verhältnis stehen am Flaschenzug Lastweg und Kraftweg?
4. Ein Stein mit einem Gewicht von 2,16 kN soll gehoben werden. Es wird ein Flaschenzug mit 6 tragenden Seilen (6 Rollen) verwendet.
a) Welche Kraft ist erforderlich?
b) Um wieviel Meter muß das Seil eingeholt werden, wenn der Stein 1,20 m hoch gehoben werden soll?
5. Warum kann man den Schnürverschluß der Schuhe auch als Flaschenzug auffassen?

## M₁ 3.5 Wie mißt man die Arbeit?

### Arbeit

Bei einem Umzug verpackt man Geschirr, Bücher, Wäsche usw. in Kisten. Diese müssen dann aus dem alten Haus heraus und ins neue hineingetragen werden. Wird dies von einem Arbeiter getan, so muß man ihn dafür bezahlen. Er wird je nach Umfang der **Arbeit** mehr oder weniger Lohn bekommen. Um verschiedenartige Arbeiten miteinander vergleichen zu können, müssen wir sie messen.

### Die Arbeitseinheit

Wenn eine Kiste ins 1. Stockwerk (3 m) getragen wird, verrichtet man eine bestimmte Arbeit. Bei 2 Kisten verdoppelt sie sich. Die Arbeit steigt sogar auf den sechsfachen Wert, wenn 2 Kisten ins 3. Stockwerk getragen werden. Wenn wir Abb. 29.2 studieren, erkennen wir, daß man durch Malnehmen von Gewichtskraft und Hubhöhe ein Maß für die Arbeit gewinnt.

> Arbeit = Gewichtskraft · Hubhöhe; $W = F_G \cdot h$

Mißt man die Gewichtskraft in N und die Hubhöhe in m, so ergibt sich die Arbeit in **Newtonmetern (Nm)**. Diese Einheit nennt man auch **Joule (J)**, nach dem englischen Physiker **James Prescott Joule** (1818—1889).

> 1 J = 1 Nm ist die Arbeit, die nötig ist, um einen Körper, auf den die Gewichtskraft 1 N wirkt, um 1 m zu heben.

Das Wort „Arbeit" ist in der Physik ein exakt festgelegter Begriff, während es im täglichen Leben vieldeutig bleibt. Wir müssen uns davor hüten, aus der Ermüdung unserer Muskeln auf die Größe der verrichteten Arbeit zu schließen. Halten wir z. B. eine schwere Last längere Zeit in der Hand, so werden wir durch die Anstrengung unserer Muskeln müde, ohne jedoch Arbeit zu verrichten. Beim Halten eines Körpers in gleicher Höhe ist nämlich der Weg null und somit auch die Arbeit im Sinne der Physik.

### Verschiedene Formen der Arbeit

Zieht ein Arbeiter eine Kiste von 500 N Gewicht auf einem leicht laufenden Wagen auf glatter waagerechter Straße 10 m weiter, so hat er viel weniger Arbeit zu verrichten, als wenn er sie 10 m hoch hebt. Während ihm beim Hinaufziehen das ganze Gewicht entgegensteht, lastet dieses bei waagerechter Fahrt auf der Straße, so daß der Mann nur noch die Reibungskraft überwinden muß. Nach der jeweils anzuwendenden Kraft nennt man die Arbeit, des einen Mannes **Hubarbeit**, die des anderen **Reibungsarbeit**.

29.1 Das Hochheben von Körpern ist eine Arbeit.

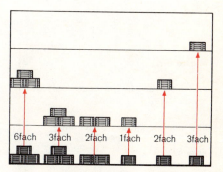

29.2 Dieses Bild zeigt, warum es sinnvoll ist, die Arbeit aus Gewicht und Hubhöhe zu berechnen.

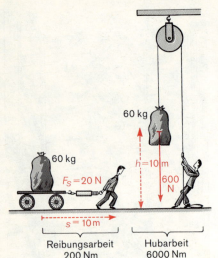

**30.1** Hier siehst du zwei Männer. Einer befördert einen Sack mit der Masse $m = 60$ kg auf einem Wagen 10 m weit. Der andere hebt den gleichen Sack 10 m hoch. Der ziehende Mann braucht nur die Kraft $F_S = 20$ N aufzubringen, weil er nur die Reibungskraft zu überwinden braucht. Der andere muß dagegen das Gewicht überwinden und deshalb eine Kraft von 600 N aufbringen. Berechne Hubarbeit und Reibungsarbeit! Vergleiche mit dem, was auf S. 30 über Arbeit gesagt ist.

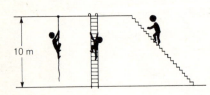

**30.2** Zu Aufgabe 4

**Merke dir,**

daß die Arbeit in Nm oder Joule gemessen wird;

daß man sie mit der Gleichung
$$W = F \cdot s$$
errechnet;

daß mit einfachen Maschinen keine Arbeit eingespart werden kann.

Will man die Arbeit berechnen, so muß in jedem Fall die Kraft gemessen werden und die Länge des Weges, den der jeweilige Körper unter der Einwirkung der Kraft zurücklegt. Bei der Hubarbeit läßt sich die Kraft leicht bestimmen: Sie ist gleich der Gewichtskraft des Körpers. Bei der Reibungsarbeit kann sie nur an einem waagerecht zwischen Mann und Wagen liegenden Kraftmesser abgelesen werden. Es gilt:

Arbeit wird verrichtet, wenn ein Körper durch eine Kraft längs eines Weges verschoben wird.
$$W = F \cdot s$$

**Arbeit kann nicht vermindert werden**

Sollen Arbeiter einen Sack, auf den die Gewichtskraft 600 N wirkt, 10 m hoch heben, so verrichten sie dabei die Arbeit

$$W = F \cdot s = 600 \text{ N} \cdot 10 \text{ m} = 6000 \text{ Nm} = 6000 \text{ J}$$

Geben wir ihnen einen Flaschenzug mit 6 Rollen, mit dem sie den gleichen Sack hinaufziehen können, so brauchen sie nur noch den 6. Teil an Kraft (100 N). Dafür müssen sie aber die sechsfache Seillänge (60 m) einholen. Sie müssen also den 6. Teil an Kraft = 100 N längs des 6fachen Weges = 60 m aufbringen. Die Arbeit

$$W = F \cdot s = 100 \text{ N} \cdot 60 \text{ m} = 6000 \text{ Nm} = 6000 \text{ J}$$

ist also mit und ohne Flaschenzug gleich groß.

Du erkennst, daß bei den Seilmaschinen die **Arbeit unverändert** bleibt. Es kann zwar die **Kraft vermindert** werden, jedoch wird der **Weg** dann **größer**.

Durch einfache Maschinen kann keine Arbeit eingespart werden.

Denk über diesen Satz nach! Du erkennst dann, daß er nichts anderes darstellt als eine neue, exaktere Formulierung der Goldenen Regel der Mechanik unter Zuhilfenahme des Begriffs „Arbeit".

**Aufgaben:**

1. Wann wird Arbeit verrichtet? Nenne die Bedingungen!
2. In welcher Einheit messen wir die Arbeit?
3. Warum ist Treppensteigen eine Arbeit? Wie muß der hierbei zurückgelegte Weg gemessen werden?
4. Betrachte Abb. 30.2! Welcher der drei Männer, von denen jeder eine Masse von 80 kg hat ($F_G \approx 800$ N), hat nach dem Erreichen der Plattform die größere Arbeit verrichtet?
5. Ein Arbeiter auf einem Neubau schiebt einen 10 kN schweren Kippwagen mit Beton auf einem waagerechten, 8 m langen Geleise vom Mischer zur Baustelle. Die Reibungskraft beträgt 70 N. Welche Arbeit verrichtet er? Warum ist die Antwort 80 kJ falsch?

## M₁ 3.6 Wie vergleicht man Leistungen?

### Die Leistung

Zwei Jungen gleicher Masse ($m = 50$ kg; Gewichtskraft $F_G \approx 500$ N) klettern an zwei Stangen auf gleiche Höhe (6 m). Beide verrichten dieselbe Arbeit (3000 Nm = 3 kJ). Einer von ihnen braucht 30 s, der andere 60 s. Der erste vollbringt eine größere **Leistung** als der zweite. Um Leistungen vergleichen zu können, wird üblicherweise die in 1 Sekunde verrichtete Arbeit ausgerechnet.

Es leisten:

| der erste Junge | der zweite Junge |
|---|---|
| $\frac{3000 \text{ Nm}}{30 \text{ s}} = 100 \frac{\text{Nm}}{\text{s}}$ | $\frac{3000 \text{ Nm}}{60 \text{ s}} = 50 \frac{\text{Nm}}{\text{s}}$ |

Die Leistung des zweiten Jungen war halb so groß wie die des ersten.

Wir berechnen die Leistung aus Arbeit und Zeit wie folgt.

$$\text{Leistung} = \frac{\text{Arbeit}}{\text{Zeit}}; \quad P = \frac{W}{t}$$

Als **Einheit der Leistung** ergibt sich dabei $1 \frac{\text{Nm}}{\text{s}} = 1 \frac{\text{J}}{\text{s}}$. Man nennt sie auch **1 Watt (W)** nach dem Erfinder der Dampfmaschine **James Watt** (1736–1819). Diese Leistung haben ein Mensch oder eine Maschine, wenn sie in jeder Sekunde einen Körper, der die Gewichtskraft 1 N erfährt, um 1 m heben.

**31.1** Ein Leistungstest!

Die Leistung wird in Watt gemessen.

$$1 \text{ W} = 1 \frac{\text{Nm}}{\text{s}} = 1 \frac{\text{J}}{\text{s}}$$

$$1000 \text{ W} = 1 \text{ kW}; \quad 1000 \text{ kW} = 1 \text{ MW}$$

**Beispiel:** Ein Bauarbeiter hebt mit Hilfe eines Flaschenzugs in 6 min = 360 s einen 1500 N schweren Eisenträger 16 m hoch. Die Leistung des Mannes beträgt

$$P = \frac{W}{t} = \frac{F \cdot s}{t} = \frac{1500 \text{ N} \cdot 16 \text{ m}}{360 \text{ s}} = \frac{24000 \text{ Nm}}{360 \text{ s}} = 66{,}6 \text{ W}$$

Neben der Leistungseinheit 1 Watt war früher die Einheit 1 **Pferdestärke** (PS) gebräuchlich. Man kann diese Einheiten folgendermaßen ineinander umrechnen:

$$1 \text{ PS} = 736 \text{ W}; \quad 1 \text{ kW} = 1{,}36 \text{ PS}.$$

| Leistungen | |
|---|---|
| Dauerleistung eines Menschen | 75 W ($\frac{1}{10}$ PS) |
| Höchstleistung eines Menschen | 2 kW (3 PS) |
| mittlere Leistung eines Pferdes | 500 W ($\frac{2}{3}$ PS) |
| Leistung eines Volkswagens bei Vollgas | 33 kW (45 PS) |
| Elektrische Lokomotive der Gotthardbahn | 9000 kW (12000 PS) |
| Walchenseekraftwerk | 125 000 kW |
| großes Dampfkraftwerk | 600 000 kW |

**32.1** So kannst du deine Höchstleistung messen: Du läufst eine Treppe hinauf. Dein Freund stoppt die Zeit, die du brauchst. Wiegst du 40 kg ($F_G \approx 400$ N) und brauchst für eine 3 m hohe Treppe 2 s, so ist deine Leistung

$$P = \frac{F \cdot s}{t} = \frac{400 \text{ N} \cdot 3 \text{ m}}{2 \text{ s}} = 600 \frac{\text{Nm}}{\text{s}} = 600 \text{ W.}$$

## Wir messen und berechnen Leistungen

**V₁** Wir wollen feststellen, welche Höchstleistung ein Mensch erreichen kann. Dazu stellen wir zunächst das Gewicht der Versuchsperson fest (z. B. 400 N). Dann lassen wir sie eine Treppe hinauflaufen und stoppen die Zeit, die sie dazu benötigt. Braucht z. B. ein Schüler für eine 3 m hohe Treppe 2 Sekunden, so leistet er

$$P = \frac{F \cdot s}{t} = \frac{400 \text{ N} \cdot 3 \text{ m}}{2 \text{ s}} = 600 \frac{\text{Nm}}{\text{s}} = 600 \text{ W.}$$

**V₂** Wie groß ist die Leistung eines Menschen, wenn er sich nicht bis zum äußersten anstrengt, sondern einer normalen Arbeit nachgeht? Dazu überlegen wir, was eine Person z. B. leisten müßte, wenn sie dieses Kapitel aus unserem Lehrbuch (etwa 3000 Anschläge) abschriebe. Wir messen an einer Schreibmaschine, mit welcher Kraft man die Taste herabdrücken muß: 5 N. Dann messen wir den Tastenweg: 1,8 cm. Braucht die Versuchsperson 30 Minuten, so ist ihre Leistung

$$P = \frac{F \cdot s}{t} = 3000 \cdot \frac{5 \text{ N} \cdot 0{,}018 \text{ m}}{1800 \text{ s}} = 0{,}15 \frac{\text{Nm}}{\text{s}} = 0{,}15 \text{ W.}$$

---

**Merke dir,**

daß man die Leistung berechnet, indem man die Arbeit durch die Zeit teilt, in der sie verrichtet wird;

daß man Leistungen in Watt angibt;

daß 1 PS = 736 W ist.

---

**Aufgaben:**

1. In welcher Maßeinheit messen wir die Leistung?
2. Wie können wir eine Leistung berechnen?
3. Was ist ein PS?
4. In einem Prospekt kannst du lesen, daß ein Kraftfahrzeugmotor 60 PS leistet. Wieviel kW sind das?
5. Ein Arbeiter zieht über eine feste Rolle Backsteine 15 m hoch. Je Ladung befördert er 30 kg Steine und braucht eine halbe Minute. Berechne Arbeit und Leistung. Vergleiche mit dem Tabellenwert!
6. Wie lange braucht ein Junge, der auf die Dauer 50 W leistet, um 150 kg Kohlen 10 m hoch zu ziehen?
7. Welche Leistung vollbringt ein Matrose, der in 20 s auf den 50 m hohen Mast seines Schiffes klettert, wenn er selbst 75 kg ($F_G = 750$ N) wiegt?
8. Ein Bergsteiger (75 kg, $F_G = 750$ N) gewinnt je Stunde durchschnittlich 300 m Höhe. Wie groß ist seine Steigleistung? Vergleiche mit den Angaben über menschliche Leistungen in der Tabelle.
9. Ein Auto wiegt 9 kN. Es hat einen Motor, der 45 kW leistet. In welcher Zeit müßte das Auto auf einen 1500 m hohen Berg hinauffahren können?

## M₁ 3.7 Wie kann man mit einfachen Mitteln seine Kraft vergrößern?

### Die Hebel

Der Mann auf unserem Bild will eine schwere Kiste heben. Allein schafft er es nicht. Es lohnt sich aber auch nicht, wegen einer solchen Kleinigkeit einen Kran herbeizuschaffen. Eine stabile Stange ist dagegen fast immer zur Hand. Sie wird unter die Last geschoben. Nahe an der Last unterstützen wir sie mit einem Stein. Um dieses Widerlager dreht sich die Stange, wenn wir an ihrem Ende nach unten drücken. Das andere Ende hebt die Last. Eine solche Einrichtung nennt man **Hebel**. Die Entfernung von der Drehachse bis zum Angriffspunkt der Last heißt **Lastarm**, die von der Achse bis zum Angriffspunkt der Kraft **Kraftarm**. Lastarm und Kraftarm liegen auf zwei verschiedenen Seiten der Achse, deshalb spricht man hier vom **zweiseitigen Hebel**.

Wir wollen jetzt untersuchen, unter welchen Bedingungen ein Hebel eine Kraft verstärkt.

**V₁** Nach Abb. 33.2 hängen wir an eine um ihre Mitte drehbare Stange ein Wägestück. Seine Gewichtskraft von 5 N zieht 10 cm von der Hebelachse entfernt nach unten. Auf der anderen Seite der Achse messen wir mit einem Kraftmesser, welche Kraft aufgewendet werden muß, wenn die Last gehoben werden soll. Dabei verändern wir mehrfach den Kraftarm, indem wir den Kraftmesser immer an anderen Punkten des Hebels einhaken. Schon bald erkennen wir, daß die Kraft kleiner wird, wenn wir den Kraftarm länger machen.

**Je länger der Kraftarm, desto kleiner die Kraft.**

33.1 So kann man auch mit kleiner Kraft eine schwere Kiste heben. Die Brechstange wirkt als zweiseitiger Hebel.

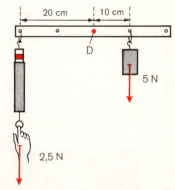

33.2 Zweiseitiger Hebel mit dem Übersetzungsverhältnis 1:2

Machen wir den Kraftarm $a_K$ zweimal so lang wie den Lastarm $a_L$, so ist die Kraft $F_K$ ½mal so groß wie die Last $F_L$ (Abb. 33.2). Der Hebel übersetzt jetzt im Verhältnis 1:2. Machen wir den Kraftarm $a_K$ n-mal so groß wie den Lastarm $a_L$, so ergibt sich das **Übersetzungsverhältnis** 1:n. Die Kraft beträgt dann nur $1/n$ der Last $F_L$. Erkläre das anhand der folgenden Tabelle!

| Lastarm $a_L$ | Kraftarm $a_K$ | Übersetzungsverhältnis $a_L : a_K$ | Kraft $F_K$ | Last $F_L$ |
|---|---|---|---|---|
| 10 cm | 20 cm | 1:2 | 2,5 N | 5 N |
| 10 cm | 5 cm | 2:1 | 10 N | 5 N |
| 0,5 m | 3 m | 1:6 | 30 N | 180 N |

Du erkennst, daß Hebel Kräfte verändern. Es gilt:

$$F_K = F_L \cdot \frac{a_L}{a_K}$$

$\left(\frac{a_L}{a_K} = \text{Übersetzungsverhältnis}\right)$

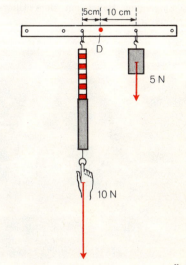

33.3 Zweiseitiger Hebel mit dem Übersetzungsverhältnis 2:1

## Der einseitige Hebel

Der Arbeiter, der eine schwere Kiste mit einem Hebel heben will, kann das auch, ohne einen Stein unter die Stange zu legen. Das zeigt Abb. 34.1. Die Drehachse befindet sich jetzt am Ende des Hebels. Lastarm und Kraftarm liegen auf einer Seite, deshalb spricht man hier von einem **einseitigen Hebel**.

**34.1** Es geht auch ohne Widerlager. Jetzt dient die Brechstange als einseitiger Hebel.

**V₂** Eine an einem Hebel hängende Last mit einer Gewichtskraft von 5 N kann nach Abb. 34.2 auch gehoben werden, wenn man auf derselben Seite des Hebels nach oben zieht. Greift die Kraft im doppelten Abstand von der Achse an wie die Last, so sind nur 2,5 N erforderlich; greift sie im halben Abstand (5 cm) an, so braucht man 10 N. Auch für den einseitigen Hebel gilt also die Bedingung:

$$F_K = F_L \cdot \frac{a_L}{a_K}.$$

**Beispiel:** Ein Sack Getreide ($F_G = 500$ N) liegt auf einer Schubkarre, und zwar 40 cm vom Radmittelpunkt entfernt. Die Tragholme der Schubkarre sind 1,60 m lang. Die Kraft, mit der die Schubkarre angehoben werden kann, ist

$$F_K = F_L \cdot \frac{a_L}{a_K} = 500 \text{ N} \cdot \frac{0,4 \text{ m}}{1,6 \text{ m}} = 125 \text{ N}.$$

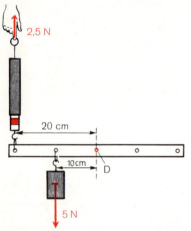

**34.2** Einseitiger Hebel mit dem Übersetzungsverhältnis 1:2

## Kann man mit dem Hebel Arbeit sparen?

Wenn man bei einem Hebel den langen Kraftarm um ein bestimmtes Stück bewegt, bewegt sich auch der kürzere Lastarm, aber nur um ein kleineres Stück. Auch am Hebel kann man nur dann Kraft sparen, wenn man eine entsprechende Vergrößerung des Kraftweges in Kauf nimmt.

**Bei Anwendung eines Hebels ändert sich die aufzuwendende Arbeit nicht.**

## Das Drehmoment

Stell dir vor, du müßtest ein Fahrrad aus voller Fahrt abbremsen. Du weißt, daß du dabei die Pedale waagerecht stellen mußt. Nur so kannst du eine genügend große Drehwirkung an der Rücktrittbremse erzeugen. Bei senkrechter Stellung der Pedale ist zwar die Entfernung vom Angriffspunkt der Kraft bis zur Achse genauso groß wie bei waagerechter Stellung. Trotz gleicher Krafteinwirkung entsteht aber nur eine kleine oder gar keine Drehwirkung. Die Drehwirkung — man sagt auch **Drehmoment** — hängt also nicht nur von Kraft und Kraftarm ab, sondern auch von der Richtung, mit der die Kraft auf den Hebel wirkt. Das wollen wir untersuchen:

**34.3** Nur so erreichst du beim Bremsen die größte Wirkung.

**V₃** Ziehe mit gleicher Kraft nach Abb. 35.1 an der Türklinke a) senkrecht zur Tür, b) in Richtung der Tür, c) schräg dazu.

Deine Kraft bringt bei a) die größte, bei b) keine und bei c) eine mittlere Wirkung hervor.
Das Drehmoment ist also dann groß, wenn die im Bild gestrichelte Linie in großem Abstand an der Drehachse vorbeigeht.

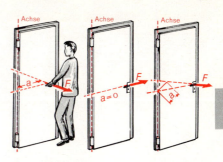

35.1 Links entsteht die größte, in der Mitte keine und rechts eine mittlere Drehwirkung (= Drehmoment)

Das untersuchen wir genau:

**V₄** Die in der Achse gelagerte Holzscheibe der Abb. 35.2a dreht sich unter dem Einfluß der angehängten Wägestücke so lange, bis sie im Gleichgewicht ist. Dann ist das Drehmoment $M_l$ der linksdrehenden Kraft $F_l$ genauso groß wie das Drehmoment $M_r$ der rechtsdrehenden Kraft $F_r$. Nun denken wir uns die Kraftpfeile verlängert. Die Verlängerungen nennt man **Wirkungslinien**. Die Wirkungslinie der kleinen Kraft hat einen großen **Abstand von der Drehachse**, die der großen Kraft einen kleinen.

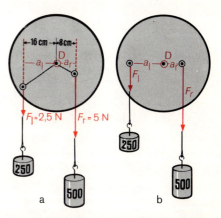

**V₅** Das Gleichgewicht der Scheibe bleibt bestehen, wenn wir den Angriffspunkt von $F_l$ (oder $F_r$) durch Versetzen des Reißbrettstiftes, der die Schnur hält, längs ihrer Wirkungslinie verschieben (Abb. 35.2b). Wir verschieben sie so weit, bis beide mit der Achse auf gleicher Höhe liegen.

Nun erkennen wir, daß die Abstände der Wirkungslinien von der Achse als Hebelarm eines zweiseitigen Hebels aufgefaßt werden können. Je größer diese Abstände sind, desto größer ist auch das zugehörige Drehmoment $M$. Die Größe des Drehmoments kann man also aus der Kraft $F$ und dem Abstand $a$ ihrer Wirkungslinie von der Drehachse errechnen.

35.2 Das Drehmoment ändert sich nicht, wenn man den Kraftangriffspunkt längs der Kraftwirkungslinie verschiebt

$$\text{Drehmoment: } M = F \cdot a$$

Das linksdrehende Moment in V₄ hatte also die Größe

$$M_l = F_l \cdot a_l = 2{,}5 \text{ N} \cdot 0{,}16 \text{ m} = 0{,}4 \text{ Nm}.$$

Wie groß war das rechtsdrehende Moment $M_r$? Vergleiche! Für den betrachteten Gleichgewichtsfall (und auch für jeden anderen) gilt die Gleichgewichtsbedingung

$$M_l = M_r$$
$$F_l \cdot a_l = F_r \cdot a_r.$$

Denk nun wieder an die Hebel! Du erkennst, daß diese Gleichung auch auf sie anwendbar ist. $F_r$ kann nun als Kraft, $a_r$ als Kraftarm, $F_l$ als Last und $a_l$ als Lastarm aufgefaßt werden. Für jeden sich im Gleichgewicht befindlichen Hebel gilt dann:

$$\text{Kraft} \cdot \text{Kraftarm} = \text{Last} \cdot \text{Lastarm}$$

**Merke dir,**

daß jede Stange, die sich um eine Achse dreht, als Hebel betrachtet werden kann;

daß das Kraftübersetzungsverhältnis durch die Länge der Hebelarme bestimmt wird;

daß die Hebelwirkung in vielen Werkzeugen angewendet wird;

was man unter Drehmoment versteht;

daß am Hebel Gleichgewicht herrscht, wenn das Produkt aus Last- und Lastarm gleich dem Produkt aus Kraft- und Kraftarm ist.

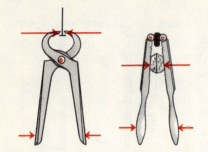

**36.1** Nußknacker und Zange als Hebel

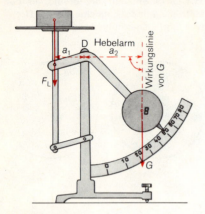

**36.2** Briefwaage

**36.3** Kurbeltrieb. Wann ist das Drehmoment groß, wann klein? Zeichne in verschiedenen Stellungen!

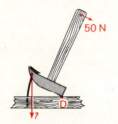

**36.4** „Klauen"hammer. Mit welcher Kraft hält der Nagel? Miß die Hebelarme!

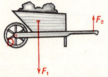

**36.5** Wo legt man am Schubkarren zweckmäßigerweise die Last auf?

## Der Hebel in der Technik

In vielen Werkzeugen wird die Hebelwirkung ausgenutzt. Der **Nußknacker** ist z. B. ein einseitiger Hebel, die **Zange** ein zweiseitiger. Unsere Muskelkraft greift bei beiden am langen Arm an. Sie erzeugt am kurzen Arm eine viel größere Kraft, die die Nuß brechen oder den Nagel durchzwicken kann.

Bei der **Briefwaage** nach Abb. 36.2 stellt sich das Gleichgewicht von selbst durch Neigen ein. Wenn du an ihr die Drehachse D des Hebels gefunden hast, erkennst du auch sofort, wie der runde Bleikörper B und der Brief den Hebel jeweils in die entgegengesetzte Richtung drehen wollen. Je schwerer der Brief ist, desto weiter kann er den Bleikörper aus seiner Ruhelage herausheben. Dabei steigt das von diesem hervorgerufene Drehmoment, weil der Hebelarm $a_2$ (Abstand der Wirkungslinie von der Drehachse) länger wird. Schließlich sind das Drehmoment des Briefes und das Drehmoment des Massenstücks einander gleich. Es herrscht Gleichgewicht. Die Masse des Briefs wird dann auf der Skala angezeigt.

Die Waage des Kaufmanns hat ebenfalls ein „Gewicht" (=Wägestück), das sich neigt. Solche Waagen werden deshalb **Neigungsgewichtswaagen** genannt. — Wenn der Preis von 100 g der Ware bekannt ist, läßt sich sofort an der dem Verkäufer zugewandten Seite der Preis der abgewogenen Menge erkennen!

Bei der **Pleuelstange** der Dampfmaschine und Kolbenmotoren steht der wirksame Hebelarm $a$ senkrecht zum Kraftpfeil (Abb. 36.3). Liegt die Stange waagerecht, so wird $a$ und damit das von ihr auf das Rad ausgeübte Drehmoment Null. In diesem **Totpunkt** kann die Kraft $F$ das Rad nicht in Bewegung setzen. Doch wird diese Schwierigkeit bei ständiger Bewegung durch den „Schwung" der Maschine überwunden.

### Aufgaben:

1. Du benutzt täglich vielerlei Hebel. Nenne einige! Sind sie einseitig oder zweiseitig? Suche Kraftarm und Lastarm!
2. Erkläre den Ausdruck: „Er sitzt am längeren Hebel".
3. Zerbrich ein Streichholz in immer kleinere Stücke. Berichte und erkläre!
4. Eine Brechstange ist 1 m lang. Sie wird 10 cm unter einen Stein geschoben. Dann hebt man ihr freies Ende an. Zeichne! Welche Kraft muß aufgewendet werden, wenn der Stein 4 kN wiegt?
5. Anton (40 kg, $F_G = 400$ N) und Bernhard (30 kg; $F_G = 300$ N) finden ein 7 m langes Brett. Sie wollen daraus eine Wippe herrichten. Wo müssen sie das Brett unterstützen?
6. Beantworte die Fragen unter den Abb. 36.3, 36.4 und 36.5!
7. Wie muß man die Drehmomente $M_l$ bzw. $M_r$ ändern, damit sich die Scheibe in Abb. 35.2 im oder gegen den Uhrzeigersinn dreht?

## M₁ 3.8 Wie lassen sich Kräfte und Drehmomente verändern?

### Getriebe

37.1 Altes Wellrad
(Deutsches Museum München)

### Das Wellrad

Wenn man Wasser mit einem Eimer aus einem tiefen Brunnen holt, so hindert das herausgezogene lange Seil. Es wird deshalb auf eine Welle gewickelt (Abb. 37.1). Der Eimer ruft an der Welle ein Drehmoment hervor. Soll er nicht wieder in den Brunnen fallen, so muß ein gleich großes Drehmoment dem entgegenwirken. Der Mann auf unserem Bild erzeugt dieses, indem er an einem endlosen Seil zieht, das um ein großes Rad geschlungen wird. Rad und Welle sind fest miteinander verbunden. Die Vorrichtung nennt man deshalb **Wellrad**. Wir wollen es genauer untersuchen:

**V₁** Nach Abb. 37.2 werden zwei Scheiben verschiedenen Durchmessers fest miteinander verbunden und dann auf einer Achse drehbar gelagert. Um den Umfang der kleineren schlingt man ein Seil und belastet es durch ein Wägestück. Auch um die große Scheibe wird ein Seil gelegt. An ihm mißt man die Kraft, die zum Heben des Wägestücks gebraucht wird.

In Abb. 37.2 hat die kleinere Scheibe den Durchmesser $a_1 = 8$ cm, die größere $a_2 = 16$ cm.
Wir berechnen die von den Kräften $F_1 = 10$ N und $F_2 = 5$ N hervorgerufenen Drehmomente.

$M_1 = F_1 \cdot a_1 = 10$ N $\cdot 0,08$ m $= 0,8$ Nm
$M_2 = F_2 \cdot a_2 = \phantom{0}5$ N $\cdot 0,16$ m $= 0,8$ Nm

Die beiden Drehmomente sind gleich. Das erinnert uns an die Gleichgewichtsbedingung beim Hebel. In der Tat zeigt uns Abb. 37.2, daß die Radien der beiden Scheiben als Hebelarme mit gemeinsamer Achse betrachtet werden können. Wie beim Hebel ist die Kraft am langen Arm klein (Radius der großen Scheibe) und am kurzen Arm groß (Radius der kleinen Scheibe).

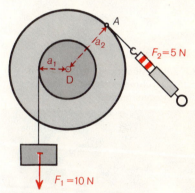

37.2 Wellrad (schematisch).
Die beiden Drehmomente sind gleich groß

Es gilt:

> Am Wellrad verhalten sich die Kräfte umgekehrt wie die Halbmesser von Welle und Rad.

Es ist leicht einzusehen, daß das um das große Rad gelegte endlose Seil in Abb. 37.1 nur eine technische Spielerei ist. Man könnte das Wellrad auch antreiben, wenn man am Umfang einen Handgriff anbrächte. Sogar das Rad ist überflüssig: Eine **Kurbel** mit Handgriff kann es ersetzen. Solche Kurbeln finden wir heute noch an Brotschneidemaschinen, Kaffeemühlen, Wagenhebern und Fahrrädern (Tretkurbel!). Früher, als noch mehr Maschinen mit der Hand angetrieben werden mußten, waren sie weit verbreitet.

37.3 Eine Kurbel mit Handgriff an einer Brotschneidemaschine. Sie wirkt wie ein Wellrad

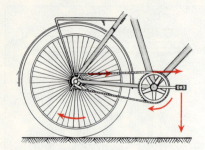

**38.1** Kraftübertragung am Fahrrad: Die Kraft wird durch die Kette unverändert von Zahn zu Zahn übertragen.

**38.2** Zahnradübertragung: Die Zähne der Räder berühren sich im Gegensatz zu Bild 38.1 unmittelbar.

**38.3** Keilriemen sind verhältnismäßig rutschsicher.

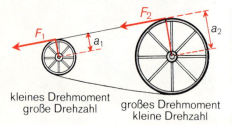

kleines Drehmoment große Drehzahl — großes Drehmoment kleine Drehzahl

**38.4** Riementrieb: Das große Drehmoment tritt am großen Rad auf.

## Riemen-, Ketten- und Zahnradübertragung

Beim Fahrrad entsteht an dem mit der Tretkurbel verbundenen großen Zahnrad eine Kraft. Sie wird durch die **Kette** auf das kleine Zahnrad übertragen, das am Hinterrad befestigt ist. Die Zähne der Zahnräder greifen in die Lücken der Kette und verhindern dadurch jegliches Gleiten.
Statt der Kette kann man zur Kraftübertragung von Achse zu Achse auch einen Riemen verwenden. Treten hier große Kräfte auf, so besteht die Gefahr des Rutschens. Diese ist allerdings bei Keilriemen gering, denn sie werden bei starkem Zug in die Nut gepreßt.
Kette und Riemen wirken wie ein Seil. Sie übertragen die Kräfte also unverändert vom Umfang des einen zum Umfang des anderen Rades.
Ähnliches geschieht bei der Reibrad- oder Zahnradübertragung, nur wird hier die Drehrichtung jeweils umgekehrt (Abb. 38.2).
Betrachte den **Riementrieb** in Abb. 38.4! Nimm an, das kleine Rad werde angetrieben. Dazu muß man an ihm das Drehmoment $M_1 = F \cdot a_1$ erzeugen. Wegen der Kopplung durch den Riemen entsteht gleichzeitig am großen Rad das Drehmoment $M_2 = F \cdot a_2$. Dieses ist größer.

> Bei Ketten-, Riemen- und Zahnradtrieben tritt am großen Rad das größere Drehmoment auf: Drehmomentwandler.

Nun wollen wir wissen, um wieviel $M_2$ größer ist als $M_1$. Teilen wir $M_2$ durch $M_1$, so erhalten wir das Übersetzungsverhältnis:

$$\frac{M_2}{M_1} = \frac{F \cdot a_2}{F \cdot a_1}.$$

$F$ ist in beiden Gleichungen gleich groß, kann also gekürzt werden. Dann ergibt sich $\frac{M_2}{M_1} = \frac{a_2}{a_1}.$

Aus Abb. 38.4 können wir noch eine weitere Eigenschaft von Getrieben ablesen: Das kleine Rad hat einen kleinen, das große einen großen Umfang. Durch die Riemenverbindung müssen aber Punkte auf dem Umfang beider Räder in gleicher Zeit gleiche Wege zurücklegen. Das ist nur dann möglich, wenn sich das kleine Rad in derselben Zeit öfter dreht als das große. Man erkennt ohne weiteres, daß sich die Drehzahlen umgekehrt verhalten wie die Radien.

> Drehzahlverhältnis bei Getrieben $\frac{n_1}{n_2} = \frac{a_2}{a_1}$

In dieser Formel können wir $a_2 : a_1$ durch $M_2 : M_1$ ersetzen. Dann gilt:

$$\frac{n_1}{n_2} = \frac{M_2}{M_1}.$$

> Die Drehmomente verhalten sich umgekehrt wie die Drehzahlen.

## Die Seilwinde

Eine Seilwinde besteht nach Abb. 39.1 aus zwei Wellrädern, die durch eine Zahnradübertragung verbunden sind. Das erste Wellrad wird durch die Seiltrommel und das daraufsitzende große Zahnrad gebildet. Das zweite besteht aus der Kurbel und dem an ihr befestigten kleinen Zahnrad. Wird die Kurbel gedreht, so erfährt ein Zahn des kleinen Rades eine vergrößerte Kraft. Diese gibt er an den berührenden Zahn des großen Rades weiter. Am Umfang der Welle entsteht eine nochmals vergrößerte Kraft, die das Seil spannt.
Statt des Handantriebs kann auch ein Motor verwendet werden. Dann sitzt das kleine Zahnrad unmittelbar auf der Motorachse. Eine solche **Motorwinde** befindet sich in jedem Kran.

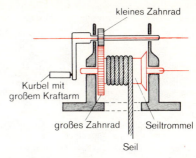

**39.1** Die Seilwinde besteht aus zwei Wellrädern, die durch eine Zahnradübertragung gekoppelt sind.

## Das Getriebe im Kraftfahrzeug

Komplizierte Zahnradgetriebe verwendet man zwischen dem Motor und der Antriebsachse von Kraftfahrzeugen. Manchmal soll sich die Antriebsachse eines Autos nämlich schnell drehen (Fahrt auf ebener Strecke). Es genügt dann ein kleines Drehmoment. Manchmal soll sie sich aber auch langsam und mit einem großen Drehmoment drehen (Bergfahrt). Weil der Motor nur bei einer bestimmten Drehzahl seine größte Leistung hat, muß das Verhältnis zwischen Motordrehzahl und Achsdrehzahl veränderlich sein. Das kann nur mit einem schaltbaren Getriebe, dem **Wechselgetriebe**, erreicht werden. Bei diesem Getriebe kann man verschiedene Übersetzungsverhältnisse (Gänge) einstellen: Abb. 39.2.
Im 1. Gang greifen 2 Zahnradpaare ineinander. Jedesmal wird ein großes Zahnrad von einem kleineren angetrieben. Die Drehzahl wird dadurch in zwei Stufen verkleinert und das Drehmoment entsprechend erhöht: Der Motor kann das Fahrzeug kräftig beschleunigen.

Im 2. Gang werden zwei gleich große Zahnräder zusammengebracht. Eine Drehzahlverkleinerung wird nur noch durch das andere Zahnradpaar erreicht.

Im 3. Gang wird schließlich die Klauenkupplung geschlossen. (Die Zahnräder sind nun überflüssig!) Die Antriebsachse läuft genauso schnell wie die Motorachse.

Nur wenn zwei Zahnräder dieselbe Umfangsgeschwindigkeit haben und wenn keine Kraft übertragen wird, können wir einen Zahn des einen Rades in eine Zahnlücke des anderen Rades eindrücken, das Getriebe also „schalten". Um dies zu erreichen, wird zunächst mit Hilfe der Kupplung das Getriebe vom Motor getrennt. Dann schaltet man z.B. vom 1. Gang in den Leerlauf. Antriebswelle und Getriebewelle (rot) laufen jetzt frei für sich und werden durch Reibung langsamer. Schließlich drehen sich die beiden Räder des 2. Ganges „synchron" (synchron = gleichlaufend). In diesem Augenblick läßt sich der Gang geräuschlos einlegen.

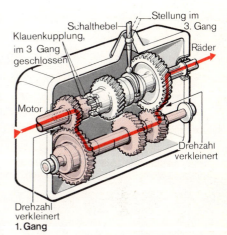

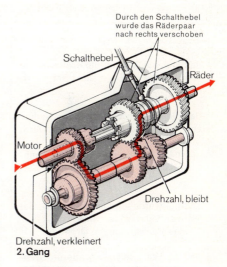

**39.2** Dreiganggetriebe eines Kraftwagens stark vereinfacht

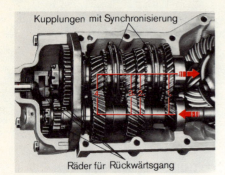

**40.1** Synchrongetriebe eines Porsche-Wagens. Pfeile: Kraftschluß im 4. Gang

In Personenwagen baut man heute nur noch **Synchrongetriebe** ein. Bei ihnen befinden sich alle Zahnräder ständig im Eingriff. Sie sitzen jedoch lose auf ihren Achsen. Erst durch die Bewegung des Schalthebels werden die Räder, die für die Kraftübertragung gerade gebraucht werden, fest mit der Achse verbunden. Die Zahnräder in diesen Getrieben haben schräggestellte oder gar gekrümmte Zähne. Sie laufen deshalb leiser.

In der **Uhr** ist die Achse der Antriebsfeder mit den Zeigerachsen durch ein mehrstufiges Getriebe verbunden. Jede Stufe erhöht die Drehzahl und vermindert das Drehmoment entsprechend. Deshalb laufen die Zeiger häufiger um als die Federachse, die sich kaum sichtbar dreht. Die Verringerung des Drehmoments ist ohne Belang, da das Drehen der Zeiger kaum Kraft erfordert.

Spielzeugautos werden wie die Uhr von Federn angetrieben. Damit ein solches Auto weit fährt, muß die Anzahl der Umdrehungen der Federachse durch ein Getriebe vervielfacht werden. An der Federachse stellen wir beim Aufziehen ein großes Drehmoment fest. Im Gegensatz dazu ist der Antrieb an den Rädern schwach. Wir können sie leicht anhalten. Den Vorteil der großen Fahrstrecke erkaufen wir durch den Nachteil der schwachen Antriebskraft: Die goldene Regel der Mechanik gilt also auch für Getriebe.

| Technische Daten eines Kraftfahrzeugs | | | |
|---|---|---|---|
| | Übersetzung | Höchstgeschw. | Steigfähigkeit |
| 1. Gang | 1:3,43 | 35 km/h | 41% |
| 2. Gang | 1:2,16 | 70 km/h | 22% |
| 3. Gang | 1:1,37 | 110 km/h | 13% |
| 4. Gang | 1:1,00 | 148 km/h | 8% |
| Rückwärtsgang | 1:3,32 | | |
| Hubraum des Motors | | | 1698 cm³ |
| Leistung des Motors bei 5200 U/min | | | 55 kW (≈ 75 PS) |
| Drehmoment des Motors bei 3000 U/min | | | 130 Nm |

**Merke dir,**

daß sich am Wellrad die Kräfte umgekehrt verhalten wie die Scheibenradien;

daß die Kraft im Verhältnis der Radien von Welle und Rad vermindert wird;

daß beim Riemen-, Ketten- und Zahntrieb die Drehmomente geändert werden;

daß bei Getrieben die Drehzahlen der Achsen verschieden sind:
kleines Rad = schnelle Drehung;

daß zur Welle mit der größeren Drehzahl das kleinere Drehmoment gehört.

**Aufgaben:**

1. Miß den Radius der durch Riemen verbundenen Räder an der Nähmaschine. Wie steht es mit deren Drehzahl?
2. Welchen Vorteil hat die Zahnradübertragung gegenüber dem Treibriemen?
3. Welchen Drehsinn haben die Achsen von ineinandergreifenden Zahnrädern?
4. Bestimme an deinem Fahrrad das Übersetzungsverhältnis auf zweierlei Art:
a) durch Ausmessen der vier Radien (Tretkurbel, Kettenrad vorn, Kettenrad hinten, Laufrad);
b) durch Ausmessen von Pedalweg und Fahrweg.
5. Zähle an einem Spielzeugauto die Zahl der Achsenumdrehungen, die während einer Umdrehung der Federachse stattfinden.

**M₁ 3.9 Was beobachtest du bei Fahrten in den Bergen?**

**Die schiefe Ebene**

41.1 Hier muß der Radfahrer die Hangabtriebskraft überwinden

Wenn du mit deinem Fahrrad eine steil ansteigende Straße hinauffährst, mußt du dich sehr anstrengen. Fährst du auf dem Rückweg die Steigung hinunter, so hast du es gut: Ohne Kraftaufwand rollt dein Fahrzeug bergab. Vielleicht mußt du sogar bremsen, um allzu große Geschwindigkeiten zu vermeiden.

Nun betrachten wir die Sache unter physikalischem Gesichtspunkt. An jeder Steigung — wir bezeichnen sie auch als **schiefe Ebene** — entsteht eine Kraft: der **Hangabtrieb** $F_H$. Beim Bergauffahren müssen wir diese Kraft überwinden, beim Bergabfahren treibt sie unser Fahrzeug an. Aus Erfahrung wissen wir, daß $F_H$ bei waagrechter Ebene verschwindet und bei senkrechter Ebene ebenso groß ist wie das Gewicht des betrachteten Körpers. Welche Größe hat der Hangabtrieb aber in den Zwischenlagen? Ein Versuch soll darüber Auskunft geben.

**V₁** Wir setzen einen leicht laufenden Wagen nach Abb. 41.2 auf ein 0,8 m langes Brett, das mehr oder weniger stark geneigt wird. Ein Kraftmesser zeigt den Hangabtrieb an. Wir messen ihn bei verschiedenen Neigungen der Ebene und bei verschiedener Wagenmasse, notieren uns aber auch die Höhe ($h$), bis zu der die Ebene aufsteigt.

Die **Steilheit** soll durch den Quotienten $\frac{\text{Höhe}}{\text{Länge}} = \frac{h}{l}$ gekennzeichnet werden, denn dessen Wert ist um so größer, je steiler man das Brett stellt.

Meßwerte zu V₁ (Beispiele)

| a) Wagen mit der Masse 0,5 kg $F_G \approx 5$ N | | | b) Wagen mit der Masse 1 kg $F_G \approx 10$ N | | |
|---|---|---|---|---|---|
| Höhe $h$ | Steilheit $\frac{h}{l}$ | Hangabtrieb $F_H$ | Höhe $h$ | Steilheit $\frac{h}{l}$ | Hangabtrieb $F_H$ |
| 0,08 m | 0,1 | 0,5 N | 0,08 m | 0,1 | 1 N |
| 0,16 m | 0,2 | 1 N | 0,16 m | 0,2 | 2 N |
| 0,32 m | 0,4 | 2 N | 0,32 m | 0,4 | 4 N |
| 0,40 m | 0,5 | 2,5 N | 0,4 m | 0,5 | 5 N |

Ergebnis: Der Hangabtrieb $F_H$ ist immer ein Bruchteil des Körpergewichts $F_G$. Dieser Bruchteil entspricht der Steilheit $\frac{h}{l}$. Überprüfe die Tabellenwerte und merke:

> Die Hangabtriebskraft errechnet man aus Körpergewicht und Steilheit: $F_H = F_G \cdot \frac{h}{l}$.

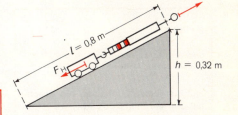

41.2 Den Hangabtrieb mißt man zweckmäßigerweise mit einem Federkraftmesser

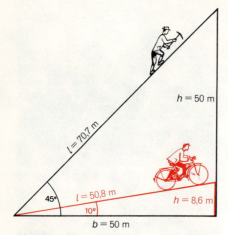

**42.1** Die Steigungsangaben des Mathematikers und die Gefälleangaben stimmen nicht überein mit dem Verhältnis $\frac{h}{l}$, das der Physiker braucht.

| Steigung und Steilheit | | |
|---|---|---|
| Steigung $\frac{h}{b}$ | Steilheit $\frac{h}{l}$ | Hangabtrieb $F_G = F_H \cdot \frac{h}{l}$ |
| 10°  0,176 ≙ 17,6% | 0,173 | $F_G \cdot 0{,}173$ |
| 45°  1 ≙ 100% | 0,707 | $F_G \cdot 0{,}707$ |
| 60°  1,76 ≙ 176% | 0,866 | $F_G \cdot 0{,}866$ |

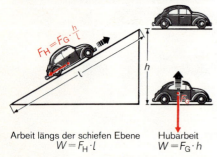

Arbeit längs der schiefen Ebene  $W = F_H \cdot l$
Hubarbeit  $W = F_G \cdot h$

**42.2** Beim direkten Heben ist die Arbeit genauso groß wie beim Benutzen einer schiefen Ebene. Voraussetzung: gleiche Hubhöhe

---

**Merke dir,**

daß an der schiefen Ebene die Hangabtriebskraft auftritt;

daß die Hangabtriebskraft ein Bruchteil des Gewichts des Körpers ist;

daß $F_H = F_G \cdot \frac{h}{l}$ ist.

---

Unsere Straßen sind, wenn sie gleichmäßig abfallen, schiefe Ebenen. Ihre **Steigung** (oder ihr **Gefälle**) gibt man üblicherweise in Prozenten an. Bei einer Steigung von 10% gewinnt man 10 m an Höhe, wenn man in waagerechter Richtung (d.h. auf der Karte gemessen) 100 m zurücklegt. (Bei einem Anstieg von 45° hat die Ebene eine Steigung von 100%! Das für uns wichtige Verhältnis $\frac{h}{l}$ ist in diesem Fall nur gleich 0,707.)

### An der schiefen Ebene wird Arbeit verrichtet

Oft führen auf einen Berg zwei Straßen: eine steilansteigende und eine flachere. Wir können dann beim Berganfahren zwischen einer großen Hangabtriebskraft bei kurzem Weg und einer kleinen Hangabtriebskraft bei langem Weg wählen. Kann durch vorteilhafte Wahl des Wegs Arbeit eingespart werden? Diese Frage beantworten $V_2$ und $V_3$:

**$V_2$** Wir ziehen zuerst einen 5 N schweren Wagen längs einer 0,8 m langen Ebene um 20 cm = 0,2 m in die Höhe. Die Hubhöhe $h$ ist dabei 1/4 der Bahnlänge $l$. Also ist auch die Hangabtriebskraft $F_H$ = 1/4 des Wagengewichts $F_G$. Deshalb messen wir durch eine ins Zugseil eingeschaltete Federwaage eine Zugkraft

$$F_Z = F_H = F_G \cdot \frac{h}{l} = 5 \text{ N} \cdot \frac{0{,}2 \text{ m}}{0{,}8 \text{ m}} = 1{,}25 \text{ N}.$$

Beim Hinaufziehen des Wagens verrichten wir die Arbeit

$$W = F_H \cdot s = 1{,}25 \text{ N} \cdot 0{,}8 \text{ m} = 1 \text{ Nm} = 1 \text{ J}.$$

**$V_3$** Wenn wir den Wagen senkrecht hochheben, steht unserer Muskelkraft das volle Wagengewicht $F_G$ entgegen. Der Hubweg $h$ ist aber nur 20 cm lang, so daß sich wiederum eine Arbeit von

$$W = F_G \cdot h = 5 \text{ N} \cdot 0{,}2 \text{ m} = 1 \text{ Nm} = 1 \text{ J}$$

ergibt.
Auch mit Hilfe einer schiefen Ebene kann man nur die Kraft, nicht aber die Arbeit verringern. Auch für sie gilt die „Goldene Regel".

**Aufgaben:**

1. Eine Gebirgsstraße überwindet einen Höhenunterschied von 300 m. Sie ist 1,5 km lang. Mit welcher Kraft wird ein Personenwagen mit 10 kN Gesamtgewicht bergabgetrieben? Wie groß ist die Steilheit?

2. Eine Rasenwalze hat ein Gewicht von 2 kN. Der Hang steigt bei einer Länge von 6 m um 90 cm an. Welche Kraft muß aufgewendet werden, um die Walze am Zurückrollen zu hindern? Welche Arbeit wird beim Hochziehen der Walze verrichtet?

# M₁ 4 Von Energie und Energieumwandlung

## M₁ 4.1 Was ist Energie?   Die Energieformen der Mechanik

Ein Uhrwerk besteht aus vielen Zahnrädern. Wenn sie sich bewegen, reiben ihre Zähne aneinander und ihre Achsen in den Lagern. Gegen die dabei entstehende Reibungskraft muß ständig Arbeit verrichtet werden. Du weißt auch schon, woher diese Arbeit stammt: Bei der Kuckucksuhr sinkt z. B. ein „Gewicht" nach und nach immer tiefer. Diese Bewegung wird auf das Uhrwerk übertragen. Nach einer Weile hat das Gewichtsstück seinen tiefsten Punkt erreicht. Jetzt müssen wir es wieder heben (Aufziehen der Uhr). Dabei verrichten wir Arbeit. Diese wird in dem hochgehobenen Körper **gespeichert**. Beim Heruntersinken wird die Arbeit wieder frei und auf das Uhrwerk übertragen.
Gespeicherte Arbeit nennen wir **Energie**. Wird Arbeit dadurch gespeichert, daß ein Körper in eine höhere Lage gebracht wird (z. B. die Gewichte der Kuckucksuhr), so spricht man von **Lageenergie**.

43.1 Beim Aufziehen der Uhr wird Arbeit verrichtet und in den hochgehobenen Gewichtsstücken gespeichert: Lageenergie.

> Energie ist gespeicherte Arbeit.

### Hubarbeit und Lageenergie

**V₁** Wir heben ein Wägestück, auf das die Gewichtskraft $F_G = 2\,N$ wirkt, 0,6 m in die Höhe. Dabei verrichten wir die Hubarbeit

$$W = F_G \cdot h = 2\,N \cdot 0{,}6\,m = 1{,}2\,Nm = 1{,}2\,J.$$

Der gehobene Körper hat nun **Lageenergie**. Er kann mit Hilfe des Aufzugs nach Abb. 43.2 selbst Arbeit verrichten. Auf einen kleinen Anstoß hin hebt er ein gleich schweres zweites Wägestück ebenfalls um 0,6 m an. Wenn die Rolle sehr leicht läuft (Kugellager), geht von unserer ursprünglich verrichteten Arbeit kaum etwas verloren. Sie wird zum zweitenmal gespeichert.
Es ist daher zweckmäßig, die Größe der Lageenergie durch die Hubarbeit anzugeben, die sie erzeugt hat.

**Beispiel:** Wenn wir einen Sack Getreide ($m = 50\,kg$; $F_G \approx 500\,N$) auf einen 0,8 m hohen Wagen heben, müssen wir die Arbeit

$$W = F_G \cdot h = 500\,N \cdot 0{,}8\,m = 400\,Nm = 400\,J$$

verrichten. Der Körper enthält jetzt Lageenergie von 400 J. Er kann somit beim Herabsinken die Arbeit $W = 400\,J$ verrichten.

> Gehobene Körper enthalten Lageenergie. Deren Größe wird in Joule gemessen.

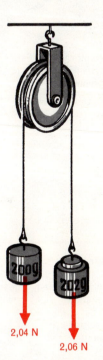

43.2 Ein gehobener Körper enthält Energie. Er kann Arbeit verrichten, z. B. wenn er einen anderen Körper hebt.

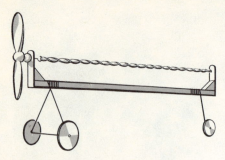

**44.1** Die beim Verdrillen verrichtete Arbeit bleibt im Gummiband gespeichert.

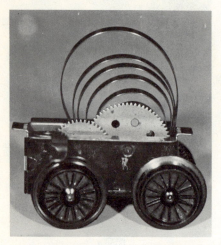

**44.2** Federmotor: Die Feder speichert beim Aufziehen Arbeit in Form von Spannungsenergie.

## Spannungsenergie

$\boxed{V_2}$ Baue dir nach Abb. 44.1 einen Gummimotor. Drehe mit der Hand den Propeller. Die Gummifäden werden verdrillt und dabei gespannt. Sie besitzen nun **Spannungsenergie** und können deshalb Arbeit verrichten. Läßt du den Propeller los, so wird er vom gespannten Gummi zurückgedreht.

> Elastisch verformte Körper enthalten Spannungsenergie.

Die Federn in Uhren und Spielzeugautos speichern ebenfalls Arbeit und enthalten damit Energie.

## Bewegungsenergie

Ein Radfahrer, der sein Rad in rasche Bewegung gebracht hat, kann ohne weitere Mühe auf ebener Bahn ein Stück weit fahren. Er kann das, weil er sich in Bewegung befindet. Wir sagen, er besitze **Bewegungsenergie**. Ist diese durch die Reibung aufgezehrt, so bleibt er stehen. Steigt die Straße an, so kommt er nicht weit, weil jetzt neben Reibungsarbeit auch Hubarbeit verrichtet werden muß.

> Körper, die sich bewegen, enthalten Bewegungsenergie.

Die Bewegungsenergie entsteht beim Beschleunigen. Dazu wird eine Kraft gebraucht, die längs des Anfahrweges wirkt. Durch eine Kraft, die längs eines Weges wirkt, wird Arbeit verrichtet. Diese Arbeit wird hier im beschleunigten Körper gespeichert.
Beim Anfahren auf waagerechter Straße wird die Beschleunigungsarbeit durch deine Muskeln verrichtet, beim Aufholen von Geschwindigkeit bergab durch den Hangabtrieb.

> **Merke dir,**
>
> daß man unter Energie gespeicherte Arbeit versteht;
>
> daß Lageenergie,
>   Spannungsenergie und
>   Bewegungsenergie
> drei Formen mechanischer Energie sind.

**Aufgaben:**

1. Das Seil eines Fahrstuhls läuft um eine feste Rolle. Auf der anderen Seite liegt ein Gegengewicht. Warum?
2. Manche Spielzeuge haben einen Schwungradantrieb. In welcher Form wird in ihnen Arbeit gespeichert?
3. Schlagen wir mit einem Hammer, so beschleunigen wir ihn zunächst. Dabei erhält er Bewegungsenergie. Diese wird beim Auftreffen auf den Nagel in kürzester Zeit wieder frei. Vergleiche die Leistung beim Beschleunigen mit der beim Abbremsen!

## M₁ 4.2 Was beobachten wir beim Schaukeln?

### Energieumwandlungen

Kinder spielen gern mit der Schaukel. Sie lassen sich anstoßen und fliegen dann bei jeder Pendelbewegung etwas höher. Manche können auch durch eigene geschickte Bewegungen die Schaukel in Gang halten. Aber selbst dann, wenn sie sich ganz ruhig verhalten und kein zweiter hilft, pendelt die Schaukel noch lange hin und her. Das wollen wir jetzt in einem Modellversuch genauer betrachten.

**V₁** Befestige nach Abb. 45.2 eine schwere Kugel an einem langen Faden. Hebe den Pendelkörper an. Er hat nach dem Heben Lageenergie. Läßt man ihn los, so fällt er auf einer Kreisbahn abwärts und wird immer schneller. Unten im tiefsten Bahnpunkt hat er seine Lageenergie verloren. Sie ist ganz in Bewegungsenergie übergegangen. Unmittelbar darauf verrichtet der Pendelkörper an sich selbst Hubarbeit. Er wird dabei langsamer und ruht schließlich einen Augenblick in seiner alten Höhe. Seine Bewegungsenergie ist dann wieder in Lageenergie übergegangen. Diese ist genauso groß wie zu Beginn des Vorgangs. Nun wird der Körper wieder in der umgekehrten Richtung beschleunigt, erreicht in der Ruhelage seine größte Geschwindigkeit und wird von der dadurch entstandenen Bewegungsenergie wieder auf seinen Ausgangspunkt gehoben.
Du erkennst, daß folgende **Energieumwandlungen** fortlaufend stattfinden:

45.1 Kind auf der Schaukel! Woher stammt die Energie?

**Lageenergie ⇌ Bewegungsenergie**

**V₂** Nach Abb. 45.3 kann ein Tonnenfuß an einer lotrechten Stange gleiten. Wenn er herabfällt, wird er immer schneller. Seine Lageenergie verwandelt sich in Bewegungsenergie. Unten wird der Körper durch eine elastische Feder gebremst. Er spannt sie und gibt dabei seine gesamte Energie ab. Die Feder enthält dadurch Spannungsenergie.
Beim Entspannen wird der Tonnenfuß nach oben beschleunigt. Dabei wirken die gleichen Kräfte längs des gleichen Weges. Der Eisenkörper verläßt deshalb die Feder mit der gleichen Geschwindigkeit, mit der er auf sie geprallt ist. Er erreicht beim Hochsteigen die alte Höhe und besitzt dann fast die gleiche Lageenergie wie zu Beginn des Vorgangs. Hier sind es drei Energieformen, die ineinander übergehen:

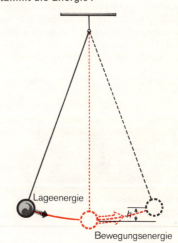

45.2 Beim Pendel verwandeln sich Lageenergie und Bewegungsenergie periodisch ineinander.

**Lageenergie ⇌ Bewegungsenergie ⇌ Spannungsenergie**

Man nennt diese drei die **mechanischen Energieformen**. Energie kann aber noch in vielen anderen Formen auftreten, die alle ineinander umgewandelt werden können.

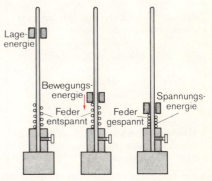

45.3 Dreifache Energieumwandlung

## Warum kommt jeder Körper einmal zur Ruhe?

Wir denken zunächst wieder an die Pendelbewegung: Die Lageenergie ist am Ende jeder Pendelschwingung genauso groß wie an ihrem Anfang, obwohl sich ständig eine Energieform in die andere umwandelt. Offensichtlich vermindert sich die ursprünglich vorhandene Energie nicht. Ihre Größe bleibt erhalten, nur die Form ändert sich. Diese Aussage stellt ein wichtiges Naturgesetz dar, den Satz von der **Energieerhaltung**.

46.1 Jo-Jo: Zwei Scheiben stecken auf einer gemeinsamen Achse. Auf diese wird eine Schnur gewickelt. Hält man die Schnur fest, so sinken die Scheiben nach unten und geraten in immer schnellere Rotation. Die dabei gespeicherte Arbeit wird bald wieder verbraucht: Unten angekommen wickeln die Scheiben selbst die Schnur wieder auf und steigen dadurch empor. Durch Reibung verlorengegangene Energie muß durch Heben und Senken der Hand wieder zugeführt werden.

> Energie geht nicht verloren.
> Sie geht nur von einer Form in die andere über.

Diesem Gesetz zufolge dürfte die Pendelschwingung niemals aufhören. Wir beobachten aber, daß der Pendelkörper nach einiger Zeit doch zur Ruhe kommt. Seine Energie wird aufgezehrt, weil er an der Luft reibt und dabei Reibungsarbeit verrichtet. Wie bei jedem Reibungsvorgang entsteht Wärme. Diese muß, wie wir später beweisen werden, als Ersatz für die abhanden gekommene, mechanische Energie angesehen werden.

> Wärme ist eine Energieform.

In $V_2$ reibt der Eisenkörper verhältnismäßig stark an der Stativstange. Deshalb verwandelt sich hier mechanische Energie rascher in Wärme als beim Pendel.

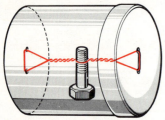

46.2 Bastelarbeit: Diese Dose kehrt zurück, wenn du sie von dir fortrollst. Erkläre, welche Energieumwandlungen hier stattfinden!

**Merke dir,**

daß verschiedene Energieformen ineinander umgewandelt werden können;

daß keine Energie verlorengeht;

daß sich mechanische Energie durch Reibung in Wärme verwandelt;

Energieformen:
**Mechanische Energie        Wärme**
Bewegungsenergie
Spannungsenergie
Lageenergie

### Aufgaben:

1. Zähle die dir bekannten Energieformen auf! Gib Beispiele für ihre Umwandlung!
2. Laß eine Stahlkugel auf eine Glasplatte fallen. Beobachte und beschreibe die Energieumwandlung.
3. Durchbohre Deckel und Boden einer Keksbüchse und ziehe Gummifäden hindurch. In der Mitte des Gummis befestige einen Draht und an dessen Ende ein schweres Stück Metall (Schraube oder ähnliches). Rolle die Dose auf dem Fußboden von dir fort. Sie kehrt zu dir zurück. Beschreibe die Energieumwandlungen!
4. Hänge ein Wägestück an einer Schraubenfeder auf. Lasse es auf- und abschwingen. Beschreibe die Energieumwandlungen. Warum kommt der schwingende Körper zur Ruhe?

## M₁ 4.3 Wie kann man natürliche Energiequellen nutzen?

**Wasserräder
Turbinen**

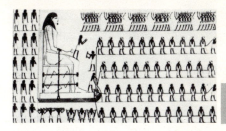

47.1 Sklavenarbeit im alten Ägypten

Schon früh sind die Menschen auf den Gedanken gekommen, Tiere für sich arbeiten zu lassen. Dazu mußten diese aber gezähmt und dressiert werden. Bevor man das konnte, haben mächtige Männer andere Menschen gezwungen, für sie zu arbeiten. Das Wohlergehen Einzelner wurde also erkauft durch die Sklaverei anderer.
Unseren heutigen hohen Lebensstandard verdanken wir den Technikern. Ihnen ist es gelungen, Maschinen zu ersinnen, die für uns arbeiten. Sie nutzen Energie aus, die in der Natur in großen Mengen vorhanden ist.
Man hat errechnet, daß in Deutschland jeder einzelne Mensch etwa 300mal soviel Energie verbraucht, wie er selbst erzeugen könnte. Für jeden von uns arbeiten also etwa 300 eiserne Sklaven.

47.2 Tiersklaven

### Wasserräder

Eine der ersten dieser Energieumwandlungsmaschinen war das Wasserrad. Es wurde schon im Altertum erfunden. Beim **oberschlächtigen Wasserrad** füllt das Wasser die einzelnen Kammern. Das Rad wird auf der einen Seite schwerer und dreht sich. Es kann z. B. eine Mühle treiben. Die Lageenergie des Wassers wird dabei verbraucht zur Verrichtung von Reibungsarbeit beim Mahlen des Korns.

47.3 „Eiserne" Sklaven

Das **unterschlächtige Rad** bremst das schnellfließende Wasser in einem Bach und entnimmt ihm einen Teil seiner Bewegungsenergie. Hinter einem solchen Wasserrad fließt der Bach langsamer. Er muß daher tiefer oder breiter sein. Wasserräder verwendet man nur noch in alten entlegenen Mühlen. Weil sie die im Wasser vorhandene Energie nur unvollkommen verwandelten, haben sie den Turbinen weichen müssen. Mit ihnen erzeugt man in Wasserkraftwerken elektrische Energie.

### Woher stammt die Energie des Wassers?

Das Wasser fließt von den Bergen talwärts. Seine Lageenergie wird mit Wasserrädern und Turbinen in eine für uns brauchbare Energieform umgewandelt. Wer aber hebt das Wasser auf die Berge? Diese Hubarbeit wird von der Sonne verrichtet! Durch ihre Wärme wird überall auf der Erde Wasser verdunstet. In großen Höhen verdichtet sich der Wasserdampf zu Wolken, die an hohen Bergen ausregnen. Von dort fließt das Wasser dann herab und treibt die Turbinen an. Die von den Wasserkraftwerken erzeugte elektrische Energie ist also nichts anderes als verwandelte Sonnenenergie.

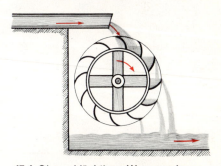

47.4 Oberschlächtiges Wasserrad

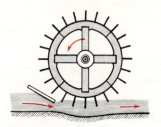

47.5 Unterschlächtiges Wasserrad

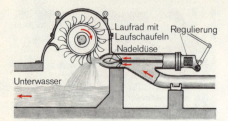

**48.1** Pelton-Turbine

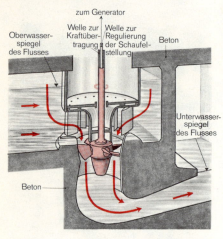

**48.2** Kaplan-Turbine (schematisch)

## Turbinen

In modernen Wasserkraftwerken (Gefälle zwischen Speicherbecken und Turbine: 100—1500 m) wandelt sich die Lageenergie in der Nadeldüse der **Freistrahl- oder Pelton-Turbine** in Bewegungsenergie um. Mit großer Geschwindigkeit stürzt der Wasserstrahl auf die Schaufeln und treibt diese an. (Die Turbine arbeitet am besten, wenn die Schaufeln sich halb so schnell bewegen wie das aus der Düse austretende Wasser.) Eine im Walchenseekraftwerk eingebaute Freistrahlturbine leistet z. B. bei einem Gefälle von 195 m und einem Wasserdurchlauf von 9,4 m$^3$/sec rund 15 000 KW. Pelton-Turbinen verwendet man dort, wo große Wassergefälle vorhanden sind. Das Wasser wird von den höher liegenden Wasserspeichern durch Druckrohre zum tiefer liegenden Kraftwerk geleitet. Die dort stehenden Turbinen treiben Maschinen an, die elektrischen Strom erzeugen (Generatoren). Meist haben Turbinen und Generatoren eine gemeinsame Achse.

Bei kleinem Gefälle, aber großer Wassermenge, laufen in Flußkraftwerken **Kaplan-Turbinen** (Abb. 48.2). In ihnen wird zunächst mit feststehenden Schaufeln das Wasser in Drehung versetzt. Es stößt dann auf die propellerartig geformten Flügel. Damit diese eine große Kraft erfahren, gibt man ihnen eine große Fläche (bis zu 6 m Durchmesser). Wenn die zur Verfügung stehenden Wassermengen geringer werden, neigt man die Schaufeln durch einen in die Achse eingebauten Mechanismus weniger stark. Ein Kraftwerk in einem mittleren Fluß (Neckar) hat beispielsweise 2 Turbinen mit je 1470 KW Leistung.

---

**Merke dir,**

daß Wasserräder und Turbinen die Lageenergie des Wassers in für uns brauchbare Energieformen umwandeln;

daß die Lageenergie des Wassers letzten Endes Sonnenenergie ist;

wie die Freistrahl- und die Kaplan-Turbinen arbeiten.

---

**Aufgaben:**

1. Zähle an Beispielen die Energieformen auf, in die sich die von der Sonne zu uns kommende Energie umwandeln kann.
2. Ein Dachziegel fällt herunter und beult das Dach eines auf der Straße stehenden Autos ein. Woher stammt die für die Verformung notwendige Energie? Verfolge deren „Abstammung" an einem selbstgewählten Beispiel möglichst weit zurück.
3. Selbstlaufende Spielzeuge enthalten immer eine Möglichkeit zur Arbeitsspeicherung. Untersuche und berichte!
4. In einem Stausee sind 300 000 m$^3$ Wasser. Welche Energie wird frei, wenn man es 150 m hinabströmen läßt. In welcher Form liegt diese Energie ursprünglich vor?

# M₁ 5 Aus der Mechanik der Flüssigkeiten

**M₁ 5.1 Welche besonderen Eigenschaften kennzeichnen Flüssigkeiten?**

Du glaubst, diese Frage ohne weiteres beantworten zu können. Versuche es, und erkläre mit deinen Vorstellungen folgende Versuche:

**V₁** Wir füllen ein Gefäß mit Wasser, ein anderes mit Mehl. Warum nehmen die beiden Stoffe die Form der Gefäße an? Warum können wir das Mehl zu einem Berg aufhäufen? Weshalb bildet sich dagegen bei Wasser eine waagerechte Oberfläche aus?

**V₂** In Abb. 49.2 zieht der leichte Faden das schwimmende Brett langsam nach rechts weg.

**V₃** Auf einen festen Körper, z.B. einen Holzklotz, kannst du an einer beliebigen Stelle eine Kraft ausüben. Versuchst du jedoch, mit der Faust auf eine Wasseroberfläche zu drücken, so weicht diese aus. Dasselbe tritt ein, wenn du einen Stein aufs Wasser legen willst.
Man erkennt:

49.1 Ruhende Flüssigkeitsoberflächen liegen waagerecht.

> Flüssigkeitsteilchen sind leicht gegeneinander verschiebbar. Sie nehmen infolge der Schwerkraft immer die tiefstmögliche Lage ein.

Dies erklärt, warum sich Flüssigkeiten jeder Gefäßform anpassen und warum sie immer eine **waagerechte Oberfläche** haben.
Eine weitere Eigenschaft zeigt folgender Versuch:

**V₄** Fülle eine Glasspritze mit Wasser oder Glycerin und versuche nach Abb. 49.3 das Volumen zu verkleinern. Dies gelingt nicht, denn

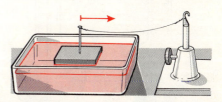

49.2 Bei langsamen Bewegungen tritt in Wasser nur eine verschwindend kleine Reibung auf.

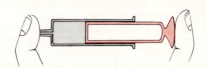

49.3 Wasser läßt sich nicht zusammendrücken.

> Flüssigkeiten lassen sich nicht merklich zusammendrücken.

Bei **rascher Bewegung im Wasser** treten erhebliche Widerstandskräfte auf. Diese sind dir vom mißglückten Kopfsprung her in unliebsamer Erinnerung. Um sie vernachlässigen zu können, untersuchen wir vorerst nur ruhende und langsam bewegte Flüssigkeiten.
In **zähen Flüssigkeiten** wie Öl und Teer reiben die Teilchen bei Bewegungen aneinander. Die Versuchsergebnisse $V_1$ bis $V_4$ stellen sich aber auch bei ihnen ein, wenn wir lange genug warten.

**Aufgaben:**

1. Stelle an Hand der Merksätze dieses Kapitels die wichtigsten Eigenschaften der Flüssigkeiten in einer Tabelle zusammen!
2. Warum fließt Wasser immer bergab?
3. Warum legt man das Nullniveau von Höhenmessungen in den Meeresspiegel?

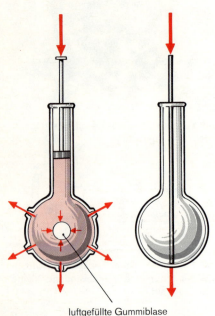

**50.1** Hydraulik an einem Bagger

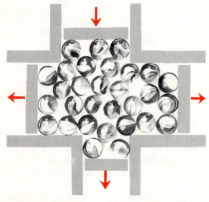

**50.2** Kraftübertragung durch feste Körper (rechts) und Flüssigkeiten (links)

**50.3** Modellversuch zur Kraftübertragung in Flüssigkeiten

### M₁ 5.2 Inwiefern lassen sich Kräfte durch Flüssigkeiten übertragen?

**Druck und Druckkraft**

Betrachte das Bild! Wie wird die Ladeschaufel des Planierbaggers bewegt? Du erkennst Zylinder, Kolben und Röhren. Sicher weißt du auch, daß sie durch Öl in Bewegung gesetzt werden. Wie dies geschieht, wollen wir mit einfachen Apparaten am Beispiel Wasser untersuchen.

**V₁** Die Stange, mit der du nach Abb. 50.2, rechts, in das Gefäß stößt, trifft erst an der gegenüberliegenden Wand auf Widerstand. Dort wirkt deine Kraft nahezu in einem einzigen Punkt.

**V₂** Dagegen wirkt sich die Kraft, welche in Abb. 50.2, links, der dichtschließende Stempel auf die Flüssigkeit ausübt, nach allen Seiten gleichmäßig aus. Das Wasser spritzt deshalb aus jeder Öffnung des Rundkolbens nahezu mit gleicher Geschwindigkeit heraus. Die mit Luft gefüllte Gummiblase im Innern wird kleiner. Sie bleibt aber rund, weil sie von allen Seiten gleichmäßig gedrückt wird. Beachte die Pfeile!

Den Grund für dieses Verhalten finden wir in der leichten Verschiebbarkeit der Flüssigkeitsteilchen. Dies macht ein Vergleich anschaulich:

Drängen wir uns in einen überfüllten Eisenbahnwagen, so versuchen die Personen im Innern nach allen Seiten auszuweichen. Man sagt, im Wageninnern herrsche **Druck**. Damit meint man den besonderen Zustand, der sich unter anderem darin äußert, daß die Leute auf die Wagenwände und gegeneinander drücken.

Im Modellversuch nach Abb. 50.3 sind die Leute durch Stahlkugeln ersetzt. Wir drücken den oberen Stempel nach innen. Dadurch kommen die Kugeln unter Druck. Sie sind jetzt fähig, Kräfte auf die beweglichen und festen Wände auszuüben.

Läßt man die Kugeln in Gedanken kleiner werden und vermehrt gleichzeitig ihre Zahl, so kommt man zum Verhalten der Flüssigkeiten. Für diese gilt:

> Herrscht in einer Flüssigkeit Druck, so übt sie auf die Gefäßwände Kräfte aus.

Die neu auftretenden Kräfte nennt man **Druckkräfte**. Sie stehen immer senkrecht auf dem betrachteten Stück der Wand, denn nur dann herrscht Gleichgewicht. (Bei schrägem Kraftpfeil müßten sich die Flüssigkeitsteilchen längs der Wand bewegen).

**Beachte:** Der Physiker bezeichnet mit dem Wort „Druck" einen in einer Flüssigkeit herrschenden **Zustand**. Die infolge dieses Zustandes auftretenden Kräfte heißen Druckkräfte.

## Nach welchen Gesetzen erfolgt die Kraftübertragung?

**V₃** Um die Gesetze zu erkennen, belasten wir in Abb. 51.1 den linken Kolben mit einem Wägestück. Dadurch kommt die darunterliegende Flüssigkeit unter Druck. Der Druckzustand breitet sich durch die Rohrleitungen in die anderen Glasspritzen hinein aus. Die unbelasteten Kolben heben sich, weil die Flüssigkeit auf deren Böden Kräfte ausübt.

**V₄** Wir belasten nun die beiden anderen Kolben, bis Gleichgewicht herrscht. Dann sind die nach unten wirkenden Kräfte gerade so groß wie die nach oben wirkenden. Notiere ihre Werte entsprechend Tabelle 51.2. Du mußt aber zuvor die Eigengewichte der Kolben hinzu addieren. Wie erwartet, ist die Kraft, die auf den dicken Kolben wirkt, am größten. Er bietet ja der Flüssigkeit die größte Angriffsfläche.
Wir errechnen nun noch, wie groß die Kraft ist, die auf 1 cm² jedes Kolbens ausgeübt wird (3. und 4. Zeile der Tabelle). Ein Vergleich ergibt:

> Flüssigkeiten, die unter Druck stehen, üben auf jedes Quadratzentimeter ihrer Begrenzungsfläche dieselbe Kraft aus.

Es liegt nun nahe, die Größe des Drucks (Zeichen *p* von engl. pressure) dadurch zu errechnen, daß man die Größe der Kraft durch die Größe der Fläche teilt, auf die sie ausgeübt wird:

$$p = \frac{F}{A} = \frac{\text{Druckkraft}}{\text{gedrückte Fläche}}$$

Dies ist in Zeile 4 der Tabelle 51.2 für unsere Versuchsergebnisse geschehen.

Die gesetzliche **Druckeinheit** ist 1 Pascal = 1 $\frac{N}{m^2}$. Sie wird in der Technik kaum gebraucht. Man benutzt dort den Druck 10 $\frac{N}{cm^2}$ als Einheit und nennt ihn 1 Bar (Einheitenzeichen: bar).

$$1 \text{ bar} = 10 \frac{N}{cm^2} \approx 1 \frac{kp}{cm^2} = 1 \text{ at}$$

Kleinere Einheiten: 1 Millibar (mbar) und 1 **Pascal (Pa)**.
1 bar = 1000 mbar
1 bar = 100 000 Pa     1 Pa = 1 $\frac{N}{m^2}$

Früher hat man die Kraft in kp gemessen. Damals gebrauchte man die Druckeinheit 1 kp/cm² und nannte sie 1 Atmosphäre (1 at).
Da 1 kp etwa 10 N entspricht, ist 1 bar ungefähr gleich 1 at. Du kannst also, wenn dir die alte Druckeinheit 1 at begegnet, diese durch die Einheit 1 bar ersetzen. Genau ist 1 at = 1,02 bar.

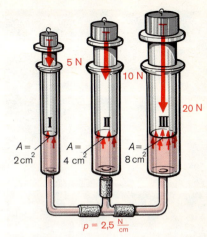

**51.1** Druckausbreitung. Warum erfährt der größere Kolben die größere Kraft?

|  | Kolben (Stempel) | | |
|---|---|---|---|
|  | I | II | III |
| Kolbenfläche A | 2 cm² | 4 cm² | 8 cm² |
| Druckkraft F | 5 N | 10 N | 20 N |
| Druck $p = \frac{F}{A}$ | $\frac{5 N}{2 cm^2}$ | $\frac{10 N}{4 cm^2}$ | $\frac{20 N}{8 cm^2}$ = 2,5 N/cm² = 0,25 bar |

**51.2** Meßwerte zu Versuch 3 und 4.

> **Merke dir,**
>
> Druck ist ein Zustand, in dem sich eine Flüssigkeit befindet;
>
> Druck in einer Flüssigkeit bewirkt Kräfte auf die Begrenzungsflächen der Flüssigkeit;
>
> **Druckeinheiten**
>
> 1 $\frac{N}{cm^2}$ = 0,1 bar
>
> 1 bar = 10 $\frac{N}{cm^2}$ = 1000 mbar ≈ 1 at

**Aufgaben:** siehe Seite 53!

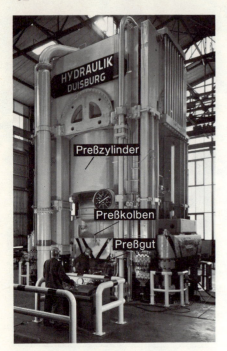

**52.1** Hydraulische Schmiedepresse

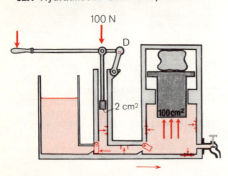

**52.2** Hydraulische Presse in sehr vereinfachter Darstellung. Was bedeuten die Pfeile?

---

**Merke dir,**

daß bei der hydraulischen Presse Flüssigkeiten zur Kraftübertragung benutzt werden;

daß eine kleine Kraft am kleinen Preßkolben eine große Kraft am Druckkolben erzeugt;

daß sich dabei die Kräfte wie die Flächen verhalten.

---

## M₁ 5.3 Wie funktionieren Hydraulikgeräte?

Wenn man große Kräfte erzeugen will oder wenn Kräfte sehr gleichmäßig wirken sollen, benützt man hydraulische Geräte. Eines der wichtigsten ist die **hydraulische Presse.** Abb. 52.1 zeigt eine Aufnahme. Man erkennt den Preßzylinder, den Preßkolben und das Preßgut. Daneben steht die Pumpe, die den Preßdruck erzeugt. Abb. 52.2 erläutert in einer einfachen Darstellung die Funktion:

Um den Preßkolben zu heben, muß man Wasser unter ihn pumpen. Dieses erhält man aus dem linken Vorratsgefäß, wenn man den sogenannten Druckkolben mit Hilfe des Hebels anhebt. Dabei öffnet sich das linke Ventil, während das rechte infolge der Belastung durch den Preßkolben geschlossen bleibt. Senkt man den Druckkolben, so schließt sich das linke Ventil, und das Wasser gelangt durch das rechte unter den Preßkolben.

Pressen dieser Art werden zum Heben von Fahrzeugen und Bühneneinrichtungen, zum Pressen von Stroh und Obst, zum Geldprägen und zur Formung von Karosserieteilen gebraucht. Als Flüssigkeit wird dabei statt Wasser meist Öl verwendet.

Der Druckkolben wird nur noch selten von Hand bedient. Den Druck in der Flüssigkeit erzeugt meist eine Pumpe, die von einem Motor angetrieben wird. Preßwerke mit Höchstdrücken um 200 bar = 2000 N/cm² sind keine Seltenheit.

### Wie groß ist die Preßkraft?

Wir haben bereits festgestellt, daß sie von der Größe des Drucks in der Flüssigkeit und von der Größe der Kolbenfläche abhängt. Herrscht in der Flüssigkeit, wie z.B. in Abb. 52.2, der Druck $p = 100\,N/2\,cm^2 = 50\,N/cm^2 = 5$ bar, so erfährt jedes Quadratzentimeter des Preßkolbens eine Kraft von 50 N. Es ergibt sich an dem großen Kolben mit 100 cm² Fläche eine Gesamtkraft von $100 \cdot 50\,N = 5000\,N$. Die Kraftübersetzung des Geräts ist 1:50, gleich dem Verhältnis der beiden Kolbenflächen. Rechne nach!

Unsere Überlegungen über die Größe der Druckkraft lassen sich leicht durch folgende Formel darstellen:

$$\text{Druckkraft} = \text{Druck} \cdot \text{Fläche}; \qquad F = p \cdot A.$$

Die Presse in Abb. 52.1 wird bei einem Druck von 150 bar = 1500 N/cm² betrieben. Sie hat eine Kolbenfläche von 400 cm². Die Preßkraft beträgt

$$F = p \cdot A = 1500\,\frac{N}{cm^2} \cdot 400\,cm^2 = 600\,000\,N = 600\,kN$$

Man sieht, daß mit Hydraulikgeräten leicht große Kräfte erzeugt werden können. Sie werden in der Technik oft angewendet.

Bei der **Flüssigkeitsbremse** wird durch Betätigen des Bremspedals Flüssigkeit über Schlauchleitungen in die Bremszylinder der Räder gedrückt. Sie schiebt nach Abb. 53.1 die beiden Kolben nach außen, wodurch die Bremsbacken mit großer Kraft an die Bremstrommel gepreßt werden.

In der **Scheibenbremse** drückt die Flüssigkeit von links und rechts auf die beiden Kolben. Diese pressen die Bremsbeläge gegen die mit dem Rad verbundene Metallscheibe: Betrachte Abb. 53.3!

Erkläre die **Hebebühne** in Abb. 53.2! Der Preßdruck wird hier durch einen Luftkompressor erzeugt, den man in einer Reparaturwerkstatt ohnehin zur Verfügung hat. Für Luft gelten in bezug auf die Kraftübertragung dieselben Gesetze wie für Flüssigkeiten.

Wenn der Preßweg sehr groß ist, benutzt man einen **Teleskopkolben**. Solche Kolben sind häufig an Baumaschinen zu sehen. Sie werden dann über Ventile bedient.

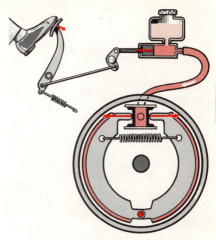

**53.1** Einrichtung einer Kraftfahrzeugbremse. Was geschieht, wenn der Bremsschlauch undicht wird?

### Aufgaben:

zu $M_1$ 5.2

1. Erkläre den Unterschied zwischen Druck und Druckkraft!
2. Welche Richtung haben Druckkräfte grundsätzlich? Betrachte die Pfeile in Abb. 50.3!
3. Was versteht man unter Druckausbreitung? Wie erfolgt sie?
4. Rechne um a) in bar: 10 N/cm² und 25 N/cm², b) in N/cm²: 0,8 bar, 4,2 bar!
5. Wir messen an einer Fläche von 7 cm² eine Druckkraft von 210 N. Welcher Druck herrscht in der betreffenden Flüssigkeit?
6. In einer Wasserleitung herrscht ein Druck von 6 bar = 60 N/cm². Welche Kraft brauchst du, um mit dem Daumen an einem Hahn von 1 cm² Querschnitt das Ausfließen zu verhindern? Welche Kraft wäre hierzu am Hydrantenanschluß von 20 cm² Querschnitt nötig?

zu $M_1$ 5.3

7. Erkläre die Gleichung $F = p \cdot A$!
8. Erkläre die hydraulische Presse in Abb. 52.1!
9. Errechne den Druck mit Hilfe der Angaben in der Abb. 52.2! Mit welcher Kraft muß man den Hebel niederdrücken? (Miß dazu die Länge der Hebelarme im Bild!)
10. Erkläre die Scheibenbremse (Bild 53.3)!
11. Man verschließt die Öffnung eines Wasserleitungshahns ($A = 1,5$ cm²) mit dem Daumen. Der Druck in der Leitung beträgt 6 bar = 60 N/cm². Mit welcher Kraft muß man drücken?
12. In einer Weinpresse hat der Preßkolben 400 cm². Man läßt Wasser aus der Wasserleitung (Druck $p = 6$ bar) darunter strömen. Wie groß ist die Druckkraft? Wie erhöht sie sich, wenn man mit einer Pumpe auf 150 bar = 1500 N/cm² kommt?

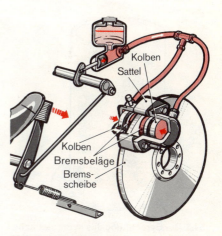

**53.2** Hebebühne für Kraftfahrzeuge (schematisch)

**53.3** Scheibenbremse

## M₁ 5.4 Was muß man beim Tauchen beachten?

## Der hydrostatische Druck (Schweredruck)

54.1 Taucher mit Preßluftvorrat

Beim Tauchen im Schwimmbad hast du sicher schon gespürt, wie das Wasser gegen das Trommelfell in deinen Ohren drückt. Dies geschieht um so stärker, je tiefer du tauchst. Berichte! Um das Zustandekommen der Erscheinung zu klären, ahmen wir den Vorgang nach.

**V₁** Das Trommelfell ersetzt uns der Deckel eines Einkochglases. Wir tauchen es mit dem dichtschließenden Deckel voran in Wasser. Schon bei geringer Eintauchtiefe fällt dieser nicht mehr ab. In 1 m Tiefe sind die auftretenden Druckkräfte bereits so stark, daß der Deckel nur mit Mühe entfernt werden kann. In noch größerer Tiefe ist das Abreißen überhaupt nicht mehr möglich. Dies läßt sich im Schwimmbad ausprobieren.

**V₂** Wir drehen das Glas so, daß der Deckel seitwärts oder nach oben zeigt. Auch jetzt läßt er sich nicht entfernen: Im Wasser wirken auf ihn Druckkräfte, die mit der Tiefe zunehmen. Beachte, daß sie immer senkrecht auf die gedrückten Flächen wirken! Wir erkennen:

> Im Wasser herrscht ein mit der Tiefe zunehmender Druck: hydrostatischer Druck.

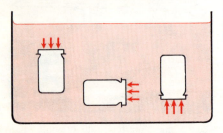

54.2 Das Wasser drückt senkrecht auf die Flächen eines eingetauchten Körpers.

### Wie entsteht der hydrostatische Druck?

Bisher erzeugten wir Druck in abgeschlossenen Gefäßen mit Hilfe eines Stempels. In Abb. 54.2 und 54.3 wirkt offenbar die Flüssigkeit selbst als Stempel. Sie lastet mit ihrem Gewicht auf der Bodenfläche. Das dort befindliche Wasser kommt unter Druck.

> Der hydrostatische Druck (Schweredruck) entsteht durch das Eigengewicht der Flüssigkeit.

Wir errechnen ihn:
Im Zylinder der Abb. 54.3 mit 15 cm² Querschnittsfläche steht das Wasser 20 cm hoch. Die Wassersäule über dem Boden hat dementsprechend das Volumen

$$V = 15 \text{ cm}^2 \cdot 20 \text{ cm} = 300 \text{ cm}^3.$$

Das Wasser in ihr wiegt 3 N. Auf dem Gefäßboden mit der Fläche $A = 15$ cm² lastet somit ein Wasserstempel mit dem Gewicht $F_G = 3$ N.
Also ist der Druck am Boden

$$p = \frac{F}{A} = \frac{F_G}{A} = \frac{3 \text{ N}}{15 \text{ cm}^2} = 0{,}2 \frac{\text{N}}{\text{cm}^2} = 0{,}02 \text{ bar}.$$

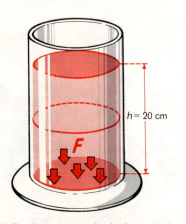

54.3 Zur Berechnung des hydrostatischen Drucks

## Wie hängt der Druck von der Wassertiefe ab?

Um eine Gesetzmäßigkeit zu finden, denken wir uns über einem beliebigen Quadratzentimeter der Bodenfläche eine Wassersäule (Abb. 55.1). Jeder 1 cm hohe Abschnitt dieser Säule faßt 1 cm³ Wasser und wiegt 0,01 N $\triangleq$ 1 g. Man sieht daher leicht ein, daß für jedes Zentimeter Wassersäule der Druck am Boden um 0,01 N/cm² steigt. Für verschiedene Tiefen findet man folgende Werte:

| Tiefe | 10 cm | 100 cm = 1 m | 10 m | 100 m |
|---|---|---|---|---|
| Druck | 0,1 $\frac{N}{cm^2}$ = 0,01 bar | 1 $\frac{N}{cm^2}$ = 0,1 bar | 10 $\frac{N}{cm^2}$ = 1 bar | 100 $\frac{N}{cm^2}$ = 10 bar |

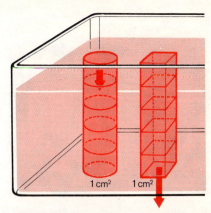

**55.1** Wassersäulen von je 1 cm² Querschnittsfläche

Ergänze diese Tabelle durch Zwischenwerte und durch Werte für größere Tiefen! Zeige, daß der Druck jeweils um 1 bar steigt, wenn man in Wasser 10 m tiefer taucht. Allgemein gilt:

---

10 m Wassersäule entsprechen dem Druck 10 $\frac{N}{cm^2}$ = 1 bar.

1 m Wassersäule entspricht dem Druck 0,1 bar = 1 $\frac{N}{cm^2}$.

---

## Wie arbeitet ein Tauchgerät?

Ohne Gerät kann ein geübter Taucher bis in eine Tiefe von etwa 20 m vorstoßen. Dort herrscht im Wasser ein Druck von 2 bar = 20 N/cm². Es drückt auf unseren Oberkörper (Brustfläche 600 cm²) einseitig mit 12 000 N und preßt die von der Oberfläche in der Lunge mitgenommene Luft so stark zusammen, daß man nun den Brustkorb nicht weiter verkleinern kann: Tauchen wir tiefer, so spüren wir deshalb starke Schmerzen. (Jede Druckerhöhung in der Luft führt zu einer Volumenverringerung: Fahrradpumpe.)

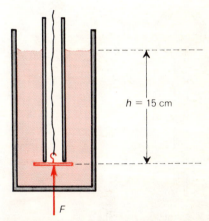

**55.2** Durch welche Kraft wird die Glasplatte an den inneren Glaszylinder gepreßt? Fläche der Öffnung: 10 cm²

Der Taucher führt nun eine Flasche mit Preßluft mit. Diese läßt er dicht vor Mund und Nase aus einem Schlauch austreten. Die Preßluftblasen dehnen sich dabei aus, bis in ihnen derselbe Druck herrscht wie im Wasser. Er atmet sie ein und füllt den zusammengedrückten Brustkorb damit wieder auf. Die Schmerzen verschwinden. Man kann tiefer tauchen.

Von der Physik her gesehen, ist die **maximale Tauchtiefe** durch den Luftdruck in der Preßluftflasche gegeben. Solange dieser größer ist als der Wasserdruck, kann Luft aus dem Behälter austreten und zum Atmen und Füllen der Lunge gebraucht werden. Für einen Preßluftdruck von 100 bar errechnet man theoretisch somit eine Tauchtiefe von 1000 m. Jedoch löst sich mit zunehmendem Druck immer mehr Stickstoff im Blut. Dies führt etwa ab 200 m Tiefe zu narkoseähnlichen Zuständen.

---

**Merke dir,**

was man unter dem hydrostatischen Druck (Schweredruck) versteht;

wie er zustande kommt;

in welcher Weise er von der Tiefe abhängt;

wie man ihn errechnet.

hydrostatisch = von ruhenden Flüssigkeiten herrührend

---

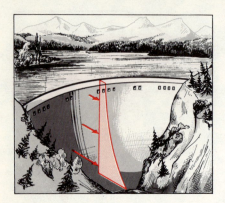

**56.1** Querschnitt durch eine Staumauer

Die **Staumauer** in Abb. 56.1 ist bogenförmig nach innen gewölbt und unten dicker als oben. Warum? Sobald der See gefüllt ist, erfährt die Mauer infolge des hydrostatischen Drucks riesige Kräfte. Diese sind wegen der Druckzunahme unten größer als oben: 10 m unter dem Wasserspiegel herrscht ein Druck von 1 bar, am Fuß in beispielsweise 60 m Tiefe ein solcher von 6 bar. Die ganze Mauer von 100 m Länge wird mit der Kraft $F = 1\,800\,000\,000$ N $= 1800$ MN nach vorn geschoben. Diese Kraft muß vom Widerlager in den Felsen aufgenommen werden.

$V_3$ In das Gefäß nach Abb. 56.2 wird Wasser eingefüllt. Es hat Öffnungen in verschiedener Tiefe. Je tiefer eine Öffnung liegt, desto schneller strömt das Wasser aus, desto weniger ist aber auch der Wasserstrahl gekrümmt. Die höhere Geschwindigkeit an den tiefer liegenden Öffnungen zeigt noch einmal, daß der Druck mit der Tiefe zunimmt.

$V_4$ Betrachte Abb. 56.3! Im Wasser befindet sich eine Blechdose, die auf einer Seite mit einer schlaffen Gummihaut abgeschlossen ist. Diese wird vom Wasser nach innen gedrückt. Die Luft in der Dose kommt dadurch unter Druck. Sie verschiebt über einen Kanal im Stiel die Wassersäule im U-Rohr, bis Gleichgewicht herrscht.
Dreht man nun die Dose um die eingezeichnete Achse, so ändert sich an der Wassersäule nichts: Die Größe des Wasserdrucks ist unabhängig von der Stellung der Membranfläche.

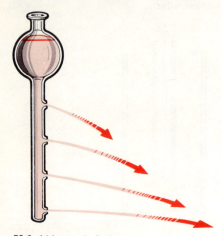

**56.2** Abb. zu Aufgabe 4

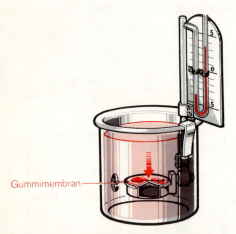

**56.3** Mit dieser Membransonde läßt sich zeigen, daß der Druck nicht von der Richtung der Fläche abhängt, mit der gemessen wird. Dazu dreht man die Membran um die gestrichelte Achse.

**Aufgaben:**

1. Wie kommt der hydrostatische Druck zustande?
2. Wie groß ist er in 1 m, 2 m, 3 m, 10 m, 20 m, 50 m und 100 m Tiefe?
3. Warum heißt der hydrostatische Druck auch Schweredruck?
4. Erkläre, warum in Abb. 56.2 die Wasserstrahlen sich stärker krümmen, wenn das Gefäß leerläuft, der Flüssigkeitsspiegel also sinkt!
5. Wie groß ist der Druck an der tiefsten Stelle des Weltmeeres (11 516 m)? Wie groß ist dort die Kraft auf 1 m²?
6. Erkläre das Tauchgerät in Bild 54.1! Welche beiden Aufgaben hat die Preßluft in den Flaschen zu erfüllen? Wie tief kann man theoretisch tauchen, wenn die Luft mit 150 bar eingefüllt wurde?

## M₁ 5.5 Wie funktioniert unsere Wasserleitung?

**Verbundene Röhren**

57.1 Einrichtungen einer Wasserversorgung

Es ist für dich selbstverständlich, daß beim Öffnen eines Wasserhahns Wasser ausströmt. Hast du aber auch schon überlegt, welche technischen Einrichtungen und physikalischen Gesetzmäßigkeiten dies ermöglichen?

**V₁** Die einfachste Wasserversorgungseinrichtung zeigt Abb. 57.2. Aus der Spritzdüse strömt Wasser aus, solange sie unterhalb des Wasserspiegels im Vorratsgefäß liegt.

**V₂** Ziehen wir den Schlauch höher, so stellt sich in ihm das Wasser gleich hoch wie im Behälter.

Wenn wir an eine Waage denken, erwarten wir ein anderes Verhalten: Die große Wassermenge im Glas müßte die kleine in der Röhre heben. Um den Widerspruch zu klären, betrachten wir die tiefste Stelle im Schlauch. Dort ruht das Wasser nur dann, wenn links und rechts der Wasserdruck gleich groß ist. Dieser hängt, wie wir wissen, nur von der Wasserhöhe, nicht aber von der Rohrweite ab. Damit verstehen wir das Verhalten des Wassers und formulieren:

> In verbundenen Gefäßen steht die Flüssigkeit jeweils gleich hoch.

**V₃** Fülle das Hauptgefäß der Apparatur in Abb. 57.3 mit Wasser! Beobachte, was geschieht und begründe das Ergebnis! Der Vorgang läuft langsamer ab, wenn man in den Ansatz der waagrechten Röhre etwas Watte stopft. Erkläre mit der gefundenen Beziehung die Geräte in Abb. 57.4!

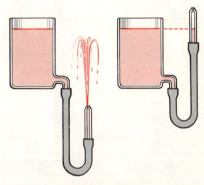

57.2 Dieser Versuch erklärt, warum man einen Hochbehälter braucht.

Nun verstehst du auch die **Wasserversorgungsanlage** in Abb. 57.1: Aus dem Brunnen wird Wasser in den Hochbehälter gepumpt. Von dort läuft es über die Röhren des Versorgungsnetzes zu den Zapfstellen. Nur wenn diese tiefer liegen als der Wasserspiegel im Hochbehälter, kann Wasser entnommen werden.

In bergigem Gelände kann man auf den Wasserturm oft verzichten. Der Hochbehälter wird dann auf einer Anhöhe erstellt, die höher liegt als die oberste Zapfstelle.

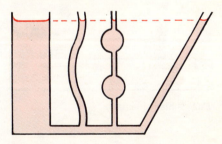

57.3 Gleichgewicht in verbundenen Gefäßen

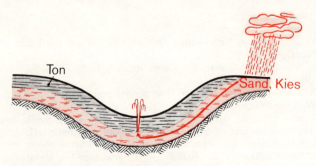

57.5 Artesischer Brunnen. Erkläre!

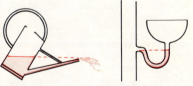

Gießkanne    Geruchverschluß

57.4 Vergleich mit V₁ und V₂

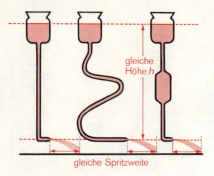

**58.1** Der Wasserdruck ist nur vom Höhenunterschied abhängig.

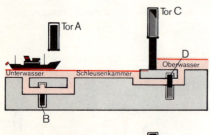

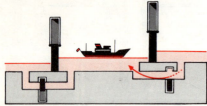

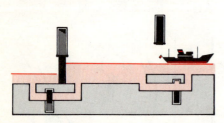

**58.2** Schleusenanlage

## Welche Umstände bedingen den Wasserdruck?

Daß der Wasserdruck vom Höhenunterschied zwischen Flüssigkeitsspiegel und Hahn abhängt, wissen wir bereits. Für je 10 m Höhe steigt er um 1 bar. Wir müssen nun aber noch untersuchen, ob der Druck nicht auch von der Leitungsführung, vom Leitungsquerschnitt und von der Leitungslänge beeinflußt wird.

$V_4$ Aus der Düse des Versuchsgeräts in Abb. 58.1 links spritzt das Wasser genauso weit aus wie aus den gleichen Düsen der Geräte in der Mitte und rechts. Da Wasser um so schneller ausströmt, je größer der Druck ist, folgt aus den Versuchen, daß weder Leitungsführung noch Leitungsquerschnitt noch Leitungslänge einen Einfluß ausüben. Es gilt:

> Der hydrostatische Druck ist unabhängig von der Leitungsform (Gefäßform).

Dies haben $V_2$ und $V_3$ in gewissem Umfang schon früher bestätigt.
Am unteren Hahn unserer Wasserversorgungsanlage herrscht dementsprechend ein Druck von 3,5 bar (Druckhöhe 35 m), am Hahn im Hochhaus messen wir 1 bar (Druckhöhe 10 m). Wie groß sind diese Drücke, wenn der Wasserspiegel im Behälter um 2 m absinkt?
Die **Schiffsschleuse** in Abb. 58.2 ist ebenfalls eine Anwendung des Gesetzes über die verbundenen Gefäße. Beim Schleusen geht man folgendermaßen vor:
1. Schiff im Unterwasser, Tor A offen, Überlauf D geschlossen, Niveau im Unterwasser = Niveau in der Schleusenkammer.
2. Schiff fährt ein, Tor A geht zu, Überlauf B wird geschlossen, Überlauf D geöffnet.
3. Überströmen des Wassers bis das Niveau in der Kammer gleich dem Niveau im Oberwasser ist, Hebevorgang.
4. Tor C wird geöffnet, Schiff fährt aus.

---

**Merke dir,**

daß sich in verbundenen Gefäßen und Röhren die Wasserspiegel gleich hoch stellen;

wie unsere Wasserversorgung arbeitet;

wie man in einer Schleuse Schiffe hebt.

**Aufgaben:**

1. Zeichne eine Kaffeekanne im Schnitt! Sie sei zur Hälfte mit Flüssigkeit gefüllt!
2. Wie stark muß man die Kanne neigen, damit Flüssigkeit ausfließt?
3. Verfolge in der Wasserversorgungsanlage von Bild 57.1 den Weg des Wassers!
4. Wie groß ist der mittlere Wasserdruck in einer Stadt, deren Hochbehälter sich 70 m über dem Straßenniveau befindet?
5. Erkläre, warum in Abb. 58.1 die Spritzweite überall gleich ist!
6. Beschreibe, wie ein Schiff vom Oberwasser ins Unterwasser geschleust wird!

# M₁ 5.6 Wie mißt man Drücke?

## Manometer

Das **U-Manometer** enthält ein mit Flüssigkeit gefülltes U-Rohr aus Glas. Zwischen den beiden Schenkeln befindet sich eine cm-Skala.

**V₁** Wir schließen das Gerät einseitig an die Gasleitung an. Die Flüssigkeit im rechten Schenkel stellt sich um die Strecke $h$ höher ein als im linken.
Würden wir links den Gasanschluß und rechts gleichzeitig die Wassersäule $h$ entfernen, so wäre das Wasser unter der gestrichelten Linie für sich im Gleichgewicht. Also hält der durch die Wassersäule der Höhe $h = 10$ cm erzeugte hydrostatische Druck dem Gasdruck das Gleichgewicht.
Dieser Druck hat nach unseren früheren Überlegungen die Größe $0,1 N/cm^2 = 0,01$ bar $= 10$ mbar. Warum? Die Druckangaben 10 cm Wassersäule (WS) und 10 mbar sind gleich. (1 mbar = 1 Millibar = 0,001 bar).

**V₂** Wir füllen die Röhre mit Quecksilber. Unser Gas verschiebt dieses nur um etwa 0,7 cm. Die Druckhöhe $h$ ist jetzt 13,6 mal kleiner als bei Wasser, und zwar deshalb, weil 1 cm³ Quecksilber 13,6 mal soviel wiegt wie 1 cm³ Wasser.

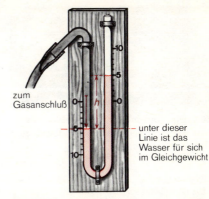

59.1 U-Manometer

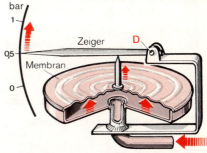

59.2 Membranmanometer (schematisch)

---

| 1 cm Wassersäule | = 1 mbar | |
|---|---|---|
| 1 cm Quecksilbersäule | = 13,6 mbar | 1000 mbar = 1 bar |

---

Im **Membranmanometer** (Abb. 59.2) verbiegt die unter Druck stehende Flüssigkeit eine gewellte Blechmembran mehr oder weniger. Ein Hebelmechanismus überträgt die Membranbewegung auf einen Zeiger, der über der Druckskala spielt.
Im **Röhrenmanometer** wird die Flüssigkeit in eine Röhre gepreßt. Diese wird durch die an ihrer Innenwand angreifenden Druckkräfte mehr oder weniger aufgebogen. Das Röhrenende verdreht den Zeiger, an dessen Ende man den Druck ablesen kann.
Beide Geräte werden geeicht, indem man mit Hilfe von Wägestücken in einer Glasspritze bekannte Stempeldrücke erzeugt und die Skala am Zeigerende entsprechend beschriftet.

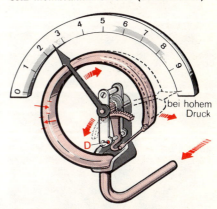

59.3 Röhrenmanometer (schematisch)

### Aufgaben:

1. Welchen Zweck haben Manometer?
2. Welche „Druckhöhen" werden von einem Wassermanometer und von einem Quecksilbermanometer angezeigt, wenn ein Druck von 13,6 mbar $= 0,136 N/cm^2$ gemessen wird?
3. Vergleiche die Druckeinheit 1 mbar mit der „Einheit" 1 cm WS!
4. Rechne den Druck „8 m Wassersäule" in mbar und bar um!

---

**Merke dir,**

wie ein U-Manometer arbeitet;

welche Drücke 1 cm Wassersäule und 1 cm Quecksilbersäule entsprechen;

wie ein Membran- und ein Röhrenmanometer arbeitet.

Manometer = Druckmesser

## M₁ 5.7 Warum sind Wassertropfen rund?

**Adhäsion
Kohäsion
Kapillarwirkung**

**60.1** Die starken Kohäsionskräfte bewirken, daß Quecksilbertropfen nicht zerfließen.

Du hast sicher schon beobachtet, daß Wasser- oder Öltropfen von selbst eine runde Gestalt annehmen.

**V₁** Am deutlichsten erkennen wir dies an einem Quecksilbertropfen. Unter dem Einfluß der Schwerkraft müßte er eigentlich zerfließen. Da er sich nur abflacht, müssen sich die Flüssigkeitsteilchen gegenseitig anziehen. Die dabei wirkenden Kräfte heißen **Kohäsionskräfte**.
Im Innern der Flüssigkeit heben sich die auf ein Teilchen von allen Seiten ausgeübten Kräfte auf (s. Abb. 60.2). Ein Teilchen an der Oberfläche wird dagegen einseitig nach innen gezogen. Dadurch entsteht die Tropfenform.

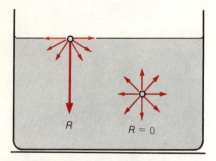

**60.2** Molekularkräfte auf ein Teilchen an der Oberfläche und im Innern einer Flüssigkeit. $R$ = Resultierende Kraft.

> Kohäsionskräfte halten die Flüssigkeitsteilchen zusammen.

**V₂** Eine Rasierklinge, die wir vorsichtig auf eine Wasseroberfläche legen, benimmt sich so, als ob über das Wasser eine leichtverletzliche Haut gespannt wäre: **Oberflächenspannung**. Auch sie wird durch die einseitig nach innen gerichteten Kräfte auf die Teilchen an der Flüssigkeitsoberfläche bewirkt.

**V₃** Wir spritzen Wasser gegen eine leicht gefettete, senkrecht stehende Glasplatte. Es bleibt in Tropfen haften. Außer den Kohäsionskräften wirken weitere Kräfte. Sie halten die unterste Wasserschicht am Glas fest und heißen **Adhäsionskräfte**.

> Infolge der Adhäsionskräfte haften Flüssigkeiten an festen Körpern.

**V₄** Machen wir den Tropfen größer, so zerreißt er infolge seines Gewichts und läuft auf der Scheibe abwärts. Die Kohäsionskräfte sind zu klein. Da nach wie vor Adhäsionskräfte wirken, bleibt am Glas eine Wasserspur zurück.
Überlege, warum ein Quecksilbertropfen keine Spur am Glas hinterläßt!

**Waschmittel** und **Spülmittel** verändern sowohl die Adhäsions- als auch die Kohäsionskräfte. Setzt man solche Mittel dem Wasser zu, so wird dessen Oberflächenspannung kleiner. Es bilden sich keine Tropfen mehr aus, und das Wasser läuft, ohne Rückstände zu hinterlassen, von Gegenständen, z.B. Tellern, Tassen und Glasscheiben, ab.
Entspanntes Wasser dringt außerdem leicht in Zwischenräume ein, z.B. in die zwischen Körperoberfläche und Schmutzschichten vorhandenen. Die Schmutzschicht wird dann abgehoben. Darauf beruht die erhöhte Reinigungskraft.

**60.3** Wassertropfen an einer senkrechten Glasscheibenecke

## Warum kann man mit Löschpapier Tinte aufsaugen?

Mit unseren Kenntnissen über Kohäsion und Adhäsion können wir die wichtige Kapillarwirkung erklären.

**V₅** Man beobachtet sie, wenn man Wasser in das Versuchsgerät der Abb. 61.1 füllt. In den engen Glasröhren steigt das Wasser von selbst über das Niveau im Vorratsgefäß.

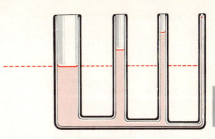

61.1 Nachweis der Kapillarwirkung bei Wasser:. In engen Röhren steht es höher.

**V₆** In hohlen Glasfäden, die wir durch Ausziehen dünner Glasröhren in der Flamme selbst herstellen, erreicht die Überhöhung ungefähr 20 cm. Wie ist das zu erklären?
Am Rand der Röhren wird das Wasser durch Adhäsionskräfte hochgezogen. Kohäsionskräfte ziehen die Oberfläche nach: Oberflächenspannung. Der Vorgang kommt zur Ruhe, wenn das Gewicht der „hängenden" Wassersäule gerade so groß ist wie die Summe aller Adhäsionskräfte. In engen Röhren tritt dies erst bei verhältnismäßig langen Säulen ein. Andeutungen des Hochsteigens findest du am Rand jeder Wasseroberfläche.

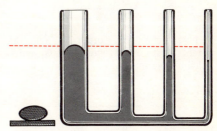

61.2 Kapillarwirkung bei Quecksilber

Die **Kapillarwirkung**, also das Hochsteigen von Flüssigkeiten, beobachten wir in allen Körpern, die enge Hohlräume enthalten. Beispiele:
Löschpapier, Scheuerlappen, Lampendocht, Würfelzucker, poröse Steine (Ziegel).
Um das Eindringen von Wasser in die Kapillaren von Mauern zu verhindern, müssen diese durch Teerpappe oder Teeranstriche verschlossen werden. Kapillaren im Holz verschließt man durch Firnisse, Lacke und Beizen (Versiegeln).
Pflanzen versorgen sich aus dem Boden mit Wasser. Dieses steigt in ihnen teilweise infolge der Kapillarwirkung empor.

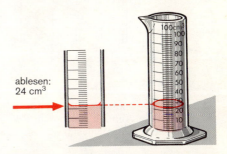

ablesen: 24 cm³

61.3 So wird an einem Meßgefäß abgelesen! Die tiefste Stelle ist maßgebend.

Nach Abb. 61.2 wölbt sich ein liegender **Quecksilber**tropfen fast zu einer Kugel auf. In Kapillaren steht Quecksilber sogar tiefer als in der Umgebung. Beides ist darauf zurückzuführen, daß hier die Kohäsionskräfte die Adhäsionskräfte weit überwiegen.

### Aufgaben:

1. Was sind Kohäsions-, was Adhäsionskräfte?
2. Warum nimmt jede in einem Raumschiff gewichtslos schwebende Flüssigkeit Kugelform an?
3. Warum ist der Rand des Flüssigkeitsspiegels in einem Standzylinder hochgewölbt?
4. Spülmittel senken die Oberflächenspannung. Warum zerläuft ein Wassertropfen auf der Tischplatte, wenn wir ihn damit impfen? Prüfe nach! Benutze zum Impfen eine Nadel!
5. Warum muß Schreibpapier geleimt werden (Unterschied zum Fließpapier), warum werden Holzböden gewachst?
6. Warum steigt in Humusböden Feuchtigkeit besser empor als in Sandböden?

---

**Merke dir,**

was man unter Adhäsion, Kohäsion und Oberflächenspannung versteht;

warum sich Flüssigkeitstropfen bilden;

was man unter Kapillarwirkung versteht und wo man diese beobachten kann.

Das Wort Kohäsionskraft ist abgeleitet von cohaerere, lat. = zusammenhängen,

das Wort Adhäsionskraft kommt von adhaerere, lat. = anhängen.

Kapillare = enge Röhre, Haarröhre

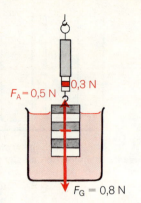

**62.1** Je tiefer ein Körper in Wasser taucht, desto mehr wird sein Gewicht scheinbar vermindert.

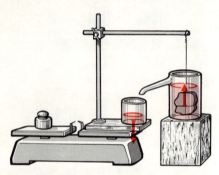

**62.2** Auch bei unregelmäßig geformten Körpern ist der Auftrieb gleich dem Gewicht der verdrängten Flüssigkeit.

---

Tabelle zu $V_3$

| Auftrieb | Eingetauchtes Teilvolumen | Gewicht der verdrängten Flüssigkeit |
|---|---|---|
| 0,3 N halbeingetaucht | 30 cm³ | 0,3 N (Wasser) |
| 0,6 N volleingetaucht | 60 cm³ | 0,6 N (Wasser) |
| 0,48 N volleingetaucht | 60 cm³ | 0,48 N (Spiritus) |
| 0,72 N volleingetaucht | 60 cm³ | 0,72 N (Salzlösung) |

---

**Hinweis:** Ein Körper mit 1 g Masse wiegt etwa 1/100 N = 0,01 N = 10 mN (Millinewton).

## $M_1$ 6 Vom Schwimmen und von Schiffen

### $M_1$ 6.1 Warum sind wir in Wasser so leicht?  — Auftrieb

Spitze Steine am Grund eines Gewässers empfindest du um so weniger, je mehr du unter Wasser tauchst. Ganz untergetaucht fühlst du dich sogar von der Erdenschwere befreit. Deshalb üben Astronauten „Schwerelosigkeit" in Wassertanks. Wir untersuchen dies!

**$V_1$** Senkt man nach Abb. 62.1 einen 6 cm hohen Quader mit 10 cm² Grundfläche Zentimeter um Zentimeter in Wasser, so geht die Anzeige der Federwaage zurück und zeigt damit einen (scheinbaren) Gewichtsverlust.

Dieser Gewichtsverlust nimmt mit der Eintauchtiefe zu, solange noch ein Teil des Körpers über Wasser ragt. Er bleibt von dem Augenblick an gleich, in dem der Quader völlig eintaucht. An anderen Körpern beobachten wir gleiches. Alle erfahren im Wasser eine Kraft nach oben, den sogenannten **Auftrieb**, den wir mit $F_A$ bezeichnen.

Wir vermuten, daß der Gewichtsverlust mit dem vom Körper verdrängten Wasser zusammenhängt, und untersuchen auch dies:

**$V_2$** Dazu messen wir bei einer Wiederholung von $V_1$ sowohl die Gewichtsverminderung als auch das verdrängte Volumen (jeder Ring von 1 cm Höhe entspricht 10 cm³). Aus dem Volumen wird das Gewicht des verdrängten Wassers errechnet. Wir finden, daß der Auftrieb des Körpers gerade so groß ist wie das Gewicht des verdrängten Wassers (Tabelle).

**$V_3$** Wir wiederholen $V_2$ mit Spiritus (8 N/l) und Salzwasser (12 N/l). Auch hier sind Flüssigkeitsgewicht und Auftrieb gleich (siehe Tabelle in der Bildspalte).

> Der Auftrieb eines Körpers ist so groß wie das Gewicht der verdrängten Flüssigkeit.

Dies ist das **Archimedische Gesetz**.
Wir wollen untersuchen, ob es auch für beliebig gestaltete Körper gilt:

**$V_4$** Taucht man nach Abb. 62.2 den an der austarierten Waage hängenden Körper in das Überlaufgefäß, so wird er um den Auftrieb leichter. Die verdrängte Flüssigkeit, die in ein Gefäß auf der Waagschale fließt, stellt jedoch wiederum Gleichgewicht her. Erkläre!

## Wie kommt der Auftrieb zustande?

Ein Körper, der in eine Flüssigkeit eintaucht, erfährt Druckkräfte auf seine Begrenzungsflächen (Abb. 63.1):
a) Die auf die Seitenflächen wirkenden Kräfte (Seitendruckkräfte) nehmen mit der Tiefe zu, weil ja auch der hydrostatische Druck zunimmt. Die Einzelkräfte links und rechts, wie auch vorn und hinten, heben sich aber gegenseitig auf. Sie vermindern das Körpergewicht nicht.
b) Die abwärtsgerichtete Druckkraft ($F_1$) auf die Deckfläche des Körpers ist aber wesentlich geringer als die aufwärts gerichtete Druckkraft ($F_2$) auf den Boden des Körpers (Aufdruckkraft). Der Auftrieb ist die Differenz davon ($F_2-F_1$).

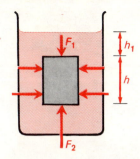

**63.1** Die Bodendruckkraft ($F_2$) ist größer als die Kraft auf den „Deckel" ($F_1$).

> An einem Körper entsteht Auftrieb, weil der Druck in Flüssigkeiten mit der Tiefe zunimmt.

### Geschichtliches

**V₅** An einem Waagebalken halten sich ein Messing- und ein Aluminiumstück von je 250 g Masse das Gleichgewicht. Ihre Gewichtskraft beträgt also je 2,5 N. Werden aber beide in Überlaufgläser mit Wasser getaucht, so hebt sich die Seite mit dem Aluminiumstück. Dieses hat bei gleichem Gewicht mehr Wasser verdrängt, es hat ein größeres Volumen und erfährt deshalb einen größeren Auftrieb als das Messingstück. Stelle beide Körper nebeneinander!
Auf ähnliche Weise soll der Grieche **Archimedes** (287—212 v. Chr.) nachgeprüft haben, ob ein dem König Hieron von Syrakus gelieferter goldener Kranz auch wirklich echt sei. Er tauchte den „goldenen" Kranz und einen gleich schweren Klumpen reinen Goldes an der Waage hängend ins Wasser. Da sich die Seite mit dem Kranz hob, war der Goldschmied überführt, Gold zum Teil unterschlagen und durch ein in der Luft gleich schweres Stück Silber ersetzt zu haben (1 g Silber hat ein Volumen von etwa 0,1 cm³; 1 g Gold hat ein Volumen von etwa 0,05 cm³). Archimedes fand das von uns aus Versuchen abgeleitete Gesetz, es wurde deshalb nach ihm benannt.

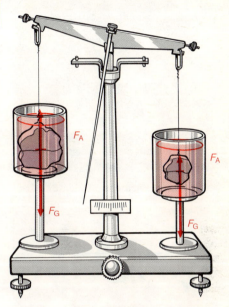

**63.2** Versuch des Archimedes: Der Körper mit dem größeren Volumen erfährt den größeren Auftrieb.

### Aufgaben:

1. Was versteht man unter Auftrieb? Wie kommt er zustande?
2. Wie heißt das Archimedische Gesetz? Erkläre es an einem Beispiel!
3. Welche Rolle spielt der hydrostatische Druck beim Entstehen des Auftriebs?
4. Welchen Auftrieb erfährt eine verschlossene Konservendose von 950 cm³ Volumen, wenn man sie ganz unter Wasser taucht?
5. Welchen Auftrieb erfährt diese Dose in Salzwasser, wenn davon 1 Liter die Gewichtskraft 12 N erfährt?
6. Ist der Auftrieb vom Inhalt der Dose abhängig? Erkläre für
a) 0,5 kg, b) 1 kg, c) 1,5 kg Gesamtmasse!

> **Merke dir,**
>
> daß der Auftrieb gleich dem Gewicht der verdrängten Flüssigkeit ist;
>
> daß der Grieche Archimedes dieses Gesetz gefunden hat;
>
> daß es für alle Flüssigkeiten und auch für nicht ganz eingetauchte Körper gilt;
>
> daß der Auftrieb von der Zunahme des hydrostatischen Drucks mit der Tiefe herrührt.

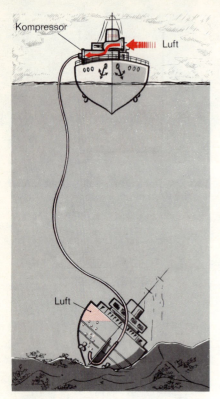

**64.1** Heben eines gesunkenen Schiffes

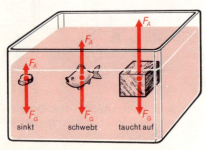

**64.2** Ein Körper kann in einer Flüssigkeit sinken, schweben oder auftauchen.

## M₁ 6.2 Wie hebt man ein gesunkenes Schiff?

### Schwimmen und Schweben

Mit Druckluft kann man, sofern möglich, das Wasser aus einem auf dem Meeresboden liegenden Schiff herauspressen. Es schwebt zuerst und steigt schließlich an die Oberfläche, um dort wieder zu schwimmen. Warum?

Auf jeden ganz in eine Flüssigkeit eingetauchten Körper wirken zwei einander entgegengesetzt gerichtete Kräfte: Eigengewicht und Auftrieb. Wenn sie zusammenwirken, gibt es grundsätzlich drei Möglichkeiten.

**Sinken:** Das Gewicht ist größer als der Auftrieb. Der Körper wird durch das überschüssige Gewicht nach unten gezogen:

> Beim Sinken ist die Auftriebskraft kleiner als die Gewichtskraft $F_A < F_G$.

**Beispiele:** Steine, Eisenstücke, überladenes Schiff, vollgelaufenes Schiff, Mensch im ausgeatmeten Zustand.

**Schweben:** Beide Kräfte sind gleich groß. Sie heben sich in ihren Wirkungen auf. Der Körper bleibt in Ruhe und schwebt in beliebiger Tiefe.

> Beim Schweben sind Auftriebskraft und Gewichtskraft gleich groß: $F_A = F_G$.

**Beispiele:** Fische, getauchtes U-Boot, mit der richtigen Menge Wasser gefüllte Flasche, Mensch mit teilweise gefüllter Lunge.

**Auftauchen:** Der Auftrieb ist größer als das Gewicht. Der Körper steigt nach oben und schwimmt schließlich an der Wasseroberfläche.

> Beim auftauchenden Körper ist die Auftriebskraft größer als die Gewichtskraft: $F_A > F_G$.

**Beispiele:** Holzbalken, Wasserball, Luftblasen, luftgefüllte Konservendose. Mensch mit prall gefüllter Lunge.

Um unser Schiff zu heben, muß man also so viel Wasser durch Luft ersetzen, daß sein Auftrieb das Gewicht überwiegt. Dabei macht das Abdichten des Schiffs Schwierigkeiten. Manchmal bringt man deshalb Luftsäcke ins Innere!

---

**Merke dir,**

die Bedingungen für

Sinken: $F_A < F_G$

Schweben: $F_A = F_G$

Auftauchen: $F_A > F_G$

---

**Aufgaben:**

1. Erkläre, wann ein Körper sinkt, schwebt und auftaucht! Welche Bedingungen müssen erfüllt sein?
2. Warum geht ein Stein unter?
3. Warum schwimmt ein Holzbalken?
4. Warum steigen Luftblasen im Wasser auf?

## M₁ 6.3 Wie tief liegt ein Schiff im Wasser?

**Schwimmen**

65.1 Beladenes und unbeladenes Frachtschiff

Im vorangehenden Kapitel haben wir uns noch nicht überlegt, wie weit ein schwimmender Körper in die Flüssigkeit eintaucht, von welchen Umständen also der **Tiefgang** eines Schiffes abhängig ist.

**V₁** Um dies zu untersuchen, hängen wir zunächst einen Holzklotz an einen Federkraftmesser. Dieser zeigt an, wie groß das Gewicht ist. Nun lassen wir das Holzstück schwimmen. Die Kraftanzeige geht auf 0 zurück. Der Körper scheint gewichtslos, weil sich Gewicht und Auftrieb gerade gegenseitig aufheben.

> Ein schwimmender Körper sinkt so weit ein, bis Gewichtskraft und Auftriebskraft gleich sind: $F_A = F_G$.

**V₂** Drücken wir den schwimmenden Körper etwas tiefer, so erhöht sich der Auftrieb. Beim Hochziehen vermindert er sich.
In beiden Fällen stören wir das Gleichgewicht so, daß die dabei entstehenden Kräfte bestrebt sind, es wiederherzustellen: Die **Schwimmlage ist stabil**.

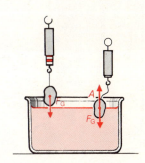

65.2 Ein schwimmender Körper ist „gewichtslos".

**V₃** Das in Abb. 65.3 gezeichnete Gefäß wird zunächst auf der Waage ohne den schwimmenden Körper austariert. Beim Einsetzen desselben wird die Waagschale zusätzlich belastet. Dann läuft so viel Wasser über, daß die Waage wieder einspielt: Körper und verdrängtes Wasser sind gleich schwer (Archimedisches Gesetz). Jedes Schiff taucht in Süßwasser etwas tiefer ein als in Salzwasser, denn Salzwasser hat ein geringeres Volumen als Süßwasser gleichen Gewichts.
Belädt man ein Schiff, so wird es schwerer. Damit wieder $F_A = F_G$ wird, muß es mehr Wasser verdrängen, also tiefer eintauchen. Sein Tiefgang wird deshalb größer, die Wasserlinie liegt höher. Dies kann man besonders gut bei Frachtkähnen beobachten.

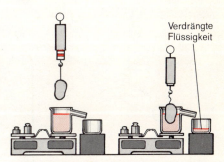

65.3 Ein schwimmender Körper und das von ihm verdrängte Wasser sind gleich schwer. Deshalb ist die Waage nach dem Überlauf wieder im Gleichgewicht.

**Aufgaben:**

1. Erkläre den Unterschied zwischen Schwimmen und Schweben.
2. Wieviel Wasser verdrängt ein schwimmendes Schiff?
3. Wie ändert sich die Wasserverdrängung (Eintauchtiefe), wenn das Schiff vom Süßwasser in Salzwasser fährt?
4. Man läßt einen halb mit Wasser gefüllten, dünnwandigen Plastikbecher in Wasser schwimmen. Wie weit taucht er etwa ein? Prüfe nach! (Das Bechergewicht kann man vernachlässigen.)
5. Ein 50 cm³ fassender Körper taucht beim Schwimmen mit 40 cm³ in Wasser. Wie groß ist die Gewichtskraft, wie groß seine mittlere Dichte?

> **Merke dir,**
>
> daß bei einem schwimmenden Körper Auftrieb und Gewicht gleich groß sind;
>
> daß auch hier der Auftrieb so groß ist wie das Gewicht des verdrängten Wassers;
>
> daß schwerere Körper dementsprechend tiefer einsinken.

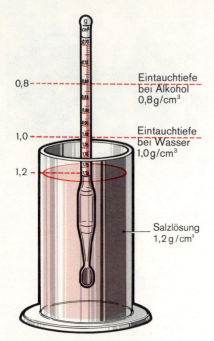

**66.1** Dichtebestimmung mit einer Senkwaage

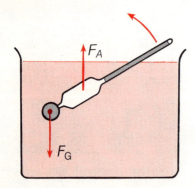

**66.2** Die Kräfte $F_A$ und $G$ greifen an verschiedenen Punkten der Senkwaage an. Deshalb richtet sie sich auf.

---

**Merke dir:**

Je tiefer eine Senkwaage eintaucht, desto kleiner ist die Dichte der Flüssigkeit.

Ein Körper schwimmt nur dann stabil, wenn sein Schwerpunkt tief liegt (unterhalb des Körpermittelpunktes).

---

### M₁ 6.4 Wie mißt man die Dichte von Flüssigkeiten?

**Aräometer
Stabilität
beim Schwimmen**

Man könnte dazu ein bestimmtes Flüssigkeitsvolumen wiegen. Es gibt aber eine einfachere Methode. Sie beruht darauf, daß Körper beim Schwimmen in schwere Flüssigkeiten weniger weit eintauchen als in leichte. Die in Bild 66.1 gezeigte **Senkwaage** (auch **Aräometer** genannt) verwirklicht diesen Gedanken. Ihr Gewicht sei beispielsweise 0,1 N.

**V₁** Läßt man sie in Wasser schwimmen, so verdrängt sie 10 cm³ Wasser und taucht bis zur Marke 1,0 ein.

**V₂** In Salzlösung $\varrho \approx 1{,}25$ g/cm³ kann sie nur etwa 8 cm³ Flüssigkeit verdrängen. Warum? Die entsprechende Marke liegt tiefer (Archimedisches Gesetz).

**V₃** In Spiritus $\varrho \approx 0{,}8$ g/cm³ verdrängt die Spindel 12,5 cm³. Jetzt taucht sie am tiefsten ein.

Aus der Eintauchtiefe können wir somit Schlüsse auf die Dichte der Flüssigkeit ziehen. An Marken ist dies jeweils vermerkt.

Außer zur umittelbaren Messung der Dichte werden Aräometer mit speziellen Einteilungen benutzt: Bekannt ist die **Mostwaage** zur Bestimmung des Zuckergehalts (der Öchsle-Grade) von frisch gekeltertem Traubensaft; denn Zucker erhöht das Artgewicht. 80° Öchsle bedeutet z.B. 1,080 g/cm³ an Dichte. Ein guter „Most" hat 75 bis 95° Öchsle. Auslesemoste haben 120 bis 200° Öchsle.
**Alkoholwaagen** bestimmen die Alkoholgehalte von Spirituosen in Gewichts- und Volumenprozenten. Auch der **Fettgehalt der Milch** wird durch besondere Spindeln gemessen, da er mit der Dichte zusammenhängt.

Wie verhindert man das **Kentern von Schiffen**?
Eine Antwort auf diese Frage gibt Abb. 66.2. Die Auftriebskraft wirkt an der Senkwaage in der Mitte des verdrängten Volumens, die Gewichtskraft am sehr tief liegenden Schwerpunkt. Dies erreicht man durch eine Bleifüllung. Die beiden Kräfte wirken so zusammen, daß sie die Waage aufrichten.
Auch Schiffe müssen einen entsprechend tief liegenden Schwerpunkt haben. **Segeljachten** versieht man deshalb mit einem schweren Kiel. Bei **Frachtschiffen** legt man die schweren Maschinen entsprechend tief.

**Aufgaben:**

1. Erkläre das Wort „Senkwaage"!
2. Warum läßt sich ein mit Bleischrot beschwertes Prüfglas als Senkwaage verwenden? Wie könnte man hier eichen?
3. Warum verhindert ein schwerer Kiel das Kentern einer Jacht? Zeichne!

## M, 6.5 Welche Einrichtungen befähigen ein U-Boot zum Tauchen?

### Unterwasserschiffe

Ein aufgetauchtes U-Boot verhält sich wie ein anderes Überwasserschiff. Sein Gewicht wird durch den Auftrieb ausgeglichen. Deshalb taucht es so weit ein, daß die entsprechende Wassermenge verdrängt wird. Beim Tauchen wird das Gewicht vergrößert. Dazu läßt man Wasser in die Tauchtanks laufen, und zwar so viel, daß das Boot gerade schwebt. Bei Fahrt kann es dann durch die Tiefenruder in jede Wassertiefe gesteuert werden. Diese Ruder sind schräggestellte Flächen am Heck.

Im Innern des Bootes muß normaler Luftdruck herrschen. Deshalb braucht das Schiff einen Druckkörper. Dieser muß den Kräften des Wassers auch in großen Tauchtiefen standhalten können. (In 200 m Tiefe drückt das Wasser mit 2 Mill. N auf 1 m² Wandfläche!) Deshalb werden hohe Anforderungen an Material und Konstruktion gestellt. Die Tauchtanks liegen außerhalb des Druckkörpers. Sie füllen sich infolge der Zusammendrückbarkeit der Luft beim **Tieftauchen** immer mehr mit Wasser. Damit das Boot im Schwebezustand bleibt, muß der Wasserstand durch Einblasen von Preßluft automatisch etwa gleich gehalten werden. Zum **Auftauchen** drückt man das gesamte Wasser durch Preßluft aus den Tanks.

### Tiefseetauchkugel

Um in große Meerestiefen tauchen zu können, benötigt man eine Druckkugel aus dickem Stahl. Sie muß ja dem großen Wasserdruck standhalten können. Eine so schwere Kugel schwimmt nicht. Sie wird deshalb mit einem ringförmigen Schwimmer aus Blech umgeben, in den ein nicht zusammendrückbarer Stoff, der leichter ist als Wasser, eingefüllt werden muß, z.B. Benzin. Dieser liefert den Auftrieb. Zum Tauchen werden außen an der Kugel Eisenkörper magnetisch festgehalten. Sie machen das Gewicht des Geräts größer als den Auftrieb. Zum Auftauchen wird der Ballast abgeworfen. Dann ist die Auftriebskraft größer als das Gewicht.

1 m³ Benzin erfährt in Wasser einen Auftrieb von 10000 N. Da es selbst nur 7000 N wiegt, kann es ein angehängtes Gewicht von 3000 N tragen. Wiegt die Tauchapparatur unter Wasser scheinbar noch 30000 N, so braucht man 10 m³ Benzin, um den Apparat im Schweben zu halten.

**Aufgaben:**

1. In den Preßlufttanks eines U-Boots beträgt der Druck 250 bar. Wie tief kann das Boot höchstens tauchen?
2. Wie groß ist der Wasserdruck an der tiefsten Stelle des Weltmeeres (11516 m)? Welche Kraft wirkt dort auf 1 cm², welche auf 1 m² Fläche?

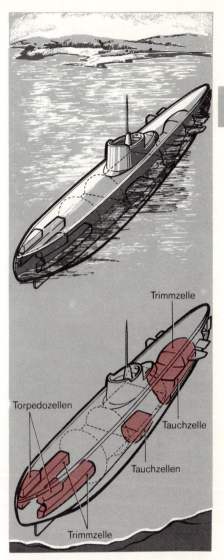

67.1 U-Boot bei Überwasserfahrt oben, bei Unterwasserfahrt unten. Beim Tauchen werden die Tauchzellen geflutet. Die Trimmzellen dienen zum Waagrechtstellen des Boots.

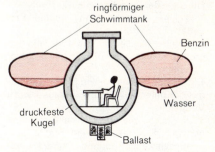

67.2 Tiefseetauchgerät (schematisch)

# M₁ 7 Von den Gasen

## M₁ 7.1 Wodurch unterscheiden sich Gase und Flüssigkeiten?

**Eigenschaften der Gase**

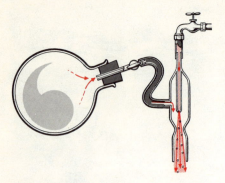

68.1 Evakuieren eines Kolbens zur Luftgewichtsbestimmung mit Wasserstrahlpumpe

| Dichte von Gasen (gerundete Werte) ||||
|---|---|---|---|
| Luft | 1,25 $\frac{g}{l}$ | Leuchtgas | 0,6 $\frac{g}{l}$ |
| Kohlendioxid | 2 $\frac{g}{l}$ | Wasserstoff | 0,1 $\frac{g}{l}$ |

**Merke dir die Eigenschaften von Gasen:**

Leicht verschiebbare Teilchen;

jeder verfügbare Raum wird eingenommen, keine Oberfläche;

Kraftübertragung wie bei Flüssigkeiten;

Volumenänderungen sind möglich.

**Aufgaben:**

1. Zähle gemeinsame Eigenschaften von Flüssigkeiten und Gasen auf!
2. Welche Masse hat 1 l, welche 1 m³ Luft?
3. Welche Masse hat die Luft, die ein großes Klassenzimmer faßt (etwa 300 m³ Volumen)?
4. Errechne die Masse von je 1 m³ Leuchtgas, Kohlendioxid und Wasserstoff! Vergleiche!
5. Vergleiche die Dichte von Gasen mit der von Flüssigkeiten und festen Körpern! Wievielmal „dünner" sind sie ungefähr?

Jeder Stoß an der Fahrradpumpe lehrt uns, daß auch Gasteilchen leicht gegeneinander verschoben werden können. Hierin gleichen sie den Flüssigkeiten. Wie diese eignen sich auch Gase zur Kraftübertragung:

**V₁** Wir wiederholen $V_3$ und $V_4$ aus Kapitel M₁ 5.2, füllen die Gasspritzen aber mit Luft. Die Meßreihe zeigt, daß die gleichen Gesetze gelten:

> Der Gasdruck hat an jeder Stelle eines abgeschlossenen Volumens denselben Wert.

Im Gegensatz zu Flüssigkeiten vermindern allerdings Gase bei Druckerhöhung ihr Volumen stark! Deshalb senken sich beim Belasten die Kolben gleichmäßig. Das Gas unter ihnen wird dichter. Es ist **komprimierbar.**

**V₂** Wir ziehen den Kolben einer luftgefüllten Spritze aus. Nach wie vor füllt das Gas den ganzen Innenraum. Hierin zeigt sich eine weitere Eigenschaft:

> Gase sind bestrebt, jeden ihnen verfügbaren Raum gleichmäßig zu erfüllen.

Die beim Ändern des Volumens auftretenden Kräfte untersuchen wir später.

**Wie groß ist die Dichte von Gasen?**

**V₃** Mit einer Wasserstrahlpumpe saugen wir die Luft aus einem Rundkolben weithin heraus. Die Masse vermindert sich dabei beispielsweise um 2,5 g. Wäge vorher und nachher! Den Hahn des leergepumpten Kolbens öffnen wir unter Wasser. Da jetzt geradesoviel Wasser einströmt, wie Luft entnommen wurde, ist es leicht, das Volumen der entnommenen Luft zu bestimmen. Es sind beispielsweise 2 l. Aus den Meßwerten für Masse und Volumen läßt sich leicht die Dichte der Luft errechnen:

$$\varrho = \frac{F_G}{V} = \frac{2{,}5\ g}{2\ l} = 1{,}25\ \frac{g}{l}.$$

**V₄** Wir wiederholen $V_3$ mit anderen Gasen und stellen fest, daß jedes Gas eine andere Dichte hat. Diese ist klein. Die Tabelle gibt Beispiele.

## M₁ 7.2 Welche Auswirkungen hat der Luftdruck?

### Der Luftdruck

**69.1** Die uns umgebende Luft drückt senkrecht auf die Flächen der Körper.

Wir leben am Grunde eines Luftmeeres und erwarten einen dem Wasserdruck entsprechenden Luftdruck. Doch spüren wir von ihm im allgemeinen nichts. Offenbar wirkt die uns umgebende Luft von allen Seiten auf die Körper, wie es in Abb. 69.1 dargestellt ist. Was geschieht, wenn wir die Luft nur von einer Seite drücken lassen?

**V₁** Zum Beweis nehmen wir auf der unteren Seite der Zellophanhaut in Abb. 69.2 die Luft mit einer Pumpe soweit wie möglich weg. Dabei erzeugen wir ein **Vakuum**. Die nun von oben einseitig wirkenden Kräfte der Luft zerstören die Membran. Sie spannt sich straff und platzt mit lautem Knall.

**V₂** Da sich der Deckel eines leergepumpten Einkochglases auch mit großer Kraft nicht entfernen läßt, vermuten wir, daß der Luftdruck eine beträchtliche Größe hat. Wir messen ihn mit einer einfachen Anordnung.

**V₃** Zunächst schieben wir aus der Glasspritze in Abb. 69.3 alle Luft hinaus und verschließen mit einem dichtsitzenden Gummistopfen. Um den Stempel von 8 cm² Fläche gegen die nur noch von außen wirkende Luft herauszuziehen, brauchen wir die erstaunlich große Kraft, 80 N. Da innen Vakuum herrscht, ergibt sich für den Druck im Außenraum:

$$p = \frac{F}{A} = \frac{80\ N}{8\ cm^2} = 10\ \frac{N}{cm^2} = 1\ bar$$

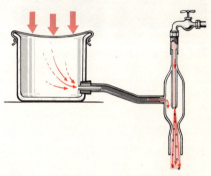

**69.2** Der einseitig auftretende Luftdruck bringt die Membran zum Platzen.

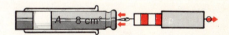

**69.3** Versuchsanordnung zum Messen des Luftdrucks

Dies ist der Druck am Grund der irdischen Lufthülle, der sogenannten **Atmosphäre**. Die gefundene Größe für den Luftdruck erklärt die Verwendung der Einheit 1 Bar (bar) anstelle von 10 N/cm² in der Technik. Dort spielt der Luftdruck eine große Rolle.

> In der uns umgebenden Luft herrscht ein Druck von etwa
> $$10\ \frac{N}{cm^2} = 1\ bar = 1000\ mbar$$

**V₄** Wir wiederholen V₃ und zeigen, daß die Kraft auf den Kolben unabhängig ist von der Größe des Innenraums. Beim Loslassen wird er von der äußeren Luft eingedrückt, bis das Vakuum wieder beseitigt ist.

Alle Beobachtungen, die wir an den Versuchen dieses Abschnitts machen konnten, weisen darauf hin, daß die Kräfte von der uns umgebenden Luft hervorgerufen werden. Sie treten nämlich nur dann auf, wenn die Luft auf einer Seite eines Körpers weggenommen wird.

> **Merke dir,**
>
> welche Wirkungen der Luftdruck ausüben kann;
>
> daß er die Größe 1 bar hat;
>
> wie man ihn mißt;
>
> wie er entdeckt wurde.
>
> **Vakuum** = leerer Raum, von lat. vacuus = leer
>
> **Atmosphäre** = Lufthülle der Erde (griech. = Dunstkugel)

**70.1** Otto v. Guericke (1602—1686)

Die Erdatmosphäre umgibt uns seit unserer Geburt. Ihr Vorhandensein ist uns daher selbstverständlich. Unbewußt suchen wir daher die Ursache für die beim Auspumpen von Gefäßen auftretenden Kräfte im neu entstehenden Vakuum und nicht in der das Gefäß umgebenden Luft. Wenn man die Erscheinungen verstehen und begründen will, muß man aber umdenken. Dies fällt uns im Zeitalter der Weltraumfahrt leichter als den Menschen früher. Denn wir hören von den Erfahrungen, die die Astronauten im leeren Weltraum und auf Himmelskörpern ohne Atmosphäre machen, z.B. dem Mond.

### Geschichtliches

Die ersten Überlegungen zum Druck der Luft stellte im 17. Jahrhundert der Magdeburger Bürgermeister Otto von Guericke (1602—1686) an. Er erfand u. a. eine Luftpumpe und führte seinen Zeitgenossen eine ganze Reihe von Experimenten vor. Sein berühmtestes beweist das Vorhandensein des Luftdrucks und dessen erstaunliche Größe:
Entsprechend Abb. 70.2 wurden zwei kupferne Halbkugeln mit einer Querschnittsfläche von 1400 cm² luftdicht zusammengesetzt. Daraufhin pumpte man den Innenraum leer, soweit dies damals möglich war. Erst zweimal acht Pferde trennten die Kugeln, überwanden also die Kraft, die die Luft ausübte. Errechne die Größe der Kraft! Zeichne die Kugeln und die Kraftpfeile!
Wir wollen uns nicht vorstellen, die beiden Kugeln werden durch das Vakuum zusammengesaugt. Dies erinnert zu sehr an die Vorstellung des Mittelalters, die Natur habe einen Schrecken vor dem leeren Raum (horror vacui), und deshalb „sauge" das Vakuum mit aller Kraft die umgebende Materie in sich ein. Diese falsche Vorstellung lebt in dem Wort „saugen" heute noch fort. Guericke wollte sie durch seine Versuche beseitigen.

**Aufgaben:**

1. Warum fällt uns üblicherweise nicht auf, daß die uns umgebende Luft unter Druck steht?
2. Durch welche Maßnahme wird der Luftdruck nachweisbar?
3. Erkläre, warum eine Papiertüte schrumpft, wenn wir die Luft heraussaugen!
4. Wie kann man die Kappe eines Füllhalters an die Zunge hängen? Welche Kraft hält sie dann fest?
5. Wie groß ist der Luftdruck?
6. Welche Kraft übt die Luft auf ein Fenster von 1 m Höhe und 1 m Breite aus? Warum bemerken wir diese große Kraft nicht?
7. Wie groß ist die Kraft auf den Deckel eines evakuierten Einmachglases? Schätze die Fläche!

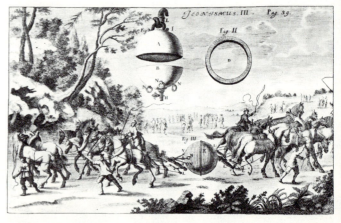

**70.2** Guerickes Versuch zum Nachweis des Luftdrucks, alter Stich

## M₁ 7.3  Was ist Preßluft?  Eigendruck in Gasen

**71.1** Druckluftkompressor

Jede Autoreparaturwerkstatt und jede Baufirma hat heute eine Preßluftanlage. Ein Kompressor saugt Luft an, verdichtet sie und preßt sie in ein Vorratsgefäß aus Stahl. Abb. 71.1! Der Vorgang entspricht dem beim Aufpumpen eines Fahrradschlauches. Wir wollen die Zusammenhänge untersuchen!

**V₁** Wir verschließen die Öffnung einer halb mit Luft gefüllten Glasspritze und trennen sie damit von der Außenluft ab. Der Stempel verschiebt sich nicht. Offensichtlich hat die eingeschlossene Luft einen **Eigendruck,** der dem Druck der äußeren Luft gleich ist (1 bar). Verkleinern wir in ihr das Volumen, so erhöht sich der Druck in der Spritze, z.B. auf 2 bar. Wir müssen den Kolben festhalten.

**V₂** Wenn wir dagegen der Luft in der Spritze durch Herausziehen des Stempels einen größeren Raum zur Verfügung stellen, sinkt ihr Eigendruck unter den äußeren Luftdruck, z.B. auf ½ bar. Die äußere Luft versucht jetzt den Stempel wieder in die alte Lage zu schieben.

> Der Eigendruck einer abgeschlossenen Gasmenge steigt, wenn man das Volumen der Gasmenge verkleinert; er sinkt, wenn man dem Gas einen größeren Raum zur Verfügung stellt.

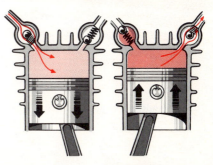

**71.2** Ventilspiel in einem Kompressor: a) Ansaugen, b) Komprimieren

Die bei diesen Versuchen in Erscheinung tretende „Elastizität der Gase" kannte bereits Heron von Alexandria im 1. Jahrhundert n. Chr.

**V₃** Blasen wir in den nach ihm benannten **Heronsball** (Abb. 71.3) Luft ein, so wird die ursprünglich vorhandene Luftmenge auf einen kleineren Raum zusammengepreßt. Ihr Eigendruck steigt über den äußeren Luftdruck. Gibt man anschließend die Öffnung frei, so spritzt Wasser aus der Flasche heraus.

In der **Spritzflasche** wird der Druck über der Flüssigkeitsoberfläche ebenfalls durch Einblasen von Luft erzeugt. Das Wasser entweicht aber durch eine zweite Röhre.
Bei einer Plastikspritzflasche verkleinert man dagegen durch Pressen der Wände das Volumen. Auch dadurch entsteht im Innern Druck, durch den das Wasser herausbefördert wird.

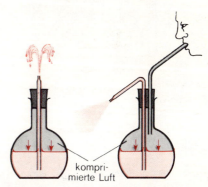

**71.3** Heronsball und Spritzflasche. Erkläre!

**V₄** **Druckgesteuerter Taucher:** Wir erhöhen nach Abb. 71.4 mit der Glasspritze den Druck im Wasser. Dadurch wird das Volumen der Luft im Kopf des Tauchers kleiner. Wasser dringt ein und macht diesen schwerer: Er sinkt, wie ein U-Boot.
Nehmen wir den Druck weg, so dehnt sich die komprimierte Luft wieder aus und drückt das eingedrungene Wasser hinaus. Der Glaskörper steigt.

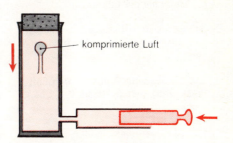

**71.4** Druckgesteuerter Taucher

72.1 Im Fahrradreifen herrscht Überdruck

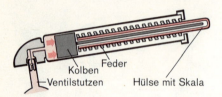

72.2 Reifendruckmesser. Er mißt Überdrücke.

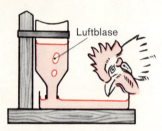

72.3 Geflügeltränke. Wann fließt aus der Flasche Wasser aus?

**Merke dir,**

daß Gase grundsätzlich einen Eigendruck besitzen;

daß dieser Eigendruck bei Preßluft größer ist als der Luftdruck;

daß man unter Überdruck den gegen den Luftdruck gemessenen Druck versteht;

daß der absolute Druck um den Luftdruck (1 at) größer ist als der Überdruck;

wie man Überdrücke mißt.

## Der Überdruck

Ein Fahrradreifen ist um so härter, je mehr der Druck in seinem Innern den äußeren Luftdruck übersteigt. Beträgt der Druck im Schlauch nur etwa 1 bar (gegen Vakuum gemessen), so ist der Schlauch schlaff.
Hier interessiert im Grunde nicht der gegen das Vakuum gemessene sogenannte **absolute Druck,** sondern nur die Druckdifferenz zwischen der Luft im Innern und der Luft außen. Diese Druckdifferenz heißt **Überdruck** und wird ebenfalls in Bar angegeben. Technische Manometer messen im allgemeinen nicht den absoluten Druck (gegenüber dem Vakuum), sondern unmittelbar den Überdruck.

$$\text{Überdruck} = \text{absoluter Druck} - \text{Luftdruck}$$
$$p_{\ddot{U}} = p_a - p_L$$

Üblicherweise wird bei dieser Rechnung der Luftdruck überschlägig gleich 1 bar angenommen.

**Beispiel:** Ein Autoreifen hat einen Überdruck von 2,5 bar. Der absolute Druck, also der Druck gegen das Vakuum, ist

$$p_a = 2{,}5 \text{ bar} + 1 \text{ bar} = 3{,}5 \text{ bar}.$$

Als Druckmesser für Überdruck sind die im Kapitel $M_1$ 5.6 besprochenen Druckmesser für Flüssigkeiten zu verwenden. Überlege, warum sie Überdruck anzeigen.
Ein einfacher **Reifendruckprüfer** (Abb. 72.2) besteht aus einem Rohr, in dem ein Kolben von einer starken Feder nach vorn gedrückt wird. Dringt durch das Anschlußstück Preßluft ein, so wird der Kolben gegen die Kraft der Feder nach hinten geschoben. Er kommt zur Ruhe, wenn die Druckkraft der Luft auf den Kolben gleich groß ist wie die Federkraft. Bei hohem Überdruck wird die Feder demzufolge weiter zusammengedrückt. Die rote Hülse erscheint an der Rückseite des Geräts und zeigt den Druck an. Sie bleibt zur Ablesung außen.

**Aufgaben:**

1. Was versteht man unter dem Eigendruck von Gasen?
2. Wie ändert sich der Eigendruck a) beim Komprimieren, b) beim Entspannen eines Gases?
3. Was versteht man unter absolutem Druck, was unter Überdruck?
4. Rechne die absoluten Drücke 2 bar; 7,5 bar; 12 bar; 1 bar in Überdruckwerte um!
5. Welcher absolute Druck herrscht bei folgenden Überdrücken: 0,4 bar; 7 bar; 80 bar; 1 bar?
6. Erkläre die Geflügeltränke in Abb. 72.3!

## M₁ 7.4 Wie hängen Druck und Volumen eines Gases voneinander ab?

### Gesetz von Boyle-Mariotte

Preßgasflaschen haben meist einen Inhalt von ca. 20 l. Wieviel Gas entströmt beim Öffnen des Ventils, wenn der Innendruck zunächst 150 bar (absolut) beträgt?
Um diese Frage beantworten zu können, müssen wir untersuchen, wie das Volumen einer abgeschlossenen Gasmenge mit dem Druck zusammenhängt.

**V₁** Wir trennen in einer Glasröhre nach Abb. 73.2 eine 30 cm lange Luftsäule von 1 mm² Querschnitt mit dem Volumen $V_1 = 300$ mm³ durch einen Quecksilbertropfen ab. Zunächst ist der Druck links und rechts vom leicht verschiebbaren Tropfen gleich dem Luftdruck (1 bar). Darauf erzeugen wir mit einer Glasspritze Überdruck bzw. Unterdruck. Den jeweils herrschenden (absoluten) Druck lesen wir vom Manometer ab, das zugehörige Volumen der angetrennten Luftmenge am Maßstab. (10 cm Luftsäule entsprechen 100 mm³.) Die folgende Tabelle gibt einige Meßwerte:

| Druck $p_a$ | $\frac{1}{4}$ | $\frac{1}{3}$ | $\frac{1}{2}$ | 1 | 2 | 3 | bar |
|---|---|---|---|---|---|---|---|
| Volumen | 1200 | 900 | 600 | 300 | 150 | 100 | mm³ |

Vergleiche Zeile 1 und Zeile 2 und bestätige:

> Das Volumen eines Gases ändert sich im umgekehrten Verhältnis wie der absolute Druck.
>
> $$p_1 \cdot V_1 = p_2 \cdot V_2 = \cdots \text{constant.}$$

Dieses Gesetz fanden die Physiker Boyle (1667) und Mariotte (1676) unabhängig voneinander.
Nun können wir die eingangs gestellte Frage beantworten: Beim Ausströmen des Gases aus einer Stahlbombe entspannt sich dieses vom Druck 150 bar auf den Luftdruck 1 bar, also im Verhältnis 150:1. Das Volumen vergrößert sich entsprechend unserer obigen Beziehung im Verhältnis 1:150. Aus 20 l Druckgas werden $150 \cdot 20$ l $= 3000$ l $= 3$ m³ Gas unter Atmosphärendruck. Beachte, daß bei derartigen Rechnungen immer absolute Drücke einzusetzen sind.

**Aufgabe:**

Ein Autoreifen habe ein Volumen von 60 l. Er wird auf einen Überdruck von 3,5 bar entsprechend 4,5 bar absolut aufgepumpt. Wieviel Luft muß der Kompressor fördern?

**73.1** Flasche für Preßgas. Das angeschraubte Reduzierventil setzt den Innendruck auf einen einstellbaren kleinen Wert herab.

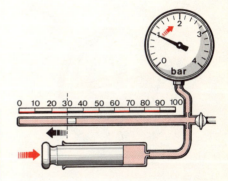

**73.2** Versuch zum Nachweis der Druckabhängigkeit des Volumens

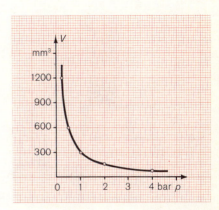

**73.3** Zusammenhang zwischen $p$ und $V$ graphisch dargestellt

## M₁ 7.5 Wie arbeiten Luftpumpen?

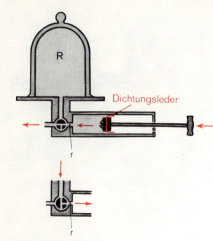

74.1 Hahnluftpumpe
Druckhub, oben
Hahnstellung beim Saughub, unten

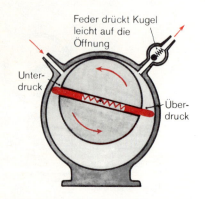

74.2 Schnitt durch eine Kapselluftpumpe

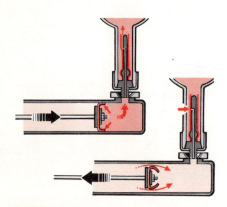

74.3 Fahrradpumpe
Druckhub oben, Saughub unten

Die einfachste Verdünnungspumpe ist die von Otto von Guericke um 1650 erfundene **Hahnluftpumpe**. Da sie ohne Ventile arbeitet, ist sie leicht zu verstehen: Der luftdicht schließende Kolben in Abb. 74.1 schiebt zunächst die Luft aus dem Zylinder ins Freie. Hierzu wird der Dreiweghahn in die Stellung a) gebracht. Legt man dann den Hahn in Stellung b) um, so wird der Zylinder von der Außenluft abgeschlossen und dafür mit der auszupumpenden Glasglocke, dem **Rezipienten** R, verbunden. Mit erheblicher Kraft muß dann der Kolben nach rechts gezogen werden. Die im Rezipienten vorhandene Luft von z. B. 1 l verteilt sich dabei zur Hälfte auf den im Zylinder geschaffenen Raum von ebenfalls 1 l. Dabei sinkt ihr Druck auf $\frac{1}{2}$ bar. Wird der Hahn wieder in die Stellung a) gelegt, so läßt sich der Vorgang wiederholen. Die beim ersten Hub im Rezipienten verbliebene halbe Luftmenge verteilt sich beim zweiten Pumpenzug wieder auf 2 l. Ihr Druck sinkt weiter. Im Rezipienten bleibt $\frac{1}{4}$ der ursprünglich vorhandenen Luft zurück. Beim nächsten Hub ist nur noch $\frac{1}{8}$ vorhanden. Man erhält selbst nach beliebig vielen Zügen kein absolutes Vakuum, auch wenn man von undichten Stellen und von der Luft in der Rohrleitung r absieht, in die in Stellung a) jedesmal Außenluft eindringt (schädlicher Raum).

Bei der **Kapselluftpumpe** (Abb. 74.2) dreht sich ein massiver Metallzylinder in einer Trommel um eine waagerechte Achse, die nicht mit der Trommelachse zusammenfällt. Die Feder preßt die beiden roten Stahlschieber stets luftdicht an die Innenwand. Deshalb wird die Luft von links nach rechts geschafft. Diese rotierende Pumpe verdrängte die Kolbenpumpe fast völlig, da sie sich bequem von einem Elektromotor antreiben läßt. Schaltet man zwei Pumpen im selben Gehäuse hintereinander (zweistufige Pumpe), so kann man die Luft bis auf 1/10 000 000 der ursprünglichen Menge abpumpen.

Die **Fahrradpumpe** ist eine Verdichtungspumpe. Wenn wir die Pumpenstange einwärts schieben, preßt die verdichtete Luft die Ledermanschette an den Zylindermantel (Dichtung). Infolge des erzeugten hohen Luftdrucks im Ventilkanal wird die Gummihaut vor dem Ventilloch weggedrückt. Preßluft strömt in den Schlauch. Beim Zurückziehen des Kolbens entsteht im Pumpenraum Unterdruck. Die Preßluft im Fahrradschlauch schließt das Ventil. Die Außenluft drückt die Ledermanschette ein und umströmt den Kolben und füllt den Zylinder von neuem.

### Aufgaben:

1. Vergleiche die Vorgänge an der Fahrradpumpe mit den Vorgängen in Abb. 74.1!
2. Erkläre das Fahrradventil!
3. Zeichne eine andere Stellung des Schiebers in der Kapselpumpe!

## M₁ 7.6 Mit welchen Geräten mißt man den Luftdruck im Wetteramt?

### Barometer

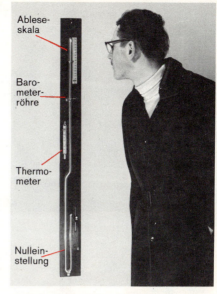

**75.1** Dieses Stationsbarometer wird gerade abgelesen.

Das von uns in Abschnitt 7.2 benutzte Verfahren zur Luftdruckmessung ist zwar sehr übersichtlich, aber ungenau und umständlich. Es eignet sich für wissenschaftliche Untersuchungen nicht. Dafür hat man sog. **Barometer** konstruiert. Wir wollen hier die wichtigsten Formen kennenlernen.
Das **Quecksilberbarometer** ist einfach und genau. Es wurde im 17. Jahrhundert erfunden und vom Italiener Torricelli in der heutigen Form erstmals benutzt. Ein Versuch zeigt, wie es arbeitet:

**V₁** Wir schließen nach Abb. 75.2 oben an eine 1 m lange Röhre eine gute Pumpe an. Dabei steigt aus dem Gefäß Quecksilber nur bis zu einer bestimmten Höhe, etwa bis auf 76 cm. Neigen wir das Rohr, so gelangt Flüssigkeit über den Hahn, da der Höhenunterschied $h$ gleichbleibt. Wenn wir dann den Hahn schließen und die Röhre wieder senkrecht stellen, so löst sich überraschenderweise der Quecksilberfaden oben und beläßt über sich einen praktisch **luftleeren Raum**.

**V₂** Wir vergrößern den Luftdruck im Vorratsgefäß bei A künstlich mit einer Druckpumpe. Das Quecksilber steigt. Verkleinern wir den Druck, so sinkt es.

**Erklärung:** Am Grund der Quecksilbersäule herrscht nur der hydrostatische Druck des Quecksilbers, denn über ihr ist ein luftleerer Raum. Eigentlich müßte sie herabsinken. Das verhindert aber der Druck der Luft, der auf die Quecksilberoberfläche im Gefäß einwirkt. Je größer dieser ist, um so höher steht das Quecksilber in der Röhre.

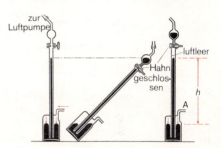

**75.2** Versuch zur Erklärung des Quecksilberbarometers

> Die Höhe der Quecksilbersäule im Barometer ist ein Maß für den Luftdruck.

Für genaue Luftdruckmessungen verwendet man sog. **Stationsbarometer.** Dies sind Präzisionsinstrumente (Abb. 75.1). Sie sind so genau, daß man die Veränderung der Quecksilbersäule mit der Temperatur und die Wölbung der Quecksilberoberfläche infolge von Kohäsionskräften berücksichtigen muß.
Man könnte nun den Luftdruck unmittelbar in **„mm Quecksilbersäule"** angeben. Dies hat man früher auch getan und dafür die Abkürzung **Torr** benutzt, zu Ehren des Italieners Torricelli, der die ersten Luftdruckmessungen durchgeführt hat. Durch langjährige Beobachtungen des geringfügig schwankenden Luftdrucks stellte man überdies fest, daß die Luft in Meereshöhe im Mittel die Quecksilbersäule 760 mm heben kann. Den zugehörigen Druck nennt man **Normaldruck** oder **Normdruck**.

> **Merke dir,**
>
> wie man den Luftdruck mißt;
>
> daß er um den Wert von 1013 mbar (760 Torr) schwankt;
>
> daß er mit der Höhe abnimmt;
>
> was die Einheit Torr und die Einheit Millibar bedeuten;
>
> wie Quecksilberbarometer und wie Dosenbarometer funktionieren;
>
> **Barometer** = Luftdruckmesser von griech. baros = schwer

**76.1** Dosenbarometer

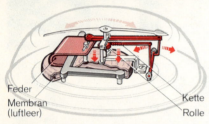

**76.2** Dosenbarometer (im Schnitt)

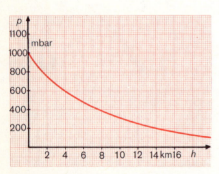

**76.3** Abnahme des Luftdrucks mit zunehmender Höhe

| Luftdruck und Höhe | | | |
|---|---|---|---|
| Höhe | Luftdruck | Höhe | Luftdruck |
| 0 m | 1 bar | 16500 m | $\frac{1}{8}$ bar |
| 5500 m | $\frac{1}{2}$ bar | 22000 m | $\frac{1}{16}$ bar |
| 11000 m | $\frac{1}{4}$ bar | 27000 m | $\frac{1}{32}$ bar |

Mit Hilfe unserer Überlegungen auf Seite 59 können wir die Quecksilberdruckhöhe 760 mm in unsere bisher benutzten Druckeinheiten bar bzw. mbar umrechnen. Es ergibt sich

> **Normdruck:** 1013 mbar = 1,013 bar = 10,13 $\frac{N}{cm^2}$
>
> zugehörige Quecksilbersäulenhöhe: 760 mm
>
> (1 mm Hg Säule = 1 Torr = 1,36 mbar)

### Das Dosenbarometer

Bequemer als das Quecksilberbarometer sind Barometer, in denen nach Abb. 76.2 eine gespannte Feder der Druckkraft der Luft das Gleichgewicht hält. Zu diesem Zweck wird der wellige, leicht biegsame Deckel einer luftleer gepumpten Metalldose durch eine starke Blattfeder gehalten. Steigt der Luftdruck, so wird diese Feder stärker gebogen. Dies macht ein Zeigerwerk stark vergrößert sichtbar.

### Wann ändert sich der Barometerstand?

**V₁** Lies mehrere Tage hintereinander ein Barometer ab! Der Druck in der uns umgebenden Luft ändert sich geringfügig (Schwankungen um 40 mbar bzw. 30 Torr). Diese Luftdruckschwankungen hängen eng mit dem **Wettergeschehen** zusammen. Daher wird mit Barometern an vielen Orten der Luftdruck gemessen.

**V₂** Steige mit einem Dosenbarometer auf einen Berg! Der Luftdruck nimmt für 8 m Steighöhe um etwa 1 mbar ab. Genaue Werte für verschiedene Höhen kannst du der Abb. 76.3 und der Tabelle entnehmen.

**Erklärung:** Der Luftdruck entsteht durch das Gewicht der Luft, wie der hydrostatische Druck in Flüssigkeiten. Er nimmt nach oben nicht gleichmäßig ab, weil die Luft bei geringerem Druck „dünner" ist: 1 l davon wiegt in der Höhe weniger.
**Folgerungen:** a) Ein Barometer kann als **Höhenmesser** dienen (Flugzeug). b) Da der Luftdruck mit zunehmender Höhenlage des Meßortes immer geringer wird, vergleicht man die an verschiedenen Orten gemessenen Werte erst nach ihrer **Umrechnung auf Meereshöhe.**

> **Aufgaben:**

1. Erkläre, wie Quecksilber- und Dosenbarometer arbeiten!
2. Die Quecksilbersäule in einem Hg-Barometer steht 736 mm hoch. Wie groß ist der Luftdruck, angegeben in mbar?

## M₁ 7.7 Was geschieht beim Ansaugen von Flüssigkeiten?

**Heber**

77.1 Ansaugen von Milch

Beim Trinken mit einem Halm vergrößerst du durch Senken des Unterkiefers und Zurückziehen der Zunge deine Mundhöhle. Dadurch entsteht darin Unterdruck, und die Milch aus dem Glas steigt in dem Halm empor. Warum dies geschieht, erläutern wir an einem Versuch.

**V₁** Nach Abb. 77.2 stellen wir das Ansatzrohr eines evakuierten Glaskolbens in Wasser und öffnen den Hahn. Das Wasser strömt entgegen der Schwerkraft mit großer Geschwindigkeit nach oben. Ursache für die Wasserbewegung ist die Kraft, die die äußere Luft auf die Wasseroberfläche ausübt. Die Gegenkraft im Glaskolben fehlt.
Warum gelingt der Versuch auch, wenn man den Kolben nur teilweise auspumpt? Vergleiche diesen Fall mit dem Ansaugen der Milch! Auch wenn du in eine Glasspritze, einen Füllhalter oder eine Injektionsspritze eine Flüssigkeit einsaugst, stellst du zuerst durch Volumenvergrößerung einen Unterdruck her. Die äußere Luft schiebt infolge ihres jetzt größeren Drucks die Flüssigkeit hinauf.

> Bei Ansaugvorgängen schiebt die äußere Luft die Flüssigkeit empor.

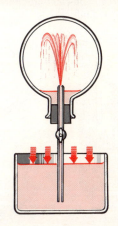

**V₂** Mit dem Stechheber (Abb. 77.3 links) „saugt" man ungiftige Flüssigkeiten an und überträgt sie bei geschlossener Öffnung A in ein anderes Gefäß.

77.2 Dieser Versuch erklärt den Saugvorgang.

**V₃** Saugt man am Winkelheber (Abb. 77.3 rechts) bei A, so füllt er sich mit Wasser. Das Wasser fließt weiter, wenn der Wasserspiegel bei A tiefer als bei B liegt. Um dies zu verstehen, schließen wir vorübergehend bei C. Der Luftdruck verhindert das Zurückfließen nach A und B. Da 1 cm Wassersäule ≈ 1 mbar entspricht, gilt:

| Druck links vom Hahn | Druck rechts vom Hahn |
|---|---|
| (1 000 − 30) mbar = 970 mbar | (1 000 − 10) mbar = 990 mbar |
| Druckdifferenz 20 mbar ||

Infolge dieser Druckdifferenz strömt die Flüssigkeit vom hochgestellten ins tiefer liegende Gefäß.

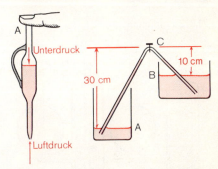

77.3 Stechheber links und Winkelheber rechts

### Aufgaben:
1. Erkläre den Ansaugvorgang beim Trinken mit einem Strohhalm! Was geschieht, wenn du leicht in den Halm bläst?
2. Inwiefern kann ein einfaches Glasrohr als Stechheber dienen?
3. Wann hört die Flüssigkeitsbewegung im Heber der Abb. 77.3 auf?
4. Beschreibe, wie man mit einem Schlauch ein Faß „leerhebert"!

> **Merke dir:**
>
> Beim Ansaugen drückt die äußere Luft Flüssigkeit in einen Raum mit Unterdruck.

78.1 Oberes Ende einer Erdölförderpumpe. Pumphub ca. 1 m

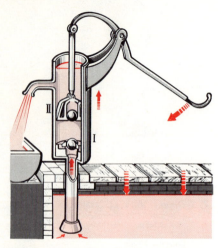

78.2 Saugpumpe

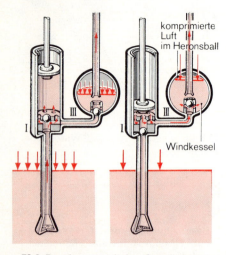

78.3 Druckpumpe; links: Saughub; rechts: Druckhub

## M₁ 7.8 Wie sind Pumpen für Flüssigkeiten konstruiert?

**Pumpen**

Bei der Feuerwehr und bei der Wasserversorgung muß Wasser transportiert werden. Man bewerkstelligt dies durch Pumpen. Diese saugen die Flüssigkeit zunächst an und drücken sie dann über Rohrleitungen und Schläuche an den gewünschten Ort. Pumpen arbeiten nach verschiedenen Prinzipien:

### Die Saugpumpe

$V_1$ Hebt sich in Abb. 78.2 der Pumpkolben nach oben, so drückt die äußere Luft Wasser aus dem Brunnen durch das Saugrohr und das Ventil I in den Pumpzylinder. Bei der Abwärtsbewegung des Kolbens gelangt dieses Wasser durch das Ventil II über den Kolben und wird bei der nächsten Aufwärtsbewegung bis zum Abflußrohr gehoben.

Das Saugrohr einer Pumpe darf nicht beliebig lang sein, weil die äußere Luft Wasser höchstens 10 m heben kann: Dann hat nämlich die Wassersäule an ihrem unteren Ende gerade den hydrostatischen Druck 1 bar. Sie hält der äußeren Luft das Gleichgewicht. Voraussetzung dafür ist ein vollständig leerer Raum unter dem Pumpkolben.

> Wasser kann höchstens 10 m hoch „gesaugt" werden.

Saugpumpen werden heute vor allem zur **Erdölförderung** benutzt. Der Pumpkolben sitzt in der erdölführenden Schicht (300—1000 m tief). Der Pumpzylinder ist ein bis zur Erdoberfläche verlängertes Rohr, in dem das Öl bei jedem Pumpenhub um etwa 1 m gehoben wird. Das lange Gestänge wird durch ein Gegengewicht in der Schwebe gehalten (siehe Abb. 78.1).

### Die Druckpumpe

$V_2$ Sie ist in Abb. 78.3 dargestellt. Ihr Kolben ist massiv. Stößt er nach unten, so entweicht das Wasser durch das seitliche Ansatzrohr. Dabei öffnet sich das Ventil III. Im anschließenden Druckrohr kann das Wasser theoretisch beliebig hoch gepreßt werden.

Mit Druckpumpen befördert man beispielsweise Trinkwasser vom Tal in hochgelegene Behälter. — Das ungleichmäßige Stoßen des Wassers im Druckrohr wird durch Einfügen eines Windkessels vermindert. Beim Druckhub wird darin die Luft über der Wasseroberfläche zusammengepreßt. Während des Saughubs drückt diese Preßluft Wasser anstelle des Kolbens ins Druckrohr. Dadurch wird die Förderpause überbrückt.

## Die Kreiselpumpe

In Abb. 79.1 dreht sich in einem Gehäuse ein Flügelrad sehr rasch. Die Flüssigkeitsteilchen zwischen den Flügeln werden an die Außenwand geschleudert und fließen durch den Druckstutzen ab. In der Nähe der Achse entsteht ein Unterdruck. Durch den Ansaugstutzen strömt deshalb Flüssigkeit ins Pumpeninnere. Der Druck der äußeren Luft treibt sie hoch. Da die Kreiselpumpe keine Ventile und Gelenke hat, wird sie in vielen Fällen der Kolbenpumpe vorgezogen (Ölpumpe, Feuerspritze). Sie kann bequemer an einen Motor angekuppelt werden als eine Kolbenpumpe. Sie hat ja im Gegensatz zu dieser nur rotierende Teile.

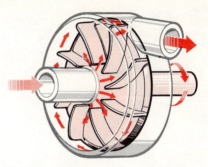

**79.1** Kreiselpumpe

## Die Zahnradpumpe

Hier laufen zwei dicht am Gehäuse anliegende Zahnräder ineinander. Die Flüssigkeit wird in den Zahnlücken „außen herum" von unten nach oben gefördert. Unten entsteht Unterdruck (Saugwirkung), oben Überdruck. Pumpen dieser Art sorgen für den Kreislauf des Schmieröls in den Kraftfahrzeugmotoren.

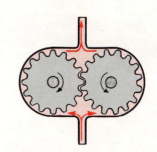

**79.2** Zahnradpumpe

## Die Membranpumpe

In der Membranpumpe ist der Kolben durch eine Membran nach Abb. 79.3 ersetzt. Dadurch entfallen alle Dichtungsprobleme. Der Antrieb erfolgt häufig durch einen sich drehenden Nocken oder durch einen Elektromagneten.
Die Membranpumpe wird verwendet bei geringen Pumpdrücken und wenn die Fördermenge im Verhältnis zur Membranfläche gering ist.
**Beispiele:** Belüftung von Aquarien, Benzinpumpe im Automobil, Pumpe zur zentralen Versorgung von Ölöfen in einem Haus.

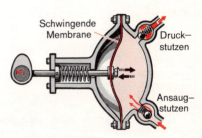

**79.3** Membranpumpe

### Aufgaben:

1. Erkläre
a) die Saugpumpe
b) die Druckpumpe!
2. Welches Ventil ist in den Abb. 78.2, 78.3 und 79.3 offen
a) beim Saughub
b) beim Druckhub?
3. Vergleiche die Kreiselpumpe mit der Membranpumpe!
4. Welche Vorteile hat die Membranpumpe?
5. Erkläre die Wirkung des Windkessels!
6. Warum beträgt die maximale Saughöhe einer Pumpe 10 m? Ist sie im Hochgebirge größer oder kleiner?

---

**Merke dir,**

wie die Saug- und die Druckpumpe arbeitet;

daß Wasser höchstens 10 m hoch gesaugt werden kann;

daß man durch Einbau eines Windkessels das stoßweise Arbeiten von Pumpen verhindern kann;

welche Vorteile Kreiselpumpen, Zahnradpumpen und Membranpumpen bieten.

**M₁ 7.9 Warum fliegt ein Luftballon?**   **Auftrieb in Luft**

Ein mit Wasserstoff (oder Heliumgas) gefüllter Kinderluftballon fliegt davon, wenn wir ihn loslassen. Füllt man denselben Ballon mit Luft, so bleibt er am Boden liegen. Warum? Wir vermuten natürlich, daß es entsprechend dem Auftrieb im Wasser einen Auftrieb in Luft gibt und daß dieser für das Verhalten der Ballone verantwortlich ist. In einem Versuch wird diese Vermutung überprüft:

**V₁** In Abb. 80.2 hält der kleine Messingkörper der großen, abgeschlossenen Glaskugel in Luft das Gleichgewicht. Da diese Glaskugel mehr Luft verdrängt, erfährt sie einen größeren **Auftrieb.** Sie wird in Wirklichkeit etwas stärker von der Erde angezogen als das Messingstück. Das erkennen wir sofort, wenn wir die Luft und damit den Auftrieb unter dem Rezipienten einer Pumpe wegnehmen. Die Glaskugel sinkt dann:

> Auch in Luft erfahren die Körper einen Auftrieb.

Dieser ist dem Gewicht der verdrängten Luft gleich, denn auch hier gilt das Archimedische Gesetz.

80.1 Mit Wasserstoff gefüllte Luftballone wollen nach oben fliegen.

Mit Hilfe dieser Erkenntnis können wir das eingangs gestellte Problem lösen. Wir rechnen für Ballone, die mit je 6 l Gas gefüllt sind:

|  | Wasserstoffüllung | Luftfüllung |
|---|---|---|
| Gewicht der Hülle | 30 mN | 30 mN |
| Gewicht des Gases | 6 · 1 mN = 6 mN | 6 · 12 mN = 72 mN |
| Gesamtgewicht | 36 mN | 102 mN |
| Auftrieb (6 l Luft werden verdrängt) | 6 · 12,5 mN = 72 mN | 72 mN |
| Auftrieb-Gewicht | 36 mN nach oben | 30 mN nach unten |

**V₂** Durch einen Versuch bestätigen wir die Richtigkeit der Rechnung: Der wasserstoffgefüllte Ballon fliegt, der luftgefüllte geht zu Boden.

Infolge des mit der Höhe kleiner werdenden Luftdrucks dehnt sich im davonfliegenden Ballon das Wasserstoffgas aus. In einer bestimmten Höhe platzt die Hülle. **Freiballone** haben, um dies zu vermeiden, unten eine Öffnung. Durch sie kann das Gas beim Hochsteigen entweichen.

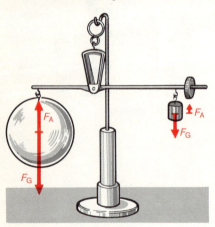

80.2 Versuch zum Nachweis des Auftriebs in der Luft

**Hinweis:** 1 l Luft wiegt 12 mN, 1 l Wasserstoff 1 mN.

**Merke dir,**

daß jeder Körper in der Luft einen Auftrieb erfährt;

daß Luftballone infolge dieses Auftriebs nach oben schweben.

**Aufgaben:**

1. Wie groß ist der Auftrieb in der Luft?
2. Vergleiche das Verhalten unserer beiden Ballone mit dem Tauchen und dem Auftauchen eines U-Boots!
3. Fliegt unser 6 l-Ballon auch davon, wenn wir ihn mit Leuchtgas 0,5 g/l ≙ 5 mN/l füllen und wenn die Schnur 10 mN wiegt?

# WÄRMELEHRE (Kalorik)

## Wä 1 Temperatur und Temperaturmessung

### Wä 1.1 Heiß und kalt, genau betrachtet

**Die Temperatur**

1.1 So kann man die Zuverlässigkeit unseres Temperatursinns prüfen

Niemand badet zur Weihnachtszeit gern in einem See oder Fluß. Das **kalte** Wasser ist dann unerträglich. Im Hallenbad dagegen sind Luft und Wasser immer **warm**. Hier fühlen wir uns auch im Winter wohl.
In unserer Haut liegen viele tausend kleine Sinneskörperchen. Einige von ihnen senden bei der Berührung mit kalten, andere bei der Berührung mit warmen Körpern Signale ans Gehirn. Sie vermitteln uns auf diese Weise zwei verschiedene Empfindungen, die aber beide auf derselben physikalischen Erscheinung beruhen. Ein Körper ist nur dann kalt, wenn er wenig Wärme enthält; er wird heiß, wenn man ihm Wärme zuführt.
Um Unklarheiten zu vermeiden, verzichten wir in der Physik möglichst auf die Ausdrücke „heiß" und „kalt" und sprechen stattdessen von der **Temperatur des Körpers.** Sie steigt, wenn wir dem Körper Wärme zuführen, und sinkt, wenn wir sie ihm entziehen.

> Wenn man einem Körper Wärme zuführt, steigt die Temperatur, wenn man ihm Wärme entzieht, fällt sie.

Jetzt wollen wir untersuchen, ob unser Temperatursinn zuverlässig ist.

**V₁** Wir stellen drei Gefäße nebeneinander. Die beiden äußeren füllen wir mit heißem und kaltem Wasser, das mittlere mit lauwarmem Wasser. Zunächst stecken wir einige Sekunden lang die eine Hand in das kalte, die andere in das heiße Wasser. Dann tauchen wir beide Hände zusammen in die lauwarme Mischung.
Obwohl beide Hände jetzt der gleichen Temperatur ausgesetzt sind, empfindet die aus dem heißen Wasser kommende Hand das lauwarme Mischwasser als kühl, die aus dem kalten Wasser kommende dasselbe dagegen als warm. Das zeigt uns, daß wir uns auf den Temperatursinn in unserer Haut nicht verlassen können.

> **Merke dir,**
>
> was man unter der Temperatur eines Körpers versteht;
>
> daß unsere Haut temperaturempfindlich ist, sie enthält den Temperatursinn;
>
> daß sie sich aber nicht als Temperaturmeßinstrument eignet.

**Aufgabe:**

1. Wenn wir im Sommer einen Keller betreten, finden wir ihn kühl. Betreten wir ihn im Winter, so erscheint er uns warm. Warum?

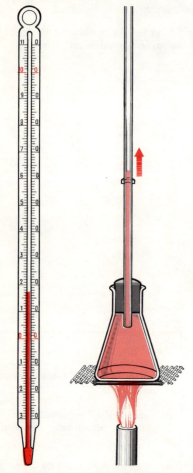

**2.1** So mißt man die Temperatur einer Flüssigkeit.

**2.2** Thermometer mit Celsiusskala

**2.3** Thermometermodell ($V_1$)

## Wä 1.2 Wie kann man Temperaturen messen?

### Das Thermometer

In Abb. 2.1 mißt eine Schülerin die Temperatur von Wasser. Sie benutzt dazu ein **Thermometer**. Es besteht aus einem Kapillarrohr, das am unteren Ende zu einem kleinen **Gefäß** erweitert ist. Das Gefäß und der untere Teil des Rohres enthalten meist **Quecksilber** oder eine **gefärbte Spezialflüssigkeit**. Oben ist das Rohr zugeschmolzen. Das Ganze steckt zusammen mit einer **Skala** in einer gläsernen Schutzhülle oder ist einfach auf einem Brettchen befestigt. Um zu untersuchen, wie ein Thermometer arbeitet, bauen wir es groß nach:

$V_1$ Dazu füllen wir ein Glasgefäß randvoll mit ausgekochtem, gefärbtem Wasser und verschließen es mit einem durchbohrten Stopfen, in dessen Bohrung ein langes Glasrohr steckt. Beim Einpressen des Stopfens dringt etwas Wasser ins Steigrohr ein. Wir markieren den Wasserstand mit einem farbigen Klebestreifen. Dann erhitzen wir. Wir können nun beobachten, daß das Wasser langsam im Rohr emporsteigt. Kühlen wir es ab, so sinkt der Wasserspiegel wieder. Offenbar nimmt das Wasser bei höherer Temperatur einen größeren Raum ein.

$V_2$ Wir wiederholen $V_1$ mit gefärbtem Petroleum oder mit Glyzerin und stellen dabei fest, daß sich andere Flüssigkeiten ähnlich verhalten wie Wasser.

> **Flüssigkeiten dehnen sich bei Erwärmung aus.**

Sie haben bei jeder Temperatur ein bestimmtes Volumen. Das Flüssigkeitsvolumen kann uns deshalb als Maß für die Temperatur dienen.

Die ersten Thermometer dieser Art wurden schon im Mittelalter hergestellt. In Museen kannst du sie oft entdecken. Bei ihnen sind Kapillarrohr und Ausdehnungsgefäß meist auf einem schön bemalten Brettchen befestigt. An das obere Ende des Rohres hat man „heiß" oder „warm", an das untere Ende „kalt" geschrieben, oft auch die entsprechenden Wörter in anderen Sprachen.
Eine praktische Bedeutung hatten sie nicht, denn sie zeigten ja nur etwas an, was man ohnehin mit der Hand fühlen konnte.

**Beim Gebrauch eines Thermometers** muß die Flüssigkeit im Thermometergefäß die Temperatur der zu messenden Substanz annehmen. Dazu bringt man beide in Berührung. Ist die Substanz heiß, so geht Wärme von ihr auf das Thermometer über. Ist sie kalt, so gibt das Thermometer Wärme an sie ab.
Der Wärmeübergang hört auf, wenn beide Körper gleiche Temperatur haben. Wir erkennen dies daran, daß die Thermometerflüssigkeit nicht mehr steigt oder fällt. Dann können wir ablesen.

## Wie entsteht die Thermometerskala?

Ein Meßinstrument muß das Meßergebnis in Form von Zahlenwerten liefern. Unser Thermometer braucht deshalb eine **Skala.** Wir müssen sie so einrichten, daß zwei Thermometer bei der Temperaturmessung an demselben Körper immer die gleichen Werte anzeigen. Dies nennt man **eichen.** Zur Eichung könnte man das neue Thermometer zusammen mit einem schon geeichten in einen Behälter mit Wasser bringen, langsam erwärmen und dabei auf die neue Skala die Zahlenwerte übertragen, die das geeichte Thermometer gerade anzeigt. Es gibt aber einen viel einfacheren Weg.

**V₃** Tauche ein Thermometer ohne Skala in ein Gemisch aus Wasser und Eis. Markiere mit farbigen Klebestreifen den Flüssigkeitsspiegel, der sich nach einiger Zeit in der Röhre einstellt. Wiederhole den Versuch mit einem anderen Wasser-Eis-Gemisch.

> Eis schmilzt bei einer ganz bestimmten
> Temperatur, der Schmelztemperatur.

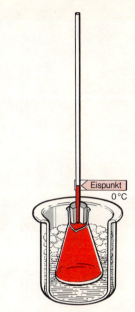

3.1 So kann man den Eispunkt bestimmen.

Der markierte Punkt auf der Thermometerskala heißt **Eispunkt.**

**V₄** Tauche dasselbe Thermometer in siedendes Wasser und markiere auch jetzt die Höhe des Flüssigkeitsspiegels im Thermometerrohr.

> Wasser siedet bei einer ganz bestimmten
> Temperatur, der Siedetemperatur.

Der so gefundene Punkt heißt **Siedepunkt.**
Auf jedem Thermometer kann man also Eispunkt und Siedepunkt leicht festlegen. Wir nennen sie **Fixpunkte.**
Der schwedische Astronom **Anders Celsius** (1701–1744) schlug 1736 vor, die Strecke zwischen den beiden Fixpunkten in 100 gleiche Abschnitte zu teilen, die er Grade nannte. Der Eispunkt wurde mit 0 °C (sprich „Null Grad Celsius") und der Siedepunkt mit 100 °C bezeichnet. Unterhalb des Eispunktes erhielt man Temperaturangaben mit negativen Zahlen.
Als man später versuchte, immer tiefere Temperaturen zu erreichen, entdeckte man, daß es eine tiefste Temperatur gibt, die nicht mehr unterschritten werden kann. Daraufhin beschloß man, sie zum Nullpunkt der Temperaturskala zu machen. Die Größe der Skalenabschnitte behielt man von der Celsiusskala bei. Ein solcher Abschnitt dient als Temperatureinheit und heißt **Kelvin** (K) zu Ehren des Engländers William Thomson, des späteren **Lord Kelvin** (1824 bis 1907).

> Die Einheit der Temperatur ist das Kelvin (K).

Der Gefrierpunkt des Wassers liegt nach der **Kelvinskala** bei 273 K (genau **273,15 K**), der Siedepunkt bei 373 K. Die normale Körpertemperatur des Menschen ist 310 K.

3.2 So bestimmt man den Siedepunkt.

**Anmerkung:** Beide Fixpunkte sind vom Luftdruck abhängig. Nur bei normalem Luftdruck von 1013 mbar liegt der Eispunkt bei 0 °C und der Siedepunkt bei 100 °C.

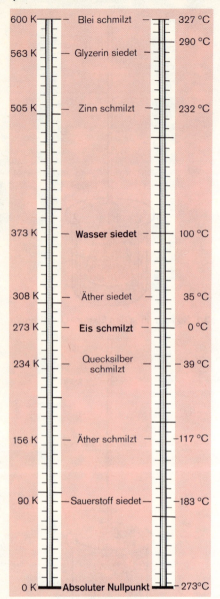

**4.1** Gegenüberstellung von Celsius- und Kelvinskala

Neben der Kelvinskala, die der Physiker meistens benutzt, ist die **Celsiusskala** noch weit verbreitet. Da beide Skalen gleich große Gradschritte haben, lassen sie sich leicht vergleichen (Abb. 4.1).

Willst du Temperaturangaben der Celsiusskala in Angaben nach der Kelvinskala umrechnen, so mußt du dem Zahlenwert 273 zufügen, bei der Umrechnung von der Kelvin- in die Celsiusskala 273 abziehen. Wir benutzen für die Celsiustemperatur das Symbol $t$, für Kelvintemperatur (früher absolute Temperatur) das Symbol $T$. Eine beliebige Celsiustemperatur $k\,°C$ kann man dann wie folgt umrechnen:

$$k\,°C \,\hat{=}\, (273 + k)\,K$$

**Beispiel:** Im Sommer haben wir manchmal eine Temperatur von 27 °C. Das entspricht

$$27\,°C \,\hat{=}\, (273 + 27)\,K = 300\,K.$$

**Temperaturdifferenzen** geben wir generell in K an. Wir machen sie kenntlich, indem wir ein $\Delta$ (griechischer Buchstabe, sprich „Delta") vor das Symbol setzen. Beispiel: Wir erhitzen Wasser von der Temperatur $t_1 = 20\,°C$ ($T_1 = 293\,K$) auf die Temperatur $t_2 = 80\,°C$ ($T_2 = 353\,K$). Die Temperaturdifferenz ist dann

$$\Delta t = t_2 - t_1 = 80\,°C - 20\,°C = 60\,K$$
$$(\Delta T = T_2 - T_1 = 353\,K - 293\,K = 60\,K)$$

**Technisches:**
Die meisten Thermometer enthalten **Quecksilber.** Zum Messen tiefer Temperaturen eignet sich Quecksilber jedoch nicht, da es schon bei $-39\,°C$ erstarrt. Man kann dafür Alkohol verwenden. Alkoholthermometer haben einen Meßbereich von $-70\,°C$ bis $+60\,°C$. Sehr tiefe und sehr hohe Temperaturen mißt man mit elektrischen oder optischen Verfahren.

**Fieberthermometer** haben eine sehr enge Kapillare und ein großes Quecksilbergefäß, deshalb steigt auch bei kleinen Temperaturerhöhungen die Quecksilbersäule weit nach oben. Dadurch wird es möglich, die Temperatur bis auf $\frac{1}{10}\,°C$ genau zu messen. Oberhalb des Gefäßes ist die Kapillare verengt. An dieser Stelle reißt der Quecksilberfaden ab, wenn das Quecksilber sich beim Erkalten im Vorratsgefäß zusammenzieht. Der abgerissene Faden bleibt in der Kapillare zurück. An seinem oberen Ende kann man die erreichte Höchsttemperatur (das **Maximum**) ablesen.

---

**Merke dir,**

wie man ein Thermometer handhabt;

daß Flüssigkeiten sich beim Erwärmen ausdehnen;

in welcher Maßeinheit Temperaturen gemessen werden;

---

**Aufgaben:**

1. Wie ist ein Thermometer gebaut?
2. Was muß man bei einer Temperaturmessung beachten?
3. Wie entsteht die Celsiusskala?
4. Wie entsteht die Kelvinskala?
5. Das Fieberthermometer ist ein Maximum-Thermometer. Warum?
6. Wieviel K Temperaturunterschied sind es
 a) zwischen 15 °C und 45 °C,
 b) zwischen $-2\,°C$ und $+4\,°C$.
6. Rechne um in K: $-25\,°C$, $+17\,°C$, $+254\,°C$.

## Wä 1.3 Warum liegt die Brücke auf Rollen?

**Ausdehnung fester Körper**

5.1 Rollenlager einer Brücke

Nachdem du im Kapitel 1.2 gelesen hast, daß Flüssigkeiten sich bei Erwärmung ausdehnen, vermutest du sicher schon das Richtige: Die Brücke ist nicht immer gleich lang; denn feste Körper dehnen sich bei Erwärmung ebenfalls aus. Wir prüfen dies nach:

**V₁** Eine Eisenkugel paßt knapp in ein Loch, das in eine Blechplatte gebohrt ist. Wir erhitzen sie. Jetzt bleibt die Kugel in der Öffnung stecken. Nachdem wir auch die Blechplatte erhitzt haben, kann sie wieder hindurchfallen.

**V₂** Bei dem in Abb. 5.3 abgebildeten Bolzensprengapparat trägt die mittlere Stange an einem Ende eine Bohrung, am anderen Ende ein Gewinde mit einer Flügelmutter. Steckt man durch die Bohrung einen Stahlbolzen, so kann man ihn gegen die Gabel pressen, indem man die Flügelmutter anzieht.
Wir erhitzen die Stange. Sie wird dabei länger, und der Bolzen lockert sich. Mit der Flügelmutter pressen wir ihn wieder fest gegen die Gabel. Dann lassen wir abkühlen. Die Stange wird dabei wieder kürzer und zerbricht den Stahlbolzen.

5.2 Eine Eisenkugel dehnt sich beim Erwärmen aus. Die Platte ist kalt.

> Feste Körper dehnen sich bei Erwärmung aus. Dabei können sie große Kräfte ausüben.

Denk jetzt wieder an die Brücke! Die bei Erwärmung auftretenden Kräfte würden Brücke und Widerlager zerstören, wenn nicht Rollen vorhanden wären. Wie hier muß der Ingenieur auch anderweitig die Längenausdehnung fester Körper ständig berücksichtigen:
An den Stoßstellen von **Eisenbahnschienen** läßt er einen Spalt. Lange **Rohrleitungen** verlegt er mit Schleifen oder ziehharmonikaartigen Einrichtungen. Zwischen **Betonbauteilen** sieht er Dehnungsfugen vor, die oft mit plastischen Stoffen ausgefüllt werden, z. B. mit Teer.
Hausfrauen erleben es oft, daß **dickwandige Gläser zerspringen,** wenn sie heißes Wasser hineingießen. Die Innenseite dehnt sich stärker aus als die Außenseite. Das führt zu Spannungen, die das Glas zerstören können. Warum ist dünnes Glas nicht so empfindlich?
In der Technik werden Metalle oft durch **Aufschrumpfen** miteinander verbunden. Man erhitzt dazu z. B. ein Zahnrad gleichmäßig. Sein Mittelloch wird weiter. In das erweiterte Loch preßt man die Achse ein. Sobald das Rad kalt ist, sind die beiden Teile unlösbar miteinander verbunden. Der **Spurkranz** von Eisenbahnrädern wird in ähnlicher Weise aufgeschrumpft.
Der festsitzende **Glasstopfen** einer Flasche lockert sich, wenn man den Flaschenhals vorsichtig erwärmt, denn der sich erweiternde Hals gibt den Stopfen frei. Die Erwärmung

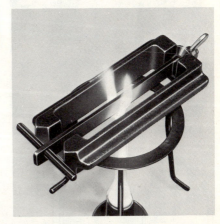

5.3 Bolzensprengapparat. Erkläre!

5.4 Schienenstoß

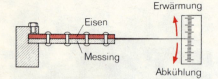

6.1 Ein Bimetallstreifen biegt sich bei Temperaturänderung.

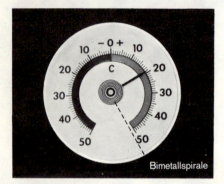

6.2 Bimetallthermometer

6.3 Thermostat nach dem Bimetallprinzip

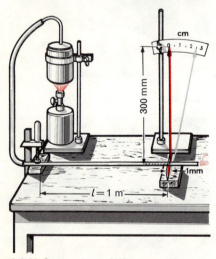

6.4 Meßversuch zur Wärmeausdehnung

kann erfolgen durch Reibung mit Hilfe einer mehrmals um den Flaschenhals geschlungenen Schnur.
Die **Reifen,** die eine Tonne oder ein Holzrad zusammenhalten, werden heiß aufgezogen.
Zwei Metallteile werden durch rotglühende **Nieten** verbunden. Die Nieten ziehen sich beim Abkühlen zusammen und pressen die beiden Metallteile fest aufeinander.
Das **Ventilspiel** darf bei Automotoren nur am heißen Motor eingestellt werden. Warum?

### Dehnen sich alle Stoffe gleich stark aus?

$V_3$ Wir untersuchen das an einem sogenannten Bimetallstreifen, der nach Abb. 6.1 aus zwei miteinander verbundenen Blechstücken verschiedenen Materials besteht, z. B. aus Messing und Eisen. Beim Erhitzen biegt er sich so, daß der Eisenstreifen innen ist. Offensichtlich dehnt sich Messing stärker aus als Eisen.

> Die einzelnen Stoffe dehnen sich bei Erwärmung in verschiedenem Maße aus.

**Bimetalle** spielen in der Technik eine große Rolle:
1. Man kann sie zu einer Spirale aufrollen und an ihrem Ende mit einem Zeiger versehen, der auf einer Skala die Temperatur anzeigt: **Bimetallthermometer.**
2. **Bimetallregler** sorgen bei Gasgeräten dafür, daß nur dann Gas ausströmen kann, wenn die Zündflamme brennt. Bei automatischen Kohleöfen regulieren sie die Luftzufuhr: Wird das Feuer schwächer, so öffnen sie die Ofenklappe.
3. **Bimetallschalter:** Ein besonders vielseitig verwendbares Bauelement erhält man, wenn man an dem Bimetall einen elektrischen Kontakt anbringt. Mit seiner Hilfe kann man bei Überschreiten einer bestimmten Temperatur Feueralarm automatisch auslösen oder gar eine Löscheinrichtung einschalten. Ein im Wohnzimmer angebrachter Bimetallkontakt schaltet bei Erreichen einer bestimmten Temperatur die Zentralheizung aus. Kühlt sich das Zimmer danach nur wenig ab, so schließen sich die Kontakte, und die Heizung arbeitet wieder. Hier wird durch den Regler die Temperatur weithin konstant gehalten. Daher heißt er **Thermostat.**

### Wir messen die Längenausdehnung.

$V_4$ Ein Metallrohr ist links fest eingespannt (Abb. 6.4) und liegt rechts auf einer Schneide von 10 mm Höhe, die sich um ihre Auflage auf dem untergelegten Klotz drehen kann. Auf die Schneide ist ein leichter, 30 cm langer Zeiger aufgesteckt, dessen Spitze vor einer mm-Skala läuft. Wir leiten zuerst Eiswasser, dann Wasserdampf durch das Rohr. Die Schneide dreht sich infolge der Ausdehnung und mit ihr der Zeiger. Auf der Skala kann die Längenänderung im Maßstab $10:300 = 1:30$ abgelesen werden.

Beispiel einer **Messung**: Ein Kupferrohr hat bei der Temperatur $t_1 = 0\,°C$ eine Länge von 1,25 m zwischen den Auflagepunkten. Es wird nun durch Wasserdampf auf die Temperatur $t_2 = 100\,°C$ erwärmt. (Temperaturerhöhung $\Delta t = 100\,K$.) Dabei geht die Zeigerspitze um 60 mm nach rechts. Das Rohr verlängert sich also um $\frac{60}{30}$ mm = 2 mm. Ein 1 m langes Rohr hätte sich nur um $\frac{2}{1,25}$ mm = 1,6 mm verlängert. Warum? Bei Erwärmung um 1 K hätten wir sogar nur eine Verlängerung um $\frac{1,6}{100}$ mm = 0,016 mm = 0,000016 m gemessen. Dies ist eine wichtige Zahl. Sie heißt **Längenausdehnungskonstante α**. Wir erhalten sie, indem wir die gemessene Verlängerung $\Delta l$ durch die ursprüngliche Länge des Rohres $l$ und die Temperaturdifferenz $\Delta t$ teilten:

$$\alpha = \frac{\Delta l}{l \cdot \Delta t} = \frac{0{,}002\,m}{1{,}25\,m \cdot 100\,K} = 0{,}000016\,\frac{1}{K}.$$

Ihre Einheit ist $\frac{1}{K}$.

| Längenausdehnungskonstante α | |
|---|---|
| Eisen | 0,000013 |
| Kupfer | 0,000016 |
| Messing | 0,000019 |
| Aluminium | 0,000024 |
| übliches Glas | 0,000009 |
| Jenaer Glas | 0,000005 |
| Invarstahl | 0,000001 |
| Quarzglas | 0,0000005 |
| Ausdehnung in Meter für 1 m Länge und 1 K Temperaturerhöhung | |

(Werte in $\frac{1}{K}$)

**V₅** Wir wiederholen V₄ mit Rohren aus Eisen, Aluminium und Glas und ermitteln jeweils α. Für jeden Stoff ergibt sich ein spezieller Wert (s. Tabelle): α ist eine Materialkonstante.

1. Die Herstellung von **Eisenbeton**, der die günstigen Eigenschaften von Beton und Stahl in sich vereinigt, wird nur dadurch möglich, daß beide Stoffe fast gleiche Längenausdehnungskonstanten haben. Was würde eintreten, wenn sie bei Eisen wesentlich größer wäre als bei Beton?
2. Elektrische Zuleitungen können nur dann luftdicht in Glasgeräte eingeschmolzen werden, wenn sich Draht und Glas in gleichem Maße ausdehnen (wichtig für Glühlampen).

### Berechnung der Längenausdehnung

Den Betrag, um den ein Körper bei Erwärmung länger wird, können wir berechnen, indem wir seine Länge $l$ mit der Temperaturdifferenz $\Delta t$ und der Längenausdehnungskonstante α seines Materials multiplizieren.

$$\Delta l = l \cdot \alpha \cdot \Delta t.$$

Wie das geschieht, zeigen wir am Beispiel einer 50 m langen Eisenbrücke. Sie wird sich im Winter gelegentlich auf $-30\,°C$ abkühlen und im Sommer auf $+40\,°C$ erwärmen. Dies ergibt eine Temperaturdifferenz von 70 K. Da sich eiserne Körper bei Erwärmung um 1 K um das 0,000013fache ihrer Länge dehnen (Längenausdehnungskonstante), beträgt die Längenänderung

$$\Delta l = 50\,m \cdot 0{,}000013\,\frac{1}{K} \cdot 70\,K = 0{,}0455\,m = 45{,}5\,mm.$$

Diese Bewegung muß die Rollenlagerung zulassen.

**Merke dir,**

daß sich feste Körper bei Erwärmung ausdehnen;

daß diese Ausdehnung nicht bei allen Stoffen in gleichem Maße erfolgt;

was man unter der Längenausdehnungskonstante α versteht;

wie man damit rechnen kann;

wie ein Bimetallstreifen arbeitet.

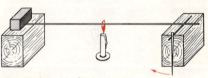

**7.1** Bild zu Aufgabe 1

**Aufgaben:**

1. Zeige durch einen Versuch, daß sich die Fahrradspeiche in Abb. 7.1 ausdehnt!
2. Warum hält ein Gefäß aus Jenaer Glas größere Temperaturunterschiede zwischen Innen- und Außenwand aus als ein Gefäß aus üblichem Glas? Benutze zur Lösung der Aufgabe die obenstehende Tabelle!
3. Um wieviel Millimeter ändert sich die Länge einer Eisenbahnschiene? Länge 15 m, tiefste Temperatur $-30\,°C$, höchste Temperatur $+50\,°C$.
4. Warum verwendet man in technischen Bimetallen Kupfer und Invar?
5. Um wieviel verlängert sich ein 20 m langer Kupferdraht (Freileitung), wenn er sich von $-20\,°C$ auf $+25\,°C$ erwärmt?

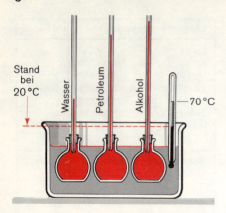

**8.1** Verschiedene Flüssigkeiten dehnen sich verschieden stark aus.

| Volumenausdehnungskonstante $\gamma$ einiger Flüssigkeiten (bei 20 °C) | |
|---|---|
| Wasser | 0,00018 |
| Quecksilber | 0,00018 |
| Alkohol | 0,0011 |
| Petroleum | 0,00096 |
| Äther | 0,00162 |
| Glycerin | 0,0005 |
| Benzol | 0,0012 |

Einheit: $\frac{1}{K}$

Ausdehnung in Liter für 1 l Flüssigkeit und 1 K Temperaturerhöhung.

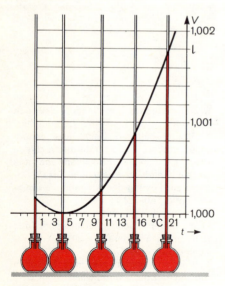

**8.2** Unregelmäßige Ausdehnung bei Wasser

## Wä 1.4 Dehnen sich alle Flüssigkeiten in gleichem Maße aus?

### Wärmeausdehnung der Flüssigkeiten

In Wä 1.2 haben wir bereits festgestellt, daß sich Flüssigkeiten bei Erwärmen ausdehnen. Nun wollen wir untersuchen, ob auch jede Flüssigkeit eine eigene Wärmeausdehnungskonstante hat.

**V₁** Wir füllen drei gleiche, mit Steigrohr versehene kleine Kolben mit Wasser, Alkohol und Petroleum und stellen sie in ein gemeinsames Wasserbad. Durch Lockern der Stopfen bringt man die Flüssigkeitsspiegel in den Steigrohren auf dieselbe, gekennzeichnete Höhe. Dann wird das die Kolben umgebende Wasser langsam bis auf 70 °C erhitzt. Die Flüssigkeitsspiegel steigen mit zunehmender Temperatur, und zwar verschieden schnell. Nach dem Markieren der Endstände erkennen wir, daß sie sich verschieden stark ausgedehnt haben.

Wenn man das Kolbenvolumen, den Steigrohrinhalt und die Temperaturerhöhung miteinander in Beziehung setzt, kommt man auch in diesem Fall zu einem stoffeigenen Ausdehnungswert, der Volumenausdehnungskonstanten $\gamma$. Sie gibt an, um welchen Bruchteil das Volumen wächst, wenn man um 1 K erwärmt. In der nebenstehenden Tabelle findest du Beispiele.

> Jede Flüssigkeit hat eine eigene Volumenausdehnungskonstante.

Für Äther ist diese Konstante besonders groß. Wenn man eine Flasche bei niederer Temperatur bis zum Rande mit Äther füllt und fest verschließt, wird sie bei Temperaturerhöhung zerstört.

### Die Ausdehnungsanomalie des Wassers

Manche Flüssigkeiten dehnen sich **ungleichmäßig** aus. Bei ihnen hat $\gamma$ z. B. zwischen 20 °C und 21 °C andere Werte als zwischen 30 °C und 31 °C. Besonders auffällig ist das beim Wasser.

**V₂** Wir füllen einen Kolben mit luftfreiem Wasser und verschließen ihn mit einem doppelt durchbohrten Stopfen, in den ein Thermometer und ein enges Steigrohr gesteckt sind. Dann stellen wir den Kolben in einen Behälter mit Eis. Wir beobachten, daß sich das Wasser bei sinkender Temperatur zusammenzieht. Aber nur bis +4 °C! Kühlen wir das Wasser weiter ab, so dehnt es sich wieder aus ($\gamma$ ist in diesem Bereich negativ).

> Wasser hat bei +4 °C seine größte Dichte.

Die **Wärmeausdehnungsanomalie** des Wassers (anomal = normwidrig) spielt in der Natur eine große Rolle. Ihr haben wir es zu verdanken, daß in der Tiefe eines ruhigen Gewässers ständig eine Temperatur von $+4\,°C$ herrscht. Weil Wasser von $4\,°C$ am dichtesten ist, sinkt es stets nach unten. Stehende und langsam fließende Gewässer gefrieren deshalb immer von oben her. In dem $+4\,°C$ warmen Tiefenwasser können die Fische den Winter überleben.

Auch Flüssigkeiten, mit denen Thermometer gefüllt werden, dehnen sich meist ungleichmäßig aus. Die einzelnen Gradstriche haben daher unter Umständen verschiedenen Abstand. Greife bei einem Alkoholthermometer mit dem Stechzirkel den Abstand zweier Gradstriche in der Nähe von $0\,°C$ ab und vergleiche mit dem Abstand zweier Gradstriche in der Nähe von $100\,°C$!

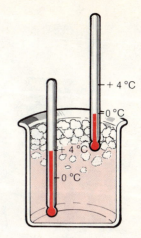

**9.1** Gib Eis in ein mit Wasser gefülltes Gefäß! Nach einiger Zeit mißt man an der Oberfläche eine Wassertemperatur von $0\,°C$, am Grunde sind es aber immer $4\,°C$. Grund: Wasser von $4\,°C$ ist schwerer als Wasser von $0\,°C$.

### Wie verhält sich Wasser beim Gefrieren?

**V₃** Fülle eine Bierflasche mit luftfreiem Wasser, verschließe sie fest und lege sie bei Frostwetter ins Freie. Die Flasche wird durch das sich bildende Eis gesprengt. (Für Splitterschutz sorgen!)
Beim Gefrieren dehnt sich Wasser im Gegensatz zu den meisten anderen Stoffen aus. Aus $1000\,cm^3$ Wasser werden $1090\,cm^3$ Eis. Es ist nicht so dicht wie Wasser, deshalb schwimmt es auf ihm.

Das anomale Verhalten des Wassers beim Erstarren hat in der Natur wichtige Auswirkungen:
1. Die Verwitterung des Gesteins wird durch Gefrieren des in Spalten und Ritzen eingedrungenen Wassers im Winter stark beschleunigt (Spaltenfrost!).
2. Auch Straßen werden beim Gefrieren des in sie eingedrungenen Wassers zerstört (Frostaufbruch!).

**9.2** Aus 10 Raumteilen Wasser entstehen 11 Raumteile Eis. Deshalb schwimmt Eis.

### Aufgaben:

1. Warum läuft ein randvoll gefüllter Topf über, wenn man ihn auf den Herd stellt?
2. Warum werden Wasserleitungen gelegentlich gesprengt, wenn Wasser in ihnen gefriert?
3. Warum ist Wasser als Thermometerflüssigkeit unbrauchbar?
4. Wenn sich eine bestimmte Menge Wasser ausdehnt, nimmt sein Rauminhalt (Volumen) zu. Es ist nach wie vor dasselbe Wasser.
a) Hat sich sein Gewicht verändert?
b) Hat sich sein Artgewicht verändert?
5. Warum haben Warmwasserheizungen ein Ausdehnungsgefäß?
6. Eine Warmwasserheizung enthält $3\,m^3$ Wasser. Die Temperatur des Wassers schwankt zwischen $20\,°C$ und $90\,°C$. Welches Mindestvolumen muß das Ausdehnungsgefäß haben?

### Merke dir,

daß Flüssigkeiten sich bei Erwärmung ausdehnen;

daß jede Flüssigkeit eine eigene Volumenausdehnungskonstante besitzt;

daß Wasser sich bei Erwärmung von $0\,°C$ bis auf $+4\,°C$ zusammenzieht;

daß Wasser sich beim Gefrieren ausdehnt.

**10.1** Pfingsten 1969 startete in Deutschland zum ersten Mal ein Heißluftballon.

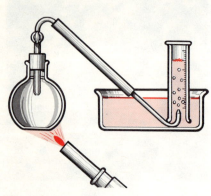

**10.2** Gase dehnen sich beim Erwärmen aus.

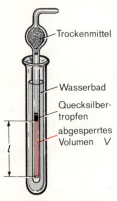

**10.3** Gerät zum Messen der Ausdehnung von Gasen.

### Wä 1.5 Wie verhalten sich Gase beim Erwärmen?

## Die Wärmeausdehnung der Gase

Diese beiden Männer wollen mit einem Heißluftballon fliegen, wie es die Brüder Montgolfière schon im Jahre 1783 gemacht haben. Ihr Ballon (15 m ⌀) hat unten eine große Öffnung. Darunter sind Gasbrenner befestigt. Sie erhitzen die Luft, die sich dabei ausdehnt und nach oben steigt. Nach einer Weile ist der ganze Ballon mit heißer Luft gefüllt. Da sie leichter ist als die kalte Luft in der Umgebung, steigt der Ballon.

**$V_1$** Der Glaskolben der Abb. 10.2 wird durch eine Flamme erwärmt. Dadurch steigt auch die Temperatur der Luft darin. Sie dehnt sich aus, strömt in den Standzylinder und verdrängt dort Wasser. Beim Abkühlen wird der von der Luft benötigte Raum kleiner. Deshalb strömt Wasser in den Kolben zurück.

> Gase dehnen sich bei Erwärmung aus.

Wir messen die Größe der Wärmeausdehnung verschiedener Gase:

**$V_2$** Der Kolben aus $V_1$ wird nacheinander mit $CO_2$ und $H_2$ gefüllt. Wir erhitzen nicht mit der Flamme, sondern tauchen den Kolben zunächst eine Weile in Eiswasser und dann in Wasser von 40 °C. Die dabei ausströmende Gasmenge wird gemessen. Sie ist bei jedem Gas gleich groß.

> Alle Gase dehnen sich
> bei Temperaturerhöhungen gleichartig aus.

### Wie groß ist die Volumenausdehnungskonstante der Gase?

**$V_3$** Im Apparat nach Abb. 10.3 ist durch einen leichtbeweglichen Quecksilbertropfen eine bestimmte Luftmenge abgegrenzt. Da die Röhre zylindrisch ist, ist die Länge der Luftsäule ein Maß für das eingesperrte Volumen $V$. Wir bringen den Apparat nacheinander in Wasserbäder verschiedener Temperatur (Kältemischung −20 °C; Eis-Wasser-Gemisch 0 °C; Wasser mit 50 °C; siedendes Wasser mit 100 °C) und notieren uns jeweils die Länge der Luftsäule $l$.
Eine Messung ergibt bei 0 °C eine Länge von $l_0 = 175$ mm, bei 100 °C die Länge $l_{100} = 239$ mm. Das Volumen ist also bei Erwärmung um 100 K um $\frac{64}{175}$ größer geworden. Bei Erwärmung um 1 K wäre es demnach um das $0{,}64 \cdot 175 = 0{,}0036$-fache größer geworden. Diese Zahl kann man auch als Bruch schreiben. Sie heißt dann $\frac{1}{273}$.

> Alle Gase dehnen sich bei Erwärmung um 1 K um $\frac{1}{273}$ des
> Volumens aus, das sie bei 0 °C besitzen.

## Die Abhängigkeit des Volumens von der Temperatur

Wenn wir die Meßergebnisse aus $V_3$ nach Abb. 11.1 graphisch darstellen, erkennen wir, daß die Meßpunkte auf einer Geraden liegen, deren Verlängerung die $T$-Achse bei $-273\,°C \triangleq 0\,K$ schneidet.
Daraus können wir schließen

> Bei gleichbleibendem Druck ist das Volumen einer Gasmenge ihrer in K gemessenen Temperatur proportional.

Dieses Gesetz wurde 1802 von **Gay-Lussac** entdeckt.
Der Quotient $\frac{V}{T}$ entspricht der Steigung der Geraden in Abb. 11.1. Man kann deshalb schreiben:

$$\frac{V_1}{T_1} = \frac{V_2}{T_2} = \text{constant.}$$

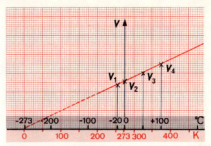

**11.1** Das $V,T$-Gesetz kann durch eine Gerade dargestellt werden, die durch den absoluten Nullpunkt geht.

## Die Abhängigkeit des Druckes von der Temperatur

**V₄** Wir ändern unsere Versuchsanordnung in $V_1$ dadurch, daß wir an die Röhre eine Glasspritze anschließen (s. Abb. 11.2).

Zunächst markieren wir die Lage des Quecksilbertropfens bei 0 °C durch einen Klemmring. Dann setzen wir das Gerät erneut in Bäder verschiedener Temperatur. Im Gegensatz zu $V_1$ erhöhen oder erniedrigen wir aber jetzt den Druck $p$ mit Hilfe einer Glasspritze so lange, bis das ursprüngliche Volumen wieder hergestellt ist. Dazu muß der untere Quecksilberrand wieder an der Markierung stehen. Am parallel angeschlossenen Manometer läßt sich der Über- bzw. Unterdruck ablesen. Dieser ergibt, zum Luftdruck addiert, den Eigendruck des Gases $p_1, p_2, p_3$ je nach Temperatur.
In Abb. 11.3 ist die gefundene $p,T$-Abhängigkeit graphisch dargestellt. Auch sie ist durch eine Gerade gegeben, deren Verlängerung die $T$-Achse im absoluten Nullpunkt schneidet!

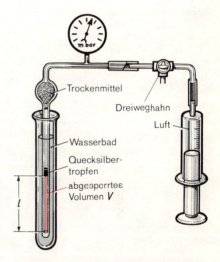

**11.2** Hier wird die Abhängigkeit des Gasdrucks von der Temperatur gemessen.

Daraus folgt:

> Bei gleichbleibendem Volumen ist der Druck in einer Gasmenge ihrer in K gemessenen Temperatur proportional.

Dieses Gesetz wurde 1702 von **Amontons** gefunden. Hier entspricht der Quotient $p/T$ der Steigung der Geraden. Deshalb kann man schreiben:

$$\frac{p_1}{T_1} = \frac{p_0}{T_0} = \text{constant.}$$

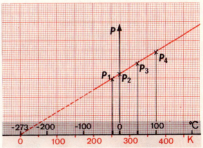

**11.3** Auch die $p,T$-Abhängigkeit wird durch eine Nullpunktsgerade wiedergegeben.

| Normdichte $\varrho_0$ von Gasen $p_0 = 1013$ mbar; $T_0 = 273$ K | |
|---|---|
| $H_2$ | 0,090 |
| He | 0,179 |
| $N_2$ | 1,250 |
| $O_2$ | 1,429 |
| $CO_2$ | 1,977 |
| Luft | 1,293 |

(Einheit: $\frac{kg}{m^3}$)

## Der absolute Nullpunkt

Betrachte noch einmal die graphischen Darstellungen Abb. 11.1 und Abb. 11.3. Die Geraden schneiden in beiden Fällen die Temperaturachsen bei 0 K ($-273\,°C$). Das bedeutet, daß ein Gas, das bei Abkühlung nicht in den flüssigen Zustand überginge (ideales Gas), bei dieser Temperatur keinen Druck oder kein Volumen hätte. Bei noch niedrigeren Temperaturen müßten sogar negative Werte auftreten. Da dies nicht möglich ist, muß man folgern, daß es diese Temperaturen überhaupt nicht gibt. Man bezeichnet 0 K ($-273\,°C$) deshalb auch als **absoluten Nullpunkt** und die in K gemessene Temperatur als **absolute Temperatur**.

## Die Gasgleichung

Das Gay-Lussacsche Gesetz beschreibt die Abhängigkeit zwischen Volumen $V$ und Temperatur $T$, das Gesetz von Amontons die Abhängigkeit zwischen Druck $p$ und Temperatur $T$.

Die Abhängigkeit des Volumens $V$ vom Druck $p$ bei konstanter Temperatur haben wir in M 7.4 bereits untersucht. Das **Boyle-Mariottesche** Gesetz lautet:

$$p_1 \cdot V_1 = p_2 \cdot V_2 = \text{constant}.$$

Die Zusammenfassung der drei Beziehungen liefert uns die sogenannte **Gasgleichung** (= allgemeines Gasgesetz):

$$\boxed{\frac{p_1 \cdot V_1}{T_1} = \frac{p_2 \cdot V_2}{T_2} = \text{constant}.}$$

Kennt man die konstante Größe in obiger Gleichung, so kann man aus zwei bekannten Zustandsgrößen (z.B. $p_1$ und $T_1$) die dritte (z.B. $V_1$) berechnen (Beispiel 2 der Bildspalte).
Um den Wert der Konstanten zu ermitteln, schlägt man in einer Tabelle (siehe Bildspalte) die **Normdichte** $\varrho_0 = m/V_0$ des betreffenden Gases nach. Die Größen $\varrho_0$ und $V_0$ kennzeichnen hier den Normzustand mit $p_0 = 1013$ mbar (Normdruck) und $T_0 = 0\,°C = 273$ K (Normtemperatur).

Kennt man wie in Beispiel 1 die Masse eines Gases, so läßt sich dessen **Normvolumen** $V_0 = m/\varrho_0$ errechnen.

Aus $V_0$, $p_0$ und $T_0$ kann man nun den Quotienten $\frac{p_0 \cdot V_0}{T_0}$ bilden.

**Beispiel 1:** Das Volumen von 30 g = 0,03 kg Wasserstoff bei 27 °C = 300 K und dem Druck $p = 990$ mbar soll berechnet werden. Die Normdichte von Wasserstoff ist $\varrho_0 = 0,090$ kg/m³. Für $V_0$ errechnet man damit den Wert

$$V_0 = \frac{m}{\varrho_0} = \frac{0,03 \text{ kg} \cdot \text{m}^3}{0,09 \text{ kg}} \approx 0,333 \text{ m}^3.$$

Die Konstante in der Gasgleichung ergibt sich damit zu

$$\frac{p_0 \cdot V_0}{T_0} = \frac{1013 \text{ mbar} \cdot 0,333 \text{ m}^3}{273 \text{ K}}$$

$$\approx 1,24 \frac{\text{mbar} \cdot \text{m}^3}{\text{K}}.$$

Da laut Gasgleichung

$$\frac{p \cdot V}{T} = \frac{p_0 \cdot V_0}{T_0} \text{ ist, folgt für } V:$$

$$V = \frac{T}{p} \cdot \frac{p_0 \cdot V_0}{T_0}$$

$$= \frac{300 \text{ K}}{990 \text{ mbar}} \cdot 1,24 \frac{\text{mbar} \cdot \text{m}^3}{\text{K}} \approx 0,376 \text{ m}^3.$$

**Beispiel 2:** Bei einem chemischen Versuch sind 120 cm³ Sauerstoff entstanden ($p = 960$ mbar; $T = 290$ K). Errechne $V_0$ bei $p_0 = 1013$ mbar und $T_0 = 273$ K!

Nach der Gasgleichung gilt

$$\frac{p_0 \cdot V_0}{T_0} = \frac{p_1 \cdot V_1}{T_1}, \text{ woraus folgt}$$

$$V_0 = \frac{p}{p_0} \cdot \frac{T_0}{T_1} \cdot V_1 = \frac{960 \text{ mbar}}{1013 \text{ mbar}} \cdot \frac{273 \text{ K}}{290 \text{ K}}$$

$$\cdot 120 \text{ cm}^3 = 107 \text{ cm}^3 = 0,000107 \text{ m}^3$$

### Aufgaben:

1. Warum nennt man das in Abb. 12.1 abgebildete Gerät auch Gasthermometer?
2. Errechne das Volumen von 20 kg Luft bei $p = 990$ mbar und $t = 12\,°C$!
3. Wie groß ist die Masse der Luft in einem Klassenzimmer mit dem Volumen 250 m³? Temperatur 25 °C, Luftdruck 950 mbar.

# Wä 2 Die Ausbreitung der Wärme

## Wä 2.1 Was geschieht beim Löten?

**Wärmeleitung**

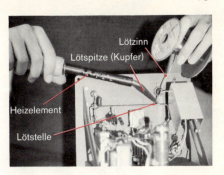

**13.1** Hier werden Drähte aneinandergelötet.

Auf der Abb. 13.1 siehst du, wie zwei feine Drähte aneinandergelötet werden. Dies geschieht mit Hilfe von Lötzinn: Durch Erwärmen der Lötstelle wird das Zinn zum Schmelzen gebracht. Wenn es wieder erstarrt, sind die Drähte fest miteinander verbunden.
Um die Wärme zur Lötstelle zu bringen, benutzt man einen Lötkolben. Er enthält einen **Heizkörper**, in dem die Wärme erzeugt wird. Durch einen dicken **Kupferstab** (die Lötspitze) wird sie dann zur Lötstelle **geleitet**. Diese **Wärmeleitung** wollen wir jetzt näher untersuchen:

**V₁** Eine Stativstange wird waagerecht befestigt. Dann kleben wir eine Anzahl Kerzen auf ihr fest. Erhitzen wir die Stange an einem Ende, so fallen die Kerzen nacheinander ab.

> Wärme geht selbständig von heißen Teilen eines Körpers auf benachbarte kältere Teile über.

**V₂** a) Halte einen eisernen Nagel und einen Kupferdraht von gleicher Länge und gleicher Dicke in die Flammen des Bunsenbrenners!
b) Wiederhole den Versuch mit einem Stück Holz und einem Glasstab! Du erkennst:

> Die einzelnen Stoffe leiten die Wärme verschieden schnell weiter.

Gute **Wärmeleiter** sind Metalle. Besonders gut leiten Kupfer und Aluminium. Schlechte Wärmeleiter sind Glas, Porzellan, Steingut und Holz.
Von Wärmeleitung wird gesprochen, wenn die Wärme nach und nach durch einen Stoff wandert, ohne daß Einzelteile des Stoffes sich bewegen. Wenn untersucht werden soll, ob Wasser die Wärme leitet, muß deshalb ein Wallen des Wassers vermieden werden.

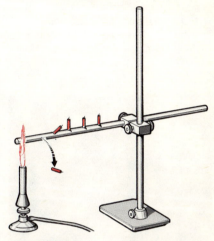

**13.2** Erhitzen wir die Stativstange an einem Ende mit einem Bunsenbrenner, so fallen die mit Stearin befestigten Kerzen nacheinander ab. Wir sehen: Die Wärme wird von der Stange weitergeleitet.

**V₃** Wir fassen ein mit Wasser gefülltes Proberöhrchen am unteren Ende und erwärmen das obere Ende mit der Flamme eines Bunsenbrenners. Nach kurzer Zeit siedet oben das Wasser, während es unten noch kalt ist:

> Wasser ist ein schlechter Wärmeleiter.

Der Versuch V₃ wird noch eindrucksvoller, wenn man unten im Proberöhrchen ein Stück Eis mit Draht befestigt (Abb. 13.3).

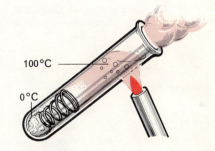

**13.3** Dieser Versuch beweist, daß Wasser die Wärme verhältnismäßig schlecht leitet. Obwohl das Wasser im oberen Teil des Reagenzglases siedet, schmilzt das Eis am Grunde nicht.

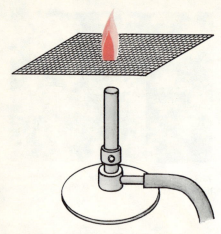

**14.1** Das Drahtnetz leitet die Wärme der Flamme ab. Das Gas darunter kommt deshalb nicht auf die Entzündungstemperatur.

**14.2** Rohrleitungen werden mit Glaswolle isoliert: Schlechte Wärmeleitung infolge des Luftgehalts.

Die **Wärmeleitfähigkeit von Gasen,** zu denen auch der Wasserdampf zählt, kann folgendermaßen untersucht werden:

**$V_4$** Wir erhitzen einen Blechlöffel stark und spritzen einige Tropfen Wasser darauf. Die Tropfen laufen hin und her und scheinen über dem Metall zu schweben. Zwischen ihnen und dem Metall bildet sich eine Dampfschicht, welche die Wärme schlecht leitet und das weitere Verdampfen stark verlangsamt.

> Gase leiten die Wärme besonders schlecht.

Die unterschiedliche **Wärmeleitfähigkeit** der Stoffe spielt in Natur und Technik eine große Rolle:

1. Metallgefäße werden mit **Holz-** oder **Porzellangriff** versehen.
2. **Doppelfenster** verursachen erheblich weniger Wärmeverluste als einfache Fenster mit mehrfacher Glasstärke. Die zwischen den Scheiben eingeschlossene Luft wirkt als Wärmeisolator.
3. Poröse Körper sind sehr gute Wärmeisolatoren, weil in ihren Poren Luft eingeschlossen ist. Deshalb verwendet man bei Bauten poröse Ziegelsteine mit Luftkanälen, Hohlblocksteine, Schaumbeton, Kunstschaumplatten und Kork zur Wärmeisolation.
4. Wasserleitungen, die gegen Wärmeverluste oder gegen Einfrieren geschützt werden sollen, umhüllt man mit Stroh, Glaswolle oder Kieselgur (Schalen von Kieselalgen, deren Hohlräume viel Luft enthalten).
5. Die sehr verschiedene Wärmeleitfähigkeit der Stoffe täuscht uns oft über die Temperatur eines Körpers, wenn man diese durch Berühren mit der Hand ermitteln will. Der Eisentopf, der im Winter draußen gestanden hat, erscheint uns kälter als ein Holzgriff von gleicher Temperatur. Unsere Hand kann die Eisenoberfläche fast nicht erwärmen, weil das Eisen die Körperwärme rasch ableitet. Dagegen wird die obere Schicht des Holzgriffes recht schnell warm, denn im Holz fließt kaum Wärme ab.

**Merke dir,**

was man unter Wärmeleitung versteht;

daß Metalle die Wärme gut leiten;

daß Wasser und Gase schlechte Wärmeleiter sind;

einige wichtige Wärmeisolierstoffe.

**Aufgaben:**

1. Warum halten Wollsachen, wattierte Jacken und Pelze warm?
2. Warum fühlen sich Daunen- und Federdecken, Schaumstoffmatratzen und Kissen warm an?
3. Welchen Zweck hat die Haube, die man über die Kaffeekanne stülpt?
4. Warum haben manche Kochtöpfe einen Kupferboden?

## Wä 2.2 Warum ist die Zentralheizung mit Wasser gefüllt?

**Wärmemitführung**

Hier siehst du die Skizze einer Zentralheizung. Die Wärme wird nur an einer Stelle (zentral!) erzeugt: in dem im Keller befindlichen Kessel. Von dort wird sie in alle Räume transportiert, und zwar mit Hilfe von Wasser, das in den Heizkessel, die Verbindungsröhren und die Heizkörper eingefüllt ist. Wie kann Wasser diese Funktion erfüllen? Es ist doch ein schlechter Wärmeleiter!

Bei der Untersuchung der Wärmeleitung haben wir darauf geachtet, daß nur die Wärme selbst befördert wird, nicht aber der erwärmte Körper. Im Gegensatz dazu wird in der Zentralheizungsanlage die leichte Beweglichkeit des Wassers ausgenutzt: Man erhitzt es im Heizkessel. Es enthält dann Wärme und führt diese bei jeder Bewegung mit. Deshalb läßt sich mit Wasser leicht Wärme transportieren und verteilen. Der Vorgang heißt **Wärmemitführung,** manchmal auch Wärmeströmung oder Wärmekonvektion.

**Die Konstruktion einer Heizanlage** wird dadurch vereinfacht, daß warmes Wasser unter gewissen Bedingungen von selbst in Bewegung gerät. Es wird im Kessel erhitzt und dehnt sich aus. Dadurch wird sein Artgewicht geringer. Es steigt in den rechten Röhren der Abb. 15.1 nach oben. Das Wasser in den Heizkörpern gibt dagegen Wärme ab. Es zieht sich infolge der Abkühlung zusammen und wird spezifisch schwerer, sinkt in den linken Röhren herab und kommt wieder in den Kessel. Dort wird es wieder erhitzt. Du erkennst, daß hier die Schwerkraft für den Umlauf des Wassers sorgt. Bei Heizanlagen in großen, sich horizontal erstreckenden Gebäuden reicht die Schwerkraft nicht aus. Dann werden zusätzlich Umwälzpumpen eingesetzt.

Wir wollen an einem einfachen Modell die Vorgänge in einer Zentralheizung studieren:

**V₁** Ein mit Wasser gefülltes Glasgefäß nach Abb. 15.2 wird einseitig erwärmt. Oben bringen wir ein paar Kristalle Kaliumpermanganat hinein. Schon nach kurzer Zeit zeigen von den Kristallen ausgehende farbige Schlieren an, daß das Wasser umläuft.

Auch wenn kalte und warme Substanz nicht durch Röhren voneinander getrennt sind, bilden sich in örtlich erwärmten Flüssigkeiten oder Gasen Strömungen aus, die oft zur gleichmäßigen Verteilung der Wärme führen:

**V₂** In ein großes, mit Wasser gefülltes Becherglas bringen wir etwas Sägespäne oder Korkmehl und erwärmen. Dort, wo die Flamme das Gefäß trifft, wird das Wasser unmittelbar erwärmt. Es dehnt sich aus und steigt nach oben. Kaltes Wasser strömt nach. An der Bewegung der Späne erkennen wir, daß das Wasser kreist. Dabei wird Wärme vom Wasser mitgeführt.

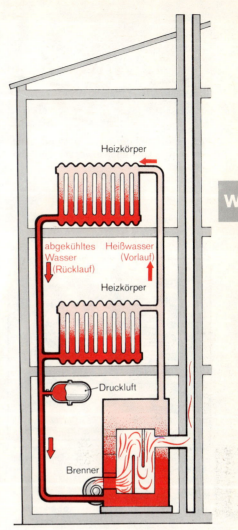

15.1 Schnitt durch eine Warmwasserheizung

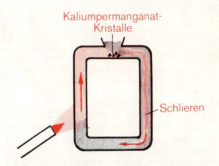

15.2 Versuchsanordnung zum Nachweis der Wärmemitführung. Antrieb: Schwerkraft

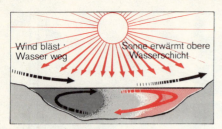

**16.1** Wärmemitführung: Der Wind bläst das warme Oberflächenwasser auf eine Seite des Sees.

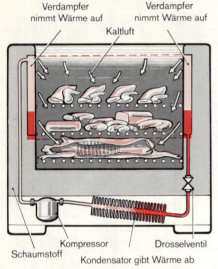

**16.2** Die in Selbstbedienungsläden stehenden Kühltruhen dürfen oben offen sein. Da kalte Luft schwer ist, sinkt sie auf den Boden des wannenförmigen Truheneinsatzes und kann nicht abfließen. Tauche bei deinem nächsten Kaufhausbesuch deine Hand in eine Kühltruhe und überzeuge dich!

---

**Merke dir,**

daß Wärme durch strömende Flüssigkeiten und Gase transportiert werden kann;

daß Flüssigkeiten und Gase unter dem Einfluß der Wärme von selbst strömen können.

---

**$V_3$** Wir stellen über einem Bunsenbrenner ein etwa 1,5 m langes Papprohr so auf, daß zwischen Tisch und Rohr ein kleiner Spalt bleibt. In den Spalt werfen wir Seidenpapierschnipsel oder Wattebäuschchen. Sie werden oben aus dem Rohr hinausgeschleudert.

**$V_4$** Blase im Winter Rauch oder Staub in die Nähe eines Heizkörpers. Er wird zunächst zum Heizkörper hingeführt und dann nach oben gerissen.

Beispiele für die **Mitführung von Wärme:**
1. Große Wärmemengen werden von warmen Meeresströmungen, z. B. dem Golfstrom, mitgeführt. Dasselbe gilt von Luftströmungen (Winden) in unserer Atmosphäre, die wir später noch genauer kennenlernen.
2. Die Sonne erwärmt einen See nur an der Oberfläche (etwa 30—50 cm tief). Du hast dies schon beim Schwimmen bemerkt, wenn deine Füße in das kalte Wasser darunter eintauchen. Bläst nun ein Wind über den See, so wird durch ihn das warme „Oberflächenwasser" in Bewegung gesetzt. Es sammelt sich auf der dem Wind abgewandten Seite (Lee). An der dem Wind zugewandten Seite (Luv) steigt kaltes Wasser empor. Wo badet man also am besten?
3. Die Kühlung eines Automotors: Die heißen Zylinderwände geben ihre Wärme an das Kühlwasser ab. Dieses wird durch eine Pumpe in den **Kühler** gepumpt, kühlt sich dort ab und gelangt dann wieder an die Zylinderwände.
4. Wenn die Sonne auf eine Hauswand scheint, wird diese heiß. Die unmittelbar daran anstoßende Luftschicht wird durch Wärmeleitung erhitzt. Sie dehnt sich aus und strömt nach oben. Kalte Luft strömt nach. An der Dachkante sehen wir Schlieren, die durch die Luftbewegung entstehen.
5. Manchmal soll auch die Mitführung von Wärme verhindert werden. Auf einfache Weise geschieht das in den **Kühltruhen,** in denen die Warenhäuser Fleischwaren aufheben. Sie sind wannenartig gebaut. In ihnen sammelt sich die kalte schwere Luft wie eine unsichtbare Flüssigkeit. Darin liegen die Lebensmittel.
6. Schaumstoffe sind deshalb schlechte Wärmeleiter, weil die vielen kleinen Wände den eingeschlossenen Luftteilchen (schlechte Wärmeleiter) das Strömen verwehren.

---

**Aufgaben:**

1. Warum hält ein Pelz wärmer, wenn er mit den Haaren nach innen getragen wird?
2. Vergleiche die Versuchsanordnung der Abb. 15.2 mit einer Warmwasserheizung!
3. Untersuche die Luftströmungen in verschiedenen Höhen an der wenig geöffneten Tür eines geheizten Zimmers und in der Umgebung des Heizkörpers (Ofen)! Benutze als Meßgerät eine Flaumfeder oder eine Kerzenflamme.
4. Warum soll man einen Kühlschrank nicht häufiger öffnen, als es notwendig ist?

## Wä 2.3 Frieren diese Tropenbewohner?

### Wärmestrahlung

Im Sommer tragen wir leichte Kleidung, damit es uns nicht zu warm wird. Die Afrikaner auf Abb. 17.1 haben sich dagegen so vermummt, wie wir es nicht einmal im Winter tun. Sie frieren jedoch nicht, sondern wollen sich gegen zu große Wärme schützen.
Von der Sonne gelangen ständig große Wärmemengen auf die Erde. Zwischen ihr und uns liegen 150 Millionen km leeren Raumes. Durch Mitführung oder Leitung kann die Wärme also nicht zu uns kommen. Es gibt demnach eine dritte Form der Wärmeübertragung. Sie erfolgt o h n e Mitwirkung eines Stoffes. Wir nennen sie **Wärmestrahlung**.
Gegen diese Strahlen will sich der Afrikaner mit seiner Kleidung schützen. Wir wollen jetzt untersuchen, ob das, was er tut, auch physikalisch richtig ist:

**V₁** Halte deine Hand in die Nähe einer 200 W-Glühlampe. Sie sendet nicht nur Licht, sondern auch Wärmestrahlen aus. Die Hand absorbiert diese Strahlen (absorbieren = aufsaugen). Dadurch wird sie erwärmt. Ein in die Nähe gebrachtes Stück „Wärmepapier" zeigt die Erwärmung durch Farbwechsel von Gelb nach Rot an. Es dient als Temperaturanzeiger.

17.1 Saharabewohner. Sie schützen sich mit ihrem Burnus gegen die sengenden Sonnenstrahlen.

> Wärme kann durch Strahlung übertragen werden.

1. In einem **Grill** wird der Braten mit Hilfe von Wärmestrahlen erhitzt.
2. Rheumatische Schmerzen werden oft behandelt, indem der Körper auf einer eng begrenzten Fläche mit Hilfe von Wärmestrahlern erwärmt wird.
3. Weltraumkapseln müssen sich ständig drehen. Täten sie es nicht, so würden sie durch die Sonnenstrahlen einseitig stark erwärmt. Dadurch würden starke Spannungen im Material entstehen.

17.2 Die Hand wird durch Wärmestrahlen erwärmt.

**V₂** Halte zwischen einen Wärmestrahler (z. B. 200 W-Lampe) und deine Hand ein Buch oder ein Heft. Im gleichen Augenblick fühlst du keine Wärme mehr.

> Wärmestrahlen können abgeschirmt werden.

1. Ein **Sonnenschirm** hält die Wärmestrahlen der Sonne von uns fern. Das Blätterdach eines Baumes und andere Schattenspender wirken genauso.
2. Je steiler die Sonnenstrahlen auftreffen, um so kräftiger wirken sie. Deshalb ist es bei uns im Sommer wärmer als im Winter. In der Nähe des Äquators kann die von der Sonne stammende Wärmestrahlung so stark werden, daß die Menschen sich gegen sie schützen müssen, indem sie ihren Körper verhüllen. Die Saharabewohner tragen deshalb ihren Burnus (siehe Abb. 17.1).

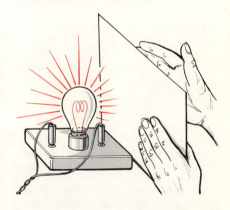

17.3 Wärmestrahlung kann die meisten Stoffe nicht durchdringen: Schirmwirkung.

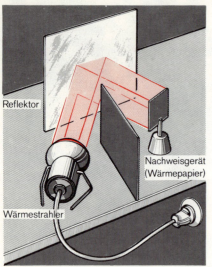

**18.1** Glänzende Körper reflektieren Wärmestrahlen.

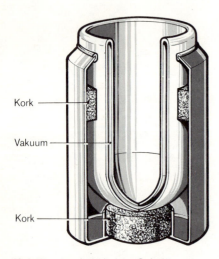

**18.2** Thermosbehälter im Schnitt

---

**Merke dir,**

daß sich Wärme durch Strahlung ausbreiten kann;

daß dunkle Körper Wärmestrahlen absorbieren und sich dabei erwärmen;

daß helle und glänzende Flächen die Wärmestrahlen reflektieren und dabei nicht erwärmt werden.

---

**Absorbieren alle Körper Wärmestrahlen gleich gut?**

Das wollen wir mit folgenden Versuchen prüfen:

$V_3$ Eine Dose wird mit mattschwarzer Farbe gestrichen, eine zweite behält ihre glänzende Oberfläche. Beide werden mit Wasser gefüllt und gleich lange mit einem Wärmestrahler bestrahlt. In der schwarzen Dose wird das Wasser wärmer als in der glänzenden.
Beide Dosen sind mit demselben Stoff (Wasser!) gefüllt. Wenn sie trotzdem verschiedene Wärmemengen aufgenommen haben, kann das nur daran liegen, daß die verschiedenen Oberflächen die Wärmestrahlen verschieden stark absorbieren. Dabei gilt:

> Dunkle Flächen absorbieren
> Wärmestrahlen besser als helle.

Weil weiße Stoffe nur wenig Wärmestrahlung aufnehmen, tragen die Afrikaner ihren Burnus (siehe Abb. 17.1). Auch in unseren Breiten trägt man im Sommer gern helle Kleider.

$V_4$ Nach Abb. 18.1 werden ein Wärmestrahler und ein mit „Wärmepapier" beklebter Rahmen nebeneinandergestellt. Dazwischen bringt man zur Abschirmung ein Stück Pappkarton. Ein zweites Stück Pappe wird auf der einen Seite mit schwarzem Papier, auf der anderen Seite mit Aluminiumfolie überzogen. Man stellt es, wie gezeichnet, vor den Wärmestrahler und das Wärmepapier.
Fallen die Wärmestrahlen auf die schwarze Seite der Pappe, so werden sie verschluckt. Das Wärmepapier bleibt kalt und deshalb gelb. Dreht man den Karton um, so wird das Wärmepapier nach kurzer Zeit warm. Seine Farbe schlägt nach Rot um.
Folgerung: Die Wärmestrahlen werden von der glänzenden Aluminiumfolie so zurückgeworfen wie Licht an einem Spiegel. (Statt zurückwerfen sagt man auch reflektieren.)

> Glänzende Körper reflektieren Wärmestrahlen.

Im Weltraum ist die Wärmestrahlung verhältnismäßig stark. Die Astronauten tragen deshalb Anzüge, die Wärmestrahlen gut reflektieren.

**Aufgaben:**

1. Wie könnten sich die Afrikaner noch vorteilhafter gegen Wärmestrahlen schützen?
2. Warum sind die Kühlwagen der Bundesbahn weiß angestrichen?
3. Warum hat die Thermosflasche einen doppelwandigen, luftleer gepumpten Glasmantel (Abb. 18.2), der verspiegelt ist? Denke daran, daß Wärmeleitung, Wärmemitführung und Wärmestrahlung vermieden werden müssen!
4. Bei klarem Himmel sinkt nachts die Temperatur viel stärker als bei bedecktem Himmel. Warum?

# Wä 3  Von Wärme und Wärmemengen

## Wä 3.1  Was ist Wärme?

**Die thermische Bewegung der Moleküle**

**19.1** Schirmbilder des Feldelektronenmikroskops erlauben uns einen Einblick in den Aufbau eines Festkörpers: Hier erkennt man die regelmäßige Anordnung der Atome an der Oberfläche von Wolfram. Vergrößerung zweimillionenfach.

In $M_1$ 2.2 hast du erfahren, daß alle Stoffe aus kleinen, unter sich gleichen Teilchen bestehen, den Molekülen beziehungsweise Atomen.
Beim Verformen eines Körpers greifen wir in sein inneres Gefüge ein. Die Teilchen selbst werden jedoch nicht verändert. Dasselbe geschieht, wenn wir einen Körper erwärmen, schmelzen oder verdampfen. Das Verhalten der kleinsten Teilchen unter dem Einfluß von Wärme soll jetzt näher betrachtet werden.

**Das Verhalten der Atome und Moleküle in festen Stoffen**

In **festen Stoffen** sind die Teilchen regelmäßig angeordnet. Sie werden durch sogenannte **Molekularkräfte** zusammengehalten. Jedes Teilchen hat seinen bestimmten Platz, den es nicht verlassen kann. Um diesen Platz führt es jedoch Schwingungen aus.

> In festen Stoffen schwingen die Atome oder Moleküle um eine Mittellage.

**Wodurch unterscheiden sich heiße und kalte Körper?**

$V_1$  Wenn man zwei Holzstücke aneinander reibt, verhaken sich die Unebenheiten an ihrer Oberfläche (Abb. 19.2). Die Moleküle in den hervorstehenden „Zacken" werden durch unsere Muskelkraft aus ihrer Ruhelage gebracht.
Die Zacken biegen sich nacheinander um und richten sich in der nachfolgenden Lücke wieder auf. Die Moleküle in ihnen geraten heftig ins Schwingen. Diese Schwingungen sehen wir nicht. Aber wir können fühlen, daß das Holz wärmer geworden ist.

> In heißen Körpern bewegen sich die Moleküle bzw. Atome heftiger als in kalten.

Ist eines der Moleküle durch Wärmezufuhr in stärkere Schwingbewegung geraten als die anderen, so beeinflußt es seine Nachbarn über Molekularkräfte und gibt einen Teil seiner Bewegungsenergie an sie ab. Es wird selbst langsamer, bei den anderen nimmt die Geschwindigkeit zu. Schließlich sind alle Teilchen in ungefähr gleich heftiger Schwingbewegung, die entstandene Wärme hat sich über den Körper verteilt. So kommt es zur **Wärmeleitung**.

**19.2** Reiben wir zwei Klötze aneinander, so geraten die Oberflächenmoleküle in stärkeres Schwingen; die Temperatur an den Oberflächen steigt.

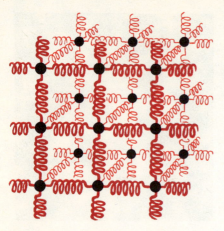

**20.1** Modellvorstellung über den Aufbau eines kristallinen Festkörpers

Das **Modell** nach Abb. 20.1 soll diesen Vorgang anschaulich machen. Die Kugeln stellen Atome und Moleküle dar, die Federn Molekularkräfte. Die ganze Anordnung gibt in anschaulicher Weise einen sehr einfachen Kristallaufbau wieder. Was geschieht im Modell, wenn man eine Kugel zu Schwingungen anstößt?

### Wärmeausdehnung

Je heißer ein Körper ist, desto heftiger schwingen die Moleküle bzw. Atome in ihm. Sie nehmen dann auch einen größeren Raum ein. Deshalb dehnen sich Körper beim Erwärmen aus.
Entzieht man beim **Abkühlen** einem Körper Wärme, so werden die Schwingungen der Moleküle langsamer. Kämen sie dabei ganz zur Ruhe, so hätte der Körper die Temperatur des absoluten Nullpunkts (—273°C) angenommen. Tiefere Temperaturen als —273°C ≅ 0 K sind deshalb nicht denkbar.

### Das Verhalten der Moleküle in Flüssigkeiten und Gasen

Beim **Schmelzen** erreichen die Moleküle eines Stoffes nacheinander so hohe Geschwindigkeiten, daß sie die Molekularkräfte überwinden können. Sie sind dann durch äußere Kräfte leicht verschiebbar, denn innerhalb der nun entstandenen **Flüssigkeit** heben sich die auf ein Teilchen wirkenden Kräfte auf. Nur an der Oberfläche wirken sie einseitig nach innen. Es ist einem Molekül deshalb nicht ohne weiteres möglich, die Flüssigkeit durch die Oberfläche hindurch zu verlassen. Sie verhalten sich so, als ob sie von einer an der Oberfläche wirkenden Kraft zurückgehalten würden. Diese Kraft bezeichnet man als **Oberflächenspannung**.

**20.2** In festen Körpern haben alle Moleküle ihren festen Platz.

Bei noch weiterer Geschwindigkeitssteigerung — also noch höherer Temperatur — können die Teilchen die Kräfte an der Oberfläche schließlich doch überwinden. Es entsteht ein Gas: Die Flüssigkeit verdunstet oder siedet.
In einem **Gas** schwirren die Moleküle ungeordnet durcheinander. Sie stoßen dabei dauernd zusammen. Den Weg zwischen zwei Zusammenstößen nennen wir die **freie Weglänge**. Sie beträgt für Sauerstoff bei normalem Druck im Durchschnitt 1/10000 mm.

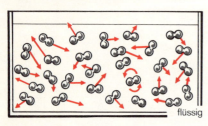

**20.3** In Flüssigkeiten können sich die Moleküle frei bewegen. Sie können jedoch die Oberfläche nicht durchstoßen.

> Im Innern von Flüssigkeiten und Gasen bewegen sich die Moleküle ungeordnet durcheinander.

Die Bewegung der Moleküle kommt durch Reibung nicht zur Ruhe. Es stoßen zwar dauernd Teilchen gegeneinander. Wenn dabei aber beispielsweise das stoßende Teilchen langsamer wird, wird das gestoßene dafür schneller, so daß die insgesamt vorhandene Bewegungsenergie erhalten bleibt. Auch bei kleinerer Durchschnittsenergie sind immer einige besonders schnelle Teilchen vorhanden. Bei Flüssigkeiten können diese die Oberfläche durchdringen: Die Flüssigkeit **verdunstet**.

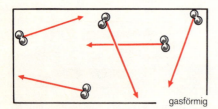

**20.4** In Gasen sind die Moleküle durch große Abstände voneinander getrennt. Sie sind frei beweglich.

## Wir machen die Molekularbewegung sichtbar

Die ungeordnete Bewegung der Moleküle läßt sich nicht unmittelbar wahrnehmen. Jedoch kann aus folgender Beobachtung auf sie geschlossen werden:

$\boxed{V_2}$ Wir bringen einen Tropfen Wasser, dem wir etwas Tusche zusetzen, unter ein etwa 600fach vergrößerndes Mikroskop. Die großen und kleinen Farbkörperchen der Tusche bewegen sich lebhaft hin und her, ohne aneinanderzustoßen. Sie werden durch die Stöße der viel kleineren und daher unsichtbaren Wassermoleküle in Bewegung gehalten. Die beobachtete Bewegung wird nach ihrem Entdecker, dem englischen Botaniker R. Brown (1773—1858) **Brownsche Bewegung** genannt.

## Die Umwandlung mechanischer Arbeit in Wärme

Wenn wir in $V_1$ Holzklötze aneinander reiben, wandelt sich die Arbeit, die wir dabei verrichten, in Wärme um. Diese Umwandlung wollen wir noch etwas genauer beobachten:

$\boxed{V_3}$ Wir rühren in einem Becherglas Wasser um. An etwas Tusche, die wir eintropfen lassen, erkennen wir, daß das Wasser zunächst eine einheitliche Bewegungsrichtung hat. Seine Bewegungsenergie stammt aus der Arbeit, die wir beim Rühren verrichten. Hören wir damit auf, so entstehen einzelne Teilströmungen (Wirbel). Schließlich kommt das Wasser zur Ruhe. Mit einem sehr empfindlichen Thermometer könnten wir jetzt eine Temperaturerhöhung nachweisen.

> Arbeit läßt sich in Wärme umwandeln.

Die ursprüngliche, vom Umrühren herstammende Bewegungsenergie ist nach wie vor vorhanden. Sie ging aus dem zunächst sichtbaren, geordneten Zustand in die regellose Bewegung der Moleküle über.

> Je höher die Temperatur eines Stoffes ist, desto größer ist die Bewegungsenergie seiner Moleküle.

**Aufgaben:**

1. Ist aufgrund unserer „molekulartheoretischen" Vorstellung eine tiefere Temperatur als der absolute Nullpunkt (keine Bewegung der Moleküle) denkbar?
2. Wir komprimieren ein Gas. Ist die freie Weglänge der Moleküle dann größer oder kleiner?
3. Bei der Beobachtung der Brownschen Bewegung bemerkst du, daß kleine Tuscheteilchen stärker zittern als große. Warum?
5. Ein Stück Metall wird heiß, wenn man einigemal mit dem Hammer daraufschlägt. Warum?

---

**Merke dir,**

daß alle Stoffe aus Atomen und Molekülen bestehen;

daß die Moleküle sich ständig bewegen;

daß in heißen Körpern die Moleküle sich heftiger bewegen als in kalten;

daß in festen Stoffen jedes Molekül an seinen Platz gebunden ist;

daß nur wenige schnelle Moleküle die Oberfläche einer Flüssigkeit durchdringen können: Verdunstung;

daß die Weitergabe der Bewegungsenergie in den festen Stoffen über die Molekularkräfte erfolgt, in den Flüssigkeiten und Gasen dagegen durch elastische Stöße;

daß man die Bewegung der Moleküle nur indirekt sichtbar machen kann;

daß man Arbeit in Wärme umwandeln kann.

## Wä 3.2 Wie können wir Wärmemengen messen?

### Das Joule

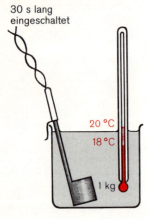

**22.1** Welche Wassermenge wird schneller heiß?

In Abb. 22.1 wird links einem kleinen und rechts einem großen Wasserkörper Wärme zugeführt. Deshalb steigt in beiden Gläsern die Temperatur, jedoch im kleineren schneller als im großen. Wieviel Wärme in einer bestimmten Zeit ins Wasser geht, wissen wir nicht. Wir können allenfalls die Wassermenge $m$ und die Temperaturerhöhung $T$ feststellen. Wie aber ermitteln wir die Größe der zugeführten Wärmemenge und wie setzen wir diese mit $m$ und $T$ in Beziehung?

In Wä 3.1 haben wir gelernt, daß Wärmezufuhr die Bewegungsenergie der Moleküle erhöht. Es ist deshalb sinnvoll, Wärmemengen in derselben Einheit zu messen, wie alle Energien, nämlich in **Joule**.

> Wärmemengen werden in Joule gemessen.

Hätten wir eine in Joule geeichte Wärmequelle, so könnten wir mit unseren Untersuchungen beginnen. Ein **Tauchsieder** bekannter Wattzahl soll als solche dienen. Trägt er die Aufschrift 300 W, so bedeutet dies, daß er je Sekunde die Wärmemenge 300 J abgibt, denn 1 W = 1 J/s. Schalten wir das Gerät 30 Sekunden lang ein, so entsteht in ihm Wärme vom Betrag 30 · 300 J = 9000 J. Energie gleichen Werts entnimmt es dafür der Steckdose.

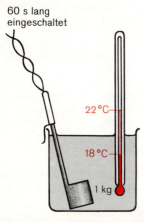

**22.2** 9000 J erhöhen die Temperatur von 1 kg Wasser um 2 K.

**V₁** Wir stecken diesen Tauchsieder in 1 kg Wasser (Anfangstemperatur z. B. $t_1 = 18\,°C$) und schalten ihn 30 s lang ein. Die 9000 J erhöhen die Wassertemperatur auf $t_2 = 20\,°C$, also um 2 K. Damit sich die zugeführte Wärme gleichmäßig verteilt, rühren wir um.

**V₂** Wir führen darauf dem Wasser ein zweites und wenig später auch ein drittes Mal die gleiche Wärmemenge zu. Die Wassertemperatur steigt beim zweitenmal von 20 °C auf 22 °C, beim drittenmal von 22 °C auf 24 °C. Die Zufuhr der 9000 J erhöht die Wassertemperatur also immer um den gleichen Temperaturbetrag, nämlich um 2 K.

> Die doppelte (dreifache) Wärmemenge erhöht die Temperatur um den doppelten (dreifachen) Betrag.

Nun wollen wir untersuchen, wie die Temperatur ansteigt, wenn man andere Wassermengen nimmt.

**V₃** Wir führen 0,5 kg Wasser zunächst 9000 J, dann 18 000 J und danach 27 000 J zu. Dann wiederholen wir die Meßreihe mit 2 kg Wasser. Mögliche Ergebnisse sind in der Tabelle auf Seite 23 aufgelistet. Du erkennst:

> Die doppelte (halbe) Wärmemenge erwärmt die doppelte (halbe) Wassermenge um den gleichen Betrag.

**22.3** Bei Zufuhr von 18 000 J steigt die Wassertemperatur um 4 K.

Wieviel Wärme ist notwendig, um in 1 kg Wasser die Temperatur um 1 K zu erhöhen?

Die Tabelle sagt aus, daß man für eine Temperaturerhöhung von 1 K einer Wassermenge von 2 kg die Wärme 9000 J zuführen muß. Für 1 kg Wasser benötigt man nach unseren Überlegungen die Hälfte davon, also 4500 J = 4,5 kJ. Sorgfältige Messungen unter Ausschaltung aller möglichen Fehler ergeben den Wert 4186,8 J ≈ 4,2 kJ.

> Zur Erwärmung von 1 kg Wasser um 1 K sind 4186,8 J also etwa 4,2 kJ erforderlich.

Diese Wärmemenge, die zur Erwärmung von 1 kg Wasser um 1 Kelvin erforderlich ist, diente früher als Einheit der Wärme. Man nannte sie **Kilokalorie (kcal)**. Der tausendste Teil davon hieß Kalorie (cal). Wenn du alte Bücher liest, findest du bestimmt noch, daß Wärmemengen in dieser Einheit angegeben werden. Du kannst sie leicht in Joule umrechnen, wenn du dir merkst:

> 1 kcal = 4186,8 J ≈ 4,2 kJ

Nun können wir das eingangs gestellte Problem lösen und die Wärmemenge $Q$ berechnen, die man einer Wassermenge $m$ zuführen muß, um eine bestimmte Temperaturerhöhung $\Delta t$ zu erhalten.

**Beispiel:** 5 kg Wasser sollen von 20 °C auf 40 °C erwärmt werden. Die Temperaturerhöhung beträgt $\Delta t = 20$ K. Da 4,2 kJ zur Erwärmung von 1 kg Wasser um 1 K erforderlich sind, müssen für 5 kg Wasser 5 · 4,2 kJ erzeugt werden. Diese können die Temperatur aber nur um 1 K erhöhen. Zur Steigerung der Temperatur um $\Delta t = 20$ K sind 20 · 5 · 4,2 kJ = 420 kJ erforderlich. Für Wasser gilt also:

$$Q \approx 4{,}2 \; \frac{\text{kJ}}{\text{kg} \cdot \text{K}} \cdot m \cdot \Delta t$$

## Die Wärmeleistung

Unser Tauchsieder gab in 30 s die Wärmemenge $Q = 9$ kJ ab, in einer Sekunde also 9000 J : 30 s = 300 J/s. Die Wärmeabgabe pro Sekunde ist bei anderen Wärmequellen größer (z. B. bei Öfen) oder kleiner (z. B. bei einer Kerze). Man sagt, der Ofen habe eine größere Wärmeleistung als die Kerze. Die Wärmeleistung berechnet man aus der je Zeiteinheit abgegebenen Wärmemenge. Man mißt sie wie andere Leistungen in W, kW oder MW. Die Heizanlage eines Einfamilienhauses hat z. B. eine Leistung von 35 kW (früher 30000 kcal/h).

> Die Wärmeleistung einer Wärmequelle gibt an, welche Wärmemenge in 1 s von ihr abgegeben wird.
> Einheiten: 1 J/s = 1 W;   1 kJ/s = 1 kW

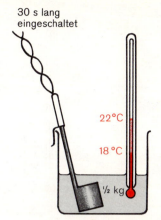

23.1 9000 J erhöhen die Temperatur von 0,5 kg Wasser um 4 K.

Versuchsergebnisse ($V_1$ bis $V_3$)

| zugeführte Wärmemenge | Temperaturerhöhungen von 0,5 kg   1 kg   2 kg Wasser um | | |
|---|---|---|---|
| 9 kJ  | 4 K  | 2 K | 1 K |
| 18 kJ | 8 K  | 4 K | 2 K |
| 27 kJ | 12 K | 6 K | 3 K |
| 36 kJ | 16 K | 8 K | 4 K |

**Aufgaben:**

1. Wieviel Joule muß man 3 kg Wasser zuführen, um seine Temperatur um 20 K zu steigern?
2. Ein Badeboiler faßt 80 kg Wasser. Es soll von 12 °C auf 82 °C erwärmt werden. Wieviel Joule braucht man?
3. 1 m³ Erdgas liefert 29,3 MJ = 29300 kJ bei der Verbrennung. Wieviel Wasser kann man damit von 20 °C auf 80 °C erwärmen?

> **Merke dir,**
>
> daß man Wärmemengen nicht unmittelbar messen kann;
>
> daß man sie aus Körpermasse und Temperaturerhöhung errechnen muß;
>
> daß Wärmemengen in Joule angegeben werden;
>
> was man unter Wärmeleistung versteht.

## Wä 3.3 Mit welchem Brennstoff wollen wir heizen?

**Heizwert**

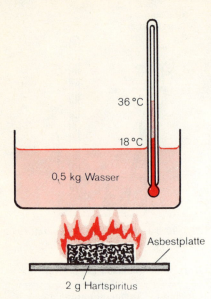

**24.1** Versuchsanordnung zur Bestimmung des Heizwertes von Esbit

Wenn man die einzelnen Brennstoffe untereinander vergleichen will, stellt man am besten fest, welche Wärmemenge (gemessen in kJ) entsteht, wenn man 1 kg davon verbrennt. Wir bezeichnen das als Heizwert des Brennstoffes. Man kann dabei so verfahren wie in folgendem Versuch:

**$V_1$** Wir bestimmen den **Heizwert** von Hartspiritus (Esbit) nach Abb. 24.1, indem wir eine Tablette (etwa 2 g) unter einem flachen dünnwandigen Metallgefäß verbrennen, das mit 0,5 kg Wasser gefüllt ist. Die von der Flamme erzeugte Wärme geht zum größten Teil in das Wasser über und erhöht dessen Temperatur, z.B. von 18°C auf 36°C. Aus Temperaturerhöhung und Wassermenge errechnet sich die zugeflossene Wärmemenge zu

$$Q \approx 4{,}2 \, \frac{kJ}{K \cdot kg} \cdot 0{,}5 \, kg \cdot 18 \, K \approx 37{,}8 \, kJ.$$

Aus 2 g Esbit entstehen beim Verbrennen 37,8 kJ. Aus 1 kg Esbit (500 · 2 g) demnach 500 · 37,8 kJ = 18900 kJ. Der Heizwert des Esbits ist also 18,9 MJ/kg.

> Der Heizwert eines Stoffes gibt an, welche Wärmemenge bei der Verbrennung von 1 kg, 1 l oder 1 m³ frei wird.

In ähnlicher Weise kann man den Heizwert anderer Stoffe bestimmen. Die Tabelle in der Bildspalte gibt Beispiele.

| Heizwerte von Brennstoffen | |
|---|---|
| Holz | 12 MJ/kg |
| Braunkohle | 16 MJ/kg |
| Steinkohle | 33 MJ/kg |
| Hartspiritus | 18 MJ/kg |
| Benzin | 41 MJ/kg |
| Brennspiritus | 23 MJ/kg |
| Heizöl | 44 MJ/kg |
| Propan | 46 MJ/m³ |
| Kokereigas | 16 MJ/m³ |
| Erdgas | 29 MJ/m³ |

Nun können wir die **Kosten für die Verbrennungswärme** bestimmen:

| | 1 kg Steinkohle | 1 l Heizöl | 1 m³ Erdgas |
|---|---|---|---|
| Kosten | —,25 DM | —,24 DM | —,26 DM |
| sie liefern laut Tabelle | 33 MJ | 44 MJ | 29 MJ |
| 10 MJ kosten also | ≈ 7,5 Pfg | ≈ 5,4 Pfg | ≈ 8,8 Pfg |

Die bei der Verbrennung entstehende Wärme wird nicht immer voll genutzt. Bei Ofenheizungen geht ein Teil davon mit den Rauchgasen durch den Schornstein ins Freie. Stellt man einen Topf auf eine Gasflamme, so entweicht auch hier ein Teil der Wärme mit den Verbrennungsgasen ungenutzt. Der genutzte Anteil beträgt je nach Geräte- und Ofenbauart 50—95% der gesamten erzeugten Wärme. Man spricht von einem guten oder schlechten **Wirkungsgrad**.

---

**Merke dir,**

was man unter „Heizwert" versteht;

was man unter „Wirkungsgrad" versteht;

wie man Heizkosten berechnen kann.

## Wä 3.4 Warum werden in der Sonne manche Stoffe heißer als andere?

### Spezifische Wärmekapazität (Artwärme)

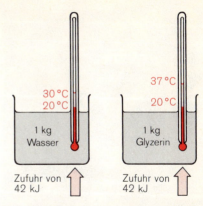

**25.1** Glyzerin hat eine geringere spezifische Wärmekapazität als Wasser.

Läufst du im Sommer manchmal barfuß? Dann hast du dabei bestimmt bemerkt, daß Sand, Asphalt und Steine viel heißer sind als Rasenflächen und Wasser, obwohl die Sonne sie alle gleich stark bestrahlt hat. Offenbar kann eine bestimmte Wärmemenge manche Stoffe stark, andere nur wenig erwärmen. Das wollen wir jetzt untersuchen. Als Beispiele nehmen wir Wasser und Glyzerin, weil damit Versuche sehr einfach durchzuführen sind.

**V₁** Wir erwärmen 1 kg Wasser mit einem Tauchsieder (300 W) 140 s lang. Dabei führen wir 42 kJ zu. Die Temperatur steigt um 10 K. 1 kg Glyzerin wird durch dieselbe Wärmemenge dagegen um 17 K erwärmt.
Glyzerin braucht also zur Erwärmung um 1 K weniger Wärme als Wasser, nämlich 2,43 kJ je kg. Diesen Wert nennen wir **spezifische Wärmekapazität** oder **Artwärme** $c$ des Glyzerins. Wie Glyzerin und Wasser hat jeder Stoff eine besondere, nur ihm eigene spezifische Wärmekapazität (vgl. nebenstehende Tabelle).

| Spez. Wärmekapazität (Artwärme) in $\frac{kJ}{kg \cdot K}$ | | | |
|---|---|---|---|
| Wasser | 4,19 | Eis | 2,09 |
| Glycerin | 2,43 | Eisen | 0,45 |
| Alkohol | 2,43 | Aluminium | 0,90 |
| Quecksilber | 0,14 | Kupfer | 0,38 |
| Luft | 1,00 | Stein, Glas | 0,84 |

> Die spezifische Wärmekapazität (Artwärme) eines Stoffes gibt an, welche Wärmemenge (in kJ) erforderlich ist, um 1 kg davon um 1 K zu erwärmen.
>
> Einheit: $1 \frac{kJ}{kg \cdot K}$

### Wie berechnet man die Wärmemenge, die zur Erwärmung eines Körpers notwendig ist?

Betrachte nun noch einmal die Formel auf S. 23 unten. Mit ihr konnten wir berechnen, welche Wärmemenge zur Erwärmung von Wasser notwendig ist. Du weißt nun, daß 4,2 kJ/(kg · K) die spezifische Wärmekapazität $c$ des Wassers ist. Setzen wir in diese Formel statt der Zahl das allgemeine Symbol für die spezifische Wärmekapazität $c$ ein, so bekommen wir eine allgemeingültige Formel. Mit ihr können wir für Körper aus beliebigen Stoffen berechnen, welche Wärmemengen man braucht, um ihre Temperaturen um gegebene Beträge $\Delta t$ zu erhöhen. Diese Formel lautet:

$$Q = c \cdot m \cdot \Delta t$$

**Beispiel:** Ein kupferner Lötkolben mit der Masse $m = 0,1$ kg soll von Raumtemperatur $t_1 = 20\,°C$ auf eine Temperatur $t_2 = 280\,°C$ erwärmt werden ($\Delta t = 260$ K). Die spezifische Wärmekapazität des Kupfers ist laut Tabelle 0,38 kJ/(kg · K).

$$Q = c \cdot m \cdot \Delta t = 0{,}38 \frac{kJ}{kg \cdot K} \cdot 0{,}1\, kg \cdot 260\, K = 9776\, J \approx 10\, kJ$$

> **Merke dir,**
>
> daß sich verschiedene Stoffe bei gleicher Wärmezufuhr nicht in gleichem Maße erwärmen;
>
> was man unter spezifischer Wärmekapazität versteht;
>
> wie man die Temperaturerhöhung eines Körpers berechnen kann.

**Aufgaben:**

1. Was versteht man unter Artwärme? In welcher Einheit gibt man sie an?
2. Hätte es Vorteile, eine Warmwasserheizung mit Glyzerin oder mit Alkohol zu füllen? (Der Preis soll bei dieser Überlegung keine Rolle spielen.) Wie würde sich eine solche Veränderung auswirken?
3. Je 10 kg Wasser, Eisen, Beton und Sand werden erwärmt, indem man ihnen 2 MJ zuführt. Um wieviel K steigt ihre Temperatur?

## Wä 3.4 Warum mischen wir heißes und kaltes Wasser? — Mischtemperatur

**26.1** Zum Baden mischen wir heißes mit kaltem Wasser.

Zum Baden in der Wanne brauchst du Wasser, das etwa Körpertemperatur hat. Der Badeofen liefert nur heißes. Du mischst dieses mit kaltem Leitungswasser. Hast du eine Weile in der Wanne gesessen, so hat sich das Badewasser abgekühlt. Nun läßt du etwas heißes Wasser nachfließen. Obwohl dessen Temperatur sehr hoch ist, steigt die Temperatur des Badewassers nur um wenige Grade. Das liegt daran, daß du viel kühles mit wenig heißem Wasser gemischt hast.

Die Temperatur, die sich beim Mischen von Stoffen mit verschiedener Temperatur einstellt, nennen wir Mischtemperatur. Wie sie zustande kommt, wollen wir uns anhand eines Versuches überlegen.

**V₁** 1 l Wasser von 20 °C wird mit 1 l Wasser von 40 °C gemischt. In der Mischung mißt man eine Temperatur von 30 °C.

Das kalte Wasser hat sich um 10 K erwärmt. Offensichtlich entstammt die hierzu benötigte Wärmemenge dem heißen Wasser, das sich beim Mischvorgang von 40 °C auf 30 °C abgekühlt hat. Die abgegebene Wärmemenge wird vom kalten Wasser aufgenommen.

> Beim Mischen gibt der wärmere Körper Wärme (kJ) an den kälteren ab, bis beide gleiche Temperaturen haben. Dabei ist die abgegebene Wärmemenge gleich der aufgenommenen:
>
> $$Q_1 = Q_2$$

**26.2** Beim Durchmischen gibt das heiße Wasser Wärme an das kalte ab.

### Wie kann man eine Mischtemperatur berechnen?

Diese Aufgabe läßt sich am besten an Hand eines einfachen Versuches übersehen und bewältigen. Der Lösungsweg kann später auf schwierigere Probleme übertragen werden.

**26.3** Die Mischtemperatur kann man berechnen. Siehe V₂!

**V₂** Wir mischen 1 kg Wasser von 80 °C mit 5 kg Wasser von 20 °C und messen die Mischtemperatur. Diese beträgt etwa 30 °C.

Um dieses Ergebnis **allgemeingültig** aus den Anfangsbedingungen errechnen zu können, müssen einige Vereinbarungen getroffen werden: Masse $m_1$, spezifische Wärmekapazität $c_1$ und Temperatur des heißen Wassers $t_1$. Die entsprechenden Daten des kalten Wassers bekommen den Index 2, so daß wir $m_2$, $c_2$ und $t_2$ schreiben müssen. Die Mischtemperatur nennen wir $t_m$.

Während des Mischens gibt die heiße Flüssigkeit Wärme ab, und zwar vom Betrag

$$Q_1 = m_1 \cdot c_1 \cdot (t_1 - t_m).$$

Die kalte Flüssigkeit nimmt die Wärmemenge

$$Q_2 = m_2 \cdot c_2 (t_m - t_2)$$ auf.

Beide Wärmemengen sind gleich, so daß gilt:

$$m_1 \cdot c_1 (t_1 - t_m) = m_2 \cdot c_2 (t_m - t_2).$$

Da wir zwei gleiche Stoffe (Wasser) gemischt haben, sind die Werte für $c_1$ und $c_2$ gleich, so daß nach Kürzen folgt

$$m_1 (t_1 - t_m) = m_2 \cdot (t_m - t_2).$$

In diese Gleichung setzen wir unsere Anfangsbedingungen ein und erhalten nach kurzer Rechnung die Mischtemperatur:

$$1 \text{ kg} (80\,°C - t_m) = 5 \text{ kg} (t_m - 20\,°C)$$
$$80\,°C - t_m = 5 t_m - 100\,°C$$
$$6 t_m = 180\,°C$$
$$t_m = 30\,°C$$

Nun wagen wir uns an ein wesentlich schwierigeres Problem, nämlich die **Bestimmung der Flammentemperatur** in Abb. 27.1. Das Eisenstück nimmt dort die unbekannte Temperatur der Flamme an. Es habe die Masse $m_1 = 5$ g und die Artwärme $c_1 = 0{,}45$ kJ/(kg · K). Die Daten des Wassers sind $m_2 = 100$ g, $t_2 = 20\,°C$ und $c_2 = 4{,}2$ kJ/(kg · K). Die Mischtemperatur wird gemessen: $t_m = 24\,°C$. Nach Einsetzen dieser Werte in unsere allgemeingültige Mischungsgleichung ergibt sich nach einigen Umformungen ein Wert für die Flammentemperatur:

$$0{,}005 \text{ kg} \cdot 0{,}45 \frac{\text{kJ}}{\text{kg} \cdot \text{K}} (t_1 - 24\,°C) = 0{,}1 \text{ kg} \cdot 4{,}2 \frac{\text{kJ}}{\text{kg} \cdot \text{K}} (24\,°C - 20\,°C)$$
$$2{,}30\, t_1 - 55{,}3\,°C = 1674\,°C$$
$$2{,}30\, t_1 = 1730\,°C$$
$$t_1 = 751\,°C$$

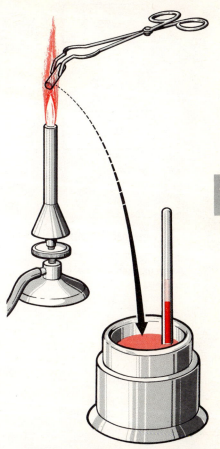

27.1 So kann man die Flammentemperatur eines Bunsenbrenners ermitteln: Wir erhitzen ein kleines Stück Eisen und werfen es in kaltes Wasser. Nach dem Messen der Mischtemperatur läßt sich die Temperatur des Eisenstücks und damit auch die Flammentemperatur berechnen.

**Aufgaben:**

1. Wie erfolgt der Wärmeübergang beim Mischen von heißem und kaltem Wasser?
2. Wie kann man Mischtemperaturen berechnen?
3. Mische 100 g Wasser von 15 °C mit 200 g Wasser von 45 °C! Errechne die Mischtemperatur und prüfe durch Temperaturmessung nach!
4. Gib zu 80 kg Wasser von 20 °C noch 40 kg Wasser von 80 °C! Welche Temperatur hat die Mischung? Kann man darin baden? (Maximale Badetemperatur: 40 °C).
5. Ein Badeboiler enthält 20 kg Wasser mit der Temperatur $t_1 = 100\,°C$. Wieviel Leitungswasser mit der Temperatur $t_2 = 20\,°C$ mußt du hinzufügen, um Badewasser mit der Mischtemperatur $t_m = 35\,°C$ zu erhalten?

**Merke dir,**

daß beim Mischen von heißem und kaltem Wasser eine mittlere Temperatur entsteht;

daß diese Temperatur Mischtemperatur genannt wird;

daß beim Mischen der heiße Körper genau so viel Wärme abgibt, wie der kalte aufnimmt.

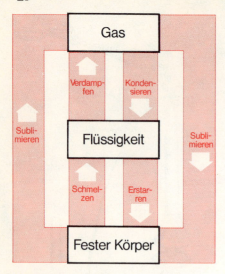

**28.1** Aggregatzustandsänderungen

# Wä 4 Änderungen des Aggregatzustandes

### Wä 4.1 Wie verändert Wärme die Körper?

**Aggregatzustände**

Im Winter bildet sich auf Bächen und Teichen Eis. Eis ist ein **fester Körper**. Nimmst du es mit ins warme Zimmer, so **schmilzt** es. Dabei bildet sich eine **Flüssigkeit:** Wasser. Dieses kann man erhitzen. Dann **siedet** es und **verdampft**. Dabei entsteht aus Flüssigkeit ein **Gas**: Wasserdampf. Kühlen wir den Wasserdampf ab, so **kondensiert** er wieder zu flüssigem Wasser. Bei weiterer Abkühlung **erstarrt** dieses und wird zu Eis. Der Stoff Wasser tritt also in drei verschiedenen Zuständen auf. Wir nennen sie **Aggregatzustände**. Auch andere Stoffe kommen wie Wasser fest, flüssig und gasförmig vor. Das können wir an folgendem Versuch beobachten.

$V_1$ Wir geben etwa 5 g Schwefel in ein Reagenzglas und erwärmen in der Flamme. Der Schwefel schmilzt (bei 120°C). Erhitzen wir weiter, so verdampft er (bei 444°C), nachdem vorher die Flüssigkeit ihre Farbe und Zähigkeit geändert hat. Der Dampf wird beim Abkühlen an der kalten Wand des Glases gleich fest. Wir sagen, er **sublimiert**.

> Wir kennen drei Aggregatzustände:
> fest, flüssig und gasförmig.

Es hängt von der Temperatur ab, in welchem Aggregatzustand sich ein Stoff jeweils befindet. Eine Ausnahme von dieser Regel bilden allerdings solche Stoffe, die sich bei Temperaturerhöhungen zersetzen, z.B. Zucker, Mehl, Textilien usw.

### Schmelzpunkt und Erstarrungspunkt

In Wä 1.2 haben wir gesehen, daß die Temperatur eines Eis-Wasser-Gemisches so lange bei 0°C bleibt, bis alles Eis geschmolzen ist, obwohl aus der umgebenden Luft dauernd Wärme aufgenommen wurde. Den Schmelzvorgang wollen wir jetzt näher untersuchen:

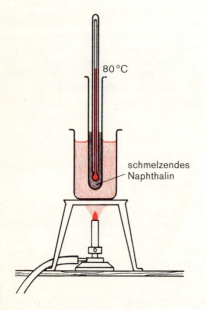

**28.2** Mit dieser Versuchsanordnung bestimmt man den Schmelzpunkt und Erstarrungspunkt von Naphthalin.

$V_2$ In einem Proberöhrchen erwärmen wir nach Abb. 28.2 Naphthalin in siedendem Wasser und beobachten den Anstieg der Temperatur. Sie steigt zunächst ziemlich gleichmäßig bis auf etwa 80°C an. Jetzt beginnt das Naphthalin zu schmelzen.
Währenddessen steigt die Temperatur n i c h t, obwohl Wärme zugeführt wird. Erst wenn alle Substanz geschmolzen ist, erhöht sich ihre Temperatur wieder. Man sagt deshalb, Naphthalin habe einen **Schmelzpunkt** von 80°C.

Welchen Schmelzpunkt hat Eis? Den Schmelzpunkt anderer Stoffe kannst du der nebenstehenden Tabelle entnehmen!

| Schmelzpunkte in °C bei 1013 mbar | | | |
|---|---|---|---|
| Äther | —117 | Schwefel | 119 |
| Quecksilber | —39 | Zinn | 232 |
| Eis (Wasser) | 0 | Blei | 327 |
| Benzol | 5,4 | Kupfer | 1084 |
| Stearin | 53 | Eisen | 1535 |
| Naphthalin | 80 | Platin | 1773 |

> Jeder Stoff hat einen bestimmten Schmelzpunkt.

**V3** In einem Glas mit kaltem Wasser erfolgt die Abkühlung des flüssigen Naphthalins zunächst gleichmäßig. Wenn es anfängt zu erstarren, wiederum bei 80°C, bleibt die Temperatur so lange gleich, bis alles Naphthalin fest geworden ist. Dann sinkt die Temperatur wieder. Man sagt, 80°C sei sein Erstarrungspunkt. Es gilt allgemein:

> Schmelzpunkt = Erstarrungspunkt

Die Schmelzpunkte aller Stoffe sind in geringem Maße druckabhängig. Die Angaben der Tabelle gelten deshalb nur bei einem Druck von 1013 mbar.

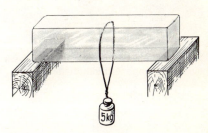

29.1 Eis schmilzt unter Druck.

## Schmelzpunkt von Eis

Im Gegensatz zu fast allen anderen Stoffen finden wir bei Eis, daß der Schmelzpunkt bei wachsendem Druck sinkt.

**V4** Wir hängen über einen Block Eis an einen dünnen Stahldraht ein 5 kg-Gewichtsstück (s. Abb. 29.1). Wegen des Drucks schmilzt das Eis unter dem Draht. Das entstehende Schmelzwasser gefriert über dem Draht sofort wieder. Der Draht wandert durch den Block, ohne ihn zu zerlegen.
Ähnlich schmilzt Gletschereis am Boden unter seinem eigenen Gewicht und fließt dadurch langsam talwärts. Auch beim Schlittschuhlaufen verflüssigt sich unmittelbar unter der Gleitfläche des Schlittschuhs das Eis. Auf der entstehenden Wasserschicht gleitet der Schlittschuh.

> **Merke dir,**
> 
> daß es drei Aggregatzustände gibt;
> 
> wie man die Übergänge von einem Aggregatzustand zum anderen benennt;
> 
> daß der Gefrierpunkt bei Wasser bei Druckzunahme absinkt;
> 
> daß Lösungen einen tieferen Gefrierpunkt haben als der reine Stoff.

## Gefrierpunktserniedrigung

Wir wollen nun untersuchen, ob Salzwasser denselben Gefrierpunkt hat wie reines Wasser.

**V5** Wir lösen 10 g Salz in 100 g Wasser. Die Lösung stellen wir in eine sogenannte Kältemischung (Mischung von Kochsalz und Eis; s. Wä 4.2, V2). Sie gefriert erst bei —8°C. Ähnlich verhalten sich andere Lösungen.

> Der Gefrierpunkt von Lösungen liegt niedriger als der Gefrierpunkt reiner Stoffe.

1 l Meerwasser enthält 35 g Salz. Es erstarrt deshalb erst bei —2,5°C. Um auf Straßen und Gehwegen **Glatteis** zu beseitigen, streut man Salz. Die sich bildende Salzlösung gefriert weit unter 0°C. Wenn die Außentemperatur über dem Gefrierpunkt dieser Lösung liegt, schmilzt das Eis.

**Aufgaben:**

1. Welche Aggregatzustände gibt es?
2. Wie nennt man den Übergang vom festen zum flüssigen Zustand? Wie den entgegengesetzten Vorgang?
3. Wie nennt man den Übergang vom flüssigen zum gasförmigen Zustand? Wie den entgegengesetzten Vorgang?
4. Trockeneis (festes Kohlendioxid) verschwindet an der Luft nach und nach, ohne zu schmelzen (daher hat es seinen Namen). Wie nennen wir den Vorgang, der sich hier abspielt?
5. Lötzinn besteht aus drei Teilen Zinn (Schmelzpunkt 232 °C) und zwei Teilen Blei (Schmelzpunkt 327 °C). Der Schmelzpunkt des Lötzinns liegt bei 200 °C. Wie erklärst du dir das?

## Wä 4.2 Warum geben wir Eiswürfel in die Bowle?

**Spezifische Schmelzwärme**

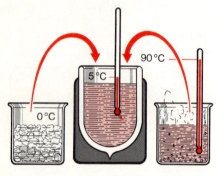

**30.1** Mit einigen Stücken Eis können wir die Bowle lange Zeit kühl halten.

Viele Getränke schmecken nur dann gut, wenn sie kalt sind. Eine Bowle würde in ihrer Terrine im Laufe eines Abends langsam warm werden. Um das zu verhindern, werfen wir Eiswürfel hinein. Solange das Eis nicht vollständig geschmolzen ist, bleibt die Temperatur der Bowle in der Nähe von 0 °C. Wie können wir uns das erklären?

In Wä 4.1, $V_2$, haben wir erlebt, wie beim Schmelzen des Naphthalins die Temperatur längere Zeit konstant blieb, obwohl während dieser Zeit noch Wärme zugeführt wurde. Normalerweise führt Wärmezufuhr zu einer Temperaturerhöhung, hier blieb sie aus. Die zugeführte Wärmemenge muß beim Schmelzen des Naphthalins verbraucht worden sein. Sie konnte deshalb **keine** Temperaturerhöhung hervorrufen. Man nennt sie **Schmelzwärme**.

> Beim Schmelzen eines Körpers wird Wärme verbraucht: Schmelzwärme.

**Wie messen wir die Schmelzwärme des Eises?**

**30.2** 300 g Eis und 300 g Wasser werden gemischt. Die Mischtemperatur beträgt nur 5 °C.

$V_1$ Wir übergießen in einer Thermosflasche einige feste Eisstücke (etwa 300 g), die zwischen Fließpapier gut abgetrocknet wurden, mit der gleichen Menge Wasser von 90 °C. Dann warten wir, bis alles Eis geschmolzen ist. Danach messen wir eine Mischungstemperatur von nur 5 °C. Jedes Gramm des heißen Wassers hat 85 · 4,1868 = 355,9 J abgegeben; davon werden zum Erwärmen von 1 g Schmelzwasser nur 5 · 4,1868 J = 20,9 J verbraucht. Der Rest von 335 J diente demnach zum Schmelzen von 1 g Eis. Zum Schmelzen von 1 kg Eis braucht man also 335 kJ.

> Die spezifische (= arteigene) Schmelzwärme des Eises beträgt 335 $\frac{kJ}{kg}$.

| Spezifische Schmelzwärme in $\frac{kJ}{kg}$ | | | |
|---|---|---|---|
| Quecksilber | 12,5 | Eisen | 268 |
| Blei | 25,1 | Eis | 335 |
| Kupfer | 205,2 | Aluminium | 401,9 |

1. Die in der Bowle schmelzenden Eiswürfel entziehen die Schmelzwärme der Flüssigkeit, in der sie schwimmen. Diese kühlt sich dabei ab. 1 g Eis kann 80 g Bowle um 1 K abkühlen.
2. Auf den Meeren treiben Eisberge oft wochenlang in Breiten mit verhältnismäßig hohen Temperaturen. Durch langsames Schmelzen entzieht der Eisberg seiner Umgebung Wärme und umgibt sich dadurch mit kalten Wassermassen, die eine weitere Wärmezufuhr erschweren.
3. Im Frühjahr wird die Luft oft so warm, daß Skiläufer Badeanzüge tragen können. Trotz der hohen Temperaturen schmilzt der Schnee jedoch nur langsam. Die in der Luft enthaltene Wärmemenge ist nur ein Bruchteil derjenigen, die zum Schmelzen des Schnees erforderlich ist.

**30.3** Eisberge schmelzen nur langsam. Sie treiben monatelang auf dem Wasser.

## Die Erstarrungswärme

**V₂** Fülle ein sauberes Reagenzglas mit Fixiersalz (Natriumthiosulfat $Na_2S_2O_3$) und erhitze es im Wasserbad. Es schmilzt bei 48°C. Laß es nun abkühlen auf etwa 25°C. Die Flüssigkeit hat jetzt eine Temperatur, die weit unter ihrem Erstarrungspunkt liegt. Wir nennen sie eine **unterkühlte Flüssigkeit.** Wirf in das unterkühlte Fixiersalz einen Kristall desselben Stoffes! Beobachte das Thermometer!
In der Flüssigkeit bilden sich sofort zahlreiche Kristalle. Dabei steigt die Temperatur sehr schnell auf 48°C, obwohl wir k e i n e Wärme von außen zugeführt haben. Die Wärmemenge, die die Temperaturerhöhung hervorgerufen hat, ist beim Erstarren des Natriumthiosulfates freigeworden: **Erstarrungswärme.** Es ist dieselbe, die einem Körper dieses Stoffes beim Schmelzen zugeführt werden mußte.

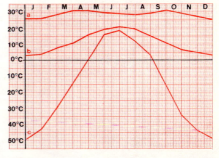

**31.1** Die beim Erstarren freiwerdende Schmelzwärme erwärmt die unterkühlte Fixiersalzschmelze von 25 °C auf 48 °C.

| Beim Erstarren wird die Schmelzwärme wieder frei. |

1. Diese Tatsache wird beim Frostschutz angewandt. Wenn in Frostnächten die Triebe der Reben zu erfrieren drohen, besprengt man sie mit Wasser. In der kalten Nacht wird dem Wasser Wärme entzogen, und seine Temperatur sinkt auf 0°C. Weiterer Wärmeentzug führt nicht zu weiterer Temperaturabnahme, sondern zum Erstarren des Wassers unter Abgabe von Wärme. Solange nicht alles Wasser zu Eis erstarrt ist, kann die Pflanze nicht erfrieren. Das dauert lange, denn um 1 g Wasser in Eis zu verwandeln, muß man ihm 335 J entziehen. Überlege, wieviel Wasser man mit derselben Wärmemenge um 1 K erwärmen kann!
2. Wenn im Winter unsere Gewässer zufrieren, wird dabei ebenfalls Erstarrungswärme frei. Sie sorgt dafür, daß die Temperaturen nicht so schnell sinken. Taut im Frühjahr das Eis, so wird dabei Schmelzwärme verbraucht: Die Temperaturen steigen nur langsam. Das Wasser sorgt also für einen ausgeglichenen Temperaturgang. Wasserarme Landschaften leiden unter schroffem Temperaturwechsel (Abb. 31.2).

**31.2** Mittlere Temperatur während eines Jahres:
a) Bombay, tropisches Seeklima, keine Temperaturschwankungen
b) Frankfurt a. M., gemäßigtes Klima
c) Werchojansk (Ostsibirien), Kontinentalklima, starke Temperaturschwankungen.

**Aufgaben:**

1. Warum führt Wärmezufuhr während des Schmelzens nicht zu einer Temperaturerhöhung?
2. Wie groß ist die spezifische Schmelzwärme von Eis?
3. 5 kg Eis sollen geschmolzen werden. Wieviel J sind dazu erforderlich?
4. 10 kg Eis soll in Wasser von 80 °C verwandelt werden. Wieviel J sind dazu erforderlich?
5. 100 g Eis von 0 °C werden in 1 kg Wasser von 60 °C gebracht. Welche Temperatur stellt sich ein, nachdem alles Eis geschmolzen ist?

**Merke dir,**

was man unter der Schmelzwärme eines Körpers versteht;

daß Wasser die spezifische Schmelzwärme 335 kJ/kg hat;

daß jeder Stoff eine spezifische (= arteigene) Schmelzwärme besitzt;

daß die Erstarrungswärme eines Körpers gleich seiner Schmelzwärme ist.

## Wä 4.3 Wie wurde um 1800 Speiseeis hergestellt?

**Lösungswärme Kältemischung**

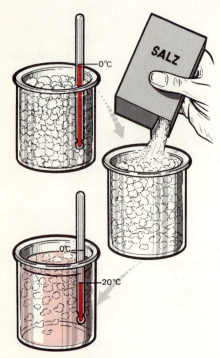

**32.1** Damen in einem Eiscafé. Nach einem französischen Stich aus dem Jahre 1800

Hast du schon einmal gesehen, wie Speiseeis hergestellt wird? Ein Gemisch aus Milch, Sahne und Geschmacksstoffen wird unter ständigem Rühren durchgefroren. In den Eiscafés benutzt man dazu Kältemaschinen. Auf Abb. 32.1 kannst du sehen, daß man um 1800 auch schon Eis gegessen hat. Kältemaschinen aber gab es damals noch nicht. Wie konnte man ohne sie die zur Eisherstellung erforderlichen tiefen Temperaturen erzeugen?

$V_1$ Wir mischen drei Gewichtsteile Schnee oder fein zerstoßenes Eis mit einem Gewichtsteil Kochsalz. Die Mischung wird nach und nach flüssig. Gleichzeitig sinkt die Temperatur auf etwa −20 °C.
Stellen wir in das Gefäß mit dieser **Kältemischung** ein kleineres mit Fruchtsaft, so können auch wir ohne Kältemaschine Speiseeis herstellen.
Wie kommt es in der Kältemischung zu der Temperatursenkung? Einen Teil der ablaufenden Vorgänge kennen wir schon: Durch Auflösung von Salz kann man den Gefrierpunkt des Wassers herabsetzen (s. Wä 4.1). Deshalb ist eine Eis-Salz-Mischung bestrebt, auch unterhalb von 0 °C flüssig zu werden: Das Eis schmilzt. Die dafür erforderliche Schmelzwärme entzieht es seiner Umgebung, die sich dadurch abkühlt.
Neben dem Schmelzen läuft noch ein anderer Vorgang ab, der eine weitere Abkühlung hervorruft: Wenn ein Stoff, hier das Salz, sich auflöst, geht er gewissermaßen auch vom festen in den „flüssigen" Zustand über; auch dabei wird Wärme verbraucht, die sogenannte **Lösungswärme**:

$V_2$ Wir lösen in 100 g Wasser von Zimmertemperatur 40 g Ammoniumchlorid ($NH_4Cl$). Die Temperatur der Lösung sinkt um etwa 10 K.
Die Temperatur von Kältemischungen sinkt also deshalb so stark, weil die Schmelzwärme des Eises **und** die Lösungswärme des Salzes der Mischung entzogen werden. Durch Mischen von gleichen Gewichtsteilen Kaliumchlorid und Eis kann man Temperaturen von −30 °C und durch Mischen von 2 Gewichtsteilen Eis und 3 Gewichtsteilen Calciumchlorid sogar −49 °C erreichen.

**32.2** Mischen wir Eis und Salz, so schmilzt das Eis. Dabei wird der Salzlösung Schmelzwärme und Lösungswärme entzogen: Die Temperatur sinkt.

---

**Merke dir,**

daß beim Auflösen eines Stoffes meist Wärme verbraucht wird: Lösungswärme;

daß man aus Eis und Salz eine Kältemischung herstellen kann.

---

**Aufgaben:**

1. Was bewirkt die Lösungswärme?
2. Erkläre die Vorgänge in einer Kältemischung!
3. Nenne die beiden Erscheinungen, die zusammen die Abkühlung der Kältemischung hervorrufen!
4. Löse in wenig Wasser viel Kochsalz und miß, wie weit die Temperatur absinkt!

## Wä 4.4 Wie kann man Flüssigkeiten voneinander trennen?

### Siedepunkt

Erdöl ist ein dunkelbraunes, zähflüssiges Gemisch aus Asphalt, Ölen und Benzin. In der Technik kann man mit dem Gemisch nichts anfangen. Man braucht jede Flüssigkeit für sich. Deshalb trennt man sie voneinander durch **Sieden.** Was beim Sieden geschieht, wollen wir jetzt am Wasser untersuchen.

**V₁** Wenn wir in einem Topf Wasser erwärmen, steigt seine Temperatur zuerst gleichmäßig an. Bei 100°C, dem **Siedepunkt** des Wassers, bleibt sie stehen.
Beim Sieden bilden sich dann in allen Teilen der Flüssigkeit Dampfblasen, die an die Oberfläche emporsteigen. Das Wasser geht dabei vom flüssigen in den gasförmigen Zustand über. Aus 1 kg Wasser von 100°C entstehen 1700 l unsichtbarer Dampf von 100°C.
Vergrößern wir die Wärmezufuhr durch eine stärkere Gasflamme, so findet eine vermehrte Dampfbildung statt. Es gelingt aber nicht, die Temperatur des Wassers über 100°C zu steigern.

> Beim Sieden wandelt sich eine Flüssigkeit in ein Gas um.

**33.1** In der Raffinerie wird das Erdöl einer fraktionierten Destillation unterworfen. Dabei wird es in seine Bestandteile zerlegt.

**V₂** Wir tauchen in ein Wassergefäß, das durch eine elektrische Heizplatte auf etwa 90°C gehalten wird, Proberöhrchen mit Äther, Alkohol und Benzol. Nach einiger Zeit sieden diese Flüssigkeiten, und wir können ihre Siedepunkte messen. Dabei stellen wir fest, daß jede Flüssigkeit ihren eigenen Siedepunkt hat (siehe Tabelle).

> Jeder Stoff hat einen eigenen Siedepunkt.

**V₃** Leitet man Wasserdampf nach Abb. 33.2 in eine wesentlich kältere Umgebung, so verdichtet er sich wieder zu Wasser. Das Gas kondensiert in kleinen Tröpfchen. Es bilden sich Nebel oder Wolken.
Die **Kondensation** tritt ein, wenn ein Gas auf den Kondensationspunkt (= Siedepunkt) abgekühlt ist und ihm weiterhin Wärme entzogen wird.

> Der Kondensationspunkt fällt mit dem Siedepunkt zusammen.

1. Gemische von Flüssigkeiten mit verschiedenen Siedepunkten lassen sich durch **Destillieren** trennen. Zunächst wird das Gemisch erhitzt. Der Stoff mit dem niedrigeren Siedepunkt wird dabei zuerst gasförmig. Die entstehenden Dämpfe leitet man durch einen Kühler. Dort kondensieren sie.

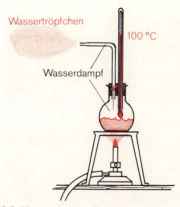

**33.2** Messung von Siedetemperatur und Dampftemperatur

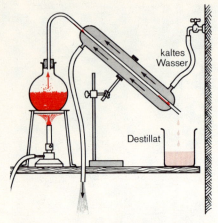

**34.1** Destillationsanlage mit Kühler

| Siedepunkt bei 1013 mbar | | |
|---|---|---|
| Stickstoff | −196 °C | (77 K) |
| Sauerstoff | −183 °C | (90 K) |
| Propan | − 45 °C | (228 K) |
| Äther | 35 °C | (308 K) |
| Alkohol | 78,4 °C | (351 K) |
| Benzol | 80 °C | (353 K) |
| Wasser | 100 °C | (373 K) |
| Glyzerin | 290 °C | (563 K) |
| Quecksilber | 357 °C | (630 K) |
| Schwefel | 444 °C | (717 K) |
| Zink | 910 °C | (1183 K) |
| Eisen | 2880 °C | (3153 K) |

**Merke dir,**

daß Wasser bei 100 °C siedet;

daß jeder Stoff einen arteigenen Siedepunkt hat;

daß sich der Siedepunkt einer Flüssigkeit erhöht, wenn man Stoffe in ihr auflöst;

daß man beim Destillieren eine Flüssigkeit verdampft und sie danach wieder kondensieren läßt;

daß man durch fraktionierte Destillation Flüssigkeitsgemische trennen kann;

was Kondensationskerne sind;

wie Kondensstreifen entstehen.

2. Aus dem Erdöl werden beim Destillieren zuerst das Benzin und dann die Öle in der Reihenfolge ihrer Siedepunkte ausgetrieben. Die Dämpfe fängt man getrennt auf. Man bezeichnet diesen Vorgang als **fraktionierte Destillation.**
3. Aus einem Alkohol-Wasser-Gemisch verdampft anfangs Alkohol und erst später Wasser (Schnapsbrennerei).
4. Durch Destillation nach Abb. 34.1 kann man Flüssigkeiten von den in ihnen gelösten Verunreinigungen befreien. Diese bleiben im Destillierkolben zurück. Destilliertes Wasser (Aqua destillata) ist also vollkommen reines Wasser.
5. Die Wolke, die in einiger Entfernung vom Schornstein einer Lokomotive zu sehen ist, ist kein Wasserdampf, sondern Nebel (kondensierter Wasserdampf).
6. Wasserdampf kann nur dann kondensieren, wenn **Kondensationskerne** (Staubteilchen, Gasmoleküle oder Salzteilchen aus Meerwasserspritzern) vorhanden sind. In großen Höhen fehlen diese oft. Dann können sich aus dem gasförmigen Wasserdampf keine Wolken bilden. Fliegt jedoch ein Flugzeug durch Luft mit großem Wasserdampfgehalt, so können die in den Motorabgasen enthaltenen Substanzen als Kondensationskerne wirken. An ihnen bilden sich feine Wassertröpfchen. Wir sehen längs der Flugbahn dann eine langgezogene Wolke, den **Kondensstreifen.**

### Der Siedepunkt von Lösungen

In W 4.1 hast du gelernt, daß der Schmelzpunkt einer Flüssigkeit sinkt, wenn in ihr Stoffe gelöst sind. Wie verhält es sich mit dem Siedepunkt solcher Lösungen?

**V₄** Wir lösen 30 g Kochsalz in 100 g Wasser und erhitzen bis zum Sieden. Der Siedepunkt liegt jetzt nicht bei 100 °C, sondern etwa bei 106 °C.

Der Siedepunkt von Lösungen liegt höher als der reiner Flüssigkeiten.

**Aufgaben:**

1. Woher hat destilliertes Wasser seinen Namen?
2. Wodurch unterscheidet es sich von Leitungswasser?
3. Beim Sieden wird Fleisch in Wasser gegeben, beim Braten in heißes Öl oder Fett. Worin besteht der Unterschied? Denke daran, daß Fleisch Wasser enthält und daß Speisefette „erst" zwischen 140 °C und 200 °C sieden.
4. Warum spritzt und prasselt es, wenn man Fleisch zum Braten in siedendes Fett legt?
5. Zu Beginn des Schnapsbrennens entsteht hochprozentiger Alkohol. Warum?
6. Halte eine Glasscheibe in den aus siedendem Wasser aufsteigenden Wasserdampf. Was beobachtest du? Vorsicht!!!

## Wä 4.5 Wie kocht die sparsame Hausfrau?

**Verdampfungswärme
Kondensationswärme**

### Beim Verdampfen wird Wärme verbraucht

Es soll eine Suppe gekocht werden. Eine Hausfrau, die im Physikunterricht gut aufgepaßt hat, macht das so: Wasser und Suppenfleisch werden zunächst auf **großer** Flamme erhitzt. Sobald das Wasser anfängt zu sieden, stellt sie die Flamme so **klein**, daß das Wasser gerade nicht aufhört zu sieden.
Eine größere Flamme zu benutzen, wäre jetzt sinnlos. Während des Siedevorgangs bleibt die Temperatur trotz weiterer Wärmezufuhr unverändert (s. Wä 1.2). Stärkere Wärmezufuhr würde also das Fleisch nicht schneller gar werden lassen. Stattdessen würde nur mehr Wasser verdampfen.
Wir schließen daraus, daß beim Verdampfen eines Stoffes Wärme verbraucht wird. Die Wärmemenge, die nötig ist, um je 1 kg eines Stoffes in Gas zu verwandeln, heißt **spezifische Verdampfungswärme.** Wir bestimmen sie für Wasser durch folgenden Versuch:

35.1 Ankochen: Mit großer Flamme wird das Kochgut bis zum Sieden erhitzt.

**V₁** In eine kleine Konservendose geben wir 50 g Wasser von 20 °C. Wir erwärmen das Wasser mit dem Bunsenbrenner und bestimmen:
a) die Zeit, bis das Wasser siedet,
b) die Zeit, die verstreicht, bis alles Wasser verdampft ist.
Es ergibt sich, daß das Verdampfen des Wassers (bei 100 °C) etwa siebenmal soviel Zeit erfordert wie das Erwärmen von 20 °C auf 100 °C. Dieses erfordert für jedes Kilogramm Wasser $80 \cdot 4186{,}6\ J \approx 334{,}9\ kJ$. Die zum Verdampfen von 1 kg Wasser erforderliche Wärmemenge muß deshalb etwa $7 \cdot 334{,}9\ kJ \approx 2344\ kJ$ betragen. Genaue Messungen ergeben 2258,4 kJ/kg.

35.2 Garkochen: Sobald die Siedetemperatur erreicht ist, stellt man die Flamme klein. Bei weiterbrennender großer Flamme würde nicht die Kochzeit verkürzt, sondern nur mehr Wasser verdampft.

> Die spezifische Verdampfungswärme des Wassers beträgt $2258{,}4\ kJ/kg \approx 2260\ kJ/kg$.

### Beim Kondensieren wird Wärme frei

**V₂** Wir verschließen einen Kolben durch einen Stopfen, in dessen Bohrung ein Glasröhrchen steckt, und bringen das Wasser zum Sieden. Den Wasserdampf leiten wir nach Abb. 35.3 in ein Glas mit etwa 200 g Wasser von Zimmertemperatur (20 °C). Der Dampf kondensiert im kalten Wasser und erwärmt es. Erstaunlich dabei ist, daß schon wenig (etwa $\frac{1}{6}$) Kondenswasser genügt, um die Gesamttemperatur von 90 °C hervorzubringen. Der Dampf gibt beim Kondensieren Wärme ab. Wir nennen sie Kondensationswärme.

> Beim Kondensieren wird die Verdampfungswärme als Kondensationswärme wieder frei.

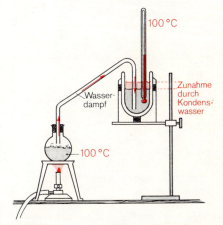

35.3 So wird die Kondensationswärme von Wasser bestimmt.

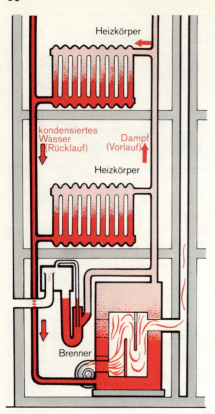

**36.1** Dampfheizung

| Spezifische Verdampfungswärme in kJ/kg | |
|---|---|
| Wasser 2258,4 | Propan 427,1 |
| Ammoniak 1369,1 | Benzin 418,7 |
| Alkohol 858,3 | Sauerstoff 213,5 |
| Wasserstoff 467,2 | Stickstoff 200,9 |

**Merke dir,**

daß beim Verdampfen eines Körpers Wärme verbraucht wird;

wie groß die spezifische Verdampfungswärme des Wassers ist;

daß beim Kondensieren Wärme frei wird;

daß jeder Stoff eine spezifische Verdampfungswärme hat.

1. Die Kondensationswärme wird auch frei, wenn unsere Haut mit Wasserdampf in Berührung kommt. Da die Kondensationswärme des Wassers sehr groß ist, kann wenig Wasserdampf schon schwere Verbrennungen hervorrufen.

2. Bei der **Dampfheizung** wird im Ofen (Kessel) Wasser verdampft. Dabei führt man dem Wasser die Verdampfungswärme zu. Der Dampf steigt in Röhren in die Heizkörper und kondensiert dort unter Abgabe der Kondensationswärme. Das Kondenswasser strömt durch eine zweite Leitung in den Kessel zurück. Zuströmender Dampf und abströmendes Kondenswasser können dieselbe Temperatur (100°C) haben. Dennoch wird Wärme an das Zimmer abgegeben.

3. Kartoffeln werden im Wasserdampf deshalb gar, weil sich der Dampf an ihnen so lange kondensiert, bis sie selbst 100°C haben. Die beim Verflüssigen freiwerdende Kondensationswärme heizt die Kartoffeln auf. Das Kondenswasser fällt durch das Sieb auf den Topfboden und wird abermals verdampft.

### Wie groß ist die spezifische Verdampfungswärme anderer Stoffe?

Das ermitteln wir in folgendem Versuch:

**$V_3$** 200 g Wasser von 20°C werden in ein Thermogefäß gefüllt. Das Gefäß mit dem Wasser wird auf eine Tafelwaage gestellt und austariert. In einer Kochflasche mit durchbohrtem Stopfen wird Alkohol zum Sieden gebracht. Der Dampf wird mit einem Schlauch in das Wasser geleitet. Er kondensiert dort und erwärmt dabei das Wasser. Nach einiger Zeit brechen wir das Sieden des Alkohols ab und messen die Temperatur des Wassers. Dann bringen wir die Waage ins Gleichgewicht. Die Gewichtsstücke, die wir auflegen müssen, geben uns das Gewicht des kondensierten Alkohols an.

Wir finden dabei z.B., daß 5 g kondensierender Alkohol die Temperatur von 200 g Wasser um etwa 5 K erhöht und demnach die Wärmemenge $Q = c \cdot m \cdot \Delta t = 4{,}2 \cdot 0{,}2 \cdot 5$ kJ $= 4{,}2$ kJ abgibt. 1 kg Alkohol muß demnach eine Verdampfungswärme von etwa $200 \cdot 4{,}2$ kJ $= 840$ kJ besitzen.

> Jeder Stoff hat eine spezifische Verdampfungswärme.

**Aufgaben:**

1. Was versteht man unter spezifischer Verdampfungswärme?
2. Wie groß ist die spezifische Verdampfungswärme des Wassers?
3. Warum soll die Hausfrau nach dem Ankochen die Gasflamme klein stellen (oder den Elektroherd auf eine kleinere Wärmestufe schalten)?
4. Nimm von einem Topf, in dem gekocht wird, den Deckel und betrachte seine Unterseite. Es hängen viele Wassertropfen daran. Warum?

## Wä 4.6 Was kann man beim Wäschetrocknen beobachten?

### Vom Verdunsten

Wenn Wäsche trocknet, verwandelt sich das in ihr zurückgebliebene Wasser in Wasserdampf. Etwas ähnliches geschieht auch beim Sieden. Während aber beim Sieden die Temperatur des Wassers 100°C betragen muß, findet beim Wäschetrocknen diese Umwandlung bei niedrigerer Temperatur statt: Man nennt sie **Verdunstung.**

> Beim Verdunsten verwandeln sich Flüssigkeiten in Gase bei Temperaturen unterhalb ihres Siedepunkts.

Du weißt, daß an warmen Tagen die Wäsche schneller trocknet als an kalten. Wir zeigen, warum:

**37.1** Hier verdunstet die Feuchtigkeit, die sich in der Wäsche befindet.

**V₁** Wir füllen zwei flache Schalen mit Tetrachlorkohlenstoff ($CCl_4$; Siedepunkt 77°C). Eine Schale wird auf etwa 60°C erwärmt. Dann bringen wir beide Schalen auf einer Waage ins Gleichgewicht. Nach kurzer Zeit hebt sich die Waagschale mit der erwärmten Flüssigkeit, weil hier die Verdunstung schneller erfolgt (Abb. 37.2).

**V₂** Wir wiederholen V₁ mit je einer Schale Äther und Wasser von Zimmertemperatur (Abb. 37.3). Bald hebt sich die Schale mit dem Äther.

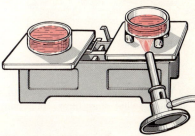

**37.2** Heiße Flüssigkeiten verdunsten schneller als kalte.

> Eine Flüssigkeit verdunstet um so schneller, je näher ihre Temperatur am Siedepunkt liegt.

Flüssigkeiten mit niedrigem Siedepunkt verdunsten deshalb besonders rasch. Mit Äther, Alkohol und Benzin getränkte Papierstreifen sind deshalb schneller trocken als ein mit Wasser befeuchteter. Vergleiche mit Abb. 37.3!

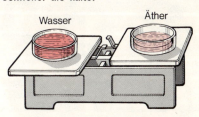

**37.3** Flüssigkeiten mit niedrigem Siedepunkt verdunsten schneller als Flüssigkeiten mit hohem Siedepunkt.

### Warum hängt man Wäsche zum Trocknen auf?

Beim Sieden erfolgt die Gasbildung im Innern einer Flüssigkeit: Dampfblasen steigen auf. Bei der Verdunstung findet dagegen eine Gasbildung nur an der Oberfläche statt. Sie hängt deshalb von der Größe der Oberfläche ab:

**V₃** Wir bringen auf die eine Seite einer Waage ein Uhrglas, auf die andere Seite einen engen Standzylinder. In beide füllen wir so viel Äther, daß die Waage im Gleichgewicht ist. Nach einer Weile hebt sich die Waagschale mit dem Uhrglas, weil dort der Äther schneller verdunstet als aus dem engen Gefäß (Abb. 37.4).

> Eine Flüssigkeit verdunstet schnell, wenn sie eine große Oberfläche hat.

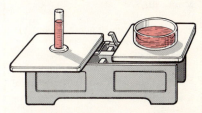

**37.4** Flüssigkeiten mit großer Oberfläche verdunsten schneller als Flüssigkeiten mit kleiner Oberfläche.

**38.1** In bewegter Luft verdunsten Flüssigkeiten besonders schnell.

**38.2** Verdunstende Flüssigkeiten entziehen sich selbst und ihrer Umgebung Wärme.

**38.3** Kühltechnik im alten Ägypten

---

**Merke dir,**

daß eine Flüssigkeit leicht verdunstet,
  wenn sie warm ist,
  wenn ihr Siedepunkt tief liegt,
  wenn sie eine große Oberfläche hat,
  wenn sie sich in bewegter Luft befindet;

daß beim Verdunsten Wärme verbraucht wird.

---

Hausfrauen berücksichtigen dies: Sie hängen ihre Wäsche auf die Leine, weil dadurch deren Oberfläche so groß wie möglich gemacht wird.

### Warum trocknet Wäsche im Wind schneller?

**V₄** Wir bringen zwei gleiche Schalen mit Äther auf einer Waage ins Gleichgewicht. Dann blasen wir Luft über eine Schale. Nachdem die Waage sich wieder beruhigt hat, stellen wir fest, daß die Schale, über die wir geblasen haben, leichter geworden ist (Abb. 38.1).

> Flüssigkeiten verdunsten schneller, wenn man Luft über ihre Oberfläche bläst.

Erklärung: Über einer verdunstenden Flüssigkeit bildet sich nach kurzer Zeit eine Schicht, in der die Luft mit Dampf gesättigt ist. Sie kann keinen weiteren Dampf aufnehmen. Die Verdunstung stockt. Bläst man dann die gesättigte Schicht fort, so setzt der Verdunstungsvorgang von neuem ein.

### Wird auch beim Verdunsten Wärme verbraucht?

**V₅** Wir umwickeln das Quecksilbergefäß eines Thermometers mit Watte. Diese tränken wir mit Äther. Dann bewegen wir das Thermometer hin und her, um durch den Luftzug die Verdunstung zu beschleunigen. Die Temperatur sinkt (Abb. 38.2).

> Verdunstende Flüssigkeiten entziehen sich selbst und ihrer Umgebung Wärme.

**Einfache Kühltechnik:** Die Völker des Mittelmeeres hoben früher Trinkwasser und Wein in tönernen Gefäßen auf. Tongefäße sind porös. Das Wasser drang langsam durch die Gefäßwand und verdunstete an der Außenfläche. Die dem Gefäß entzogene Verdunstungswärme sorgte dafür, daß das Getränk kühler war als die Umgebung (siehe Abb. 38.3).
Noch heute kühlen die Italiener ihren Wein auf ähnliche Weise. Die Flaschen sind mit einem Bastgewebe umgeben, das man anfeuchten kann.

**Aufgaben:**

1. Wodurch unterscheidet sich der Siedevorgang vom Verdunstungsvorgang?
2. Warum friert man in nassen Kleidern?
3. Warum friert man auch bei großer Hitze, wenn man bei windigem Wetter aus dem Wasser kommt?
5. Warum trocknet Wäsche bei nebligem Wetter schlecht?
6. Warum wirkt Kölnisches Wasser erfrischend?

## Wä 4.7 Warum kochen manche Hausfrauen in Drucktöpfen?

**Der Siedepunkt ist vom Druck abhängig**

In Abb. 39.1 siehst du einen ganz besonderen Kochtopf. Er ist luftdicht verschlossen. Der beim Sieden entstehende Dampf kann nicht entweichen und erzeugt im Topf bald einen erheblichen Druck. Die Hersteller dieser Töpfe geben an, daß es vorteilhaft sei, mit ihnen zu kochen. Unter erhöhtem Druck muß das Sieden also anders verlaufen, als wir es bisher kennen. Das wollen wir jetzt untersuchen.

### Sieden unter erhöhtem Druck

Wir benutzen dazu einen „Papinschen Topf" (Abb. 39.2). Dieser Topf wurde um 1700 von dem französischen Physiker **Denis Papin** konstruiert. Der in Abb. 39.1 gezeigte Schnellkochtopf ist nach demselben Prinzip gebaut.

39.1 Ein solcher Schnellkochtopf (Drucktopf) bietet beim Kochen Vorteile.

**V1** Wir füllen in einen Papinschen Topf etwas Wasser und erhitzen. Das Sieden erkennen wir daran, daß das Sicherheitsventil unter Zischen Dampf austreten läßt. Mit dem auf dem Hebel des Sicherheitsventils verschiebbaren Gewicht stellen wir verschiedene Drücke ein. Auf dem Manometer können wir den jeweiligen Druck ablesen und auf dem Thermometer die dazugehörige Temperatur. Wir erkennen:

> Erhöht man den Druck über einer Flüssigkeit, so steigt ihr Siedepunkt.

1. Im Drucktopf (Abb. 39.1) werden die Speisen also schneller gar, weil sie bei höheren Temperaturen gekocht werden. Man nennt ihn deshalb auch **Schnellkochtopf**.
Mit solchen Töpfen muß man jedoch vorsichtig sein. Man darf sie erst öffnen, nachdem man durch Abkühlung den Druck im Innern so weit abgesenkt hat, daß er dem äußeren Luftdruck entspricht. Es kann sonst geschehen, daß die beim Sieden in der Flüssigkeit sich bildenden Gasbläschen bei der plötzlichen Entspannung sich so stark ausdehnen, daß sie den Inhalt des Topfes gegen die Decke schleudern.
2. Für Dampfturbinen braucht man Wasserdampf von hohem Druck (bis 160 bar). Das Wasser in den Dampfkesseln siedet deshalb erst bei etwa 350 °C. Diese Temperatur hat auch der entstehende Dampf. Damit er nicht in den Rohrleitungen kondensiert, wird er nach dem Verlassen des Kessels noch weiter erhitzt (bis auf etwa 500 °C): Man nennt ihn dann „überhitzten Dampf" oder einfach „Heißdampf".

Der Siedepunkt einer Flüssigkeit läßt sich nicht beliebig erhöhen. Oberhalb von 374,2 °C **(kritische Temperatur)** existiert Wasser z. B. nur noch als Dampf. Der bei dieser Temperatur herrschende Druck beträgt 217,5 bar **(kritischer Druck)**.

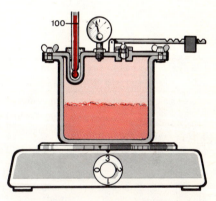

39.2 Papinscher Topf: Infolge des erhöhten Drucks steigt der Siedepunkt des Wassers über 100 °C.

| Siedepunkt des Wassers bei erhöhtem Druck | |
|---|---|
| Druck (bar) | Siedepunkt |
| 1 | 100 °C (373 K) |
| 2 | 120 °C (392 K) |
| 3 | 133 °C (406 K) |
| 4 | 143 °C (416 K) |
| 11 | 183 °C (456 K) |
| 41 | 248 °C (521 K) |
| 85 | 300 °C (573 K) |
| 163 | 350 °C (623 K) |
| 217,5 (kritischer Druck) | 374,2 (kritische Temperatur) |

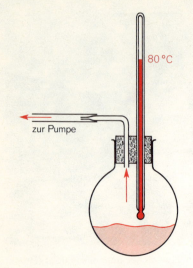

**40.1** Hier siedet das Wasser unter vermindertem Druck.

## Sieden unter vermindertem Druck

Wenn der Siedepunkt des Wassers bei erhöhtem Druck über 100 °C liegt, müßte er bei vermindertem Druck darunter liegen. Wir prüfen im Experiment!

$V_2$ Wir füllen etwas Wasser in einen Rundkolben und verschließen ihn mit einem doppelt durchbohrten Stopfen. In die eine Bohrung stecken wir ein Thermometer, in die andere ein gebogenes Glasrohr. Über einen Schlauch verbinden wir dieses mit einer Wasserstrahlpumpe. Nun erhitzen wir.
Nachdem eine Temperatur von etwa 80 °C erreicht ist, nehmen wir die Wasserstrahlpumpe in Betrieb. Das Wasser siedet, obwohl sein normaler Siedepunkt noch nicht erreicht ist. Durch Absperren der Saugleitung kann man zeigen, daß nur die Druckverminderung die Änderung des Siedepunktes herbeigeführt hat.

> Verringert man den Druck über einer Flüssigkeit, so sinkt ihr Siedepunkt.

1. Je höher wir steigen, um so kleiner wird der Luftdruck. Auf hohen Bergen siedet das Wasser deshalb bei Temperaturen unter 100 °C: Auf der Zugspitze (2960 m) bei 90 °C, auf dem Montblanc (4810 m) bei 84 °C und auf dem Mount Everest (8848 m) bei 70 °C. Auf hohen Bergen muß man zum Kochen deshalb Druckkessel benutzen.
2. Um Lösungen einzudicken, läßt man sie oft bei vermindertem Druck sieden. Der Siedepunkt ist dann herabgesetzt. Hitzeempfindliche Stoffe, wie z. B. Vitamine, werden nicht zerstört (Eindicken von Zuckerlösungen in Zuckerfabriken und von Marmeladen). Das Verfahren nennt man **Vakuumdestillation**.

| Siedetemperatur des Wassers bei vermindertem Druck | | |
|---|---|---|
| Druck | Siedepunkt | Höhe über dem Meer |
| 1013 mbar | 100 °C | 0 m |
| 900 mbar | 97,5 °C | 700 m |
| 800 mbar | 94 °C | 1700 m |
| 700 mbar | 90 °C | 3000 m |
| 600 mbar | 86,5 °C | 4000 m |
| 500 mbar | 82 °C | 5400 m |
| 400 mbar | 76 °C | 7300 m |
| 300 mbar | 69 °C | 9500 m |
| 200 mbar | 60 °C | 12300 m |
| 100 mbar | 48 °C | 16000 m |

**Aufgaben:**

1. Eiweiß gerinnt bei etwa 90 °C (Garkochen von Eiern). Kann man auf der Zugspitze und auf dem Montblanc Eier in offen siedendem Wasser hartkochen?
2. In einem Drucktopf herrscht ein Druck von 2 bar. Bei welcher Temperatur siedet das Wasser darin?
3. Wenn man nach dem Kartoffelkochen in einem Dampfkochtopf den Überdruck durch Öffnen des Ventils rasch vermindert, platzen die Kartoffeln. Warum? Denke daran, daß zunächst in den Kartoffelzellen Wasser von etwa 110 °C ist!
4. Wenn ein Einkochglas aus dem Kessel genommen wird, steigen in seinem Innern aus der Flüssigkeit Dampfblasen auf. Erkläre!
5. Fülle ein Reagenzglas mit 2 cm³ Wasser und verschließe es mit Stopfen und Glasrohr! Bringe das Wasser über einer Flamme zum Sieden, bis Dampf aus dem Rohr austritt! Halte dann die Spitze des Glasrohrs in kaltes Wasser! Das kalte Wasser dringt in das Glas ein und füllt es ganz. Warum?

> **Merke dir,**
>
> daß Flüssigkeiten bei größerem Druck einen höheren Siedepunkt haben;
>
> daß Flüssigkeiten bei vermindertem Druck einen niedrigeren Siedepunkt haben;
>
> was man unter Vakuumdestillation versteht.

## Wä 4.8 Was ist Flüssiggas?

### Der Dampfdruck

Auf dem Lande gibt es meist kein Gasleitungsnetz. Deshalb heizen und kochen viele Leute mit Propangas. Sie bekommen es in Stahlflaschen geliefert, wie du sie auf Abb. 41.1 sehen kannst. Handwerker und Campingfreunde, die von Versorgungsnetzen unabhängig sein wollen, verwenden Propangas ebenfalls gern. Sie nennen es „Flüssiggas".

Nun kann ein Stoff entweder flüssig oder gasförmig sein. Der Ausdruck „Flüssiggas" ist also eigentlich ein Widerspruch in sich. Ganz abwegig ist die Bezeichnung aber nicht! Schüttle einmal eine Propangasflasche! Im Innern hörst du deutlich eine Flüssigkeit plätschern. Unsere Versuche mit Flüssiggas führen wir aus Sicherheitsgründen mit Frigen durch.

**V₁** Eine kleine Frigenflasche wird so gehalten, daß das Ventil unten liegt. Dann öffnen wir ganz kurz das Ventil. Aus der Öffnung spritzt eine Flüssigkeit, die sofort verdampft. Es ist Frigen 12 (Dichlordifluormethan, $CCl_2F_2$).

41.1 Hier wird mit Flüssiggas gekocht.

Der Siedepunkt des Frigens liegt weit unter Zimmertemperatur bei $-30\,°C$. In Wä 4.7 hast du gelernt, daß man den Siedepunkt erhöhen kann, indem man den Druck über der Flüssigkeit steigert. In den Stahlflaschen erhöht man den Druck durch Hineinpumpen von Frigen so lange, bis sein Siedepunkt über der Zimmertemperatur liegt. Dann wird es flüssig! Der Druck über der Flüssigkeit beträgt dabei etwa 5,5 bar. Diesen Druck bezeichnet man als den zur Zimmertemperatur gehörigen **Dampfdruck** des Frigens. Er ist von der Temperatur abhängig (Abb. 41.2).

Entnimmt man Gas aus der Stahlflasche, so wird der Druck in ihr gesenkt. Das flüssige Frigen in der Flasche fängt an zu sieden. Dadurch wird neues Gas gebildet, bis der Druck wieder auf etwa 5,5 bar angestiegen ist.

> Über eingeschlossenen Flüssigkeiten stellt sich ein von der jeweiligen Temperatur abhängiger Druck ein: Der Dampfdruck.

**V₂** Wir wiederholen V₁, lassen das Ventil aber länger offen und halten ein Reagenzglas unter die Öffnung. Beim Verdampfen wird Wärme verbraucht (166,6 kJ/kg), das Gas kühlt sich deshalb ab. Schließlich tropft flüssiges Frigen mit einer Temperatur von $-30\,°C$ ins Reagenzglas.

Die Flüssigkeit siedet dauernd, denn ihr Dampfdruck ist nun auf 1013 mbar abgesunken. Die zum Sieden benötigte Verdampfungswärme wird der Luft entzogen, die das Glas umgibt. Diese kühlt sich ab, deshalb beobachten wir Reifbildung. Der in ihr enthaltene Wasserdampf kondensiert und schlägt sich als Reif an der Flasche nieder.

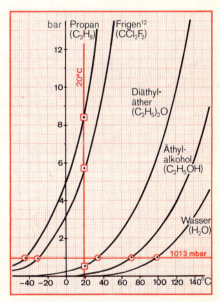

41.2 Dieses Diagramm zeigt die Abhängigkeit des Dampfdrucks von der Temperatur. Der Schnittpunkt der Kurven mit der roten senkrechten Linie gibt den Dampfdruck bei Zimmertemperatur an. Die Schnittpunkte der Kurven mit der waagerechten roten Linie liefern die Siedetemperaturen bei Normaldruck (1013 mbar).

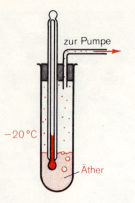

**42.1** Wenn Äther unter vermindertem Druck siedet, sinkt seine Temperatur bis auf −20 °C ab.

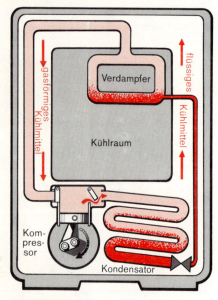

**42.2** Kompressorkühlschrank (schematisch)

**Spraydosen** enthalten als Treibgas ebenfalls Frigen 12. Bei Zimmertemperatur herrscht in ihnen schon ein beachtlicher Druck (6 bar), deshalb sind die Böden halbkugelförmig nach innen gewölbt. Da sie verhältnismäßig leicht gebaut sind, darf man sie nicht zu stark erwärmen, denn schon bei 40 °C steigt der Druck in ihnen auf etwa 10 bar.

**Propan** siedet bei −42 °C. In den Propangasflaschen herrscht bei Zimmertemperatur schon ein Druck von 8,5 bar. Sie sind deshalb aus dickem Stahl. Auch sie müssen vor zu starker Erwärmung sorgfältig geschützt werden, weil ihr Prüfdruck (25 bar) sonst leicht überschritten werden kann. Flaschen, die im Freien aufbewahrt werden, umgibt man deshalb mit einem Holzkasten. Er soll die Flaschen vor zu starker Sonnenbestrahlung bewahren.

### Der Kompressorkühlschrank

$V_3$ Das Gefäß auf Abb. 42.1 enthält Äther. Am Stutzen saugen wir mit einer Wasserstrahlpumpe. Die Flüssigkeit im Glas beginnt zu sieden, weil der Dampf (das Gas) über ihr abgesaugt wird (Verminderung des Dampfdrucks). Die zum Verdampfen notwendige Verdampfungswärme wird der verbleibenden Flüssigkeit entzogen. Ihre Temperatur sinkt auf etwa −20 °C. Ein ähnlicher Vorgang spielt sich in unseren Kühlschränken ab.

Im Verdampfer eines **Kompressorkühlschranks** befindet sich flüssiges Frigen, darüber Frigendampf. Der Kompressor ist eine Pumpe. Er saugt den Dampf ab und vermindert dadurch den Druck über der Flüssigkeit. Diese beginnt zu verdampfen und entzieht dem Kühlraum Wärme.

Der Frigendampf wird vom Kompressor in den Kühler gepreßt und dort komprimiert, und zwar so weit, bis er sich bei der gerade herrschenden Außentemperatur verflüssigt und kondensiert. Dabei wird die Kondensationswärme an die Zimmerluft abgegeben. Die Küche wird durch den Kühlschrank geheizt!

Das flüssige Frigen strömt durch ein enges Kapillarrohr oder ein Ventil in die Verdampfungsschlange im Kühlraum zurück. Sein Kreislauf beginnt von neuem.

---

**Merke dir,**

daß man Gase verflüssigen kann;

was man unter dem Dampfdruck einer Flüssigkeit versteht;

daß der Dampfdruck von der Temperatur abhängig ist;

wie ein Kühlschrank arbeitet.

---

**Aufgaben:**

1. Was ist „Flüssiggas"?
2. Wie kann man ein Gas verflüssigen?
3. Wovon ist der Dampfdruck abhängig?
4. Spraydosen fühlen sich kalt an, wenn man eine Weile mit ihnen gesprüht hat. Erkläre! Man soll sie dann mit der Hand erwärmen. Warum müssen sie auf höhere Temperatur gebracht werden?
5. Warum darf man Spraydosen nicht auf einer Heizplatte oder auf einer Gasflamme erhitzen?
6. Einen Kühlschrank kann man auch als „Wärmepumpe" bezeichnen. Von wo nach wo wird Wärme gepumpt?

## Wä 5 Wärme und mechanische Arbeit

### Wä 5.1 Warum wird die Fahrradluftpumpe heiß?

**Das Verhalten der Gase bei Druckänderungen**

43.1 Beim Aufpumpen eines Fahrradschlauchs entsteht Wärme.

Sicher hast du schon einmal den Schlauch deines Fahrrades aufgepumpt! Nach ein paar Pumpenstößen hast du dann bemerkt, daß die Pumpe an ihrem unteren Ende heiß wurde. Wir prüfen nach:

**V₁** Wir halten das Quecksilbergefäß eines Thermometers in die Öffnung einer Fahrradpumpe und führen einige Pumpenstöße aus. Das Thermometer zeigt eine Temperaturerhöhung an. Siehe Abb. 43.2!

> Gase erwärmen sich, wenn sie verdichtet werden.

Die Zylinder von stark verdichtenden Gaspumpen (Kompressoren) erwärmen sich so stark, daß sie gekühlt werden müssen. Sie tragen deshalb Kühlrippen. Auch die von der Pumpe wegführenden Druckluftleitungen sind mit Kühlblechen versehen.

Was erwartest du, wenn der Druck eines Gases herabgesetzt wird (Expansion)? Folgender Versuch soll es uns zeigen:

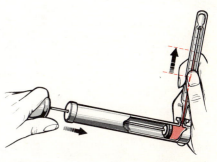

43.2 So mißt man die Temperaturerhöhung beim Komprimieren (Verdichten) von Luft.

**V₂** Wir stellen ein Bimetallthermometer unter den Rezipienten einer Luftpumpe und saugen Luft ab. Das Thermometer zeigt eine Temperaturverringerung an (Abb. 43.3).

> Gase kühlen sich ab, wenn sie entspannt werden.

In **Preßluftwerkzeugen** verrichtet hochgespannte Luft Arbeit, indem sie sich ausdehnt. Dabei kühlt sie sich ab. Selbst im Hochsommer kann man deshalb an den Rippen der Zylinder Reifbildung beobachten.

### Wie verhalten sich die Moleküle bei Temperaturänderung?

Den Molekülen eines abgeschlossenen Gases steht nur ein begrenzter Raum zur Verfügung. Sie stoßen — wie Stahlkugeln, die man in einem Kasten schüttelt — immer wieder zusammen und natürlich auch auf die Wand. Diese Stöße auf die Wand erzeugen den Gasdruck. Bei höherer Temperatur werden die Moleküle schneller. Sie stoßen öfter und mit verstärkter Wucht. Deshalb steigt in einem eingeschlossenen Gasvolumen mit zunehmender Temperatur der Druck (s. Wä 1.5). Folgender Modellversuch bestätigt dies:

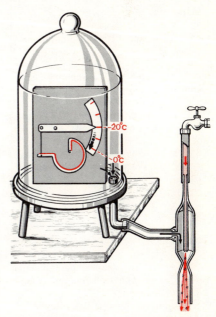

43.3 Luft kühlt sich ab, wenn man ihren Druck vermindert.

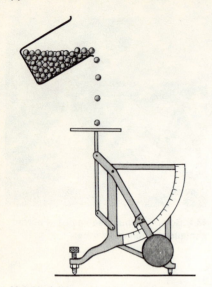

**44.1** Modellversuch: Der Gasdruck als Folge der Stöße von Gasmolekülen auf die Gefäßwand.

**V₃** Wir lassen Stahlkugeln in größeren zeitlichen Abständen auf die Platte einer Briefwaage fallen (Abb. 44.1). Jeder Aufprall erzeugt einen kurzen Ausschlag. Folgen die Kugeln in immer kürzeren Abständen aufeinander, so gehen die einzelnen Ausschläge in ein feines Hin- und Herzittern um einen mittleren Skalenwert über: Die große Zahl der Stöße wirkt wie eine dauernde Kraft. — Wenn wir die Kugeln höher herabfallen lassen, ist diese Kraft größer, weil die Kugeln mit größerer Geschwindigkeit auf den Waageteller aufprallen.

**Die Kompression (Druckerhöhung durch Volumenminderung)**

Drückt man in einer Luftpumpe ein Gas zusammen, so werden die auf den Kolben prallenden Moleküle von ihm zusätzlich beschleunigt, da er sich auf sie zu bewegt. Die Zunahme der Bewegungsenergie verteilt sich in kurzer Zeit auf das ganze Gas und äußert sich in einer Temperaturerhöhung. Um dies zu verstehen, machen wir folgenden Modellversuch:

**V₄** Wir werfen einen Tennisball gegen eine Wand. Nach dem Aufprall ist seine Geschwindigkeit fast genauso groß wie vorher. Nun werfen wir den Ball gegen einen Schläger, den wir dem fliegenden Ball entgegenbewegen. Nach dem Aufprall ist seine Geschwindigkeit wesentlich größer als vorher. Die beim Schlagen verrichtete Arbeit hat sich als zusätzliche Bewegungsenergie auf den Ball übertragen.

> Beim Verdichten eines Gases wird Arbeit in Wärme verwandelt.

**Merke dir,**

daß Gase sich beim Verdichten erwärmen;

daß Gase sich beim Entspannen abkühlen;

daß beim Verdichten eines Gases Arbeit geleistet werden muß;

daß beim Entspannen eines Gases Arbeit aus Wärme gewonnen werden kann.

**Die Expansion (Druckverminderung durch Volumenzunahme)**

**V₅** Wir hängen den Schläger an einem langen Faden auf und werfen den Tennisball dagegen. Nach dem Aufprall ist die Geschwindigkeit des Balles wesentlich geringer geworden. Dafür hat er den Schläger in Bewegung gesetzt und einen Teil seiner Bewegungsenergie an diesen abgegeben.
Das Ausweichen des vom Ball getroffenen Schlägers entspricht dem Zurückweichen des Pumpenkolbens, bedeutet also Volumenvergrößerung und Druckverminderung des eingeschlossenen Gases. Die Verringerung der Bewegungsenergie des Balles entspricht einer Temperatursenkung. Entspannen wir also ein Gas, so nimmt die Bewegungsenergie seiner Moleküle ab. Dabei wird Arbeit verrichtet.

> Beim Entspannen eines Gases wird Wärme in Arbeit verwandelt.

**Aufgaben:**

1. Wie ändert sich die Temperatur eines Gases, wenn man es komprimiert oder expaniert?
2. Wie ändert sich der Druck eines eingeschlossenen Gases, wenn man seine Temperatur erhöht?

## Wä 5.2 Kann Energie verlorengehen?

**Energieerhaltungssatz**

Die Umwandlung von Wärme in Arbeit und von Arbeit in Wärme wollen wir jetzt noch etwas eingehender betrachten.
Auf den Seiten 47 bis 58 lernst du Dampfmaschinen und Verbrennungsmotore kennen, die mechanische Energie erzeugen können. Diese Maschinen haben eine große Bedeutung, weil sie uns eine Menge körperlicher Arbeit abnehmen: sie sind die „eisernen Sklaven" des Menschen (vgl. $M_1$ 4.3). Sie können die Arbeit aber nicht aus dem Nichts herbeizaubern: Man muß ihnen Wärme zuführen, z.B. durch Verbrennen von Kohle oder Benzin. Ein Teil dieser Wärme wird in der Maschine in mechanische Energie umgewandelt. Diese ist also lediglich ein **Energiewandler.**
Ein sich drehendes Rad oder ein dahinrollendes Fahrzeug enthalten mechanische Energie. Unsere Erfahrung lehrt, daß sie nach und nach zum Stillstand kommen. Ein flüchtiger Betrachter könnte glauben, die in ihnen enthaltene Energie sei nun verlorengegangen. Wir wissen jedoch, daß sie sich in Wärme verwandelt hat. Diese entsteht beispielsweise bei der Reibung in allen Lagern, beim Durchwalken der Reifen und infolge des Luftwiderstands. Für alle Energieänderungen gilt der Satz:

45.1 J. R. Mayer (1814—1878)

> Energie kann nicht verlorengehen, aber auch nicht aus dem Nichts geschaffen werden.

Dieser **Energieerhaltungssatz** wurde 1842 von dem Heilbronner Arzt **Julius Robert Mayer** (1814—1878) zuerst formuliert. Er gilt heute als eines der wichtigsten Naturgesetze. Seit man ihn kennt, weiß man auch, daß es niemals möglich sein wird, ein **Perpetuum mobile** zu konstruieren. Das ist eine Maschine, die ohne Energiezufuhr von außen ständig Arbeit verrichten könnte.

### Wärme ist eine besondere Energieform.

Die in Abb. 46.2 dargestellte Versuchseinrichtung ermöglicht es, die Umwandlung von mechanischer Energie in Wärme messend zu verfolgen.

**V₁** Eine drehbare Kupfertrommel wird mit Wasser gefüllt und mit einem Stopfen verschlossen, durch den ein Thermometer gesteckt ist. Um die Trommel wird ein Kupferseil gelegt, an dessen Ende ein schwerer Körper hängt. Das andere Ende wird durch eine Schraubenfeder gehalten. Drehen wir die Trommel mit einer Kurbel gegen die Wickelrichtung des Kupferseils, so wird der Körper etwas angehoben. Die Reibungskraft ist dann gerade so groß, wie die Gewichtskraft des Körpers. Während wir drehen, verrichten wir Reibungsarbeit. Dabei entsteht eine bestimmte Wärmemenge, die den Kupferzylinder und das Wasser darin erwärmt.

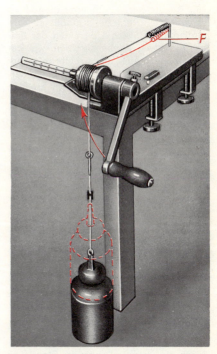

45.2 Mechanische Arbeit wird bei Reibungsvorgängen vollständig in Wärme überführt.

> **Merke dir,**
>
> wie der Energieerhaltungssatz lautet;
>
> daß mechanische Arbeit bei Reibungsvorgängen vollständig in Wärme überführt wird.

**46.1** Tausende von Erfindern haben schon versucht, ein Perpetuum mobile zu konstruieren. Hier siehst du einen der Entwürfe. Kannst du beschreiben, wie der Konstrukteur sich die Arbeitsweise der Maschine vorgestellt hat? Versuche herauszufinden, weshalb sie nicht arbeiten kann!

**Aufgaben:**

1. Welche Formen der Energie kennst du?
2. Was ist ein Perpetuum mobile?
3. Warum wird ein Bleistück heiß, wenn wir mit dem Hammer darauf schlagen? Verfolge die Energieumwandlungen.
4. Berichte über deine Erfahrungen mit Bohrer, Feile, Glaspapier und Schleifmaschine.
5. Warum wird ein stumpfes Sägeblatt heißer als ein scharfes?
6. Ein Junge mit einem Gewicht von 400 N klettert an einer Kletterstange 4 m hoch. Wieviel Wärmeenergie entsteht, wenn er sich wieder herabgleiten läßt?
7. Ein Rammbär mit dem Gewicht $F_G = 5$ kN fällt aus 6 m Höhe herab und verformt ein darunterliegendes Stahlstück mit der Masse $m = 150$ kg. a) Wieviel Wärmemenge entsteht bei jedem Schlag; b) um wieviel K ist die Temperatur des Stahlstücks nach 10 Schlägen gestiegen?
8. Ein Rührwerk wird von einem Elektromotor mit der Leistung $P = 2$ kW angetrieben. Im Rührkessel befinden sich 40 l Wasser. Berechne den Temperaturanstieg in 10 Min.
9. In Deutschland wurden 1968 insgesamt $203 \cdot 10^{12}$ kWh elektrische Energie erzeugt. Wieviel Abwärme wurde gleichzeitig erzeugt? (1 kWh = 3600 kJ)

Wir führen den Versuch durch und berechnen aus den Meßergebnissen erst die entstandene Wärme, dann die zu ihrer Erzeugung aufgewendete mechanische Arbeit. Beide sind, abgesehen von Meßfehlern, gleich. Man erkennt:

> Mechanische Energie läßt sich vollständig in Wärme umformen.

### Die Überführung von Wärme in Arbeit

Die auf den Seiten 47 bis 58 beschriebenen Energiewandler-Maschinen können zwar Wärme in Arbeit umformen. Sie können das aber nicht vollständig! Du weißt, daß jeder Automotor eine Kühlung besitzt. Ein großer Anteil (etwa $^3/_4$) der bei der Verbrennung des Benzins entstehenden Wärme muß entweder direkt (bei Luftkühlung) oder indirekt auf dem Umwege über das Kühlwasser (bei wassergekühlten Motoren) an die Außenluft abgegeben werden. Nur etwa $^1/_4$ der Wärme wird wirklich in Arbeit umgewandelt.

> Wärme läßt sich nicht vollständig in mechanische Energie umformen.

Auch die vom Motor zunächst verrichtete mechanische Arbeit verwandelt sich schon bald in Wärme: Während der Fahrt werden die Reifen durchgeknetet und erwärmen sich dabei. In den Lagern entsteht Wärme durch Reibung. Das ganze Fahrzeug reibt sich an der Luft und erwärmt diese. Der Rest an Bewegungsenergie, die in dem Fahrzeug steckt, geht schließlich in Wärme über, wenn das Fahrzeug durch Bremsen zum Stillstand kommt.
Auch elektrische Arbeit wird letzten Endes vollständig in Wärme übergeführt. In Tauchsiedern, Bügeleisen, Elektroherden geschieht das unmittelbar. Elektromotore verrichten, wie Kraftfahrzeugmotoren, zwar auch erst mechanische Arbeit. Diese verwandelt sich aber letztlich ebenfalls in Wärme.
Wir haben hier einige Energieumwandlungen kennengelernt. Du hast dabei erkannt, daß das letzte Glied einer solchen Umwandlungskette fast immer Wärme ist. Daraus entstehen für uns alle große Probleme. Der Energiebedarf der Menschen in den Industriestaaten steigt sehr schnell an. Er verdoppelt sich etwa alle 8 bis 10 Jahre. Deshalb müssen immer neue Kraftwerke gebaut werden.
Die von einem Kohlekraftwerk ans Kühlwasser abgegebene Abwärme ist fast doppelt so groß wie die in elektrische Energie verwandelte Wärme. (Bei Atomkraftwerken ist sie noch größer, man arbeitet jedoch auf eine Verkleinerung hin!) Kraftwerke hat man deshalb bisher immer an Flüsse gebaut. Neuerdings zeigt sich aber, daß man an manche unserer deutschen Flüsse keine Kraftwerke mehr bauen kann, wenn nicht alle in ihnen lebenden Pflanzen und Tiere sterben sollen. Diese „Umweltverschmutzung durch Wärme" ist für uns alle genauso bedenklich, wie die durch Müll oder Abgase.

# Wä 6 Maschinen, die Wärme in Arbeit umformen

## Wä 6.1 Wie wird eine Lokomotive angetrieben?

**Dampfmaschine und Lokomotive**

**47.1** Funktionsfähiges Modell einer Dampfmaschine

Eine Lokomotive führt in ihrem Tender Kohle und Wasser mit sich. Durch Verbrennung der Kohle wird Wärme erzeugt und mit ihr das Wasser zum Sieden gebracht. Der entstehende heiße Wasserdampf treibt die Lokomotive an. In folgendem Versuch untersuchen wir, wie das vor sich geht:

**V₁** Wir füllen in ein Reagenzglas 2—3 cm³ Wasser. Ein Korken wird so mit Bindfaden umwickelt, daß er im Reagenzglas noch gut gleitet, aber auch dicht abschließt. In den Korken stecken wir eine Stricknadel. Diesen Kolben führen wir ins Reagenzglas ein und verschließen es mit einem Stopfen, in dessen Bohrung die Stricknadel geführt wird. Siehe Abb. 47.2!
Wir bringen das Wasser vorsichtig zum Sieden. Der entstehende Wasserdampf treibt den Kolben nach oben. Dann tauchen wir das Reagenzglas in kaltes Wasser. Der Wasserdampf kondensiert, und die äußere Luft drückt den Kolben wieder hinunter.
Nach diesem einfachen Prinzip arbeiteten die ersten Dampfmaschinen, die um 1690 von **Papin** (siehe auch Wä 4.7) in Marburg gebaut wurden, und auch die 1711 von **Newcomen** entwickelte „atmosphärische Maschine". Sie wurde im 18. Jahrhundert in mehreren hundert Exemplaren zur Entwässerung der englischen Kohlengruben verwendet.
Als der eigentliche Erfinder der Dampfmaschine gilt **James Watt** (1736—1819). Die von ihm entwickelte Bauweise (Schiebersteuerung, Trennung von Kessel und Zylinder) wurde in ihren Grundlagen bis heute beibehalten. Seine Dampfmaschine wurde 1807 von **Fulton** in ein Schiff eingebaut. Die ersten brauchbaren Lokomotiven hat **G. Stephenson** (1781—1847) gebaut.

## Die Arbeitsweise einer Dampfmaschine

Durch den mit Wasser gefüllten **Kessel** einer Dampfmaschine läuft eine große Zahl von Heizröhren. Von der Feuerung aus strömen die Flammengase des verbrennenden Heizmaterials durch diese Röhren und verdampfen das Wasser (**Flammrohrkessel**).
Unter großem Druck (20 bar) sammelt sich der Wasserdampf im sogenannten **Dampfdom**, nachdem er im **Überhitzer** weit über den Siedepunkt erwärmt wurde. Von dort aus wird er über den **Schieberkasten** (Abb. 48.1) in den Zylinder geleitet. Hier drückt er auf den **Kolben** und bewegt diesen

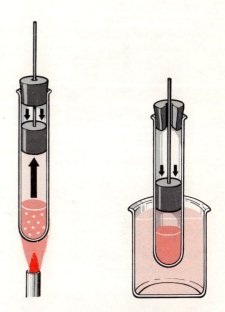

**47.2** Der beim Sieden entstehende Dampf drückt den Kolben gegen die Kraft der äußeren Luft nach oben. Im kalten Wasser kondensiert der Dampf im Glas. Nun ist die Luft außen wieder stärker und drückt den Kolben nach unten.

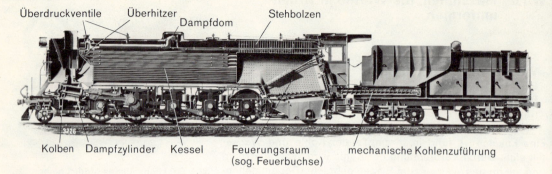

**48.1** Schnitt durch eine Dampflokomotive der Deutschen Bundesbahn

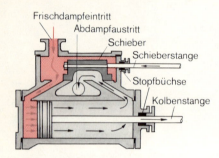

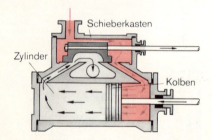

**48.2** Dampfzylinder mit Schiebersteuerung

**Merke dir,**

daß mit einer Dampfmaschine Wärme in Arbeit umgewandelt wird;

daß James Watt der Erfinder der Dampfmaschine ist;

wie die Dampfmaschine gesteuert wird;

daß die Dampfmaschine das Maschinenzeitalter eingeleitet hat.

vor sich her. Die Bewegung wird mit Hilfe einer **Schubstange** auf die Räder übertragen. Auf der Radachse sitzt exzentrisch angeordnet ein Zapfen, der den Schieber im Schieberkasten bewegt.

Die **Schiebersteuerung** (Abb. 48.2) sorgt dafür, daß die Dampfzufuhr bereits gesperrt wird, wenn der Kolben $\frac{1}{5}$ seines Weges zurückgelegt hat. Der im Zylinder abgesperrte Dampf dehnt sich aus und schiebt den Kolben bis zum äußersten Ende. Jetzt wird durch den Schieber die Auslaßöffnung für den auf der linken Seite des Kolbens liegenden Zylinderraum freigegeben. Der Dampf kann ins Freie entweichen. Gleichzeitig öffnet sich der Dampfeinlaß für den rechts vom Kolben liegenden Zylinderraum. Frischer Dampf strömt aus dem Kessel hinter die andere Seite des Kolbens und preßt ihn in die entgegengesetzte Richtung.

Im Zylinder schiebt der Dampf den Kolben mit großer Kraft vor sich her. Er dehnt sich dabei aus und kühlt sich ab (etwa von 200°C auf 110°C). Dabei leistet er Arbeit. Vergleiche mit den Aussagen in Wä 5.2!

> Die Dampfmaschine überführt Wärme in mechanische Arbeit.

Die Erfindung der Dampfmaschine war für die Menschheit von großer Bedeutung. Mit ihr war es zum ersten Mal möglich, mechanische Energie in großen Mengen zu erzeugen und damit in Fabriken **Maschinen anzutreiben.** Das **Zeitalter der Technik** begann. Heute ist die Dampfmaschine weitgehend durch Dampfturbine, Elektromotor und Dieselmotor ersetzt worden: Sie arbeiten wirtschaftlicher.

**Aufgaben:**

1. Wer gilt als der Erfinder der Dampfmaschine?
2. Wie arbeitet eine Dampfmaschine?
3. Welche historische Bedeutung hat die Dampfmaschine?
4. Stelle fest, wo heute noch Dampfmaschinen verwendet werden!

## Wä 6.2 Warum verwendet man in Kraftwerken Dampfturbinen?

### Die Dampfturbine

**49.1** Hier wird der Läufer einer vierstufigen Dampfturbine montiert.

In der Dampfturbine erzeugt der Dampf unmittelbar eine Drehbewegung. Dazu läßt man ihn zunächst durch eine Reihe sich erweiternder **Düsen** (Lavaldüsen) strömen (in Abb. 49.2 durch eine einzige angedeutet). In ihnen wird er entspannt, abgekühlt und auf eine hohe Geschwindigkeit (500 bis 1000 m/s) gebracht. Um die Energie des Dampfes auszunutzen, trifft der Dampfstrahl auf den ersten Schaufelkranz des Läufers, gibt Energie an ihn ab und treibt ihn an. Er wird dann durch feststehende Leitschaufeln umgelenkt und auf den zweiten Schaufelkranz des Läufers geleitet (s. Abb. 49.2).
Große Turbinen in Elektrizitätswerken und auf Schiffen haben Läufer mit bis zu 50 Schaufelkränzen und die dazugehörende Zahl von Leiträdern. Auf seinem Weg durch die Turbine gibt der Dampf seine Bewegungsenergie fast vollständig an den Läufer ab.

### Der Wirkungsgrad

Keine Maschine kann die gesamte Energie, die in einem Brennstoff steckt, in Arbeit umwandeln. Bei Dampfmaschinen und Dampfturbinen bleibt verhältnismäßig viel Wärme in den Abgasen und im Abdampf. Auch Verluste durch Wärmestrahlung und -leitung und die Lagerreibung lassen sich nicht vermeiden.
Im wirtschaftlichen Interesse sollen diese Verluste natürlich möglichst klein bleiben. Um verschiedene Maschinen in dieser Beziehung untereinander vergleichen zu können, ermittelt man ihren **Wirkungsgrad.** Das ist das Verhältnis der Nutzleistung zur zugeführten Leistung.

$$\text{Wirkungsgrad} = \frac{\text{Nutzleistung}}{\text{zugeführte Leistung}}$$

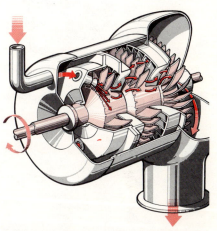

**49.2** Dampfturbine (schematisch). Der Läufer ist rot. Der Dampf strömt abwechselnd durch je ein Laufrad und je ein Leitrad. Dabei entspannt er sich und gibt seine Energie an die Laufräder ab. Die Pfeile zeigen, wie der Dampf strömt.

Der Wirkungsgrad wird meist in % angegeben. Er kann nie größer sein als 100%.
Dampfmaschinen erreichen nur einen Wirkungsgrad von etwa 20%. Sie können also nur $\frac{1}{5}$ der zugeführten Energie nutzbar machen, $\frac{4}{5}$ gehen verloren. In Kraftwerken mit Dampfturbinen erreicht die gesamte Anlage einen Wirkungsgrad von etwa 34%, der Wirkungsgrad der Turbine allein liegt noch bedeutend höher. Sie ist also die Wärmekraftmaschine mit dem größten Nutzeffekt.
Die ersten Dampfturbinen wurden 1883 von dem schwedischen Ingenieur P. de Laval gebaut. Sie hatten sehr hohe Drehzahlen. Dem Amerikaner **Curtis** gelang es, sie so zu ändern, daß man sie ohne Untersetzungsgetriebe zur Stromerzeugung verwenden kann. Moderne Dampfturbinen haben Leistungen von 300 MW. Maschinen mit 1250 MW werden entwickelt.

**Merke dir,**

wie eine Dampfturbine arbeitet;

wie man den Wirkungsgrad errechnet;

daß eine Dampfturbine einen verhältnismäßig hohen Wirkungsgrad hat.

### Wä 6.3 Wie arbeitet ein Kraftfahrzeugmotor?

**Viertaktmotor**

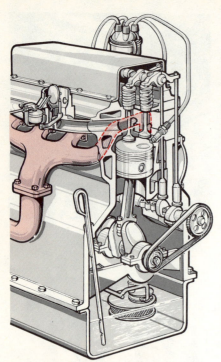

50.1 Schnitt durch einen Viertaktmotor

Kraftfahrer brauchen leichte und doch leistungsfähige Motoren. Auch der Brennstoff darf nur wenig wiegen und muß trotzdem viel Energie enthalten. Man verwendet deshalb Benzin (Heizwert 41,9 MJ/kg; s. Wä 3.3). Der folgende Versuch zeigt uns, wie die beim Verbrennen des Benzins entstehende Wärme in Arbeit umgeformt werden kann.

$V_1$ Wir bringen in eine einseitig geschlossene, etwa 60 cm lange Papphröre einen Korkstopfen und träufeln einige Tropfen Benzin ein. Dann verschließen wir das Rohr mit einer leichtsitzenden Kappe. Das Benzin verdampft. Wir schütteln die Röhre, damit sich Benzindampf und Luft miteinander vermischen.
Durch ein kleines Loch an der Seite der Röhre entzünden wir das Gemisch. Es verbrennt schlagartig, wobei sich Temperatur und Druck im Gas erhöhen: Explosion. Das explodierende Gas schleudert die Verschlußkappe fort. Dabei dehnt es sich aus und verrichtet Arbeit. (Günstigstes Benzin-Luft-Verhältnis: Auf 1 l Luft in der Röhre kommen 0,1 cm³ Benzin.)

In den Motoren, die nach diesem Prinzip arbeiten, drücken die Verbrennungsgase einen Kolben in einem Zylinder nach unten. Sie heißen daher **Verbrennungskraftmaschinen**. Der Kolben wirkt über eine Pleuelstange auf eine Kurbelwelle, ähnlich wie in einer Dampfmaschine.
Alle Verbrennungskraftmaschinen benötigen ein **Arbeitsgas**. Dieses hat zunächst hohe Temperatur und hohen Druck. Bei seiner Entspannung kühlt es sich ab und wandelt dabei Wärme in Arbeit um. Bei der Dampfmaschine wird als Arbeitsgas Wasserdampf verwendet. Damit immer eine genügend große Menge davon vorhanden ist, müssen Lokomotiven einen Wasservorrat mitführen, der ihr Gewicht beträchtlich erhöht. Bei Kraftfahrzeugmotoren wird dieser Nachteil dadurch vermieden, daß die Verbrennungsgase selbst als Arbeitsgas dienen.

Den ersten Verbrennungsmotor, der mit Gas betrieben wurde und deshalb an einen festen Standort gebunden war, schuf **Nikolaus August Otto** (1832–1891) im Jahre 1867.
Erst 1876 erhielt der Ottomotor, wie er zu Ehren seines Erfinders genannt wird, seine endgültige Form mit Viertakt-Steuerung und elektrischer Zündung. Wenige Jahre später verwendete Otto für seine Motoren auch flüssige Treibstoffe. Dazu mußte er den ersten Vergaser konstruieren. Nach dem von ihm entwickelten Prinzip werden noch heute die meisten Motoren gebaut. **Gottlieb Daimler** (1834–1907) und **Karl-Friedrich Benz** (1844–1929) gelang es schließlich, einen schnellaufenden Fahrzeugmotor zu entwickeln und im Jahre 1886 einen durch Motorkraft getriebenen Wagen, das erste Automobil, zu bauen.

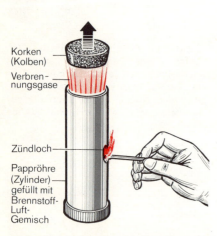

50.2 Abbildung zu $V_1$. In den Pappzylinder geben wir einige Tropfen Benzin. Während es verdunstet, halten wir das Zündloch mit dem Daumen zu. Dann entzünden wir das Gas-Luft-Gemisch mit einem langen Span. Der Korken wird durch die Explosion fortgeschleudert.

## Die Arbeitsweise des Viertakt-Otto-Motors

Solche Verbrennungsvorgänge, wie wir sie in $V_1$ erzeugt haben, werden auch im Zylinder eines Ottomotors ausgelöst. Ein im Zylinder gleitender **Kolben** wird dadurch auf und ab getrieben. Dabei kann man 4 verschiedene Arbeitsgänge **(Takte)** unterscheiden. Sie laufen nacheinander ab.

**1. Takt:** Zu Beginn des 1. Taktes öffnet sich das **Einlaßventil**. Der Kolben bewegt sich nach unten. Dabei saugt er ein Kraftstoff-Luft-Gemisch in den Zylinder. Dieses wird von dem in der Ansaugleitung liegenden **Vergaser** erzeugt. Er arbeitet ähnlich wie ein Zerstäuber.

**2. Takt:** Wenn sich der Kolben an seinem tiefsten Punkt befindet, schließt sich das Einlaßventil. Der Kolben geht nach oben und preßt das Gemisch zusammen. Es erhitzt sich. Dabei entstehen Drücke von 8—12 bar und Temperaturen von 300—400 °C.

**3. Takt:** Wenn sich der Kolben im höchsten Punkt befindet, wird in der **Zündkerze** auf elektrischem Wege ein Funken erzeugt. Er bringt das Gemisch zur Entzündung. In den Verbrennungsgasen entsteht ein Druck von 30—70 bar und eine Temperatur von 1700—2500 °C. Der Kolben wird nach unten gedrückt. Die Verbrennungsgase entspannen sich und kühlen dabei ab: Wärme wird in Arbeit verwandelt.

**4. Takt:** Das **Auslaßventil** öffnet sich. Der Kolben geht nach oben und schiebt die Verbrennungsgase aus dem Zylinder in den **Auspuff**. Am Schluß schließt sich das Auslaßventil, das Einlaßventil öffnet sich wieder, und der ganze Vorgang beginnt von neuem.

Nur in einem der 4 Takte gibt der Motor Arbeit ab, in den anderen 3 Takten muß er selbst angetrieben werden. Um zu einer gleichmäßigen Energieabgabe zu kommen, baut man deshalb in die Motoren nicht einen großen, sondern meist 4 kleinere Zylinder ein (oft auch 6 oder 8). Ihre Kolben wirken so auf die gemeinsame Kurbelwelle, daß bei jeder halben Umdrehung einer der 4 Zylinder seinen Arbeitstakt hat. Wegen ihres kleinen **Leistungsgewichts** (um 3 kg je kW) eignen sich diese Motoren besonders gut für Personenkraftwagen und Flugzeuge. Ihr Wirkungsgrad beträgt 25—27 %.

1. Ansaugtakt
2. Verdichtungstakt
3. Arbeitstakt
4. Auspufftakt

**51.1** Arbeitsweise des Viertaktmotors

---

**Merke dir,**

wie ein Viertakt-Otto-Motor arbeitet;

wer ihn erfunden hat;

wozu er verwendet wird;

welchen Kraftstoff er benötigt.

---

**Aufgaben:**

1. Beschreibe die Arbeitsweise eines Viertaktmotors!
2. Wer hat den Viertaktmotor erfunden?
3. Erkundige dich nach der Leistung von Automotoren!
4. Welche Aufgabe hat der Vergaser?
5. Ein Viertaktmotor gibt 1 Std lang eine Leistung von 40 kW ab. Wieviel Kraftstoff verbraucht er dabei? Rechne mit einem Wirkungsgrad von 25 %! Benutze zur Lösung die Tabelle S. 24!

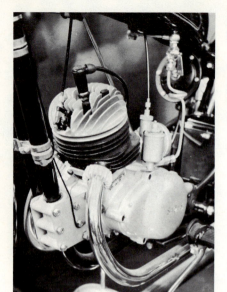

**52.1** Mopedmotor

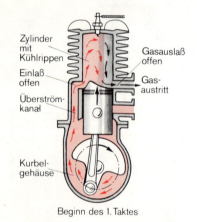

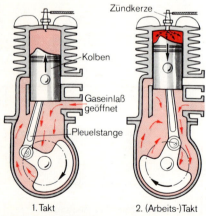

**52.2** So arbeitet der Zweitaktmotor.

### Wä 6.4 Wie arbeitet ein Mopedmotor?

## Der Zweitaktmotor

Schau den Mechanikern in einer Reparaturwerkstatt zu! Vielleicht kannst du beobachten, wie einer von ihnen den Zylinderkopfdeckel eines Automotors abnimmt. Darunter siehst du die Kipphebel, die die Ventile betätigen. Nun paß genau auf, wenn er in gleicher Weise den Zylinder eines Mopedmotors öffnet. Ventile und Kipphebel sind nicht vorhanden! Stattdessen blickt man gleich auf den Kolben. Dieser Motor hat also keine Ventile.

### Die Arbeitsweise des Zweitaktmotors

Beim Zweitaktmotor wird die Aufgabe der Ventile vom Kolben übernommen. Außerdem sind die vier Funktionen des Ansaugens, Verdichtens und Ausstoßens bei ihm auf zwei Kolbenbewegungen (Takte) zusammengedrängt; daher hat er auch seinen Namen.

Im **ersten Takt** bewegt sich der Kolben nach oben. Dabei geschieht zweierlei gleichzeitig: das Gemisch wird über dem Kolben verdichtet, und die Unterseite des Kolbens gibt den Einlaßkanal frei, durch den das verbrennungsfähige Gemisch in das Kurbelgehäuse eintreten kann.

Zu Beginn des **zweiten Taktes** wird das Gemisch gezündet. Es drückt den Kolben nach unten. Kurz bevor er seinen tiefsten Punkt erreicht hat, gibt er erst den **Auslaßkanal** und kurz darauf den **Überströmkanal** frei. Durch den Auslaßkanal verlassen die Verbrennungsgase den Zylinder. Durch den Überströmkanal strömt frisches Kraftstoff-Luft-Gemisch nach, das vorher vom herabgehenden Kolben im Kurbelgehäuse zusammengepreßt wurde. Eine Nase auf dem Kolben sorgt dafür, daß das frische Gemisch nicht unmittelbar durch den Auslaßkanal den Zylinder wieder verläßt.

Eine leichte Vermischung des frischen Gemisches mit den verbrauchten Gasen läßt sich trotzdem nicht ganz vermeiden. Zweitaktmotoren haben deshalb einen kleineren Wirkungsgrad als Viertaktmotoren (etwa 20%). Weil Ventile mit der komplizierten und teuren Ventilsteuerung fehlen, sind sie jedoch billig herzustellen. Zweitaktmotoren werden deshalb überall dort verwendet, wo der Anschaffungspreis niedrig sein muß, der Kraftstoffverbrauch dagegen keine so große Rolle spielt: Motorräder, Mopeds, Rasenmäher und Bootsmotoren.

**Aufgaben:**

1. Beschreibe die Arbeitsweise des Zweitaktmotors! Vergleiche mit dem Viertaktmotor!
2. Welche Aufgabe hat das Kurbelgehäuse beim Zweitaktmotor?

## Wä 6.5 Ein Motor mit rotierendem Kolben

## Der Kreiskolbenmotor

Als man von der Dampfmaschine zur Dampfturbine überging, erzielte man eine große Steigerung des Wirkungsgrades. Das hat viele Ingenieure veranlaßt, auch einen Verbrennungsmotor zu konstruieren, der nur rotierende Bauteile besitzt. Aus diesen Bemühungen ging zunächst die Gasturbine (s. Wä 6.7) hervor. Nach dem zweiten Weltkrieg entwickelte **F. Wankel** in Zusammenarbeit mit einer großen deutschen Firma auch einen Motor mit rotierendem Kolben, den Kreiskolbenmotor **(Wankelmotor).** 1963 fuhr zum ersten Mal ein Auto damit.

53.1 Kreiskolbenmotor (Schnittmodell)

Dieser Motor hat einen dreikantigen **Läufer,** der zwischen den Kanten bogenförmig nach außen gewölbt ist. In seiner großen Mittelbohrung befindet sich ein Innenzahnkranz. Dieser läuft auf einem kleineren Zahnrad ab. Zusammen mit einem Exzenter, der genau in die Mittelbohrung des Läufers paßt, sitzt dieses Zahnrad fest auf der Motorwelle.
Wenn sich die Motorwelle dreimal dreht, dreht sich der Läufer nur einmal. Der Exzenter zwingt ihn dabei zu einer Taumelbewegung, bei der er so geführt wird, daß alle drei Kanten stets dicht an der Wand des ovalen Gehäuses anliegen. Zwischen den Kanten und der Gehäusewand entstehen dabei Hohlräume, deren Volumen sich bei jeder Läuferumdrehung zweimal abwechselnd vergrößert (2, 3, 4 und 8, 9, 10) und verkleinert (5, 6, 7 und 11, 12). Diese Volumenänderungen entsprechen denen im Verbrennungsraum eines Viertaktmotors. Sie werden auch beim Wankelmotor entsprechend genutzt, und zwar zum Ansaugen (2, 3, 4), Verdichten (5, 6, 7), Arbeiten (8, 9, 10) und Ausstoßen (11, 12).
Bei einer Läuferumdrehung erreicht dieser Motor 3 Zündungen, er erzeugt deshalb auf kleinem Raum sehr viel Leistung. Sein Leistungsgewicht ist merklich besser als das eines Viertaktmotors.
Ein größerer Wirkungsgrad als bei Hubkolbenmotoren kann mit ihm aber nicht erreicht werden. Bei allen Verbrennungsmotoren ist eine Steigerung des Wirkungsgrades nur dadurch möglich, daß man das Gasgemisch vor der Zündung stärker verdichtet. Eine beliebig starke Verdichtung lassen aber unsere Kraftstoffe nicht zu. Sie würden sich schon vor dem Erreichen der größten Verdichtung von selbst entzünden. Dann tritt das gefürchtete **Klopfen** oder **Klingeln** ein, das einen Motor in kurzer Zeit zerstört.

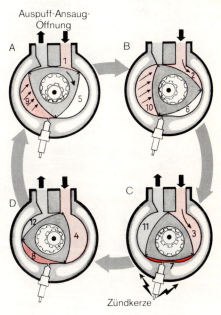

53.2 Arbeitsweise des Kreiskolbenmotors: 1—4 Ansaugen, 5—7 Verdichten, 8—10 Arbeiten, 11—12 Ausschieben

**Merke dir,**

daß sich der Kreiskolbenmotor durch ein günstiges Leistungsgewicht auszeichnet;

daß die Selbstentzündung des Kraftstoffes das gefürchtete Klopfen hervorruft.

**Aufgaben:**

1. Beschreibe die Arbeitsweise des Wankelmotors!
2. Welche Vorteile hat der Wankelmotor gegenüber anderen Verbrennungsmotoren?

## Wä 6.6 Wie arbeitet der Motor eines Lastkraftwagens?

**Der Dieselmotor**

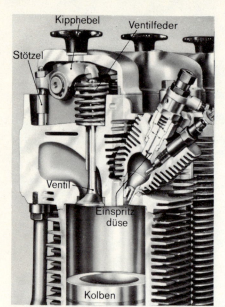

**54.1** Aufgeschnittener Zylinder eines Dieselmotors

**54.2** Dies ist ein kleiner Dieselmotor. Er arbeitet nach dem Zweitaktprinzip.

Suche am Motor eines Lastkraftwagens die Zündkerzen! Du findest keine! Auch einen Vergaser wirst du vergeblich suchen. Der Motor ohne elektrische Zündung und Vergaser wurde 1887 von **Rudolf Diesel** (1858—1913) konstruiert und nach ihm benannt.

Der Dieselmotor saugt reine Luft an. Da sie sich nicht selbst entzünden kann, läßt sie sich viel stärker verdichten (1 : 15 bis 1 : 25) als das Benzin-Luft-Gemisch im Ottomotor (1 : 8 bis 1 : 12). Zu Beginn des Arbeitstaktes wird deshalb eine sehr hohe Temperatur (etwa 600 °C) und ein Druck von 30—50 bar erreicht. In diese stark erhitzte Luft wird durch eine Hochdruckpumpe Brennstoff fein zerstäubt eingespritzt. Bei der hohen Temperatur entzündet er sich von selbst und verbrennt. Die Verbrennungsgase haben einen Druck von 50—100 bar. Der Einspritzvorgang dauert noch an, während der Kolben sich nach unten bewegt. Deshalb bleibt der Arbeitsdruck über einen längeren Kolbenweg gleich groß.

Die **Einspritzpumpe** macht den Vergaser überflüssig. Durch die Selbstentzündung des Kraftstoffs fällt außerdem das Zündsystem fort. Bei manchen Dieselmotoren werden als Starthilfe jedoch elektrisch beheizte Glühkerzen benutzt. Mit ihnen wird der Verbrennungsraum vorgeheizt, um damit die für eine sichere Zündung erforderliche Temperatur zu erreichen.

Wegen der höheren Temperatur zu Beginn des Arbeitstaktes hat der Dieselmotor unter den Verbrennungsmotoren den größten Wirkungsgrad (bei stationären Maschinen 42%). Er nutzt die im Kraftstoff enthaltene Energie am besten aus. Dazu kommt, daß er auch Kraftstoffe mit einem höheren Siedepunkt verbrauchen kann. Solche Dieselöle sind verhältnismäßig billig. Deshalb kostet der Betrieb eines Dieselmotors wesentlich weniger als der anderer Verbrennungsmotoren. Leider muß er wegen der hohen Drücke sehr stabil und schwer gebaut sein. Er wird deshalb in Fahrzeugen eingebaut, bei denen sein hohes Gewicht nicht störend wirkt: Lokomotiven, Schiffe, Traktoren und Lastkraftwagen. Ortsfeste Dieselmotoren werden in der Elektrizitätsversorgung oft zur kurzzeitigen, zusätzlichen Stromerzeugung benutzt (Deckung des Spitzenbedarfs!).

---

**Merke dir,**

daß Dieselmotoren nach dem Selbstzündungsprinzip arbeiten;

daß Dieselmotoren einen großen Wirkungsgrad haben;

daß man sie mit billigen Kraftstoffen betreiben kann;

daß Dieselmotoren schwer sind.

---

**Aufgaben:**

1. Beschreibe die Arbeitsweise des Dieselmotors!
2. Welche Vorteile hat der Dieselmotor gegenüber anderen Verbrennungsmotoren?
3. Hat der Dieselmotor auch Nachteile?
4. In welchen Maschinen und Fahrzeugen werden Dieselmotoren verwendet?

## Wä 6.7 Wie werden Flugzeuge angetrieben?

### Strahltriebwerke

Sieh dich auf einem Flughafen um! Sportflugzeuge haben einen Propeller, der durch einen Ottomotor (s. Wä 6.3) angetrieben wird. Dieser dröhnt wie ein Automotor mit schlechter Schalldämpfung.
Daneben gibt es aber große Flugzeuge, die keine Propeller haben. Laufen ihre Motoren, so vernimmst du einen hohen Pfeifton und ein donnerndes Fauchen. Es kommt von den Triebwerken, die in einem gewaltigen Strahl heiße Gasmassen nach hinten ausstoßen. Man nennt sie **Strahltriebwerke**. Der nach hinten gerichtete Gasstrahl gibt dem Flugzeug einen Schub. Das wollen wir jetzt mit einem einfachen „Strahltriebwerk" probieren:

55.1 Strahltriebwerke am Heck eines Düsenflugzeuges

**V₁** Nach Abb. 55.2 hängen wir einen Fön an etwa 1 m langen Fäden leicht beweglich auf. An der Düse, aus der die Luft austritt, befestigen wir einen Kraftmesser (Meßbereich 0,1 N). Schalten wir den Fön ein, so wird durch die ausgestoßene Luft am Gerät eine Rückstoßkraft erzeugt, die der Kraftmesser anzeigt.

> Aus einer Düse ausströmende Gase erzeugen eine Schubkraft.

Mit dieser Schubkraft, dem „Schub", kann man Flugzeuge antreiben.

### Arbeitsweise der Strahltriebwerke

Die Grundform stellt das **Turbinen-Luftstrahl-Triebwerk** (TL-Triebwerk) dar. Ein Kompressor saugt durch die vordere Öffnung Luft an, verdichtet sie (auf etwa 12 bar) und preßt sie in die Brennkammern, die rund um die Mittelachse angeordnet sind.
Dort wird in die zusammengepreßte Luft Kraftstoff eingespritzt. Er verbrennt. Die entstehende Mischung aus heißen Verbrennungsgasen und Luft tritt mit großer Geschwindigkeit aus den Brennkammern aus. Eine Turbine, die hinter ihnen angeordnet ist, entnimmt dem Gasstrom gerade so viel Energie, wie zum Antrieb des auf ihrer Achse angeordneten Kompressors erforderlich ist.
Der Rest dient der Erzeugung des Schubes. Er beträgt bei den meisten Triebwerken etwa 80 kN. (In den USA in Entwicklung: 200 kN.) Solche TL-Triebwerke haben ein sehr niedriges Leistungsgewicht (0,3 kg/kW). Da der Wirkungsgrad, der im Durchschnitt 15% beträgt, mit der Höhe und der Fluggeschwindigkeit zunimmt, eignen sie sich hervorragend für schnelle Flugzeuge, die in großen Höhen weite Strecken zurücklegen.

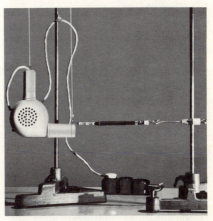

55.2 Die ausströmende Luft erzeugt am Fön eine Kraft, den Schub. Er entsteht durch Rückstoß.

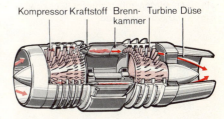

55.3 TL-Triebwerk. Der Vortrieb wird durch den mit großer Geschwindigkeit nach hinten austretenden Luftstrahl bewirkt. Die hinter den Brennkammern angeordnete Turbine soll nicht zu groß sein. Sie darf dem ausströmenden Gas nur so viel Energie entnehmen, wie zum Antrieb des Kompressors erforderlich ist.

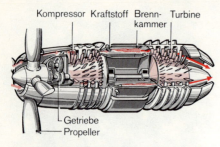

**56.1** PTL-Triebwerk: Der Vortrieb wird hauptsächlich durch den Propeller erzielt. Er wird von der Turbine angetrieben.

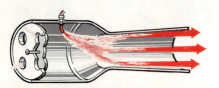

**56.2** Impulstriebwerk: Es erzeugt einen intermittierenden (zeitweilig aussetzenden) Schub.

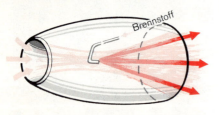

**56.3** Staustrahltriebwerk: Bei großer Geschwindigkeit des Flugkörpers staut sich vorn die Luft und strömt in das Rohr ein. Dort wird Kraftstoff eingespritzt und verbrannt. Durch die Temperaturerhöhung vergrößert sich das Luftvolumen, so daß sie nach hinten mit größerer Geschwindigkeit ausströmen muß.

---

**Merke dir,**

daß Flugzeuge oft von Strahltriebwerken angetrieben werden;

nach welchem Prinzip ein Strahltriebwerk arbeitet;

daß alle Strahltriebwerke zwar einen kleinen Wirkungsgrad, dafür aber ein sehr niedriges Leistungsgewicht haben.

---

Beim **Turboprop-Antrieb** (PTL-Triebwerk) ist die Turbine so groß ausgeführt, daß sie dem Gasstrom fast sämtliche Energie entnimmt. Diese wird einem Propeller zugeführt, der vor dem Triebwerk angeordnet ist. Wegen der hohen Turbinen-Drehzahl kann das nur über ein Untersetzungsgetriebe geschehen. Es sind Versuche unternommen worden, solche **Gasturbinen** auch in Kraftwagen und Schiffe einzubauen.

Besonders einfach gebaut sind die sogenannten **Impulstriebwerke**. Sie haben keine Turbinen und Kompressoren mehr. Die Luft wird vom Fahrtwind durch Klappenventile in den Verbrennungsraum gedrückt. Hier wird Kraftstoff eingespritzt und gezündet. Die durch die Explosion entstehende Druckwelle schließt die Ventile. Der Gasstrom kann nur nach hinten austreten. Dabei erzeugt er einen kurzen, kräftigen Schub, den Impuls. Sobald der Druck in der Brennkammer wieder klein genug geworden ist, öffnen sich erneut die Klappenventile, und frische Luft tritt ein. Dieses Triebwerk findet Verwendung beim Antrieb schneller Flugmodelle.

Noch einfacher ist das **Staustrahltriebwerk**. Es besteht nur aus einem Rohr, das hinten eine etwas größere Öffnung hat als vorn und in das Kraftstoff eingespritzt wird. Es stellt also gewissermaßen eine einzelne große Brennkammer dar. Die Luft wird (wie beim Impulstriebwerk) vom Fahrtwind hineingepreßt. Solche Triebwerke können deshalb nicht im Stand angelassen werden. Man kann aus diesem Grund Flugzeuge auch nicht ausschließlich mit Staustrahl-Triebwerken ausrüsten.

TL-Triebwerke besitzen oft einen **Nachbrenner**. Er läßt sich auffassen als ein Staustrahlrohr, das man hinter dem Haupt-Triebwerk angeordnet hat. In das von diesem ausgestoßene Gasgemisch, das noch viel unverbrauchte Luft enthält, wird im Nachbrenner noch einmal Kraftstoff eingespritzt und verbrannt. Die Geschwindigkeit der ausgestoßenen Gasmassen und der von ihnen erzeugte Schub werden dadurch beträchtlich erhöht (z.B. von etwa 80 kN auf 115 kN oder von 200 kN auf 290 kN).

Staustrahltriebwerke haben einen sehr niedrigen Wirkungsgrad. Beim Einschalten eines Nachbrenners steigt der Schub zwar auf das 1,5fache, der Kraftstoffverbrauch jedoch etwa auf das 8fache. Nachbrenner können also nur kurzzeitig, z.B. beim Start, eingesetzt werden.

**Aufgaben:**

1. Erkläre, wie ein Triebwerk arbeitet!
2. Worin unterscheiden sich TL-Triebwerke von PTL-Triebwerken?
3. Wie arbeitet ein Staustrahltriebwerk?
4. Was ist ein Nachbrenner? Welche Vorteile und welche Nachteile hat er?

## Wä 6.8 Ein Motor für die Weltraumfahrt

### Die Rakete

Sicher hast du im Fernsehen schon gesehen, wie die Astronauten zu ihren Reisen ins Weltall starten. Ihre Raumschiffe überwinden mit gigantischen Raketen das Schwerefeld der Erde.

Die Raketen haben mit den Strahltriebwerken eines gemeinsam: Sie erzeugen ihren Schub ebenfalls mit Hilfe des Rückstoßes. Eines unterscheidet sie aber von allen anderen Wärmekraftmaschinen: Sie führen den zur Verbrennung des Kraftstoffes erforderlichen Sauerstoff mit sich. Alle anderen Motoren entnehmen diesen der Luft ihrer Umgebung. Das hat Vor- und Nachteile. Ein Vorteil ist, daß Raketen auch dort arbeiten, wo in der Umgebung kein Sauerstoff mehr vorhanden ist: im Weltraum. Der Nachteil: Der Sauerstoff beansprucht Raum und erhöht das Gewicht.

Der Raketenmotor selbst ist außerordentlich einfach und leicht. Sein wichtigster Teil ist die **Brennkammer.** In ihr reagieren Brennstoff und Sauerstoff miteinander. Sie ist an einer Stelle offen und geht dort in die sich konisch nach außen erweiternde **Düse** über.

Durch Hochdruckpumpen werden Brennstoff und Sauerstoffträger in die Brennkammer gefördert. Sie entzünden sich dort von selbst. Die Verbrennungsgase erreichen Temperaturen bis 5000 K und Drücke bis 100 bar. Sie treten aus der Düse aus und entspannen sich unter Abkühlung, wobei sehr hohe Ausströmgeschwindigkeiten erreicht werden. Diese hängen ab von der Brennstoff-Sauerstoffträger-Kombination.

| Ausströmgeschwindigkeiten von Raketentreibstoffen | |
|---|---|
| Alkohol + Sauerstoff: | 2050 m/s (4200 m/s) |
| Gasöl + Sauerstoff: | 2500 m/s (4400 m/s) |
| Hydrazin + Distickstofftetroxid: | 2700 m/s (4800 m/s) |
| Wasserstoff + Sauerstoff: | 4000 m/s (5200 m/s) |

Die im leeren Raum auftretenden Ausströmgeschwindigkeiten sind in Klammern geschrieben. Sie sind größer als die in der Atmosphäre gemessenen (Luftdruck = 0!).

Der Weltraum ist das ideale Operationsgebiet der Raketen. Der Schub, den ein Raketenmotor erzeugen kann, ist abhängig von den Ausströmgeschwindigkeiten. Die amerikanische Großrakete „Atlas" erreicht einen Schub von 1,8 MN, die größere „Saturn V" den Schub 33,4 MN.

Während ihr Motor tätig ist, wird eine Rakete ständig beschleunigt. Sie wird dabei immer schneller. Ist der gesamte Treibstoff verbraucht, so hat sie ihre größte Geschwindigkeit erreicht, die **Brennschlußgeschwindigkeit.**

**57.1** Die Mondrakete Saturn V auf dem Weg zum Startplatz. Sie ist insgesamt 111 m hoch und wiegt 27,4 MN.

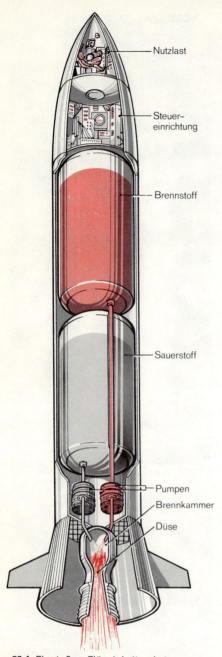

58.1 Einstufige Flüssigkeitsrakete

Raketen müssen leicht gebaut sein, denn leichte werden von einem bestimmten Schub stärker beschleunigt als schwere. Sie sollen aber auch möglichst viel Treibstoff mitnehmen. Je länger die Motoren nämlich arbeiten und die Rakete beschleunigen, um so größer wird die Brennschlußgeschwindigkeit. Das Gewicht der betankten Rakete soll also möglichst groß, das der leeren möglichst klein sein. Durch einen ausgeklügelten Leichtbau erreicht man heute ein **Massenverhältnis** von 1:10. Das heißt: Eine Rakete mit einem Startgewicht von 100 t wiegt leer nur 10 t, sie führt also 90 t Treibstoff mit.

Die von einer einfachen Rakete erreichbare Brennschlußgeschwindigkeit würde nicht ausreichen, größere Lasten in den Weltraum zu bringen. Man wendet deshalb das sogenannte **Stufenprinzip** an: Eine kleine Rakete wird als Nutzlast auf eine wesentlich größere gesetzt. Ist die erste Stufe ausgebrannt, so wird sie abgetrennt. Die kleine Rakete fliegt allein weiter; da sie vom Ballast der großen befreit ist, kann sie mit kleinem Treibstoffvorrat große Endgeschwindigkeiten erreichen.
In der Weltraumfahrt wendet man im allgemeinen dreistufige Raketen an. Damit erreicht man bei der „Atlas" eine Brennschlußgeschwindigkeit von etwa 28000 km/h und bei der „Saturn V" 42000 km/h.

Viel einfacher als die **Flüssigkeitsraketen** sind die **Feststoffraketen**. Schon vor 600 Jahren sollen die Chinesen sie als Waffen verwendet haben. Später stellten auch die europäischen Mächte Raketencorps auf. (Im Jahre 1807 wurde z.B. Kopenhagen von den Engländern mit Raketen in Brand geschossen.) Raketen dienen aber auch friedlichen Zwecken. Seit etwa 200 Jahren schießt man mit ihnen Verbindungsleinen zu havarierten Schiffen. Es handelte sich dabei immer um Schwarzpulverraketen, wie wir sie heute noch als Feuerwerkskörper verwenden. Erst vor einigen Jahren ist es gelungen, energiereichere Festkörpertreibstoffe zu entwickeln, z.B. Polyester und Polyurethane, die mit Ammoniumperchlorat und Aluminiumpulver vermischt werden. Mit ihnen erreicht man Ausströmungsgeschwindigkeiten von 2400 m/s. Gegenüber den Flüssigkeitsraketen haben sie einen großen Nachteil: Man kann ihren Motor nicht nach Belieben ausschalten und wieder einschalten. Als Weltraumfahrzeuge sind sie deshalb ungeeignet. Sie werden aber als Kampfraketen verwendet. Dafür eignen sie sich gut, weil sie stets startbereit sind.

**Merke dir,**

wie ein Raketenmotor arbeitet;

daß ein Rakentenmotor auch im Weltraum als Antrieb dienen kann.

**Aufgaben:**

1. Beschreibe, wie eine Rakete arbeitet!
2. Welche Stoffe muß eine Flüssigkeitsrakete mitführen?
3. Erkläre das Stufenprinzip?
4. Wo verwendet man Flüssigkeitsraketen?
5. Wo verwendet man Feststoffraketen?

# Wä 7 Wetterkunde

## Wä 7.1 Was zeigt uns die Wetterkarte?

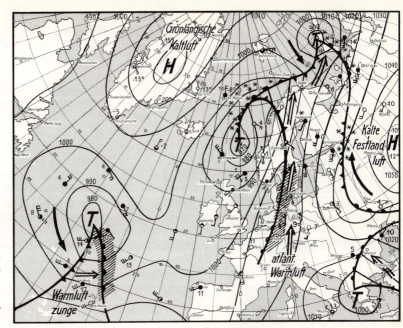

**59.1** Wetterkarte
Zeichenerklärung:
○ wolkenlos, ◐ heiter, ◑ halb bedeckt, ◕ wolkig, ● bedeckt, ≡ Nebel, ⁹ Nieseln, • Regen, ✱ Schnee, ▽ Schauer, ⌐ Gewitter. Ein- oder zweistellige Zahlen: Lufttemperatur.
▨ Niederschlagsgebiet,
▲▲▲ Kaltfront, ●●● Warmfront

Jeden Abend erfahren wir im Fernsehen, welches Wetter wir am folgenden Tag zu erwarten haben. Dabei wird immer eine **Wetterkarte** gezeigt. Es ist die vereinfachte Form der großen Wetterkarte, die im **Wetteramt** benutzt wird. Ein verkleinertes Bild davon siehst du in Abb. 59.1.
Auf einer solchen Karte fallen uns große, in sich geschlossene Linien auf. Es sind **Isobaren**, d. h. Linien, die Orte mit gleichem **Luftdruck** untereinander verbinden. Umschließen die Isobaren ein Gebiet mit hohem Druck, so sprechen wir von einem Hochdruckgebiet oder kurz von einem **Hoch**, im umgekehrten Falle von einem **Tief**. Beide werden mit entsprechenden großen Buchstaben gekennzeichnet. Ein Tiefdruckgebiet (**Zyklone**) enthält immer eine **Kalt-** und eine **Warmfront**.
Unsere Wetterkarten geben das in einem bestimmten Augenblick über Europa und dem Nordatlantik herrschende Wetter an. Weil es sich ändert, müssen sie ständig neu gezeichnet werden. Die Wetterämter sammeln dazu Meßwerte von den in ihrem Bereich liegenden **Wetterstationen**. Sie tauschen die Meßergebnisse durch Funk oder Fernschreiber untereinander aus und zeichnen danach mehrmals täglich neue Wetterkarten.

**59.2** Wetterstation auf einem Flugplatz

**Merke dir,**

daß man zur Wettervorhersage eine Wetterkarte braucht;

daß Isobaren Orte gleichen Luftdrucks verbinden;

was man unter einem Hoch und einem Tief versteht;

daß jedes Tief eine Warmfront und eine Kaltfront enthält.

**Aufgabe:**

Suche auf der Wetterkarte deinen Heimatort!
Welcher Luftdruck herrscht dort?
Welche Temperatur wurde gemessen?
Welche Windrichtung und welche Windstärke wurden gemessen?

**60.1** Wetterstation

**60.2** Start eines Wetterballons: Unterhalb des Ballons der Radarreflektor; der Mann rechts hält Meßgeräte und Sender.

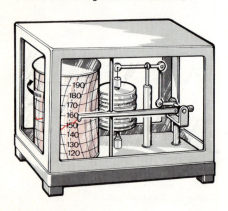

**60.3** Barograph

### Wä 7.2 Was wird in einer Wetterstation gemessen?

**Die Wetterelemente**

Bild 60.1 zeigt dir eine der vielen, über die ganze Welt verteilten Wetterstationen. Hier werden die **Wetterelemente** gemessen: Luftdruck, -temperatur, -feuchtigkeit, -bewegung, Bewölkung und Niederschläge.

Die Wetterstationen können nur die Werte am Erdboden messen. Das Wetter spielt sich jedoch in einer Luftschicht ab, die etwa 12 km hoch ist: in der **Troposphäre**. (Die darüberliegende **Stratosphäre** beeinflußt es nur wenig.) Meßwerte aus der gesamten Troposphäre sind unentbehrlich. Um auch in größeren Höhen Messungen vornehmen zu können, werden in regelmäßigen Abständen Wettererkundungsflüge mit Flugzeugen durchgeführt. Außerdem lassen die Wetterämter mit Meßinstrumenten und Sendern ausgerüstete Ballons (Radiosonden) aufsteigen. Auch **Wettersatelliten** helfen bei der Beobachtung der Lufthülle.

### Der Luftdruck

Er beträgt in Meereshöhe im Mittel 1013 Millibar. Er nimmt nach oben ab, und zwar in Erdnähe um etwa 1 mbar auf je 8 m. An jedem Ort können wir ständig Luftdruckschwankungen messen. Aus der Verteilung des Luftdrucks auf der Erdoberfläche und aus seiner zeitlichen Veränderung kann man Schlüsse ziehen, die bei der Beurteilung des zu erwartenden Wetters eine wichtige Rolle spielen.

Man mißt den Luftdruck mit **Quecksilberbarometern,** verwendet aber auch **Barographen,** die über einen längeren Zeitraum jede Schwankung des Luftdrucks aufzeichnen.

### Die Temperatur der Luft

Sie ändert sich hauptsächlich infolge der schwankenden Sonneneinstrahlung. (Einstrahlungswinkel, Bestrahlungsdauer, Absorption durch Wolken und Nebel). Die Sonnenstrahlen erwärmen die Luft nicht unmittelbar, sondern zunächst den Erdboden. Deshalb beobachten wir in Bodennähe die höchste Temperatur. Mit zunehmender Höhe sinkt sie, und zwar im Mittel um 0,65 K je 100 m. In 10 km Höhe beträgt sie nur etwa $-55\,°C$.

### Die Luftfeuchtigkeit

Luft nimmt durch Verdunstung aus offenen Gewässern, von Pflanzen und aus dem Erdboden Wasser auf. Es ist dann gasförmig und unsichtbar in ihr enthalten. Die Wassermenge (gemessen in g), die in 1 m³ Luft jeweils enthalten ist, nennt man **absolute Luftfeuchtigkeit.**

Luft kann nicht beliebig viel Wasser aufnehmen. Die Höchstmenge, die sie enthalten kann, heißt **Sättigungsmenge**. Diese ist von der Temperatur abhängig. Die Abb. 61.1 zeigt ihre Zunahme mit der Temperatur.

Meist ist die Luft nicht **gesättigt**. Ist ihre absolute Luftfeuchtigkeit z.B. nur halb so groß wie die Sättigungsmenge, so sagt man, sie habe eine **relative Feuchtigkeit** von 50%. Die relative Feuchte unterliegt starken tages- und jahreszeitlichen Schwankungen und beträgt bei uns im Jahresdurchschnitt 77%. Man kann sie mit einem **Haarhygrometer** messen (Abb. 62.2). Dabei wird die Erscheinung ausgenutzt, daß fettfreies Haar leicht Feuchtigkeit aufnimmt und dabei länger wird.

Kühlen wir Luft ab, so nimmt ihre relative Feuchte zu. (Die Sättigungsmenge wird kleiner, die absolute Feuchtigkeit aber nicht!) Schließlich beträgt die relative Feuchtigkeit 100%. Sinkt die Temperatur noch weiter, so kondensiert der über die jeweilige Sättigungsmenge hinaus vorhandene Wasserdampf. Es bildet sich **Nebel, Tau** oder **Reif**.

Der Temperaturpunkt, an dem bei Abkühlung erstmalig Nebel- oder Taubildung auftritt, heißt **Taupunkt**. (Bei einem Wasserdampfgehalt von 8,7 g/m³ liegt er z.B. bei 9°C.)

Den Temperaturunterschied zwischen der Außentemperatur und dem Taupunkt nennt man **Taupunktdifferenz**. Aus ihr kann der Meteorologe (Meteorologie = Wissenschaft vom Wetter) die relative und die absolute Luftfeuchtigkeit berechnen.

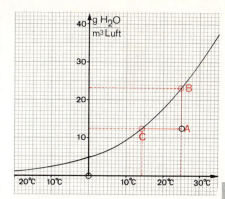

**61.1** Sättigungsmenge in Abhängigkeit von der Temperatur. Diese Kurve gibt dir an, wieviel Gramm Wasser sich bei den verschiedenen Temperaturen jeweils in 1 m³ Luft auflösen können. Betrachten wir einmal eine Luftmasse, die eine Temperatur von 25°C und eine absolute Feuchtigkeit von 12 g/m³ besitzt (Punkt A). Die zu dieser Temperatur gehörige Sättigungsmenge ist 23 g/m³ (Punkt B). Ihre relative Feuchtigkeit ist dann 12/23 = 52%. Würden wir sie abkühlen (A→C), so würde bei 14°C (Punkt C) die Kondensation beginnen: Ihr Taupunkt läge also bei 14°C. Die Taupunktdifferenz betrüge dann 11 K.

### Nebel, Tau und Reif

**Nebel** bildet sich, wenn die Luft als Ganzes unter den Taupunkt abgekühlt wird. **Tau** ohne gleichzeitige Nebelbildung entsteht in klaren Nächten, wenn die Temperatur des Erdbodens durch Wärmeabstrahlung in den Weltraum besonders stark sinkt. Die unmittelbar über dem Boden lagernde Luft gibt ihre überschüssige Feuchtigkeit ab. Diese schlägt sich als Tau an kalten Fahrzeugen, Pflanzen und Bauwerken nieder. **Reif** entsteht dabei, wenn der Taupunkt unter 0°C liegt.

### Der Wind

**Wind** entsteht dadurch, daß die Luft aus Gebieten mit hohem im Gebiete mit niedrigem Druck strömt. Örtlich begrenzte **Windsysteme** können auch durch eine ungleichmäßige Erwärmung der Luft entstehen. Wird Luft an einem bestimmten Ort stärker erwärmt als in der Umgebung, so dehnt sie sich hier aus und steigt in die Höhe. Am Erdboden strömt schwere Kaltluft von allen Seiten zu. Besonders gut läßt sich diese Luftzirkulation bei schönem Sommerwetter an Meeresküsten beobachten (Abb. 61.2). Tagsüber ist das Land wärmer als das Wasser: Es weht ein **kühler Seewind**. Nachts kehrt sich durch die raschere Abkühlung des Landes die Windrichtung um: Man beobachtet **Landwind**. Eine ähnliche Erscheinung tritt auch als Berg- und Talwind im Gebirge auf.

**61.2** Bei schönem Wetter herrscht an der Küste tagsüber Seewind, nachts Landwind.

**62.1** Über Feldern erwärmt sich die Luft schneller als über Wäldern und Seen. Sie dehnt sich aus und steigt empor. Dabei kühlt sie sich ab. Der in ihr enthaltene Wasserdampf kondensiert; es bilden sich Wolken. Die freiwerdende Kondensationswärme verstärkt den Vorgang.

**Wolken und Niederschläge** bilden sich, wenn große Luftmassen gleichzeitig abgekühlt werden. Das geschieht, wenn Luft aufsteigt und sich wegen des in großen Höhen herrschenden geringeren Drucks ausdehnt. Wir stellen diese Bedingungen künstlich her:

$V_1$ Ein großer Kolben wird wenige cm hoch mit Wasser gefüllt und mit einem Stopfen verschlossen, durch den ein Hahnrohr führt. Man bläst Tabakrauch (Kondensationskerne! Siehe Wä 4.4!) unter Druck ein, schließt den Hahn und schüttelt. Nach einiger Zeit ist die Luft im Kolben mit Wasserdampf gesättigt. Jetzt öffnet man den Hahn. Die komprimierte Luft dehnt sich aus und kühlt sich dabei ab. Es entsteht dichter Nebel im Kolben.

In aufsteigenden warmen Luftmassen bilden sich **Haufen-** oder **Kumuluswolken.** Sie entstehen im Sommer besonders über Gelände mit wechselnder Oberflächenbeschaffenheit (Feld- und Waldgebiete), da sich die Luft über dem Wald langsamer erwärmt als über freiem Feld oder über Ortschaften. Die heiße Luft steigt empor und kühlt sich infolge der durch die Druckabnahme bedingten Expansion ab. Schließlich kondensiert der in ihr enthaltene Wasserdampf in Form von Wolken. Dadurch wird die Kondensationswärme frei. Sie heizt die Luft zusätzlich auf und beschleunigt ihre Aufwärtsbewegung erheblich. Die Wolken quellen auf. Flugzeuge müssen den Kern des Quellgebietes wegen der starken Aufwärtsströmungen unbedingt meiden.

Die Wolken in diesen Gebieten laden sich oft sehr stark elektrisch auf. Bei der Entladung entstehen Blitz und Donner. Wir sprechen dann von einem **Wärmegewitter.**

Ebenso bilden sich Wolken, wenn warme Luft an den Hängen von Gebirgen zum **Aufgleiten** gezwungen wird. Dabei verliert sie ihre Feuchtigkeit durch Ausregnen. Strömt die Luft am rückwärtigen Gebirgshang wieder herab, so erhöht sich ihre Temperatur. Ihre relative Feuchte sinkt beträchtlich. Auf diese Weise entsteht der **Föhn**, ein warmer, trockener Fallwind im Gebirge.

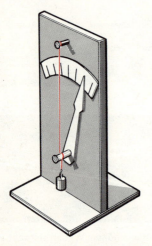

**62.2** So kannst du dir ein Hygrometer basteln.

**Aufgaben:**

1. Erkläre das Beschlagen der Fensterscheiben des geheizten Zimmers bei niedrigen Außentemperaturen!
2. Warum beschlagen im Sommer Gläser, die mit eisgekühlten Getränken gefüllt sind?
3. Warum sieht man den eigenen Atem im Winter als Nebel?
4. Warum regnet es in Deutschland auf der Westseite von Gebirgen häufiger als auf der Ostseite? (Regenschatten!)
5. Warum ist Südwind in Bayern immer auch Föhnwind?
6. Fertige dir nach Abb. 62.2 ein Hygrometer an! Beobachte es längere Zeit!

## Wä 7.3 Wie lesen wir eine Wetterkarte?

### Die Wettervorhersage

Nachdem im Wetteramt die Wetterkarte gezeichnet worden ist, muß der Meteorologe (Meteorologie = Wissenschaft vom Wetter) versuchen, das Wetter für den folgenden Tag vorauszusagen. Dabei helfen ihm seine Kenntnisse über die großräumigen Bewegungen der verschiedenen Luftmassen.

**63.1** Tiefdruckgebiet (Wolkenwirbel), von einem Wettersatelliten aus fotografiert

### Die Luftströmungen auf der Erde

In der Nähe des Äquators wird die Luft stark erwärmt. Sie steigt empor, strömt in größeren Höhen nach Norden und Süden und sinkt nach einigen hundert Kilometern wieder herab. In Bodennähe strömt sie dann zum Äquator zurück, wobei sie durch die Drehung der Erde nach Westen abgelenkt wird. Den dadurch entstehenden Wind nennt man **Passat**.
Über den Polen wird die Luft abgekühlt und sinkt zu Boden. Sie strömt ein paar hundert Kilometer äquatorwärts, steigt dann auf und strömt in großen Höhen wieder zurück.
Zwischen den großen geschlossenen Luftströmungen über dem Äquator und den Polen bildet sich eine dritte aus (Abb. 63.2). Sie hat für uns die größte Bedeutung, denn sie bringt **subtropische Warmluft** in unsere Breiten, wo sie sich mit der von Norden kommenden **polaren Kaltluft** mischt.

### Hoch- und Tiefdruckgebiete

Auf der nördlichen Halbkugel der Erde werden alle Bewegungen durch die Erddrehung nach rechts abgelenkt. Die Luftmassen können deshalb nicht direkt von einem Hochdruckgebiet ins Tiefdruckgebiet fließen. Durch die Rechtsablenkung umströmen sie das Hoch im Uhrzeigersinn und das Tief in der entgegengesetzten Drehrichtung. Dabei bewegen sie sich fast parallel zu den Isobaren und gelangen nur nach und nach zum Zentrum des Tiefs.
Es entstehen also riesengroße Wirbel, in denen sich die aus dem polaren Hochdruckgebiet stammende Kaltluft mit der aus dem subtropischen Hochdruckgürtel stammenden Warmluft mischt. Jedes Tiefdruckgebiet ist das Zentrum eines solchen Vermischungswirbels. Da, wo in ihm die warme Luft gegen kalte vordringt, bildet sich eine **Warmfront** aus, wo kalte gegen warme Luft vordringt, eine **Kaltfront**.
Das Zentrum des Tiefs liegt nicht fest, sondern driftet regellos hin und her. Es hat jedoch die Hauptbewegungsrichtung von West nach Ost. Sind die in jedem Tiefdruckgebiet umeinanderwirbelnden beiden Luftmassen genügend durchmischt, so löst sich das Tief auf.
Die recht unterschiedlichen Wettererscheinungen an den beweglichen Fronten und die **Drift** der Tiefdruckgebiete rufen das für unsere Breiten typische, schnell wechselnde Wetter hervor.

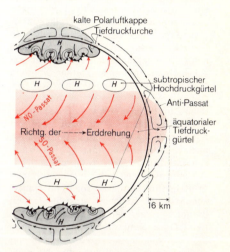

**63.2** Verteilung der großräumigen Luftströmungen und der Hoch- und Tiefdruckgebiete auf der Erde

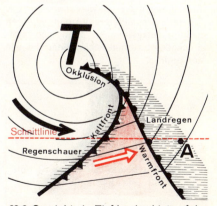

**63.3** So sieht ein Tiefdruckgebiet auf der Wetterkarte aus. Der Querschnitt durch den Rand des Tiefs ist in Abb. 64.1 wiedergegeben.

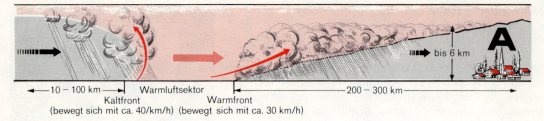

←—10 – 100 km—→ Warmluftsektor ←—200 – 300 km—→
Kaltfront             Warmfront
(bewegt sich mit ca. 40/km/h) (bewegt sich mit ca. 30 km/h)

**64.1** Querschnitt durch den Rand eines Tiefdruckgebietes

**Was geschieht an einem Ort,** über den ein Tiefdruckgebiet hinwegzieht? (In Abb. 64.1 ganz rechts bei A.) Lange vor dem Durchgang der Warmfront bilden sich in großer Höhe feine Wolken (**Cirruswolken**). Die Wolkenschicht wird nach und nach dicker und die Wolkenuntergrenze niedriger. Wir sprechen dann von **Schicht- oder Stratuswolken.** Bald fängt es gleichmäßig an zu regnen; erst schwach, dann immer stärker werdend (**Landregen**). Das dauert viele Stunden. Dabei sinkt der Luftdruck ständig.
Beim Durchgang der Warmfront steigt die Temperatur plötzlich um einige grd, der Wind ändert seine Richtung um etwa 30° nach rechts, die Niederschläge hören auf. Der Luftdruck hat beim Durchgang der Warmfront seinen tiefsten Wert erreicht. Er steigt nun langsam an. Beim Näherkommen der Kaltfront sinkt er jedoch wieder.
Beim Durchgang der Kaltfront wird es plötzlich wieder kälter, die Windrichtung springt noch einmal um etwa 30° nach rechts. Es fallen **schauerartige Niederschläge**, die jedoch nur wenige Stunden anhalten. Der Luftdruck steigt nach dem Durchgang der Front wieder an.
Die hier geschilderten Vorgänge laufen nicht gesetzmäßig ab, denn kein Tiefdruckgebiet verhält sich genau so wie das andere.

**Wettererscheinungen an den Fronten**

Abb. 64.1 zeigt dir einen Schnitt durch ein Tiefdruckgebiet. Die warme Luft ist rot getönt, die kalte grau. Alle drei Luftmassen wandern langsam nach rechts. Die Pfeile geben dir ein ungefähres Maß für ihre Geschwindigkeit.
**Warmfront:** Warme Luft ist leicht. Dort, wo sie gegen kalte Luft vordringt, bleibt diese am Boden liegen. Die warme Luft gleitet keilförmig darüber (in Abb. 64.1, rechts). Dabei wird sie angehoben und kühlt sich ab. Das in ihr enthaltene Wasser kondensiert und fällt als Regen aus. Die **Aufgleitfläche** überlappt die Kaltluft um 200 bis 300 km. Die dabei entstehende Bewölkung ist meist bis 6 km hoch.
**Warmluftsektor:** Die Temperatur liegt im Warmluftsektor durchschnittlich 4 K höher als in den Kaltluftmassen. Die Luft ist jedoch sehr dunstig.
**Kaltfront:** Weil kalte Luft schwer ist, dringt sie wie eine Walze vor (in Abb. 64.1, links). Die von ihr verdrängte Warmluft wird längs der Front emporgerissen. Dort entstehen schauerartige Regenfälle, manchmal auch Hagel oder Graupeln. Im Sommer bilden sich oft Gewitter: **Frontgewitter.** Hinter einer Kaltfront haben wir kalte und sehr klare Luft. Sichtweiten von 50—100 km sind keine Seltenheit.
**Okklusion:** Da die Kaltfront schneller wandert als die Warmfront, holt sie diese im Zentrum des Tiefs bald ein: Es entsteht eine **Okklusion.** In ihr reicht die Warmluft nicht mehr zum Boden herab, Niederschläge entstehen noch, sind aber nicht mehr so deutlich als Landregen oder Schauer zu unterscheiden.

---

**Merke dir,**

daß großräumige Luftströmungen unser Wetter bestimmen;

daß sich in einem Tief polare Kaltluft und subtropische Warmluft mischen;

welche charakteristischen Wettererscheinungen an den Fronten entstehen.

---

**Aufgaben:**

1. Wie entstehen die großräumigen Luftbewegungen auf der Erde?
2. Was ist eine Warmfront?
3. Was ist eine Kaltfront?
4. Welche Wettererscheinungen beobachten wir an den Fronten?
5. Was ist eine Okklusion?

# AKUSTIK (Lehre vom Schall)

## Ak 1  Erzeugung und Ausbreitung von Schall

Du kennst viele Schallerreger (Schallquellen, Schallsender). Ihre wichtigste gemeinsame Eigenschaft ergibt sich aus folgendem Versuch:

**V₁** Befühle eine tönende Fahrradglocke. Du hörst den Ton nur, solange die Glockenschale vibriert. Ähnliches beobachtest du auch an anderen Schallquellen: Sie schwingen und erzeugen dadurch Schall.

Um die akustischen Erscheinungen verstehen zu lernen, müssen wir zunächst schwingende Körper untersuchen.

1.1 Nur solange die Glockenschale schwingt, haben wir eine Schallempfindung.

### Ak 1.1  Warum schwingt eine Schaukel hin und her?

**Die Schwingbewegung**

Eine sehr einfache Schwingbewegung ist die des sogenannten Pendels, z.B. der Schaukel in Abb. 1.2. Das Sitzbrett mit dem Kind, der Pendelkörper (Schwinger), befindet sich zunächst in der Ruhelage 0.

**V₂** Wir ziehen ihn nach rechts und spüren hierbei eine zunehmende **Rückstellkraft**. Sie möchte den Schwinger zur Ruhelage zurücktreiben und entsteht durch den Hangabtrieb längs der kreisförmigen Bahn.

In Stellung 1 lassen wir los. Infolge der Rückstellkraft wird der Pendelkörper zur Ruhelage hin beschleunigt. Dort hat er dann seine größte Geschwindigkeit. Deshalb schießt er mit Schwung über die Ruhelage hinaus und steigt auf der linken Seite empor. Hier wirkt der Hangabtrieb gegen die Bewegung und bremst. In Stellung 2 kommt der Pendelkörper deshalb einen Augenblick zur Ruhe. Dann kehrt er um, und der Bewegungsablauf wiederholt sich in entgegengesetzter Richtung. Wenn die Schaukel in Stellung 3 zurückgekehrt ist, hat sie 1 **Schwingung** vollendet. (Warum folgen dieser ersten Schwingung weitere?)

1.2 Schwingende Schaukel; der rote Kurvenzug zeigt eine Periode der Schwingung.

**V₃** Ähnlich wie ein Pendel schwingt das Wägestück in Abb. 1.3 nach einem Anstoß auf und ab. Hier bewirkt eine Feder die Rückstellkraft. Beschreibe die einzelnen Abschnitte (Phasen) auch dieser Schwingung!

> Ein Körper führt nach Anstoß Schwingungen aus, wenn auf ihn eine Rückstellkraft wirkt.

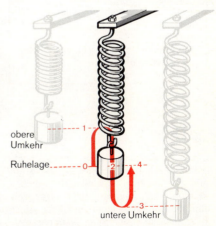

1.3 Federschwinger. Wo befindet sich die Ruhelage? Wodurch entsteht die Rückstellkraft?

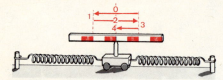

**2.1** Dieser Schwinger führt gedämpfte Schwingungen aus. Die Dämpfung entsteht durch Reibung auf der Unterlage.

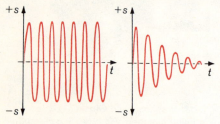

**2.2** Darstellung des zeitlichen Verlaufs einer ungedämpften (links) und einer gedämpften Schwingung (rechts). Es steht nebeneinander, was der Schwinger nacheinander ausführt.

---

**Merke dir,**

daß Körper dann zu Schwingungen angeregt werden können, wenn auf sie eine Rückstellkraft wirkt;

wie Schwingungsdauer und Frequenz zusammenhängen;

wovon die Schwingungsdauer abhängt;

wodurch die Dämpfung einer Schwingung zustande kommt.

---

**Aufgaben:**

1. Ein Pendelkörper geht gerade nach rechts durch seine Ruhelage. Diese erreicht er nach 1,5 s wieder. In welcher Richtung schwingt er jetzt? Wie groß sind Schwingungsdauer und Frequenz?
2. Welche Energieformen wandeln sich bei der Schaukel ineinander um?
3. Welche Kraft treibt die Schwinger in Abb. 1.2 und 1.3 in die Ruhelage zurück?

## Wie mißt man Schwingungsdauer und Frequenz?

Die Zeit, die ein Körper für 1 Schwingung braucht, heißt **Schwingungsdauer T**. Sie verstreicht, während der Schwinger eine Periode durchläuft.

**V₄** Bestimme die Zeit $T$ für den Schwinger in Abb. 3, indem du zunächst 20 Schwingungen abstoppst! Oft gibt man statt der Schwingungsdauer die Zahl der Schwingungen je Sekunde an, die **Frequenz** $f$:
Ist z.B. die Schwingungsdauer $T = 0{,}25$ s, so schwingt der Körper mit der Frequenz

$$f = \frac{1}{0{,}25 \text{ s}} = 4 \frac{\text{Schwingungen}}{\text{Sekunde}}.$$

Die Frequenzeinheit „1 Schwingung je s" heißt auch 1 **Hertz** (Hz) zu Ehren des deutschen Forschers Heinrich Hertz (1857–1894). Es gilt also:

$$f = \frac{1}{T}; \quad 1 \text{ Hz} = \frac{1 \text{ Schwingung}}{\text{Sekunde}} = \frac{1}{\text{s}}.$$

## Wovon hängt die Frequenz einer Schwingbewegung ab?

Als Schwingungsweite (= **Amplitude**) bezeichnet man die größte Auslenkung des Schwingers aus der Ruhelage. Sie läßt sich durch den ersten Anstoß einstellen.

**V₅** Wir ermitteln Schwingungsdauer und Frequenz des Schwingers in Abb. 1.3 für verschiedene Amplituden. Beide Größen sind unverändert gleich, weil der Körper bei größerer Amplitude auch schneller wird.

Pendel und Federschwinger schwingen in einer bestimmten Frequenz, der Eigenfrequenz.

Die **Eigenfrequenz** hängt ab von der Größe der schwingenden Masse und von der Federhärte, beim Pendel jedoch nur von der Länge des Aufhängefadens.

## Gedämpfte Schwingungen

Die Amplitude einer Schaukel, die sich selbst überlassen bleibt, nimmt im Lauf der Zeit ab. Man sagt, ihre Schwingung sei gedämpft.

**V₆** Beim Federschwinger in Abb. 2.1 erfolgt die Amplitudenabnahme rascher. Er erfährt eine größere **Dämpfung**, weil er auf dem Tisch reibt. Dem schwingenden Körper wird Energie entnommen und beim Verrichten von Reibungsarbeit in Wärme verwandelt.

## Ak 1.2 Wann erzeugen schwingende Körper Töne?

**Tonhöhe**
**Hörbereich**

Unsere schwingenden Körper erzeugten bisher keine Töne. Durch welche Veränderungen können wir sie dazu bringen?

**V₁** Wir zupfen eine eingespannte Stricknadel an. Sie schwingt, gibt aber keinen Ton. Wir fassen sie kürzer und erhöhen dadurch die Schwingfrequenz. Nun läßt sich ein tiefer Ton vernehmen. Er wird höher, wenn wir die Nadel weiter verkürzen und erneut anstoßen:

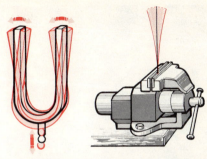

3.1 So schwingen Stricknadel und Stimmgabel.

> Die Tonhöhe steigt mit der Schwingfrequenz.

**V₂** Die sehr rasche Schwingung einer angeschlagenen Stimmgabel können wir nicht mehr mit dem Auge verfolgen. Ihre schwingenden Enden stoßen aber ein Pendelchen weg.

**V₃** Ein an die Zinke angeklebtes Stück Draht zeichnet die Schwingungen auf, wenn man die Stimmgabel gleichförmig über eine berußte Glasplatte zieht (Abb. 3.2). Die Schwingungen der Gabel erweisen sich als außerordentlich regelmäßig. Solche regelmäßigen Schwingungen erzeugen eine besondere Art von Schall, sogenannte **Töne**.

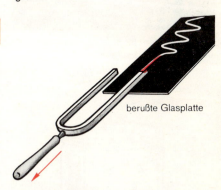

berußte Glasplatte

3.2 Die Schwingungen einer Stimmgabel erweisen sich als absolut regelmäßig.

> Töne entstehen durch regelmäßige Schwingungen.

## Der Hörbereich

**V₄** Ein Tonfrequenzgenerator bringt einen Lautsprecher zum Schwingen. Wir verändern die Frequenz kontinuierlich von 10 Hz bis auf 20000 Hz.

Bei sehr langsamem Schwingen der Lautsprechermembran hören wir nichts. Erst bei Frequenzen um 20 Hz spricht unser Ohr an. Dort ist die **untere Hörgrenze** überschritten, und wir empfinden einen tiefen Ton. Bei weiterer Frequenzvergrößerung stellen wir fest, daß die Töne höher werden. Wir befinden uns jetzt im **Hörbereich**. Dieser endet etwa bei 16000 Hz. Darüber setzt unser Gehörsinn aus, obwohl die Lautsprechermembran noch schwingt (Betaste sie!). Wir befinden uns jetzt oberhalb der **oberen Hörgrenze**. Diese liegt bei Erwachsenen tiefer als bei Kindern. Kinder hören deshalb oft den Pfeifton eines Fernsehgeräts (15625 Hz), Erwachsene nicht. Manche Tiere (Fledermäuse, Hunde, Katzen und Vögel) können Frequenzen jenseits der menschlichen Hörgrenze, sogenannten **Ultraschall**, wahrnehmen.

> Unser Ohr kann Tonfrequenzen im Bereich zwischen 16 Hz und 16000 Hz wahrnehmen.

**Merke dir,**

Töne entstehen durch regelmäßige Schwingungen von Körpern;

den Umfang des Tonfrequenzbereichs: **16 Hz bis 16000 Hz**;

was Ultraschall ist.

**Aufgaben:**

1. Beschreibe eine Stimmgabelschwingung! Vergleiche sie mit der Schwingung einer Blattfeder!
2. Befühle die Membran eines Lautsprechers. Wie erfolgen die Schwingungen bei einem tiefen Ton, wie bei einem hohen?
3. Bei welchen Frequenzen liegen etwa die Hörgrenzen des Menschen?

4.1 Die ersten Mondfahrer mußten sich über Funk verständigen.

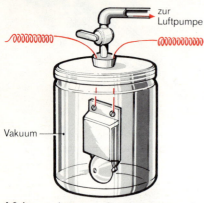

4.2 Im evakuierten Glas hört man die Klingel nicht, der Schallträger Luft fehlt.

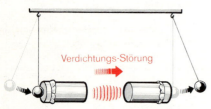

4.3 Ausbreitung einer Verdichtungsstörung in einer Röhre

**Merke dir,**

daß Schall sich in Luft durch aufeinanderfolgende Luftverdichtungen und Luftverdünnungen ausbreitet;

daß zwischen Schallquelle und Schallempfänger ein Schallträger vorhanden sein muß.

**Ak 1.3 Warum können sich Mondfahrer nicht durch akustische Signale verständigen?**

### Schallausbreitung
### Schallwelle

Die Astronauten müssen sich im Weltall und auf dem Mond durch Funk verständigen. Die Ursache wollen wir durch einen Versuch ermitteln.

$V_1$ Wir pumpen aus dem Glas der in Abb. 4.2 dargestellten Versuchsanordnung möglichst viel Luft heraus. Dann schalten wir die elektrische Klingel ein. Sie ist kaum zu hören. Erst wenn wir die Luft wieder einströmen lassen, wird der Glockenton laut hörbar.

Der Schall braucht, um an unser Ohr zu kommen, die Luft als Zwischenträger. Er breitet sich von der Schallquelle in **allen Richtungen** aus. Deshalb hören wir die Glocke unterbrochen läuten, wenn wir um sie herumgehen.

> Schall braucht einen Träger.

Dieser Schallträger fehlt im leeren Weltraum. Deshalb können sich die Astronauten nicht akustisch verständigen.

**Wie erfolgt die Schallausbreitung?**

Die Beantwortung dieser Frage erfordert einen weiteren Versuch:

$V_2$ In Abb. 4.3 stößt eine Kugel gegen eine Zellophanhaut am linken Röhrenende. Sie drückt die Membran einen Augenblick lang ein. Dadurch wird die Luft unmittelbar daneben verdichtet.
Die Verdichtungsstelle wandert nach rechts weg und erreicht schließlich die Membran am Ende der zweiten Röhre. An der Bewegung des dort anliegenden Pendelchens erkennen wir, daß diese in Bewegung gerät.
Beim Zurückschwingen der linken Membran entsteht an ihr eine Luftverdünnung. In sie strömt entferntere Luft ein, so daß jetzt eine Verdünnungsstelle nach rechts wegwandert. Wenn sie die rechte Membran erreicht, wird diese „zurückgesaugt". Man kann dies allerdings mit unserer einfachen Versuchsanordnung nicht zeigen.

Beim regelmäßigen Schwingen einer **Lautsprechermembran** erfolgen die Verdichtungs- und Verdünnungsstöße ununterbrochen aufeinander (Abb. 5.1). Allgemein gilt:

> Schall breitet sich in Luft durch aufeinanderfolgende Verdichtungen und Verdünnungen aus, die von der Erregerstelle nach allen Seiten wegeilen.

Steht ein Beobachter vor einer schwingenden Membran, so laufen Verdichtungen und Verdünnungen in regelmäßiger Folge über ihn hinweg, und er hört einen Ton. Die Luftteilchen bewegen sich dabei nur geringfügig hin und her. Ein derartiger Vorgang wird **Schallwelle** genannt.

## Flüssigkeiten und Festkörper als Schallträger

In den bisher betrachteten Fällen diente uns Luft, also ein Gas, als Wellenträger. Nun betrachten wir Flüssigkeiten und Festkörper. Wir wissen aus Erfahrung folgendes:
Unter Wasser getaucht, hört man das Klingen zweier aneinandergestoßener Steine und das Plätschern anderer Schwimmer. — An Eisenbahnschienen wird auf große Entfernung das Stoßen der Räder vernommen. — Der Glockenschall verläßt das Innere des Gefäßes in Abb. 4.2 durch die Glaswand.

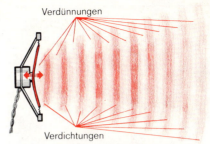

**5.1** Schallfeld vor einer Lautsprechermembran: Verdichtungen und Verdünnungen laufen in rascher Folge nach rechts weg.

$V_3$ Das Ticken einer auf dem Tisch liegenden Uhr wird durch das Holz an unser Ohr geleitet. Wir hören es deshalb laut, wenn wir das Ohr in einiger Entfernung auf den Tisch pressen.
Ein Stück Filz oder ein mehrfach gefaltetes Tuch, das wir unter die Uhr legen, kann der Schall jedoch **nicht** durchdringen, ebensowenig eine gepolsterte Tür; denn weiche, unelastische Stoffe sind **schlechte Schalleiter**.

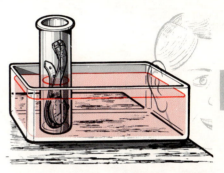

**5.2** Auch in Wasser breitet sich Schall aus.

$V_4$ Wenn wir nach Abb. 5.2 das Ohr an die Wand des Wasserbeckens legen, hören wir die Uhr ticken. In allen diesen Fällen erfolgt die Übertragung des Schalls wie in Luft durch unsichtbare Verdichtungen und Verdünnungen. Fehlt der Stoff zwischen Schallerreger und Schallempfänger (Ohr), so hören wir nichts.
Weiche und poröse Stoffe, wie z.B. Kunstschaum, Glaswolle, Teppiche und Vorhänge, absorbieren (verschlucken) den Schall. Man benützt sie beim Hausbau und bei der Raumausstattung daher zur Schalldämpfung und Schallisolation.

> Schall wird auch durch Flüssigkeiten und feste Stoffe übertragen.

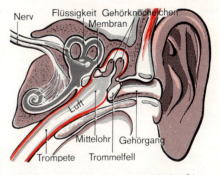

**5.3** Schnitt durch das menschliche Ohr

## Wie arbeitet unser Ohr?

Unser Ohr ist ein Schallempfänger. Die vom Schallerreger erzeugten Luftverdichtungen und Luftverdünnungen treffen auf unsere **Ohrmuschel** (Abb. 5.3) und werden von ihr durch den **Gehörgang** zur Ohrhöhle geleitet. Diese ist durch ein feines Häutchen, das **Trommelfell**, nach außen abgeschlossen. Es gerät unter der Einwirkung des Schalls in Schwingungen wie die Membran in $V_2$. Diese Schwingungen werden über die Gehörknöchelchen zum inneren Ohr geleitet, wo die Enden des Hörnervs gereizt werden. Diese Reizung löst die Schallempfindung aus.

**Aufgaben:**

1. Erkläre, wie eine Schallwelle entsteht, wie durch sie der Raum überbrückt wird und wie sie die Empfängermembran zum Mitschwingen zwingt!
2. Warum gibt es im leeren Raum keine akustische Verständigung?
3. Kann Mauerwerk Schall übertragen?
4. Welche Stoffe benutzt man zur Schallisolation? Versuche eine Erklärung!

**6.1** So entsteht ein Echo. Wie könnte man die Schallgeschwindigkeit bestimmen?

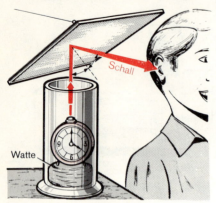

**6.2** Versuch zur Schallreflexion: Einfallswinkel und Ausfallswinkel sind gleich

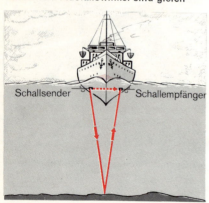

**6.3** Echolot: Aus der Laufzeit des Schallsignals läßt sich die Wassertiefe errechnen.

| Schallgeschwindigkeit (bei 20° C) in $\frac{m}{s}$ | | | |
|---|---|---|---|
| Luft | 340 | Eisen | 5800 |
| Wasser | 1480 | Holz | etwa 5500 |

## Ak 1.4 Wie schnell ist ein Schallsignal?

**Schallgeschwindigkeit, Echo**

Sieh Handwerkern aus größerer Entfernung zu! Oft hörst du einen Hammerschlag erst dann, wenn der Mann bereits zum neuen Schlag ausholt. Denn das Schallsignal braucht Zeit zum Überwinden der Entfernung zwischen Schallsender und Schallempfänger. Um Aussagen über diese Zeit machen zu können, bestimmen wir die Schallgeschwindigkeit!

**V₁** Zwei Schüler stellen sich im Abstand von mehreren hundert Meter voneinander auf. Der eine löst einen Schuß aus einer Startpistole. Der andere startet eine Stoppuhr, wenn er den Rauch sieht; er stoppt sie, wenn er den Knall hört.
Ist dies bei 400 m Entfernung nach 1,2 s der Fall, dann beträgt die Schallgeschwindigkeit

$$c = \frac{400 \text{ m}}{1,2 \text{ s}} = 334 \frac{\text{m}}{\text{s}}.$$

Bei niedrigen Temperaturen werden etwas kleinere Geschwindigkeiten gemessen. In Flüssigkeiten und in festen Stoffen ist die Schallgeschwindigkeit wesentlich größer. Siehe Tabelle!

### Wie kommt ein Echo zustande?

Wenn wir vor einer Bergwand laut rufen, kehrt der Schall nach kurzer Zeit zu uns zurück. Wir hören ein **Echo**: Die Schallsignale werden an der glatten Wand zurückgeworfen (= reflektiert). Vergleiche mit einem Ball, der gegen eine Wand geworfen wird!

> Das Echo entsteht durch Schallreflexion.

**V₂** In ein hohes Glasgefäß stellen wir auf eine dicke Schicht Watte einen Wecker. Er ist daneben nicht zu hören. Nun halten wir nach Abb. 6.2 eine Glasplatte schräg über das Gefäß.
Warum hört man jetzt das Ticken? Was geschieht, wenn man die Platte anders neigt?

**Aufgaben:**

1. Wie schnell ist Schall in Luft? Wie schnell in Wasser? Vergleiche!
2. Wie weit ist ein Gewitter entfernt, wenn man den Donner 6 sec nach Aufleuchten des Blitzes hört?
3. Die Schiffahrt verwendet zur Messung der Meerestiefe das **Echolot** nach Abb. 6.3. Wie lange benötigt das Schallsignal zum Hin- und Rückweg bei 3200 m Meerestiefe (Atlantischer Ozean)?

## Ak 1.5 Wie entsteht der Überschallknall?

### Verdichtungsstöße

7.1 Flugzeug für dreifache Schallgeschwindigkeit (Phantom)

Wir untersuchen zunächst, was ein Knall ist. Erst danach können wir den Überschallknall verstehen.

**V₁** Wenn wir eine Papiertüte aufblasen und durch Schlag zum Platzen bringen, wird die umgebende Luft schlagartig weggedrückt. Es entsteht ein **Verdichtungsstoß.** Dieser breitet sich vom Ort der Erzeugung nach allen Seiten aus. Wenn er unser Ohr erreicht, wird das Trommelfell kurzzeitig stark nach innen bewegt, was die Knallempfindung auslöst.

**V₂** Wir schieben den Kolben in eine Glasspritze ganz hinein, verschließen die Öffnung und ziehen ihn rasch ganz heraus. Wenn die Öffnung vom Kolben freigegeben ist, strömt von außen Luft in den Zylinder. Vor der Mündung entsteht ein **Verdünnungsstoß,** der in ähnlicher Weise zu einer Knallempfindung führt wie der Verdichtungsstoß (Abb. 7.2). Wie bewegt sich jetzt das Trommelfell?

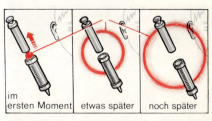

7.2 So breitet sich der Verdünnungsstoß aus.

> Ein Knall ist ein kurzer Verdichtungs- oder Verdünnungsstoß.

### Der Überschallknall

Vor einem bewegten Körper, z.B. vor einem Flugzeug oder einem Geschoß, wird die Luft ebenfalls verdichtet. Diese Luftverdichtung ist bei Geschwindigkeiten unterhalb von 340 m/s relativ gering. Außerdem löst sie sich durch Ausbreitung nach allen Seiten auf.
Fliegt der Körper dagegen mit Überschallgeschwindigkeit, so überlagern sich die Verdichtungsstöße von den einzelnen Orten der Flugbahn auf einem Kegelmantel (Abb. 7.3). Außerhalb und innerhalb des Kegelmantels ist der Luftdruck weitgehend normal, auf dem Kegelmantel aber stark überhöht.
Dieser Kegelmantel wird vom Flugzeug als sogenannte Kopfwelle mitgeschleppt. Zieht er über einen Beobachter am Erdboden hinweg, so hört dieser einen Knall. Ein Doppelknall entsteht, wenn kurz nach der Kopfwelle die Heckwelle, die als Luftverdünnung in ähnlicher Weise entsteht, eintritt.

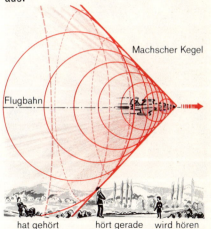

7.3 Auf dem sogenannten Machschen Kegel verstärken sich die Verdichtungsstöße der einzelnen Teile der Flugbahn. Der Beobachter am Boden hört den Überschallknall.

### Aufgaben:

1. Wie entsteht ein Knall?
2. Bei einem Blitzschlag wird längs der Blitzbahn die Luft stark erhitzt und dehnt sich schlagartig aus. Erkläre den Donnerschlag!
3. Warum hören zwei voneinander entfernte Beobachter den Überschallknall nicht gleichzeitig?

> **Merke dir,**
>
> die Größe der Schallgeschwindigkeit in der Luft;
>
> wie ein Knall entsteht;
>
> wie der Überschallknall zustande kommt.

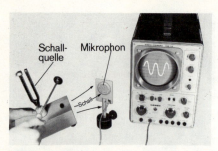

**8.1** Apparatur zur Untersuchung von Schallschwingungen

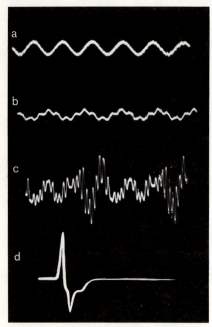

**8.2** Schwingungsformen von Schallschwingungen: a) Stimmgabel; b) zwei zusammenklingende Stimmgabeln; c) Vokal; d) Knall

---

**Merke dir,**

daß bei Klängen einem Grundton Obertöne überlagert sind;

daß Geräusche durch Überlagerung vieler Einzelschwingungen entstehen;

daß die Lautstärke mit der Entfernung vom Schallsender abnimmt;

daß man die Lautstärke in Phon mißt.

---

## Ak 2  Von Musik und Musikinstrumenten

**Ak 2.1 Wodurch unterscheiden sich die einzelnen Schallempfindungen?**

**Obertöne
Lautstärke**

Bisher haben wir uns mit reinen Tönen und mit dem Knall befaßt. Es gibt aber noch andere Schallempfindungen. Hierzu gehören vor allem die Klänge und Geräusche. Wir wollen sie untersuchen.
Als Schallempfänger benutzen wir ein Mikrophon. Es enthält wie unser Ohr eine Membran. Die Schwingungen der Membran werden in elektrische Stromschwankungen umgewandelt, deren zeitlicher Verlauf auf dem Bildschirm eines Oszillographen (= Schwingungsschreibers) sichtbar wird.

$V_1$  Wir bauen die Anordnung nach Abb. 8.1 auf und untersuchen Schall verschiedener Herkunft. Auf dem Bildschirm erscheint dabei nebeneinander, was die Mikrophonmembran nacheinander ausführt.

1. Eine Stimmgabel mit tiefem Ton gibt eine einfache Schwingungskurve entsprechend der unserer Schreibstimmgabel in Kapitel Ak 1.2.
2. Schlägt man sie stärker an, so werden die Schwingamplituden größer. Die Zahl der Schwingungen bleibt aber gleich: Die Amplitude entspricht der Lautstärke.
3. Nimmt man eine Stimmgabel mit höherem Ton, so erscheinen auf dem Bildschirm mehr Schwingungen. Jetzt ist die Schwingfrequenz höher. Sie entspricht der Tonhöhe.
4. Wir schlagen zu einer Stimmgabel eine zweite mit höherem Ton an oder lassen eine Pfeife ertönen. Man erkennt auf dem Bildschirm, daß einer Grundschwingung mehrere schnelle Schwingungen überlagert sind, die sogenannten Obertöne. Sie erzeugen die Klangfarbe.
5. Wenn man ins Mikrophon singt, erscheint eine ähnliche Kurve. Auch hier ist eine Grundschwingung noch deutlich zu erkennen.
6. Ein Geräusch ergibt ein äußerst verwickeltes Bild mit vielen verschieden hohen Spitzen. Eine bestimmte Grundschwingung ist nicht mehr sichtbar.
7. Ein Knall ist durch einen einzigen kräftigen Ausschlag gekennzeichnet, der rasch wieder in eine gerade Linie übergeht (einmaliger Druckanstieg).

In **Klängen** sind einem Grundton Obertöne überlagert.
**Geräusche** sind Tongemische ohne erkennbare Grundschwingung.

Die in diesem Abschnitt gefundenen Zusammenhänge erklären die Vielfalt unserer Gehörsempfindungen.

## Warum nimmt die Lautstärke mit der Entfernung ab?

Das Ohr nimmt in der Nähe eines Schallerregers verhältnismäßig viel Schallenergie auf, es empfindet also große Lautstärke. Entfernen wir uns von der Schallquelle, so wird die Lautstärke kleiner; schließlich reicht es zu einer Schallempfindung nicht mehr aus.

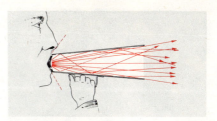

9.1 Im Sprachrohr wird der Schall durch Reflexion gebündelt.

$V_2$ Entsprechend wird die Mikrophonmembran in der Nähe der Pfeife zu kräftigen Schwingungen, etwas weiter weg zu schwächeren und in größerer Entfernung zu nicht mehr wahrnehmbaren Schwingungen angeregt. Diese Erfahrungen führen zu folgender Vorstellung über die Ausbreitung des Schalls:

Die gesamte **Energie,** die der Erreger bei jeder Schwingung an die kleine Luftmenge seiner Umgebung abgibt, verteilt sich auf immer größere Luftmassen, die den Erreger kugelschalenförmig umgeben, und eilt dabei radial mit Schallgeschwindigkeit in den Raum hinaus. Der Energieanteil, den ein Schallempfänger, z. B. unser Ohr, aufnimmt, wird deshalb mit der Entfernung von der Schallquelle rasch kleiner und mit ihm auch die Lautstärke, die wir empfinden.

Beim **Sprachrohr** wird der Schall nach Abb. 9.1 durch die Reflexion an der trichterförmigen Wand in einem kleinen Winkel des Raumes zusammengehalten. Wer sich in diesem Winkel befindet, empfindet größere Lautstärke, wer außerhalb ist, geringere als ohne Rohr. Es handelt sich also nicht um eine Verstärkung, sondern um eine Bündelung des Schalls.

## Die Lautstärkeskala

Die Lautstärke selbst wird meist in der Einheit **Phon** angegeben. 0 phon bezeichnet die Hörschwelle. Sie liegt an der Grenze zwischen Hören und Nichtmehrhören. Bei etwa 130 phon befindet sich die Schmerzschwelle. Lautstärken darüber empfinden wir als Schmerz infolge Überbeanspruchung des Ohrs. Abb. 9.2 gibt weitere Hinweise zur Phonskala. Diese ist nicht linear:

$V_3$ Wir lassen eine elektrische Klingel ertönen und merken uns die Lautstärke. Dann schalten wir eine zweite und eine dritte Klingel zusätzlich ein. Erst etwa 10 Klingeln würden wir als doppelt so laut empfinden. Siehe Bildunterschrift zu Abb. 9.2!

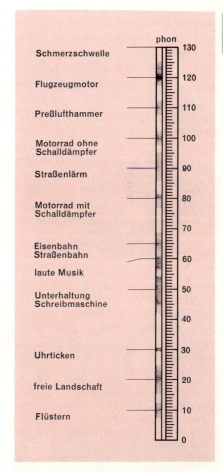

9.2 Beim Höherschreiten um etwa 20 phon verdoppelt sich die Lautstärkeempfindung. Die Reizung des Trommelfells steigt aber auf etwa das Zehnfache!

### Aufgaben:

1. Wodurch unterscheiden sich reine Töne von Klängen?
2. Was ist das Besondere an Geräuschen?
3. Wie sieht die Schwingkurve eines Knalls aus? Erkläre, warum er kurz ist!
4. Warum kann man Schall in Röhren fast ohne Verminderung der Lautstärke fortleiten? Vergleiche mit dem Sprachrohr in Abb. 9.1!

**10.1** Beim Geigen verkürzt man die Saiten durch Anpressen ans Griffbrett.

**10.2** Gerät zur Untersuchung von Saitenschwingungen (Monochord)

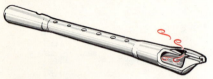

**10.3** Lippenpfeife. Hier sind die Lippen durch einen schmalen Spalt im Mundstück ersetzt.

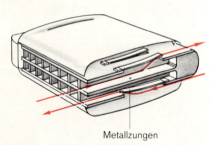

**10.4** In der Mundharmonika schwingen Blattfedern.

### Aufgaben:

1. Wie wird bei den einzelnen Saiteninstrumenten die Saite zum Schwingen gebracht? Wie werden die verschiedenen Töne hervorgerufen?
2. Der Posaunenbläser verkürzt die Luftsäule in seinem Instrument, damit der Ton höher wird. Wie geschieht dies?
3. Zu welchen Instrumenten gehören Glocke und Trommel? Was schwingt?
4. Eine Orgel enthält Pfeifen verschiedener Größe. Welche erregen tiefe, welche hohe Töne?

## Ak 2.2 Wie werden Töne und Klänge in Musikinstrumenten erzeugt?

**Musikinstrumente**

Jedes Musikinstrument enthält schwingende Körper. Diese müssen zum Schwingen angeregt werden. Wir betrachten zunächst **Saiteninstrumente** wie Geige, Cello und Klavier. Bei ihnen werden die Töne durch Saiten erzeugt. Das sind Drähte, die zwischen zwei Stegen frei schwingen können.

**V₁** Wir zupfen die Saite in Abb. 10.2 oder streichen mit dem Geigenbogen darüber. Es entsteht ein Ton bestimmter Höhe.

Wird die Spannkraft vervierfacht oder die Saitenlänge durch Verschieben eines Steges halbiert, so ertönt die Oktave zum ursprünglichen Ton.
Benutzt man andere Saiten gleicher Länge, aber verschiedener Masse, so ändert sich die Tonhöhe: Die dickste Saite erzeugt den tiefsten Ton.

> Die Tonhöhe einer Saite hängt ab von ihrer Länge, ihrer Spannung und ihrer Masse.

### Instrumente mit schwingenden Luftsäulen (Pfeifen)

**V₂** Blase über die Öffnung eines Reagenzglases. Es entsteht ein Ton. Er wird höher, wenn du den Luftraum durch Einfüllen von Wasser verkürzt.
Hier schwingt nicht das Glas, sondern die Luftsäule.

**V₃** Fülle 8 Gläser verschieden hoch mit Wasser, so daß beim Anblasen die Tonleiter entsteht (Probierglasorgel).

> In Pfeifen schwingen Luftsäulen. Dabei geben lange Luftsäulen tiefe Töne.

### Schwingende Platten und Stäbe

**V₄** Lege verschieden lange Lattenstücke mit ihren Enden auf Filzstückchen und schlage sie mit einem Hämmerchen an! Wiederhole den Versuch mit Glasplättchen!
Die Platten werden zum Schwingen veranlaßt und erzeugen Töne. Die kleineren Platten geben den höheren Ton. — In der **Mundharmonika** nach Abb. 10.4 wird das den Ton erzeugende Metallplättchen durch einen Luftstrom zum dauernden Schwingen angeregt. Beim **Xylophon** und bei manchen **Uhrschlagwerken** erfolgt die Erregung einmalig durch einen Hammer. Bei ihnen ist die Schwingung stark gedämpft, der Ton verklingt rasch. In ähnlicher Weise verklingen die Töne beim Anzupfen einer Saite.

## Ak 2.3 Wie entsteht die Tonleiter?

**Frequenzverhältnisse**

11.1 Bei der Lochsirene werden die Töne durch periodisches Unterbrechen eines Luftstrahls erzeugt. Lochzahlen von innen nach außen: 24, 27, 30, 32, 36, 40, 45, 48

Unter einer Tonleiter versteht man eine bestimmte Folge von Tönen. Einige Versuche sollen klären, welche Beziehungen zwischen ihnen bestehen.

**V₁** Die Lochsirene ist eine um ihren Mittelpunkt drehbare Scheibe mit mehreren konzentrischen Lochreihen. Wir bringen sie auf eine bestimmte Drehzahl (10 Umdrehungen je Sekunde) und blasen mit einem Rohr einen Luftstrahl gegen die innerste Lochreihe. Der Strahl wird während der Umdrehungen der Scheibe 24mal unterbrochen, wodurch ein Ton entsteht. Frequenz: $10 \cdot 24\ Hz = 240\ Hz$.
Blasen wir gegen die äußere Lochreihe mit der doppelten Zahl von Löchern, so erklingt ein höherer Ton. Das musikalisch geschulte Ohr erkennt die Oktave. Der Physiker stellt doppelte Frequenz fest. Warum?

**V₂** Wir verändern die Drehzahl und wiederholen den Versuch. Beide Töne werden höher, jedoch bleibt der Oktavschritt erhalten.
Offensichtlich wird das Oktavintervall durch das Verhältnis beider Tonfrequenzen bestimmt. Es ist hier 1:2.

> Die Frequenzen von Grundton und Oktav stehen im Verhältnis 1:2.

**V₃** Blase alle Lochreihen der Reihe nach von innen nach außen an! Du erkennst die Tonleiter über dem eingestellten Grundton. Die Frequenzverhältnisse der einzelnen Intervalle lassen sich aus den zugehörigen Lochzahlen errechnen:

| Lochzahlen | 24 | 27 | 30 | 32 | 36 | 40 | 45 | 48 |
|---|---|---|---|---|---|---|---|---|
| Frequenzverhältnisse | ← Quint 2:3 → | | | | | | | |
| | ← Oktav 1:2 → | | | | | | | |

| Frequenzverhältnisse musikalischer Intervalle | | | |
|---|---|---|---|
| Prim | 1:1 | Quint | 2:3 |
| Sekunde | 8:9 | Sext | 3:5 |
| Terz | 4:5 | Septime | 8:15 |
| Quart | 3:4 | Oktave | 1:2 |

> **Merke dir,**
>
> daß musikalische Intervalle durch das Frequenzverhältnis der beteiligten Töne bestimmt sind;
>
> daß Musikinstrumente mit Hilfe des Normtons a' der Frequenz 440 Hz gestimmt werden.

Die Höhenlage der Instrumente, die in einem Orchester zusammen spielen sollen, muß aufeinander abgestimmt werden. Dies geschieht, indem man auf jedem Instrument den Ton a' spielt und ihn mit dem Ton einer Stimmgabel vergleicht, die mit der Normfrequenz 440 Hz schwingt. Ist der Instrumententon tiefer oder höher, so muß das Instrument gestimmt werden. Die Normfrequenz 440 Hz beruht auf internationaler Vereinbarung.
Unsere Lochsirene ergibt auf Grund der Lochzahlen die Dur-Tonleiter. Unterteilt man den Oktavschritt in zwölf Einzelschritte geeigneter Frequenzstufen, so entsteht die chromatische Tonleiter, die die Töne der Dur-Tonleiter enthält. Das Klavier hat für jeden der Töne eine Taste. 7 davon sind weiß, 5 schwarz.

**Aufgaben:**

1. Eine Lochsirene dreht sich mit 10 U/s = 600 U/min. Welche Frequenzen haben die Töne, die beim Anblasen der 1., der 5. und der 8. Reihe erklingen? Errechne die Frequenzverhältnisse und vergleiche mit der Tabelle!
2. Wie müssen wir die Drehzahl der Sirene ändern, wenn wir die Oktave zu den einzelnen Tönen erhalten wollen?
3. Errechne das Frequenzverhältnis für die Quart (1. und 4. Ton der Tonleiter)!
4. Wie viele Oktaven hat der Hörbereich (16 Hz bis 16000 Hz)?

## Ak 2.4 Wie kann man Schall verstärken?

**Erzwungenes Mitschwingen Resonanz**

12.1 Die Tonwiedergabe beim Plattenspieler erfolgt durch erzwungenes Mitschwingen der Abnehmernadel

Eine angeschlagene Stimmgabel ertönt verhältnismäßig leise, ebenso eine zwischen zwei Stativen angespannte Saite. Die Saite der Geige dagegen erklingt voll und laut. Warum?

**$V_1$** Wir schlagen eine Stimmgabel an. Der Ton ist kaum zu hören. Dann setzen wir ihren Stiel fest auf eine Tischplatte. Nun wird der Ton laut und deutlich vernehmbar.

Die Stimmgabelzinken schwingen hin und her, der Stiel auf und ab. Beim Aufsetzen zwingt der Stiel die Platte zum Mitschwingen: Sie stößt infolge ihrer großen Fläche die Luft zu kräftigeren Schallschwingungen an als die kleinen Stimmgabelzinken (Abb. 12.2).

> Erzwungenes Mitschwingen kann man zur Schallverstärkung ausnutzen.

Dies geschieht beispielsweise an der **Geige**: Die Saite zwingt den Steg zum Mitschwingen, dieser den Geigenkörper. Dadurch vergrößert sich die Schallabstrahlung erheblich.

Auch die **Schallwiedergabe beim Plattenspieler** beruht auf erzwungenem Mitschwingen.

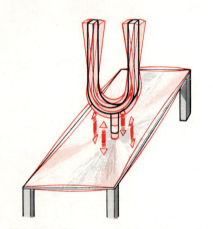

12.2 Der Stimmgabelstiel zwingt die Tischplatte zum Mitschwingen.

**$V_2$** Lasse eine **Schallplatte** auf dem Plattenteller rotieren und halte eine Postkarte nach Abb. 12.3 dagegen, an die eine feine Nadel angeklebt ist. Du kannst die Schallaufzeichnung abhören.
Bei der **Aufnahme** bringt Schall eine Membran zum Schwingen. Eine mit ihr verbundene Nadel ritzt Spuren entlang einer Spiralbahn im Rhythmus ihrer Schwingungen in eine sich drehende Wachsplatte. Dadurch entsteht eine Tonspur. Von dieser Mutterplatte werden „Schallplatten" hergestellt, in die eine genau gleiche Tonspur eingepreßt ist.
Bei der **Wiedergabe** verursachen die Tonrillen Schwingungen der Abnahmenadel, die elektrisch verstärkt auf die Membran eines Lautsprechers übertragen werden. Diese schwingt dann mit der gleichen Frequenz wie der einstige Schallgeber.

### Die Resonanz

Im Badezimmer klingt unsere Stimme bei manchen Tönen sehr laut. Wie kommt es zur Verstärkung gerade eines einzigen Tons?

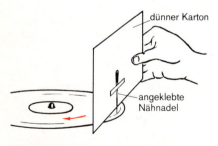

12.3 Dieser Versuch zeigt das Prinzip des Plattenspielers.

**$V_3$** Halte eine schwingende Stimmgabel über ein nach Abb. 13.1 in Wasser tauchendes Glasrohr und bewege es auf und ab. Bei einer ganz bestimmten Länge der Luftsäule hören wir den Ton besonders stark.

In dieser Stellung blasen wir über die Öffnung des Rohrs. Hierdurch gerät die Luftsäule in Schwingungen, und zwar so, daß ein Ton gleicher Frequenz entsteht.
Stimmgabel und Luftsäule hatten in diesem Fall dieselbe Eigenfrequenz. Man sagt, es bestehe **Resonanz**.

13.1 Bei richtiger Länge der Luftsäule in der Glasröhre ist diese in Resonanz mit der Stimmgabelschwingung.

| $V_4$ | Setzt man eine Stimmgabel nach Abb. 13.2 auf einen Kasten bestimmter Größe, so ist ihr Ton laut und deutlich zu hören. Eine zweite gleichgestimmte Stimmgabel auf einem gleichen Kasten wird in einiger Entfernung zu Resonanzschwingungen angeregt. Man hört sie deutlich, wenn die erste (angeschlagene) Stimmgabel mit der Hand zum Schweigen gebracht wird. Weg des Schalls: 1. Gabel → 1. Resonanzkasten → Luft → 2. Resonanzkasten → 2. Gabel. |

| $V_5$ | Wird eine der beiden Gabeln verstimmt, indem man einen ihrer Schenkel beschwert, so ist keine Resonanz mehr festzustellen. |

Resonanz tritt nur bei Frequenzgleichheit auf.

Erkläre nun den Badezimmereffekt!

13.2 Resonanzversuch mit 2 aufeinander abgestimmten Stimmgabeln. Auch die Luftsäule in den Kästen schwingt mit gleicher Frequenz.

## Die kritische Drehzahl

| $V_6$ | Wir setzen einen Elektromotor auf ein Brett, das auf zwei Stützen aufliegt. Wenn wir den Motor langsam anlaufen lassen, kommt das Brett bei einer sog. **kritischen Drehzahl** besonders stark ins Mitschwingen (Resonanz). |

In ähnlicher Weise geraten gelegentlich Motor- und Maschinenteile in unerwünschte Resonanzschwingungen, die zu Zerstörungen führen können.

## Die menschliche Stimme

Bei der menschlichen Stimme wird im Kehlkopf durch die Stimmlippen ein stark mit Obertönen gemischter Ton, der Primärton, erzeugt, indem sie durch den von den Stimmritzen eingeengten Luftstrom zum Schwingen gebracht werden (Abb. 13.3). Durch den Mund-Rachen-Raum werden die Obertöne so ausgefiltert (Resonanz), daß die zu den Vokalen und stimmhaften Konsonanten gehörende Klangfarbe entsteht.

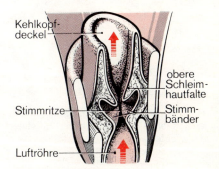

13.3 Stimmorgan des Menschen

**Merke dir,**

daß Schallverstärkung
a) durch erzwungenes Mitschwingen eines Körpers,
b) durch Resonanz entsteht;

daß der Resonanzfall bei gleicher Frequenz von Erreger und Schwinger eintritt;

daß die Klangfarbe unserer Stimme durch Resonanz im Nasen-Rachen-Raum entsteht.

**Aufgaben:**

1. Singe in eine Röhre und suche durch Tonänderungen die Resonanzfrequenz! Rege die Röhre durch Klopfen zum Schwingen an!
2. Warum klingt die Stimme im Badezimmer bei manchen Tönen so laut? Warum sind dies tiefe Töne?
3. Warum klirren Fensterscheiben bei bestimmten Tönen?
4. Warum ändern wir beim Singen und beim Sprechen Größe und Form des Mund-Rachen-Raums?

## Ak 3 Die Entstehung und Ausbreitung von Wellen

### Ak 3.1 Wie entstehen Wasserwellen?

**Die Querwelle
Wellenlänge**

**14.1** Von der Störstelle läuft ein kreisförmiger Wellenberg nach außen.

Wellen auf dem Wasser hast du sicher schon beobachtet. Wir wollen sie unter physikalischen Gesichtspunkten betrachten.

**V₁** Tauche einen Stock einmal in Wasser! Die Wasseroberfläche wird durchbrochen, das Wasser muß dem Stock Platz machen. Ein kleiner Wasserberg, eine Störung, entsteht rund um den Stock. Diese Störung läuft in Form eines immer größer werdenden Ringes (eines Wellenbergs) nach außen. Innen kommt das Wasser zur Ruhe.

**V₂** Wir messen die Ausbreitungsgeschwindigkeit, indem wir feststellen, wie weit der Wellenberg in 1 s fortschreitet. Sind dies 10 cm, so beträgt die Ausbreitungsgeschwindigkeit $c$ der Störung 10 cm/s.

**V₃** Beim rhythmischen Eintauchen des Stockes entstehen immer neue Störungen: Es breiten sich um die Störstelle Wellen aus. Dabei folgen den Wellenbergen Wellentäler, weil beim Zurückziehen des Stocks eine Mulde im Wasser entsteht, in die von außen Wasser einströmt.

**14.2** Bei periodischer Erregung folgen Wellenberge und Wellentäler in steter Reihe aufeinander.

> Wellen entstehen, wenn man an einer Stelle des Wellenträgers periodische Störungen erzeugt.

### Was geht in der Wasserwelle vor?

**V₄** Wir legen auf die Wasseroberfläche Korkstückchen und beobachten sie. Die Korkstückchen tanzen auf und ab, wenn Wellenberge über sie hinweglaufen. Sie schwingen senkrecht zur Wasseroberfläche, also quer zu der Ausbreitungsrichtung der Welle.

Was vom Erreger wegwandert, ist nicht das Wasser, sondern die Störung. Da diese Störung senkrecht (quer) zur Ausbreitungsrichtung erfolgt, spricht man von einer **Querwelle**.

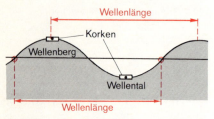

**14.3** So mißt man die Wellenlänge einer Wasserwelle. Wie bewegen sich die beiden Korken, wenn die Welle fortschreitet?

> Bei einer Querwelle bewegen sich die Teilchen des Wellenträgers quer zur Ausbreitungsrichtung der Welle.

Beim Weiterwandern eines Wellenberges hebt sich das Wasser an seiner Vorderseite an, an seiner Rückseite sinkt es ab. Dabei verschiebt sich nur die Form der Wasseroberfläche, nicht das Wasser selbst (Abb. 14.4).
Da die einzelnen Wasserteilchen ihre Bewegungsenergie an die nachfolgenden abgeben, wird durch die Welle Energie in Ausbreitungsrichtung übertragen.

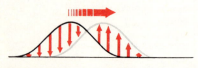

**14.4** Ein Wellenberg wandert, indem sich das Wasser links senkt und rechts erhebt.

Um den Vorgang im einzelnen untersuchen zu können, benutzen wir eine **Wellenmaschine!** Sie besteht aus einer Reihe von Drehpendeln, die an einem langen Stahlband befestigt sind (Abb. 15.1). Bei Verdrillen des Bandes entsteht die Rückstellkraft, gleichzeitig wird die Kopplung zwischen den Pendeln bewirkt.

**V₅** Wir stoßen den ersten Pendelkörper an. Er zieht den zweiten aus seiner Ruhelage und kommt selbst in einer neuen Lage zur Ruhe. Das Stahlband zwischen Körper 2 und Körper 3 verdrillt sich. Dadurch wird Körper 3 aus der Ruhelage ausgelenkt, während Körper 2 in seiner neuen Lage zur Ruhe kommt. Die Störung des Gleichgewichts, welche durch das Anstoßen von Körper 1 ausgelöst wurde, wandert mit einer bestimmten Geschwindigkeit durch die ganze Reihe der gekoppelten „Schwinger".

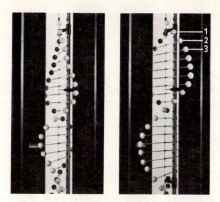

15.1 Wellenmaschine: Die einzelnen Pendel sind durch ein Stahlband gekoppelt.

Bewegt man den ersten Schwinger nach seiner Auslenkung sofort in die Ausgangslage zurück, erzeugt also Störung und Gegenstörung, so kehrt auch jeder weitere Pendelkörper nach der Auslenkung in seine Ausgangslage zurück. Es entsteht ein **Wellenberg,** der durch die Reihe wandert. Eine Störung in Gegenrichtung über die ursprüngliche Ruhelage hinaus erzeugt **Wellentäler** (Wellenberge nach der anderen Seite). Folgen die Anstöße regelmäßig aufeinander, so wechseln sich Wellenberge und Wellentäler ab, es entsteht eine **Welle.**

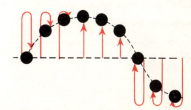

15.2 Die roten Pfeile zeigen, welche Bewegung die einzelnen Schwinger ausgeführt haben, ehe sie die gezeichnete Lage erreichten

## Was versteht man unter Wellenlänge?

Die Wellen, die der Wind auf einem See erzeugt, unterscheiden sich von den Wellen im Waschbecken durch die Amplitude (die Höhe der Wellenberge) und durch die **Wellenlänge.** Darunter verstehen wir den Abstand zweier Wellenberge. Wovon hängt er ab?

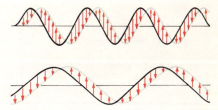

15.3 Wellen verschiedener Wellenlänge

**V₆** Wir tauchen zunächst den Stock in langen Zeitabständen ins Wasser (kleine Frequenz) und erhöhen dann die Zahl der Störungen pro Sekunde immer mehr (große Frequenz).
Es ändert sich der Abstand aufeinanderfolgender Wellenberge und Wellentäler, die **Wellenlänge** $\lambda$. Siehe auch Abb. 15.3!

> Mit steigender Frequenz des Wellenerregers wird die Wellenlänge kleiner.

Bewegt sich der Stock in 1 s einmal auf und ab, so entsteht 1 Wellenzug. Sein Kopf ist in 1 s gerade 10 cm weggewandert; sein Ende ist am Erreger. Die Wellenlänge beträgt 10 cm. Erzeugen wir die Störung zweimal in 1 s (2 Hz), so entstehen 2 Wellenzüge auf 10 cm; die Wellenlänge beträgt 5 cm. Wir finden:

$$\text{Wellenlänge} = \frac{\text{Ausbreitungsgeschwindigkeit}}{\text{Frequenz}} \quad ; \quad \lambda = \frac{c}{f}$$

**Aufgaben:**

1. Wirf einen Stein ins Wasser! Markiere vorher eine 10 m entfernte Stelle und miß die Ausbreitungsgeschwindigkeit der Welle!
2. Erzeuge in einer Waschschüssel erst lange, dann kurze Wellen mit dem Finger. Wie hängen Wellenlänge und Frequenz zusammen?
3. Erkläre anhand von Abb. 14.4 und 15.3, wie es zum Fortschreiten der Welle kommt, obwohl sich die Wasserteilchen nicht in Ausbreitungsrichtung bewegen!

# Die Längswelle

## Ak 3.2 Wodurch unterscheiden sich Schallwellen und Wasserwellen?

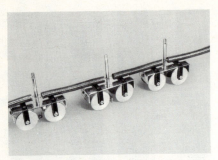

**16.1** Modellversuch zur Entstehung von Längswellen. Die einzelnen Schwinger sind durch Federn gekoppelt.

**16.2** So schreitet eine Längsstörung fort. Auch hier schwingen die Teilchen um ihre Ruhelage.

Wasserwellen können wir uns gut vorstellen. Bei Schallwellen, z.B. in Luft, ist dies viel schwieriger. Luft hat ja keine Oberfläche, und dementsprechend können sich weder Berge noch Täler ausbilden.
Auch beim Schall werden durch periodisch aufeinanderfolgende Störungen des Gleichgewichtszustandes in der Luft Wellen erzeugt. Die Störungen sind Verdichtungen und Verdünnungen der Luft. Sie werden durch den schwingenden Körper ausgelöst. Gekoppelte Schwinger sind die aufeinanderstoßenden Luftteilchen. Sie bewegen sich jedoch (Abb. 16.1) in Ausbreitungsrichtung (längs) und nicht quer zu ihr. Solche Wellen bezeichnet man als **Längswelle**. Ein Modellversuch soll uns diese erläutern:

**V₁** Die Abb. 16.1 zeigt uns einen Ausschnitt aus einer Reihe von Wagen (= Längsschwingern), die durch Federn gekoppelt sind. Wir bewegen den ersten der Reihe einmal hin und her. Dadurch entsteht eine Verdichtungsstörung, die in den Wellenträger hineinläuft. In Abb. 16.2 sind drei Momentbilder hierzu gezeichnet.
Durch periodisches Anstoßen des ersten Schwingers entsteht eine Folge von Verdichtungen und Verdünnungen, ähnlich wie beim Schwingen einer Lautsprechermembran in Luft. Diese laufen hintereinander durch den Wellenträger und bilden die Längswelle.

> Schallwellen sind Längswellen.

Ihre Wellenlänge ist leicht zu errechnen, wenn wir Frequenz $f$ und Ausbreitungsgeschwindigkeit $c$ kennen. So erzeugt beispielsweise der Kammerton $a'$ mit $f = 440$ Hz in Luft (mit $c_1 = 340$ m/s) Schallwellen mit der Wellenlänge von

$$\lambda_1 = \frac{c_1}{f} = \frac{340\,\frac{m}{s}}{440\,\frac{1}{s}} = 0{,}77 \text{ m}.$$

In Wasser $\left(c_2 = 1480\,\frac{m}{s}\right)$ ist die Wellenlänge

$$\lambda_2 = \frac{1480\,\frac{m}{s}}{440\,\frac{1}{s}} = 3{,}36 \text{ m}.$$

Verwechsle nie die an der Oberfläche des Wassers laufende sichtbare Querwelle mit der im Wasser sich ausbreitenden Schallwelle, die aus unsichtbaren Verdichtungen und Verdünnungen besteht und eine Längswelle ist!
Dem Wellenberg entspricht die Verdichtung, dem Wellental die Verdünnung des Wellenträgers.

---

**Merke dir,**

daß Wellen durch periodische Störungen entstehen;

daß die Teilchen des Wellenträgers nur um die Ruhelage schwingen, sich aber nicht fortbewegen;

wodurch sich Längs- und Querwellen unterscheiden;

was man unter Wellenlänge versteht;

welche Beziehung zwischen Wellenlänge und Frequenz gilt;

welcher Art die Schallwelle ist.

---

**Aufgaben:**

1. Wodurch unterscheiden sich Wasserwellen und Schallwellen?
2. Ein Ton bestimmter Frequenz breitet sich einmal in Luft, einmal in Wasser aus. Wo ist die Wellenlänge größer?
3. Errechne die Wellenlänge in Luft für einen Ton von 16 Hz und für einen Ton von 16 000 Hz?

# DIE LEHRE VON MAGNETISMUS UND ELEKTRIZITÄT

## El 1  Von den Magneten

### El 1.1  Woran erkennen wir einen Magneten?

**Permanentmagnete**

**1.1** Eisenerzstück mit magnetischen Eigenschaften (Magneteisenstein)

Beim Umgang mit Eisenstücken kann man manchmal feststellen, daß sie die Fähigkeit haben, kleine eiserne Gegenstände, wie Nägel oder Nadeln, anzuziehen und festzuhalten. Ähnlich verhält sich der Brocken Eisenerz in unserem Bild. Solche Erzstücke, denen diese eigenartige Kraft zukommt, fand man schon im Altertum. Nach ihrem angeblich ersten Fundort, der Stadt Magnesia in Kleinasien, nennt man sie noch heute **Magnete**.
Wir wollen untersuchen, unter welchen Umständen die eigenartige **magnetische Kraft** zur Wirkung kommt. Dazu benutzen wir starke, künstliche Magnete aus Stahl oder Stahllegierungen (Abb. 1.2).

**V₁** Zuerst nähern wir einen starken Magneten den verschiedensten Körpern. Gegenstände aus Eisen, Nickel (und Kobalt) haften an ihm. Alle anderen bleiben unbehelligt, so z.B. Aluminium, Kupfer, Glas, Holz und Kreide. Stoffe, die sich wie Eisen verhalten, heißen **magnetisch**. Alle anderen Stoffe sind weithin unmagnetisch. Magnetisch sind auch einige Eisenverbindungen (Ferrite) und einige Metallegierungen (Alnico, Ticonal u.ä.).

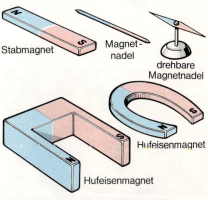

Stabmagnet — Magnetnadel — drehbare Magnetnadel — Hufeisenmagnet — Hufeisenmagnet

**1.2** Künstliche Magnete verschiedener Form

> Wichtige magnetische Grundstoffe sind Eisen, Nickel und Kobalt.

**V₂** Nähere einen Magneten von oben einem Eisenstückchen! Es springt zu ihm hinauf, denn die magnetische Kraft wirkt auch auf einige Entfernung.

**V₃** Versuche, die magnetische Kraft durch ein Holzbrett, ein Stück Kupferblech oder ein Stück Aluminiumblech abzuschirmen! Wiederhole mit einem Stück Eisenblech!

> Magnetische Kräfte werden durch **un**magnetische Stoffe nicht behindert. Sie lassen sich aber durch magnetische Substanzen abschirmen!

> **Merke dir,**
>
> daß Stahl und Stahllegierungen magnetische Eigenschaften haben;
>
> daß Magnete einen Nordpol und einen Südpol haben;
>
> daß sich freibewegliche Magnete auf der Erde in Nord-Süd-Richtung einstellen;
>
> wie ein Kompaß gebaut ist.

**2.1** Wenn man einen Magneten in Eisenspäne taucht, zeigen sich die Pole.

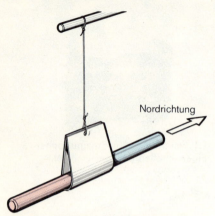

**2.2** Ein aufgehängter Magnet zeigt in Nord-Süd-Richtung.

**2.3** Moderner Magnetkompaß

### Ist ein Magnet an jeder Stelle gleich stark?

Für Auge und Tastsinn unterscheidet sich ein Magnet in nichts von einem gewöhnlichen Stück Eisen.

$V_4$ Tauchen wir ihn aber in Eisenfeilspäne, so bleiben an seinen Enden, den sogenannten magnetischen **Polen**, Eisenfeilspäne hängen. Die Mitte des Magneten übt dagegen nur unbedeutende magnetische Kräfte aus.

> An den Polen eines Magneten sind die magnetischen Kräfte am größten.

Überlege, was man in der Alltagssprache unter einem Pol versteht, und vergleiche: Pole sind Stellen eines Körpers, die sich durch Besonderheiten auszeichnen.

### Wie unterscheiden sich die Pole eines Magneten?

Diese Frage beantworten wir durch einen einfachen und übersichtlichen Versuch:

$V_5$ Wir hängen einen Stabmagneten nach Abb. 2.2 in der Mitte an einem Perlonfaden auf. Er kann sich dann nach allen Seiten frei drehen. Wenn er zur Ruhe gekommen ist, zeigt er mit einem seiner beiden Pole annähernd nach Norden. Dieser Pol wird Nordpol (N) genannt. Der andere heißt Südpol (S).

$V_6$ Der Versuch wird mit anderen verfügbaren Magneten wiederholt, z. B. mit magnetischen Stricknadeln. Sie verhalten sich gleich. Wir geben allen Nordpolen eine Farbmarke, z. B. Blau.

> Freibewegliche Magnete stellen sich in Nord-Süd-Richtung ein.

Auf diesem Verhalten beruht der **Kompaß**. Bei ihm kann sich eine Magnetnadel über einer Windrose frei drehen (Abb. 2.3). Der blau markierte Nordpol zeigt nach kurzem Einschwingen in die Nordrichtung. Durch Drehen des Gehäuses bringt man die Windrose in die richtige Lage. Nun lassen sich die Himmelsrichtungen leicht finden.
Genaue Messungen zeigen, daß die Kompaßnadel an vielen Orten von der Nordrichtung etwas abweicht. Diese **Mißweisung** beträgt in Deutschland 2° bis 5° West. Sie ändert sich im Laufe der Zeit. Meist ist auf der Skala ein entsprechender Punkt angebracht.
Der Magnetkompaß ist in Europa seit nahezu 800 Jahren als Richtungsweiser in Gebrauch. In China wurde er schon wesentlich früher verwendet. Im Mittelalter ermöglichte er erstmalig die Hochseeschiffahrt.

**Aufgaben:**

1. Welche Stoffe werden von einem Magneten angezogen, welche nicht?
2. Welche Stoffe können zur Abschirmung magnetischer Kräfte dienen?
3. Wie funktioniert ein Kompaß?
4. Warum werden ein 1-Pf-Stück, ein 5-Pf-Stück und ein 10-Pf-Stück vom Magneten angezogen, ein 2-Pf-Stück nicht?
5. Welche Versuche zeigen, daß die magnetische Kraft mit der Entfernung abnimmt?

## El 1.2 Welche Kräfte üben zwei Magnete aufeinander aus?

**Magnetisches Kraftgesetz**

3.1 Magnetisches Spielzeug

In Abb. 3.1 sind zwei Spielfiguren fotografiert. Eine der Ziegen stellt man auf den Tisch, die andere nähert man ihr aus beliebiger Richtung mit dem Kopf voran. Die ruhende dreht sich dann so, daß sie der ankommenden auch den Kopf zuwendet. In jeder Figur steckt ein Magnet. Wenn wir den Vorgang verstehen wollen, müssen wir untersuchen, welche Kräfte zwei Magnete aufeinander ausüben.

$V_1$ Dazu nähern wir dem in Abb. 3.2 aufgehängten Stabmagneten einen zweiten. Kommen die beiden Nordpole oder die beiden Südpole gegeneinander, so beobachten wir Abstoßung. Treffen sich Nord- und Südpol, so bemerken wir Anziehung. Es gilt folgendes Kraftgesetz:

> Gleichnamige Pole stoßen sich ab,
> ungleichnamige Pole ziehen sich an.

$V_2$ Wiederhole $V_1$ mit einer Kompaßnadel und vergleiche mit dem eingangs erwähnten Spielzeug!

Aufgrund dieser Versuche verstehen wir jetzt den **Kompaß**. Wir müssen allerdings noch wissen, daß auch die Erde zwei magnetische Pole hat: einen in der Arktis und den entgegengesetzten in der Antarktis. Erkläre mit Hilfe des Kraftgesetzes, warum sich die Kompaßnadel in Nord-Süd-Richtung stellt! Welcher Art ist der magnetische Pol in der Arktis?

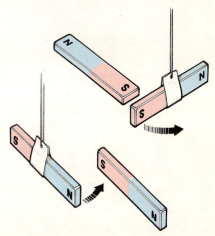

3.2 Nachweis des magnetischen Kraftgesetzes: Kraftwirkung von Magnetpolen

### Wie wirken zwei Magnete auf einen dritten Körper?

$V_3$ Ein größeres Eisenstück, das vom Nordpol eines Magneten kaum noch getragen wird, kannst du mit zwei nahe zusammengebrachten Nordpolen zweier Magnete spielend heben, genauso mit zwei Südpolen.

$V_4$ Bringst du Süd- und Nordpol nahe zusammen, so ziehen sie sich zwar gegenseitig an. Ein Eisenstück halten sie aber nur noch schwach oder gar nicht mehr fest (Abb. 3.4). Beim Zusammenkoppeln zweier Magnete gilt:

> Ungleichnamige Pole schwächen sich,
> gleichnamige verstärken sich.

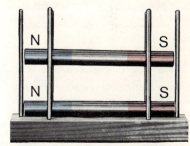

3.3 Da sich gleichnamige Pole abstoßen, schwebt der obere Magnet frei.

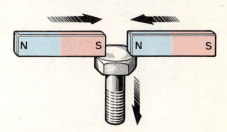

3.4 Zwei gleich starke ungleichnamige Pole heben sich in ihrer Wirkung auf einen dritten Körper auf.

### Aufgaben:

1. Wie heißt das magnetische Kraftgesetz?
2. Erkläre mit diesem Gesetz den Kompaß!
3. Suche die Lage der magnetischen Pole auf einer Erdkarte! Wo liegt der magnetische Nordpol, wo der magnetische Südpol?

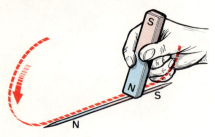

**4.1** Magnetisiertes Messer

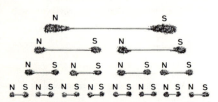

**4.2** So magnetisiert man eine Stahlnadel.

**4.3** Beim Zerteilen eines Magneten erhält man immer Dipole, niemals Einzelpole.

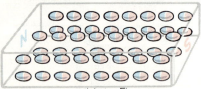

**4.4** So stellt man sich die Elementarmagnete im Innern magnetischer Substanzen vor.

### EI 1.3 Wie kann man ein Messer magnetisieren, und was geschieht dabei?

**Elementarmagnete**

Zum Magnetisieren braucht man einen starken Magneten und geeignetes Material, z. B. gehärteten Stahl. Folgendes Verfahren führt dann zum Ziel:

$V_1$ Man streicht mit dem Nordpol des Magneten nach Abb. 4.2 mehrmals am zunächst unmagnetischen Stahlstück (Messer, Stricknadel) entlang. Danach legen wir es in Eisenfeile und prüfen seine Enden mit dem Kompaß. Wir erkennen eindeutig einen Nordpol und einen Südpol.

$V_2$ Eine magnetisierte Nadel wird nach Abb. 4.3 zunächst in zwei, dann in vier und schließlich in acht Teile zerlegt. Wider Erwarten bekommen wir nicht einzelne Pole, denn an jeder Schnittstelle bildet sich links ein Südpol und rechts ein Nordpol aus. Auch die Teilstücke sind somit sogenannte **Dipole** (von di = zwei), also Stabmagnete, wie wir sie bereits kennen. Kleinere Einheiten als Dipole gibt es offensichtlich nicht.

> Der magnetische Grundbaustein ist ein Dipol.

**Was geschieht beim Magnetisieren im Stahl?**

Das Ergebnis von $V_2$ legt nahe, sich vorzustellen, daß schon die kleinsten Teilchen eines Magneten Dipole sind. Man nennt sie **Elementarmagnete** und kann mit ihrer Hilfe den Magnetisierungsvorgang erklären:
Danach enthält bereits eine unmagnetische Stricknadel Elementarmagnete. Doch liegen diese entsprechend Abb. 4.4 so wirr durcheinander, daß sich die Wirkungen ihrer Nord- und Südpole nach außen aufheben. Wenn wir mit einem starken Magnetpol an der Nadel entlangstreichen, werden die Elementarmagnete zum Teil ausgerichtet. Ihre Südpole drehen sich in die Bewegungsrichtung des magnetisierenden Nordpols. Am rechten Magnetende entsteht dementsprechend ein Südpol, am linken ein Nordpol.

> Beim Magnetisieren richtet man die zunächst ungeordneten Elementarmagnete einheitlich aus.

$V_3$ Fülle ein Prüfglas mit magnetisierten Stahlspänen und streiche mit einem Magnetpol daran entlang. Du kannst das Umklappen der Splittermagnete beobachten. (Modellversuch!) Wo entsteht der Südpol, wo der Nordpol?

$V_4$ Bringe die Magnetchen durch Schütteln wieder in Unordnung! Hat auch jetzt das Glas noch klar erkennbare Pole?

**V₅** Analog zu V₄ werden durch starkes Erschüttern Magnete geschwächt. Beweise dies, indem du eine magnetisierte Stricknadel auf einem Amboß hämmerst.

**V₆** Ausglühen entmagnetisiert einen Magneten vollständig. Bei hohen Temperaturen ist die Wärmebewegung der Atome und Moleküle so stark, daß jede Ordnung der Elementarmagnete zerstört wird.

Beim Zerbrechen der magnetisierten Stricknadel kannst du die einzelnen Elementarmagnete selbst nicht zerreißen, da sie nicht weiter unterteilbar sind. Du kannst nur benachbarte Dipole voneinander trennen. Deshalb zeigen sich in Abb. 5.1 an der Bruchstelle AB die beiden Pole. Fügst du jedoch die Teile wieder zusammen, so heben sich die entgegengesetzten Pole in ihren Wirkungen nach außen auf, der Magnet erscheint an der Bruchstelle unmagnetisch, obwohl er in Wirklichkeit durchgängig magnetisiert ist.
Im kohlenstoffarmen **Weicheisen** lassen sich die Elementarmagnete sehr leicht ausrichten, verlieren aber sofort wieder ihre Ordnung, wenn die magnetisierende Kraft wegfällt.
In **gehärtetem Stahl** (etwa 1% Kohlenstoff) behindern dagegen die vielen Kohlenstoffeinschlüsse das Drehen der Elementarmagnete. Dies erschwert die Magnetisierung, läßt aber andererseits die einmal erzwungene Ordnung im Dauermagneten bestehen.
**Unmagnetisches Material** enthält keine Elementarmagnete, die ausgerichtet werden könnten.

## Warum haftet ein Weicheisenstück am Magneten?

**V₇** Einen Eisennagel können wir nicht dauernd magnetisieren. Hängen wir ihn aber an einen starken Magneten, so ist das dem Magnetpol abgewandte Ende des Nagels nach Abb. 5.2 in der Lage, einen zweiten Nagel festzuhalten. Dort ist ein Magnetpol entstanden. Der im Nagel „geweckte" Magnetismus verschwindet sofort, wenn wir den Magneten entfernen. Jetzt fällt der zweite Nagel ab:
Die ungeordneten Molekularmagnete im Weicheisen des Nagels werden durch den starken Magneten ausgerichtet: alle Südpole der Elementarmagnete drehen sich dem magnetisierenden Nordpol zu, alle Nordpole wenden sich ab. Der magnetisierende Nordpol des Magneten und der durch Magnetisierung entstandene Südpol des Nagels ziehen sich an.

> Eisen wird in der Nähe eines Magneten zunächst magnetisiert. Dann ziehen sich ungleichnamige Pole an.

**V₈** Ein starker Magnet zieht eine ganze Kette Nägel an. Die fernen Glieder fallen ab, wenn man die Kette an einer Stelle unterbricht.
Erkläre! Hierzu mußt du eine Skizze anfertigen und in die Nägel einige Elementarmagnete einzeichnen.

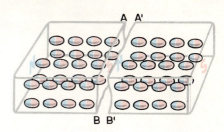

**5.1** Beim Zerbrechen eines Magneten werden die Elementarmagnete an der Bruchstelle nach außen wirksam.

**5.2** Ein Weicheisenstück wird zuerst magnetisiert, dann angezogen.

> **Merke dir,**
>
> daß man sich Magnete aus Elementarmagnetchen aufgebaut denkt;
>
> daß das Verhalten magnetischer Substanzen durch Ordnung und Unordnung der Elementarmagnete zustandekommt;
>
> wodurch sich Weicheisen und Stahl unterscheiden;
>
> welche Kräfte Magnetpole aufeinander ausüben.

**Aufgaben:**

1. Was versteht man unter einem magnetischen Dipol?
2. Erkläre den inneren Aufbau eines Magneten mit Hilfe der „Elementarmagnete".
3. Was heißt magnetisieren, was entmagnetisieren?
4. Warum kann man Stahl bleibend, Eisen nur vorübergehend und Kupfer überhaupt nicht magnetisieren?
5. Wird ein Magnet schwächer, wenn man ihn oft zum Magnetisieren benutzt?

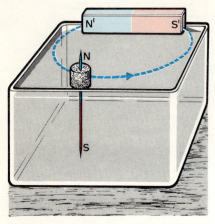

6.1 Magnetische Kräfte wirken auch im Vakuum.

6.2 Der Nordpol der schwimmenden Magnetnadel bewegt sich auf einer magnetischen Kraftlinie.

### EI 1.4  Was ist ein magnetisches Kraftfeld?

**Magnetfelder**

In der Mechanik haben wir Kräfte mit Hilfe von Seilen, Stangen, Flüssigkeiten und Gasen übertragen. Bei magnetischen Kräften brauchen wir solche Hilfsmittel nicht. Sie wirken sogar im leeren Raum.

$V_1$ Nach Abb. 6.1 bringen wir in ein auspumpbares Gefäß ein Eisenpendel. Der Magnet rechts zieht es aus der Lotrichtung. Die Abweichung bleibt, wenn wir das Gefäß evakuieren.

Offensichtlich verändert ein Magnet den ihn umgebenden Raum. Der Physiker sagt dann, dort bestehe ein **magnetisches Kraftfeld** (kurz: **Magnetfeld**).

> Ein Raum, in dem magnetische Kräfte wirken, heißt Magnetfeld.

**Wodurch läßt sich ein Magnetfeld kennzeichnen?**

In einem Magnetfeld wirken die Kräfte nicht überall gleichartig. Das haben unsere früheren Versuche eindeutig bewiesen. Dem Feld kommt dementsprechend eine Struktur zu. Diese zeigt folgender Versuch:

$V_2$ Wir nähern dem Nordpol N der in Abb. 6.2 senkrecht schwimmenden Stricknadel einen Stabmagneten. Die Nadel bewegt sich auf einer weit ausladenden Kurve von N' nach S', denn auf ihren Nordpol werden vom Stabmagneten Kräfte ausgeübt. (Von der Kraftwirkung der Pole auf das untere Ende der Nadel dürfen wir wegen der größeren Entfernung absehen.)

$V_3$ Wenn statt des Nordpols der Südpol S der Stricknadel benutzt wird, bewegt sie sich auf der gleichen Bahn in entgegengesetzter Richtung. Warum?

Die von der Nadel beschriebene Bahn wird **magnetische Kraftlinie** genannt. Diese Linie zeigt uns an jeder Stelle des Feldes die Kraftrichtung an.

Man ist übereingekommen, die Richtung, in der ein Nordpol getrieben wird, durch Pfeile zu markieren. Feldlinien „verlaufen" dementsprechend vom Nordpol zum Südpol. Erkläre mit Hilfe des Kraftgesetzes!

> Pfeile an Feldlinien geben die Richtung der auf einen Nordpol wirkenden Kraft an.

Beachte: Feldlinien sind Hilfsmittel zum Darstellen der Feldstruktur. Sie sind im Raum um den Magneten nicht wirklich vorhanden. Wir denken sie hinzu. Feststellen können wir lediglich Kraftrichtungen.

---

**Merke dir,**

wann der Physiker von einem magnetischen Kraftfeld spricht;

welche Bedeutung die Feldlinien haben;

wie man ihren Verlauf sichtbar macht;

welche Struktur die Felder von Stabmagnet und Hufeisenmagnet haben;

welche Feldform sich beim Gegenüberstellen zweier gleicher Pole ergibt;

wann ein Feld als homogen bezeichnet wird.

## Wie stellt sich eine Magnetnadel im Feld ein?

**V₄** Stelle in der Nähe eines Stabmagneten eine kleine Kompaßnadel auf und zeichne an diesem Ort ein Stück Feldlinie! Verschiebe die Nadel und wiederhole, bis sich ein Bild über den Verlauf der Kraftlinien ergibt!
Auf die Nadel wirken im Feld zwei Kräfte. Siehe Abb. 7.1!
Was bewirken sie? Warum stellt sich die Nadel in Richtung der Linientangente ein?

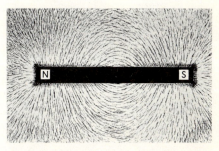

**7.1** Magnetnadeln zeigen im Feld die Tangente an die Feldlinien.

## Feilspanbilder

In V₄ wurde ein mühseliges Verfahren beschrieben. Bequemer ist folgendes Vorgehen:

**V₅** Wir legen auf einen Magneten ein Stück Karton oder eine Glasplatte und streuen Eisenfeilspäne auf. Die Eisenfeilspäne werden magnetisiert und verhalten sich daraufhin wie winzige Magnetnadeln. Wenn wir leicht klopfen, stellen sie sich in Richtung der Kraftlinien ein, und wir erhalten einen Überblick über deren Verlauf.
Diskutiere die auf diese Art sichtbar gemachte Feldstruktur eines **Stabmagneten** und eines **Hufeisenmagneten** (Abb. 7.2 u. 7.3). Wie würden sich im Feld Einzelpole bewegen? Wie würden sich Magnetnädelchen an verschiedenen Orten einstellen? Felder mit parallelen Kraftlinien heißen **homogen**! Suche den homogenen Teil im Feld des Hufeisenmagneten. Erläutere mit Hilfe der Bilder folgenden Satz:

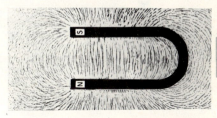

**7.2** Das Feld dieses Stabmagneten wurde durch Aufstreuen von Eisenfeilspänen sichtbar gemacht.

> Magnetische Kraftlinien treten am Nordpol aus dem Magneten aus, am Südpol ein.

**V₆** Zwei Magnete werden so nebeneinandergelegt, a) daß sich ungleiche Pole gegenüberstehen, b) daß gleiche Pole beieinanderliegen (Abb. 7.4). Merke dir den Feldverlauf! Er läßt auf einen Blick erkennen, ob Anziehungs- oder Abstoßungskräfte wirken.

**7.3** Feldlinien in der Umgebung eines Hufeisenmagneten. Zwischen den beiden Schenkeln verlaufen sie parallel. Dort ist das Feld weithin homogen.

### Aufgaben:

1. Was sagen die Kraftlinien über das Magnetfeld aus?
2. Was bedeuten Pfeile an Kraftlinien?
3. Wie bewegt sich ein leichtbeweglicher Nordpol in den in Abb. 7.3 und 7.4 dargestellten Feldern?
4. Diskutiere, wie sich eine Magnetnadel einstellt, die man an beliebigen Orten ins Feld der Abb. 7.2 und 7.3 bringt!
5. Wie kommt es, daß man die Struktur von Magnetfeldern mit Hilfe von Eisenfeilen sichtbar machen kann?
6. Inwiefern kann man aus Magnetfeldbildern ersehen, ob sich die felderzeugenden Magnete anziehen oder abstoßen?

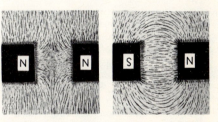

**7.4** Eisenfeile zwischen ungleichnamigen und zwischen gleichnamigen Polen

## EI 1.5 Welche Struktur hat das Magnetfeld der Erde?

### Das Erdfeld

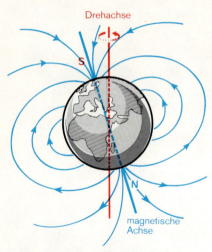

**8.1** Magnetfeld der Erde

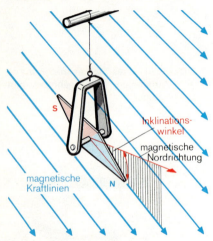

**8.2** Eine Inklinationsnadel zeigt die Abweichung des Erdfeldes von der Horizontalen.

Durch Untersuchungen mit Erdsatelliten weiß man über den Erdmagnetismus recht gut Bescheid. Die Feldlinien sind in Abb. 8.1 an Hand der vorliegenden Messungen in eine Karte eingezeichnet worden. Dementsprechend ist die magnetische Achse gegen die Drehachse (= geogr. Achse) geneigt.

**V₁** Ein ähnliches Feld wie die Erde hat eine magnetisierte Stahlkugel. Durch Aufstreuen von Eisenfeilspänen kann das Feld sichtbar gemacht werden, wenn die Kugel zuvor halb in ein passendes Loch in einem weißen Karton gelegt wird.
Die Eisenfeilspäne ordnen sich zu Linien, die denen in Abb. 8.1 entsprechen. Sie geben uns ein Bild von der Struktur des erdmagnetischen Feldes in der näheren Umgebung der Erde.

Die **Kraftlinien der Erde** treten zum größten Teil nicht direkt am magnetischen Pol auf der südlichen Halbkugel aus. Sie durchlaufen in weiten Bögen den Raum um den Erdball und treten auf der nördlichen Halbkugel wieder ein.
Eine um eine waagerechte Achse bewegliche Magnetnadel stellt sich somit nur in der Äquatorgegend parallel zur Erdoberfläche, sonst bildet sie nach Abb. 8.2 mit ihr einen bestimmten Winkel, den **Inklinationswinkel,** der bei uns etwa 65° beträgt: Die Kraftlinien des Erdfeldes laufen bei uns steil nach Norden in den Boden hinein.

Über den **Ursprung des Erdmagnetismus** ist wenig bekannt. Sicher ist, daß er nicht von einem magnetisierten Erdkern stammen kann. Dieser besteht zwar im wesentlichen aus den Metallen Nickel und Eisen. Die Temperaturen im Erdinnern sind aber so hoch, daß das Magnetisieren des Kernmaterials nicht mehr möglich ist. Man nimmt deshalb an, daß der Erdmagnetismus durch elektrische Ströme im Erdinnern erzeugt wird. Störungen im **Magnetfeld** (sog. magnetische Stürme) kommen dagegen von elektrischen Strömen in der hohen Atmosphäre.

---

**Merke dir,**

daß die Erde ein magnetischer Dipol ist;

daß der erdmagnetische Südpol in der Arktis, der erdmagnetische Nordpol aber in der Antarktis liegt;

welche Struktur das Magnetfeld der Erde hat;

was man unter dem Inklinationswinkel versteht.

---

**Aufgaben:**

1. Vergleiche das Feld der Erde mit dem Feld eines Stabmagneten!
2. Zeige die Richtung der magnetischen Feldlinien im Klassenzimmer. Denke daran, daß sie nicht waagrecht verlaufen.
3. Wo liegt der magnetische Südpol der Erde? (Der Nordpol einer Kompaßnadel zeigt nach Norden!)
4. Zeichne das Erdfeld entsprechend Abb. 8.1! Suche in diesem Bild Europa und erkläre die bei uns herrschende Inklination!

# El 2 Der elektrische Strom und seine Wirkungen

## El 2.1 Wie funktioniert die elektrische Taschenlampe?

### Der Stromkreis

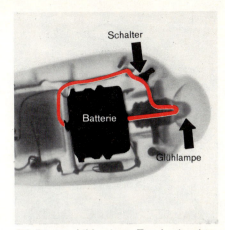

9.1 Röntgenbild einer Taschenleuchte. Die Teile links neben der Batterie gehören zum Ladegerät

Wenn du eine Taschenlampe auseinandernimmst, findest du immer folgende Teile: eine Batterie (die Stromquelle), eine Glühlampe, einen Schalter und mehrere Leitungen, meist in Form von Blechstreifen. Diese Teile bilden eine einfache elektrische Anlage. Wir wollen versuchen, deren Geheimnis zu lüften:

$V_1$ Zu diesem Zweck bauen wir sie nach Abb. 9.2 in offener Schaltung auf. Beschreibe die einzelnen Bauteile! Prüfe, ob sie entsprechend dem Schaltplan der Abb. 9.3 zusammengeschaltet sind! Welche Schaltzeichen stehen im Plan für welche Teile?
Wenn wir den Blechstreifen im Schalter nach unten drücken, glüht der feine Draht in der Lampe auf. Du wirst nun behaupten, sie leuchte, weil ein elektrischer Strom fließe. Damit hast du recht. Die roten Pfeile in Abb. 9.2 zeigen dir, welchen Weg dieser Strom nimmt. Verfolge ihn!

Deine Aussage, in den Leitungen unserer Versuchsanordnung fließe ein Strom, beruht nicht auf deinen eigenen Erfahrungen. Denn du kannst diesen weder sehen noch hören und riechen. Erst langwierige wissenschaftliche Untersuchungen haben seine Existenz nachgewiesen. Später wirst du auch erfahren, was strömt. Vorläufig halten wir fest:

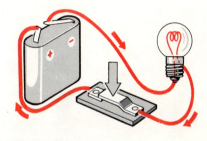

> Den elektrischen Strom können wir nicht unmittelbar beobachten. Er gibt sich nur durch seine Wirkungen zu erkennen.

9.2 Oben: einfacher elektrischer Stromkreis. Unten: sein Schaltplan mit Schaltzeichen

Eine solche Wirkung ist beispielsweise das Glühen des feinen Lampendrahts. In diesem erzeugt der elektrische Strom Wärme und Licht.

### Spezielles Experimentiergerät

In unserem ersten Versuch war das Herstellen der Leitungsverbindungen recht mühsam. Wir erleichtern uns deshalb das Experimentieren, indem wir geeignetes Gerät benutzen. $V_1$ nimmt damit die Gestalt der Abb. 9.3 an. Du erkennst, daß jetzt das Verbinden der Bauteile durch Leitungen leichter fällt, denn die Drähte tragen an ihren Enden Stecker (sie heißen Experimentierkabel), die Lampe wurde in eine Fassung geschraubt, die mit Buchsen verbunden ist. Die Batterie wurde mit Krokodilklemmen, der Schalter mit Buchsen versehen.

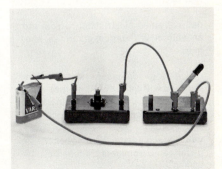

9.3 Der gleiche Stromkreis wie in Abb. 9.2, aber mit handlichen Aufbauteilen geschaltet

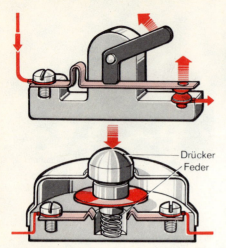

**10.1** Prinzipieller Aufbau von Schaltern. Erkläre, wie sie funktionieren!

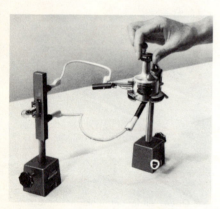

**10.2** Stromkreis mit Fahrradlichtmaschine

---

**Merke dir,**

daß wir einen elektrischen Strom nur an seinen Wirkungen erkennen können;

daß eine geschlossene Metallverbindung vom Plus- zum Minuspol einer Stromquelle vorhanden sein muß, wenn ein Strom fließen soll;

daß verschiedene Stromquellen im gleichen Stromkreis dasselbe bewirken können;

was ein Schalter bewirkt.

---

## Wann fließt ein Strom?

**$V_2$** Unterbrich nun den Strom an allen bequem möglichen Stellen! Welche sind dies? Zeige, daß nur dann Strom fließt, wenn eine lückenlose Metalleitung vom Minuspol über die Glühlampe zum Pluspol der Batterie besteht. Wir sprechen dann vom geschlossenen elektrischen Stromkreis. Ähnliches gilt für alle elektrischen Anlagen:

> Ströme fließen nur im geschlossenen Stromkreis. Dann verbindet eine lückenlose Drahtleitung die beiden Pole der Stromquelle.

Das Gerät, das den elektrischen Strom im Stromkreis hervorruft, nennt man ganz allgemein **Stromquelle**. Eine Stromquelle hat zwei Anschlüsse, sogenannte **Pole**, die man durch die Zeichen + und − unterscheidet. Diese elektrischen Pole dürfen nicht mit Magnetpolen verwechselt werden.

> Stromquellen haben (mindestens) zwei Pole.

An der von uns benutzten Taschenlampenbatterie ist der lange Blechstreifen −-Pol, der kurze +-Pol.

## Was bewirkt ein Schalter?

**$V_3$** Füge den **Schalter** an verschiedenen Stellen in den Stromkreis ein und betätige ihn!

> Schalter unterbrechen oder schließen den Stromkreis.

In Abb. 10.1 sind einige wichtige Schaltertypen dargestellt. Erkläre, wie sie arbeiten!

## Andere Stromquellen

An der Funktion der elektrischen Anlage in Abb. 9.3 ändert sich nichts, wenn wir die Taschenlampenbatterie ersetzen:

**$V_4$** a) durch ein geeignetes **Stromversorgungsgerät** mit Netzanschluß
b) durch einen **Akkumulator**
c) durch eine Fahrradlichtmaschine (Abb. 10.2), die man von Hand antreibt.

**Aufgaben:**

1. Erkläre, was man unter einem geschlossenen Stromkreis versteht!
2. Welche Stromquellen kennst du?
3. Welche Teile bilden den Lichtstromkreis an deinem Fahrrad?

## El 2.2 Wozu dienen Isolatoren?

**Leiter und Nichtleiter**

Die Drahtleitungen, über die unsere Häuser mit Strom versorgt werden, sind nicht unmittelbar am Mast, sondern an Glas-, Kunststoff-, oder Porzellankörpern befestigt. Diese heißen **Isolatoren**. Welche Aufgabe sie im Stromkreis zu erfüllen haben, werden uns folgende Versuche zeigen:

**$V_1$** Wir bauen nach Abb. 11.2 in einen Stromkreis aus Batterie und Lämpchen eine Unterbrechungsstelle ein. Wenn wir diese mit einem Metallstück (Eisen, Aluminium), oder durch einen Kohlestift überbrücken, leuchtet die Lampe auf. Man sagt, diese Stoffe leiten den elektrischen Strom. Ist die Unterbrechungsstelle dagegen mit Luft, Glas, Porzellan oder Kunststoff überbrückt, so bleibt der Stromkreis unterbrochen und die Lampe dunkel. Diese Stoffe leiten nicht.

11.1 So sind Freileitungen am Mast befestigt.

> Ein Strom kann nur dann fließen, wenn der Stromkreis ganz aus leitenden Stoffen besteht.

Wichtige Leiter und Nichtleiter (Isolatoren) sind in der untenstehenden Tabelle aufgeführt.

### Leiten auch Flüssigkeiten?

**$V_2$** Dies prüfen wir, indem wir nach Abb. 11.3 zwei Kupferstäbe (oder Kohlestäbe), die in ein Glasgefäß hineinragen, in einen Stromkreis einfügen.
Die Lampe leuchtet, wenn wir Säuren-, Basen- (Laugen) oder Salzlösungen in das Gefäß füllen. Diese Flüssigkeiten leiten. Reines Wasser (destilliertes Wasser), Öl und Benzin leiten dagegen nicht: Es sind Isolatoren.
Bei Leitungswasser und feuchtem Erdreich glüht der Lampendraht nur schwach. Diese Stoffe leiten schlecht.

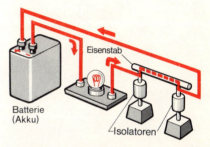

11.2 Mit dieser Anordnung prüft man, welche Stoffe leiten.

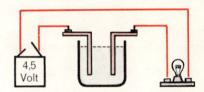

11.3 Versuchsanordnung zum Prüfen von Flüssigkeiten

**$V_3$** Wir verrühren bei der Untersuchung von Wasser darin etwas Salz. Die Glühlampe im Stromkreis leuchtet sofort heller und zeigt, daß die Leitfähigkeit vom Salzgehalt des Wassers abhängt. In gleicher Weise läßt sich nachweisen, daß feuchte Erde besser leitet als trockene.

Der Körper des Menschen leitet ebenfalls. Dies untersuchen wir später eingehend.

### Wozu braucht man Leiter und Nichtleiter in der Technik?

**Freileitungen** sind durch Luft voneinander isoliert. Porzellanisolatoren trennen sie von den Masten, so daß der elektrische Strom nur den vorgesehenen Weg längs der Drähte nehmen kann. Das Innere der Isolatoren bleibt auch bei Regen trocken.

| Leiter | Nichtleiter (Isolatoren) |
|---|---|
| Metalle (Kupfer und Aluminium bevorzugt), Kohle | Luft, Gummi, Kunststoff, Papier, Öl, Glas, Keramik |
| **weniger gute Leiter** | |
| Lösungen von Säuren, Basen, Salzen Erdreich Leitungswasser (je nach Salzgehalt) Körper des Menschen | |

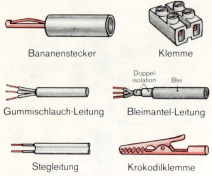

12.1 Leitungen und Verbindungsstücke

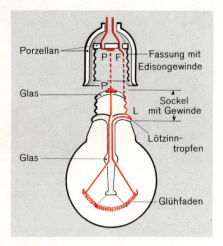

12.2 Leitungsführung in Glühlampe, Glühlampensockel und Glühlampenfassung

In die Rohre der **elektrischen Hausinstallation** sind Kupferdrähte eingezogen, die mit nichtleitenden Kunststoffen umhüllt sind. Meist werden derartige Leitungen heute direkt im Putz verlegt. Sie sind dann mehrfach umhüllt (s. Stegleitung Abb. 12.1).

**Drähte für Spulen** (z.B. in elektrischen Klingeln) sind an ihrer Oberfläche durch eine dünne Lackschicht isoliert. Diese Schicht muß man an den Drahtenden entfernen, wenn man die Spule anschließt.

In **Anschlußschnüren** liegen zwei Drähte dicht beieinander. Damit der Strom nicht unmittelbar von einem Draht zum anderen fließen kann (sog. **Kurzschluß**), ist jeder für sich mit Gummi oder Kunststoff umhüllt. Eine weitere Kunststoff- oder Gewebeschicht umgibt beide Drähte gemeinsam.

**Kabel** enthalten mehrere voneinander isolierte Drähte. Diese sind von verschiedenen Schutzschichten umgeben. Bei Erdkabeln ist eine davon aus Metall. Kabel, die durch Zugkräfte beansprucht werden, bekommen zusätzlich eine stahlseilähnliche Hülle, die diese Kräfte aufnimmt.

Zum Verbinden von Leitungen dienen **Stecker, Buchsen, Lüsterklemmen, Kabelschuhe** und **Schraubklemmen**, manchmal auch **Krokodilklemmen** (Abb. 12.1). Auch diese Teile sind meist von Isolierstoffen umgeben, die eine unerwünschte Berührung stromführender Metallteile von außen verhindern.

> Elektrische Leitungen werden so isoliert, daß der Strom nur den vorgesehenen Weg nehmen kann.

Die Abb. 12.2 zeigt die Leitungsführung im Sockel und in der Fassung einer **Glühlampe**. An den Lötstellen P′ und L sind die Zuleitungen zum Glühfaden angelötet. Gewinde und Lötstelle P′ sind voneinander isoliert. Beim Einschrauben der Glühlampe in die Fassung berührt die Lötstelle P′ im Zentrum des Sockels das Plättchen P der Fassung. Das Sockelgewinde bekommt mit der Feder F Kontakt. Verfolge den Weg des elektrischen Stroms.

> **Merke dir,**
>
> welche Stoffe leiten;
>
> welche Stoffe zur Isolation gebraucht werden;
>
> daß auch Flüssigkeiten und Erde leiten können;
>
> warum Drähte gegeneinander isoliert sind;
>
> was ein Kurzschluß ist;
>
> wie eine Glühlampe beim Einschrauben in die Fassung Kontakt bekommt.

**Aufgaben:**

1. Was ist ein Leiter?
2. Was ist ein Isolator?
3. Warum sind die blanken Freileitungen im Vergleich zu unserer Körpergröße hoch aufgehängt?
4. Welche Flüssigkeiten leiten?
5. Untersuche Experimentierschnüre, Experimentierstecker und Krokodilklemmen! Sind sie „berührsicher"?
6. Warum baut man Netzstecker so, daß erst dann Kontakt hergestellt wird, wenn die Metallstifte in der Steckdose verschwunden sind?
7. Untersuche ausgebrauchte Schalter. Wie wird der Kontakt hergestellt?

## El 2.3  Was stellt man sich unter einem elektrischen Strom vor?

**Elektronen in Metallen**

Beim Wort Strom denkst du zunächst an einen Fluß. Dort strömt Wasser. Was aber fließt in einer massiven elektrischen Leitung? Mit dieser Frage haben sich die Physiker lange Zeit sehr eingehend befaßt. Hier werden nun die Ergebnisse ihrer Untersuchungen dargestellt, und zwar stark vereinfacht.

**13.1** Hier strömt Wasser.

### Was geschieht im Kupfer, wenn Strom fließt?

Alle Stoffe bestehen aus Atomen, auch die Metalle. Das weißt du schon aus dem Chemieunterricht. In festen Stoffen sind diese Atome regelmäßig angeordnet. Die Abb. 13.1 zeigt dies schematisch.
Auch das Einzelatom ist zusammengesetzt. In seiner Mitte liegt der **positiv elektrische Kern.** Er ist umgeben von einer **negativ elektrischen Hülle,** in der eine für jede Atomart charakteristische Zahl von **Elektronen** den Kern umschwirrt. Beim Kupferatom sind es 29. Die Elektronen können die Hülle nicht von selbst verlassen, denn sie werden vom positiven Kern festgehalten.
Wenn sich die Kupferatome zu einem festen Stoff, also einem Metallstück zusammenlagern, so tritt etwas Neues ein: Jedes Atom gibt ein Elektron frei. Dieses kann sich im Metall bewegen und bildet mit den anderen „freien" Elektronen eine Art Gas, die nunmehr bewegliche **negative Elektrizität.** Wie die Teilchen jedes Gases schwirren auch die Elektronen wild durcheinander (mittlere Geschwindigkeit um 1000 km/s). Sie können aber die Metalloberfläche nicht verlassen. Der Leiter bildet somit ein Gefäß, in dem das Elektronengas eingeschlossen ist.

**13.2** Anordnung der Atome in einem festen Körper. Rot: Atomkerne; blau: Atomhülle (stark vereinfacht)

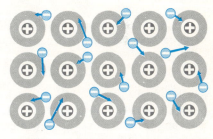

**13.3** In einem Kupferkristall geben die Atome je ein Elektron frei.

> In Metallen ist negative Elektrizität in Form des Elektronengases eingeschlossen.

Wird ein Kupferstück in einen Stromkreis eingefügt, so werden auf der einen Seite von der Stromquelle (in Abb. 13.4 rechts) Elektronen abgesaugt und auf der anderen nachgeliefert. Das Elektronengas beginnt infolgedessen durch den Kristall zu strömen. Diese **Driftbewegung** erfolgt sehr langsam mit weniger als 1 mm/s. Sie ist in Abb. 13.4 stark übertrieben durch rote Pfeile dargestellt.

> Elektrische Ströme in Metallen bestehen in der gleichsinnigen Bewegung freier Elektronen.

Auch **Isolatoren** (Nichtleiter) sind aus Atomen mit Kern und Elektronenhülle aufgebaut. Jedoch lassen hier die Atome keine Elektronen frei. Deshalb entsteht auch kein Elektronengas. Beim Einfügen eines solchen Stoffes in einen Stromkreis kann kein Strom zustande kommen.

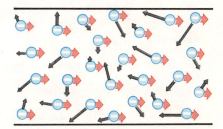

**13.4** Der regellosen Bewegung der Elektronen im Elektronengas überlagert sich die Driftgeschwindigkeit (rote Pfeile). Die Atomrümpfe sind nicht gezeichnet.

## Vergleich von Wasserstromkreis und elektrischem Stromkreis

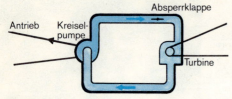

14.1 Wasserstromkreis

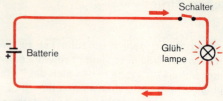

14.2 Elektrischer Stromkreis

Unser Bild zeigt einen Wasserstromkreis. Er besteht aus Pumpe, Turbine und 2 Röhren.

Die Röhren sind mit leichtbeweglichem **Wasser** gefüllt. Wenn die Pumpe angetrieben wird, kommt dieses in Bewegung. Es strömt durch die obere Leitung, die **Zuleitung,** zur Turbine, treibt sie an und gelangt durch die untere Leitung, die **Rückleitung,** wieder zur Pumpe. Dabei fließt es im Kreis. Ursache (Quelle) des Stroms ist die **Pumpe.** Am Druckstutzen quillt Wasser heraus, am Saugstutzen wird es angesaugt.

Durch **Schließen** der Absperrklappe kann die Strömung unterbrochen werden, denn die Wasserteilchen können die Sperre nicht durchdringen.

Die Richtung des Wasserstroms ist meist ohne weiteres zu erkennen, z.B. an mitgerissenen Luftblasen.

---

Beachte, daß in beiden Stromkreisen der **strömende Stoff** (Wasser bzw. Elektrizität) von Anfang an vorhanden ist. Er wird nicht erzeugt, sondern nur in Bewegung gesetzt.

Der elektrische Stromkreis unserer Abbildung besteht aus Batterie, Glühlampe und 2 Drähten.

In den Leitungen befindet sich **bewegliche Elektrizität** (das Elektronengas). Sie wird von der Batterie in Bewegung gesetzt, strömt in der **Zuleitung** (oben) zur Lampe, bringt diese zum Glühen und gelangt durch die **Rückleitung** (unten) wieder zur Batterie zurück. Auch hier besteht ein Kreislauf: Die Stromquelle (Ursache des Stroms) wirkt als **Elektronenpumpe.** An ihrem Minuspol quellen Elektronen heraus. Am Pluspol werden sie angesaugt.

Das **Öffnen** des Schalters bewirkt eine Unterbrechung des Stroms, weil die Elektronen das Leitermetall nicht verlassen können.

Eine Strömungsrichtung ist nicht festzustellen. Wir kennzeichnen sie durch Pfeile, welche die Richtung der Elektronenbewegung angeben. Sie weisen von — nach +.

---

Die **Stärke des Antriebs** wird bei der Wasserpumpe durch den Druck (gemessen in at), bei der Elektronenpumpe durch die elektrische Spannung (gemessen in Volt) charakterisiert.

---

**Merke dir,**

daß Atomkerne positiv, Elektronen negativ sind;

daß Metalle freibewegliche Elektronen enthalten;

was man unter dem Elektronengas versteht;

daß Elektronen vom Minuspol der Batterie durch die Metalldrähte des Stromkreises zum positiven Pol strömen.

---

**Aufgaben:**

1. Man spricht von Gasstrom, Wasserstrom, Elektronenstrom, Menschenstrom, Fahrzeugstrom, Geldstrom! Was haben sie gemeinsam?
2. Zu welchen Strömen der Aufgabe 1 gibt es einen geschlossenen Stromkreis? Was dient als Leiter? Wodurch kommt die Strömung zustande?
3. In welcher Richtung strömen die Elektronen in den Abbildungen der Kapitel El 2.1 und El 2.2?
4. Wodurch unterscheidet sich der Pluspol der Batterie vom Minuspol?
5. Was bedeutet „schließen" beim Wasserstromkreis, was beim elektrischen Stromkreis?

## El 2.4 Wodurch gibt sich der elektrische Strom zu erkennen?

### Stromwirkungen
### Reihenschaltung

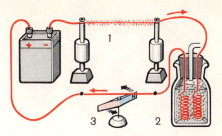

**15.1** Hier zeigt derselbe Strom gleichzeitig 3 Wirkungen.

Bisher haben wir elektrische Ströme in Metalldrähten (Elektronenströmungen) daran erkannt, daß ein dünner Draht bis zum Glühen erhitzt wurde. Du weißt aber aus eigener Erfahrung, daß sich elektrische Ströme auch in anderer Weise bemerkbar machen.

$V_1$ Nach Abb. 15.1 schalten wir in einen Stromkreis einen dünnen Draht (Material: Konstantan 10 cm lang, 0,2 mm ⌀) und eine mit 30%iger, wäßriger NaOH-Lösung gefüllte Zersetzungszelle ein. Dicht unter ein nord-südlich verlaufendes Teilstück der Leitung wird eine Magnetnadel gestellt. Beim Anschalten einer geeigneten Stromquelle, z. B. eines Netzanschlußgerätes, beobachten wir folgendes:

1. Das dünne Drahtstück wird heiß und glüht. Hier entsteht Wärme:
**Wärmewirkung des elektrischen Stroms**
Hauptanwendungen: Heiz- und Kochgeräte, Glühlampen

2. An den Nickelelektroden in der Zersetzungszelle entstehen Gasblasen. Dort wird Wasser in seine Bestandteile zerlegt:
**Chemische Wirkung des elektrischen Stroms**
Mit dem Gasgemisch aus Wasserstoff und Sauerstoff kann man Seifenblasen füllen, die beim Entzünden mit lautem Knall explodieren: Knallgas. Vorsicht! Lehrerversuch!

3. Die Magnetnadel wird aus ihrer ursprünglichen Richtung abgelenkt. Der elektrische Strom erzeugt magnetische Kräfte:
**Magnetische Wirkung des elektrischen Stroms**

$V_2$ Nach Abb. 15.2 schalten wir eine Glimmlampe direkt an die Steckdose an. Das Gas um die dreieckig geformte Elektrode leuchtet auf. Hier erzeugt der Strom unmittelbar Licht ohne Umweg über die Wärme, ähnlich wie in den Leuchtstoffröhren:
**Lichtwirkung des elektrischen Stroms**
Überzeuge dich davon, daß die Glimmlampe nicht heiß wird!

### Die Reihenschaltung elektrischer Geräte

Die Versuchsanordnungen in Abb. 15.1 werden von den Elektronen nacheinander durchlaufen. Sie liegen im Stromkreis in einer Reihe hintereinander. Der Elektriker spricht deshalb von Hintereinanderschaltung bzw. von **Reihenschaltung**. Wenn der Leiterkreis an einer Stelle unterbrochen wird, stellen die Elektronen ihre Driftbewegung ein. Dies geschieht gleichzeitig im ganzen Stromkreis und unabhängig davon, ob sich der Schalter vor, zwischen oder hinter den einzelnen Bauteilen befindet.

**15.2** Stromkreis mit Glimmlampe. Als Stromquelle dient die Netzsteckdose.

**Merke dir,**

wie man elektrische Geräte in Reihe schaltet;

die einzelnen Wirkungen des elektrischen Stroms.

### Aufgaben:

1. Gib Beispiele aus deiner Erfahrung zur Wärmewirkung, zur magnetischen Wirkung und zur Lichtwirkung des elektrischen Stroms!
2. Wo wurde der elektrische Strom bisher im Chemieunterricht benutzt? Welche Wirkung interessierte dort?
3. Warum liegt ein Lichtschalter immer in Reihe mit der zu schaltenden Glühlampe?
4. Warum kann man einen Schalter sowohl vor als auch hinter die Glühlampe legen, ohne daß seine Funktion beeinträchtigt wird? Verfertige Schaltbilder! Vergleiche mit den Verhältnissen im Wasserstromkreis!

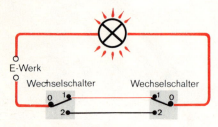

**16.1** Parallelschaltung zweier Glühlampen. Daneben das entsprechende Schaltbild

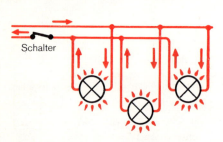

**16.2** Wechselschaltung

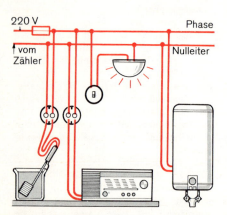

**16.3** Schaltplan für einen Beleuchtungskörper

**16.4** Zu Aufgabe 3

**EI 2.5 Wie ist es möglich, mit einer Stromquelle mehrere Lampen zu betreiben?**

## Parallelschaltung

An deinem Fahrrad sind zwei Lampen angebracht. Für beide steht aber nur eine Stromquelle zur Verfügung. Untersuche die Schaltung dieser Anlage und verfertige ein Schaltbild! Beachte, daß der Rahmen als Rückleitung dient.

 In Abb. 16.1 ist die Anlage etwas verändert nachgebaut. Statt der Lichtmaschine benutzen wir beispielsweise eine Taschenlampenbatterie. Im Punkt A teilt sich die Elektronenströmung. Ein Teilstrom fließt über die Lampe 1, ein zweiter über die Lampe 2. Im Punkt B vereinigen sich die beiden Teilströme wieder zum Gesamtstrom.
Da die beiden Leitungszweige im Schaltbild meist parallel zueinander gezeichnet werden, spricht man hier von **Parallelschaltung**.

 Wo muß man Schalter einbauen, wenn man die Lampen einzeln aus- und einschalten will?

$V_3$ An welche Stelle gehört ein Schalter, der beide Lampen gleichzeitig schaltet?

> Parallelschaltung liegt dann vor, wenn sich der Strom in mehrere Teilströme aufteilt.

$V_4$ Abb. 16.2 zeigt eine sogenannte **Wechselschaltung**. Jeder Schalter verbindet die Kontaktstelle 0 entweder mit der Kontaktstelle 1 oder der Kontaktstelle 2. Wenn man einen beliebigen Schalthebel umlegt, geht der Stromkreis vom schon bestehenden in den zweiten möglichen Schaltzustand über, z. B. von „aus" nach „ein" oder umgekehrt! Erkläre die Anwendung bei der Wohnungsbeleuchtung (1 Lampe, 2 Schalter an verschiedenen Orten)!

**Aufgaben:**

1. a) Zeichne 2 Glühlampen in Hintereinanderschaltung und später in Parallelschaltung! b) Wiederhole mit 3 Lampen!
2. a) Wo muß man in Abb. 16.3 Schalter einfügen, wenn jede Lampe einzeln geschaltet werden soll? Mache einen Plan! b) Es sollen 2 Lampen gleichzeitig und 1 Lampe separat geschaltet werden.
3. In Abb. 16.4 ist eine Wohnungsinstallation schematisch gezeichnet. Erkläre sie! Welche Geräte sind parallel, welche hintereinandergeschaltet?

### EI 2.6 Wodurch unterscheiden sich Gleich- und Wechselstrom?

### Wechselstrom

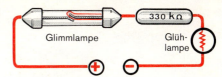

**17.1** Die Glimmlampe zeigt die Polung der Stromquelle an. Am negativen Ende leuchtet sie.

Eine Batterie liefert uns Gleichstrom. Aus der Netzsteckdose aber entnehmen wir Wechselstrom. Da wir bisher Batterienstromkreise betrachteten, wissen wir mit Gleichstrom schon recht gut Bescheid. Nun wollen wir den Wechselstrom kennenlernen.

**V₁** Wir schließen nach Abb. 17.1 eine Stabglimmlampe an eine Gleichstromquelle an. Der Strom im Kreis bleibt infolge des Begrenzungswiderstandes (330 kΩ) sehr schwach, so daß eine zusätzlich eingeschaltete Glühlampe nicht aufleuchtet. Dagegen bildet sich im Neongas der Glimmlampe um den negativen Drahtstift ein Lichtschlauch. Der an den positiven Pol angeschlossene Draht bleibt dunkel. Glimmlampen dienen daher gelegentlich als **Polsuchlampen**.

**17.2** Photographie einer schnell bewegten Glimmlampe bei Wechselstrombetrieb. Die beiden Stifte leuchten nicht gleichzeitig.

> In Glimmlampen leuchtet das Gas um den mit dem negativen Pol verbundenen Metallteil.

**V₂** Speist man den Glimmlampenkreis aus der Steckdose, so leuchten beide Drahtstifte auf. Wir betrachten sie in einem sich drehenden Spiegel und erkennen, daß die beiden Glimmlampenstifte nie gleichzeitig, sondern nacheinander von einer Lichthaut bedeckt sind (Abb. 17.2). Das bedeutet, daß die Polung der Steckdose in rascher Folge wechselt. 50mal in jeder Sekunde ist die obere Buchse negativ. Dazwischen, also ebenfalls 50mal je Sekunde, ist die untere Buchse negativ. Der Strom im angeschlossenen Stromkreis fließt deshalb 50mal je Sekunde in der einen und 50mal je Sekunde in der Gegenrichtung (Abb. 17.3).
Wir haben es mit **Wechselstrom** zu tun. Weil er 50mal je Sekunde hin- und herschwingt, sagt man, er habe eine **Frequenz** von 50 Hertz (Hz). Zeichen: ∼

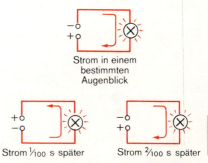

**17.3** „Momentaufnahmen" eines Wechselstromkreises im Abstand von ¹/₁₀₀ s.

> In den Leitungen unseres Versorgungsnetzes fließt Wechselstrom. Er ändert in rascher Folge seine Richtung.

In jedem Augenblick hat auch der Wechselstrom eine ganz bestimmte Richtung. Unsere für Gleichstrom angestellten Überlegungen bleiben daher richtig, wenn wir uns auf sehr kurze Zeitspannen beschränken.

**Aufgaben:**

1. Welcher Pol einer Glimmlampe leuchtet an einer Gleichspannungsquelle? Wie verhält sie sich am Wechselstromnetz?
2. Zeichne an fünf im Abstand von ¹/₁₀₀ s aufgenommene Bilder einer Wechselstromsteckdose +- und —-Zeichen an!
3. Wie bewegen sich die Elektronen in einem Wechselstromkreis?

**Merke dir,**

daß eine Glimmlampe zur Polanzeige verwendet werden kann;

daß ein Wechselstrom in rascher Folge die Richtung ändert;

die Netzfrequenz 50 Hz.

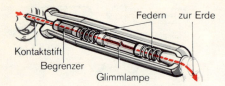

**18.1** Abtasten einer elektrischen Leitung mit einem Prüfgerät

**18.2** Geerdete Lampe an der Steckdose. Vorsicht! Rot: Es fließt Strom.

**18.3** Hier ist der Stromkreis in keinem Fall geschlossen.

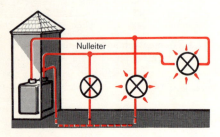

**18.4** Eine Leitung des Wechselstromnetzes ist geerdet.

---

**Merke dir,**

unser Wechselstromnetz ist einseitig geerdet;

Strom fließt dann, wenn die Phase mit dem Nulleiter oder mit der Erde verbunden wird.

---

## El 2.7 Warum benutzt der Elektriker einen Leitungsprüfer?

### Schaltung der Wechselstromnetze

In Abb. 18.1 wird mit Hilfe eines Leitungsprüfers die elektrische Installation abgetastet.

**V₁** Wir machen prinzipiell dasselbe, wenn wir eine Glühlampe einerseits mit der Wasserleitung, andererseits zunächst mit dem einen und dann mit dem anderen Steckdosenpol verbinden. In einem der beiden Fälle leuchtet sie, im anderen nicht (Abb. 18.2). Vorsicht! Lehrerversuch!

**V₂** Im Versuch nach Abb. 18.3 ist die Steckdose durch eine Taschenlampenbatterie ersetzt. Das Glühlämpchen bleibt jetzt dunkel. Dies beweist, daß unser Netz in einer speziellen Art geschaltet ist: Abb. 18.4. Der Transformator dient als Stromquelle! Von der Lampe ganz rechts führen zwei Drähte zur Stromquelle.

Das Besondere an der Schaltung ist die Verbindung eines Stromquellenpols mit der Erde, die sogenannte einseitige **Erdung**. Sie wird dadurch geschaffen, daß man eine Klemme mit einem langen, im Grundwasser versenkten Metallband verbindet. Durch diese Erdung wird für die Lampe in der Mitte der Stromkreis geschlossen: Sie brennt, weil der Strom über das Erdreich zur Stromquelle zurückfließen kann.

> Der geerdete Draht heißt **Erdleiter** oder **Nulleiter**, der nichtgeerdete **Phasenleiter** oder **Phase**.

Beim **Arbeiten am Netz** muß man wissen, welcher Draht Phase und welcher Nulleiter ist.

**V₃** Deshalb berührt der Elektriker nacheinander mit dem Kontaktstift des Leitungsprüfers nach Abb. 18.1 die einzelnen Leitungen. Außerdem legt er seinen Finger auf die Metallkappe am entgegengesetzten Ende. Trifft er die Phasenleitung, so leuchtet die Glimmlampe auf, weil ein Strom über seinen Körper und die Erde fließt. Durch den eingebauten Begrenzungswiderstand bleibt der Strom ungefährlich klein. Ohne den Widerstand wäre das Vorgehen lebensgefährlich.

### Aufgaben:

1. Wodurch unterscheiden sich Phase und Nulleiter?
2. Zeichne den gesamten Stromkreis für den Fall, daß der Elektriker entsprechend Abb. 18.1 die Phase berührt!
3. In den meisten Netzen ist der Nulleiterdraht grau und der Phasendraht schwarz umhüllt. An welchem von den beiden Drähten muß die Lampe des Prüfgerätes aufleuchten?
4. Was muß man annehmen, wenn das Prüfgerät weder beim Berühren der Phase noch beim Berühren des Nulleiters leuchtet?

## El 2.8 Warum dürfen wir die Leitungen unseres Versorgungsnetzes nicht berühren?

### Gefahr durch Strom

19.1 Ströme durch den menschlichen Körper bringen Gefahr

Sammle Berichte von Unfällen, die durch den elektrischen Strom verursacht wurden. Suche darin die Rolle
a) der unterschiedlichen Leitfähigkeit des menschlichen Körpers und dessen Empfindlichkeit,
b) der Erdung des Netzes,
c) der Unwissenheit der Gefahr gegenüber.

**Welche Gefahren entstehen infolge der Leitfähigkeit unseres Körpers?**

$V_1$ Du erhältst ungefährliche elektrische Schläge, wenn du die Anschlüsse einer läutenden Klingel mit Daumen und Zeigefinger derselben Hand berührst. Durch deine Hand fließt dabei ein Strom. Er beweist, daß der menschliche Körper leitet. Machst du die Hand naß, so wird der Strom stärker. Die Schläge beginnen unangenehm zu werden.

$V_2$ Mit nasser Hand gelingt das Elektrisieren auch schon an einem schnellaufenden Fahrradgenerator.

> Die Leitfähigkeit des menschlichen Körpers erhöht sich, wenn die Haut an den Berührstellen naß ist.

Dies erklärt, warum Unfälle bei Beteiligung von Feuchtigkeit (z.B. im Bad, im Freien oder im Stall) schwerer sind. Nachhaltiger werden die Folgen auch dadurch, daß wir die beiden Kontakte zum Stromkreis meist mit verschiedenen Gliedmaßen herstellen, z.B. mit Händen und Füßen. Du siehst leicht ein, daß dann der Strom durch die Herzgegend fließen muß, die sehr empfindlich ist. Man hat hierzu noch festgestellt, daß die Blutbahnen im Körper am besten leiten.

19.2 Mit einer elektrischen Klingel kann man zeigen, daß unser Körper leitet.

Die festgestellten Tatsachen verhelfen dir zur Einsicht in folgende **Vorsichtsmaßnahmen:**
1. Experimente mit dem elektrischen Strom dürfen nicht mit feuchten Händen und in feuchter Umgebung durchgeführt werden.
2. Der Umgang mit Elektrogeräten ist möglichst zu vermeiden, wenn man nasse Hände und Füße hat.
3. Hat man trotzdem mit solchen Geräten zu arbeiten, wie z.B. mit Waschmaschinen, so muß man sich vor dem Einschalten überzeugen, daß die Anlage und die Isolation der Anlage nicht schadhaft ist.
4. Die Überprüfung ist in kurzen Abständen zu wiederholen, auch wenn kein unmittelbarer Anlaß besteht.
5. Eine „Gewöhnung" an den elektrischen Strom gibt es nicht. Er ist für den Fachmann genauso gefährlich wie für den Anfänger.

> **Merke dir,**
> daß der Körper des Menschen leitet;
> daß uns ein Strom durch den Körper gefährdet;
> daß man deshalb elektrische Leitungen nicht berühren darf;
> daß Experimente mit Netzstrom für Schüler verboten sind;
> welche Vorsichtsmaßnahmen bei dem Benutzen von elektrischen Geräten zu beachten sind;
> was man unter Erdschluß versteht und wie er zustande kommt.

**20.1** Schaltbild für unseren Modellversuch: Die beiden Personen links schließen den Stromkreis nicht. Die Personen rechts sind in größter Gefahr, und zwar aus verschiedenen Gründen. Suche für jede gefährdete Person den entsprechenden Stromkreis und verfolge den Weg der Elektronen!

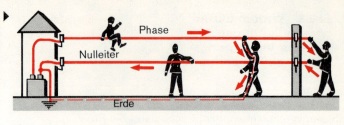

**20.2** Schaltung des Modellmenschen. Er ist unvollkommen, weil das Lämpchen nicht leuchtet, wenn der Strom von der linken Hand zu den Füßen fließt.

### Welche Gefahren liegen in der Schaltung unseres Netzes?

**V₃** Wir bauen die Schaltung unseres Versorgungsnetzes im Modell nach (Abb. 20.1). Als Erde dient ein Metallblechstreifen, Nulleiter und Phase werden durch parallelgespannte, blanke Leitungen dargestellt. Stromquelle: Batterie oder Netzanschlußgerät (4 V-Buchsen).
Mit Hilfe des Modellmenschen nach Abb. 20.2 prüfen wir, unter welchen Umständen ein Strom fließen könnte.
Ergebnis dieser Überprüfung:
Kein Strom fließt, und **keine Gefahr** besteht,
a) wenn der Mann auf einem Draht steht,
b) wenn er denselben Draht mit beiden Händen berührt,
c) wenn er auf der Erde steht und den geerdeten Draht, den Nulleiter, berührt;
Strom fließt, und **Gefahr** ist vorhanden,
d) wenn der Mann auf einem Draht steht und den anderen berührt,
e) wenn er die Phase mit der einen und den Nulleiter mit der anderen Hand berührt,
f) wenn er auf der Erde (dem Blechstreifen) steht und die Phase berührt (Erdschluß).
Ein lebendiger Mensch, der in gleicher Weise wie der Modellmensch einen Netzstromkreis schließt, schwebt in Lebensgefahr. Es gilt, da wir nie genau wissen, wie gut leitend wir mit der Erde verbunden sind und welcher Draht Phase ist, dementsprechend:

> **Das Berühren von Leitungen des elektrischen Versorgungsnetzes ist lebensgefährlich.**

Natürlich wird niemand absichtlich die beiden Pole einer Steckdose oder damit verbundene blanke Drähte berühren. Kleine Kinder tun dies aber im Spiel manchmal, ohne die Gefahr zu kennen. Auch beim „Experimentieren aus der Steckdose" besteht die Gefahr, daß unachtsam beide Leitungen berührt werden. Man experimentiert daher möglichst nur mit einer Hand, stellt die Verbindung zur Steckdose zuletzt her und löst sie nach dem Versuch zuerst.

> **Schüler dürfen Versuche mit Netzstrom nicht selbst ausführen.**

**Aufgaben:**

1. Welche Teile des menschlichen Körpers leiten am besten?
2. Wie wirken sich feuchte Hände und Füße beim Berühren elektrischer Leitungen aus?
3. Was versteht man unter Erdschluß? Gib Beispiele an, wie man ihn mit dem Körper durch Unachtsamkeit herstellen kann!
4. Diskutiere die unterschiedliche Gefährdung der Personen in Abb. 20.1!

## EI 2.9 Warum versieht man unsere Elektrogeräte mit Schutzkontaktsteckern?

### Gefahrenschutz

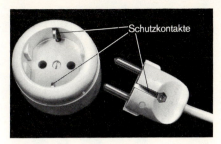

21.1 Schutzkontaktstecker und Schutzkontaktsteckdose

Vor etwa 20 Jahren wurde der Schutz-Steckkontakt (Abb. 21.1) allgemein eingeführt. Er soll die Unfallgefahr vermindern. Wie kann er dies?
Die meisten Unfälle am Stromnetz werden durch **Erdschluß** verursacht. Die betroffene Person stellt dabei mit ihrem Körper unbeabsichtigt eine Verbindung zwischen Phase und Erdreich her. Je besser diese leitet, desto schlimmer sind die Folgen.
Gute Erdverbindungen bestehen während des Badens, beim Berühren von Wasserleitungen, beim Stehen auf Steinböden, Metall und feuchtem Erdreich. Küche, Bad, Waschküche, Keller, Stall und Garten sind daher wichtige Gefahrenorte. Während des Badens darf man deshalb nie elektrische Geräte benutzen. Auch beim Experimentieren mit Netzstrom muß Erdschluß vermieden werden. Man stellt sich deshalb auf Holz oder Gummi und faßt nur isolierte Teile an.

> Erdschluß ist die häufigste Ursache von Unfällen am elektrischen Leitungsnetz.

### Welche Schutzmaßnahmen sind notwendig?

Geräte mit Metallgehäusen (Bügeleisen, Herde, Kocher, Tauchsieder, Lötkolben, Bohrmaschinen und Waschmaschinen) sind Gefahrenherde: Berührt nämlich der nicht geerdete Leiter infolge schadhafter Isolation irgendwo das Gehäuse, so schließt jeder, der das Gerät in die Hand nimmt, den Stromkreis zur Erde. In feuchten Räumen und in Räumen mit Steinfußböden fließen dann lebensgefährliche Ströme durch den Körper.
Diese Gefahr verhütet die **Schutzerdung:** Man verbindet das Metallgehäuse von elektrischen Geräten über einen dritten Leitungsdraht (grüngelb gestreift, früher rot) mit dem **Schutzleiter** in der **Schutzkontaktsteckdose.** Dieser Schutzleiter ist an einer zentralen Stelle im Hause mit dem Nulleiter verbunden und geerdet, d.h. an die Wasserleitung, Gasleitung usw. angeschlossen. Bei einem Isolationsfehler im Gerät wird der Strom über den Schutzleiter zur Erde „kurzgeschlossen", und die Sicherung schaltet das Gerät ab (Abb. 21.2).
**Schutzisolierung:** Oft kapselt man Geräte ganz in Kunststoff ein. Dann ist eine Schutzleitung nicht notwendig. Führen bei solchen Geräten von innen nach außen Achsen, so müssen diese aus Isoliermaterial bestehen (z.B. an Küchenmaschinen). Oft ist auch eine Nylonkupplung zwischen Antriebsmotor und Werkzeug gelegt. Radioapparate und Fernsehgeräte sind ebenfalls schutzisoliert. Vor dem Abnehmen der Rückwand ist immer der Netzstecker herauszuziehen. Warum?

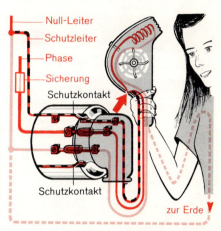

21.2 So ist die Schutzkontaktsteckdose angeschlossen.

> **Merke dir,**
>
> die Vorsichtsmaßregeln beim Umgang mit elektrischen Geräten;
>
> besondere Gefahrenorte;
>
> die Funktion der Schutzerdung.

**Aufgaben:**

1. Erkläre, in welcher Weise die Schutzerdung Gefahren verhütet! Was geschieht wenn ein beschädigtes Gerät in Betrieb gesetzt wird?
2. Prüfe in einem Geräteanschlußkabel nach, welche Farbe der Schutzleiter hat! Wie ist es mit dem Stecker und wie mit dem Gerät verbunden?
3. Betrachte Abb. 21.2 genau! Welche Kontakte und Drähte führen Strom, wenn das Gerät normal arbeitet?

**22.1** Strommeßgeräte verschiedener Form

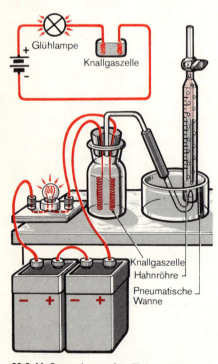

**22.2** Meßanordnung für Elektrizitätsmengen, beruhend auf der chemischen Wirkung des elektrischen Stroms. Oben: Schaltbild

# El 3 Die chemische Wirkung und die Wärmewirkung des elektrischen Stroms

## El 3.1 Wie mißt man die Stärke des elektrischen Stroms?

**Elektrizitätsmenge und Stromstärke**

Die Abb. 22.1 zeigt einige Meßgeräte für den elektrischen Strom. Derartige Geräte sind in die Steuerstände und Überwachungstafeln von Industrieanlagen eingebaut. Andere dienen als tragbare Meß- und Prüfgeräte im Laboratorium und bei Montagearbeiten. Wir wollen uns überlegen, was und wie mit ihnen gemessen wird. Dabei betrachten wir zunächst Gleichströme.

$V_1$ Wir lassen Gleichstrom durch die Versuchsanordnung der Abb. 22.2 fließen. Die Elektronen durchströmen darin zunächst die Glühlampe, dann die Zersetzungszelle. In der Glühlampe müssen sie Wärme erzeugen, in der Zersetzungszelle Wasser zerlegen. (Zwei von ihnen spalten jeweils gemeinsam ein Wassermolekül.) Das entstehende Gas sammelt sich in der Meßröhre. Sein Volumen ist ein Maß für die Zahl der von der Stromquelle durch die Zelle gepumpten Elektronen, bzw. für die **Elektrizitätsmenge** $Q$, die sie darstellen ($Q$ von Quantität). Da 1 Elektron eine außerordentlich kleine Elektrizitätsmenge trägt, legt man fest:

> Die Einheit der Elektrizitätsmenge ist 1 Coulomb, abgekürzt 1 C. Ihr entsprechen 6 Trillionen Elektronen ($= 6 \cdot 10^{18}$).

Die Einheit der Elektrizitätsmenge trägt den Namen des französischen Physikers Ch. A. Coulomb (1736—1806). Dieser untersuchte als erster die elektrischen Erscheinungen quantitativ.

Während des Durchgangs von 1 Coulomb durch die Knallentwicklungszelle werden immer $0{,}174$ cm³ $\approx \frac{1}{6}$ cm³ Knallgas abgeschieden (bei 0°C und 1013 mbar). Die Elektrizitätsmenge, die in einer bestimmten Zeit durch unsere Zelle fließt, können wir deshalb leicht aus der Gasmenge berechnen:

Sind z. B. 10 cm³ Gas abgeschieden worden, so geschah dies durch $(10 : \frac{1}{6})$ Coulomb = 60 C = 360 Trill. Elektronen.

### Die Stromstärke und ihre Einheit

Am gleichmäßigen Aufperlen von Gasblasen in $V_1$ erkennen wir das gleichmäßige Fließen der Elektrizität. An der Zahl der Blasen, die in der Sekunde entstehen, können wir die Stärke $I$ des Stroms abschätzen ($I$ von Intensität). Wie sollen wir diese aber nach Maß und Zahl, quantitativ, erfassen? Wir überlegen dies zunächst für eine Wasserströmung und übertragen unsere Kenntnisse dann auf den Elektronenstrom.

Die Stärke eines Wasserstroms mißt man durch die je Zeiteinheit an einer Stelle vorbeifließende Wassermenge (Oberrhein ≈ 500 m³/s; Brunnen beispielsweise 24 l/min). Entsprechend wird die Stärke *I* des elektrischen Stroms durch die je Sekunde durch einen Querschnitt fließende Elektrizitätsmenge angegeben:
Fließen beispielsweise in 30 Sekunden 60 C durch einen Draht, so beträgt die Stromstärke in ihm

$$I = \frac{60\,C}{30\,s} = 2\,\frac{C}{s}.$$

Du erkennst, daß man die Stromstärke *I* findet, indem man die durch einen beliebigen Drahtquerschnitt geflossene Elektrizitätsmenge *Q* durch die dafür gebrauchte Zeit teilt. Es gilt somit:

$$I = \frac{Q}{t}.$$

**23.1** Mit dem Namen für die Einheit der Stromstärke ehrt man den französischen Physiker A. M. Ampère (1775—1836).

Als Einheit für die elektrische Stromstärke müßte nach obigem 1 C/s dienen. Sie wird tatsächlich gebraucht. Man nennt diese Einheit aber zu Ehren eines französischen Physikers (siehe Abb. 23.1) 1 Ampere, abgekürzt 1 A. Der tausendste Teil von 1 A ist 1 mA (Milliampere).

**Hinweis:** Die Einheit 1 A ist durch ein besonderes Meßverfahren festgelegt. Sie dient als Basiseinheit im gesetzlichen Einheitensystem (SI). Das Coulomb wird damit abgeleitete Einheit:

$$1\,C = 1\,A \cdot 1\,s.$$

$$1\,A = 1\,\frac{C}{s} \qquad 1\,mA = \frac{1}{1000}\,A$$

$$1\,\mu A = \frac{1}{1\,000\,000}\,A$$

Wenn in einem Stromkreis die Stromstärke 1 A beträgt, fließt durch einen beliebigen Querschnitt der Leitung in jeder Sekunde die Elektrizitätsmenge 1 C, das sind 6 · 10¹⁸ Elektronen.

## Verfahren bei der Messung der Stromstärke

Die Ermittlung einer Stromstärke könnte man mit Hilfe einer Knallgasentwicklungszelle und einer Stoppuhr vornehmen. Dieses Verfahren ist umständlich. Einfachere findet man, wenn man andere Wirkungen des Stromes zu Hilfe nimmt, beispielsweise die Wärmewirkung und die magnetische Wirkung. Wir werden später mehr darüber erfahren. Sehr geeignet sind auf der magnetischen Wirkung beruhende **Strommesser** (Amperemeter). Man eicht sie auch heute noch durch Vergleich mit der chemischen Wirkung.

**V₂** Zur Überprüfung eines solchen Geräts schalten wir eine Knallgaszelle, eine Glühlampe (6 V; 0,3 A) und einen Strommesser, Meßbereich 1 A, in einen Stromkreis ein. Die aus Knallgasmenge und Zeit errechnete Stromstärke stimmt mit dem Meßwert überein, abgesehen von unvermeidbaren Meßfehlern.

**Merke dir,**

wie man Elektrizitätsmengen und Stromstärken mißt;

wie die Einheiten für die Elektrizitätsmenge und für die Stromstärke genannt werden;

wie sie festgelegt sind;

daß der Strom an jeder Stelle eines Stromkreises gleich ist;

und wie man einen Strommesser benutzt.

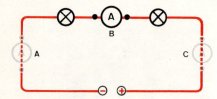

**24.1** Die Stromstärke in einem unverzweigten Stromkreis ist an jeder Stelle gleich.

**Beispiel:** In 1 Minute = 60 Sekunden wurden 5 cm³ Gas abgeschieden. Für 1 cm³ Gas benötigt man 6 C, für 5 cm³ daher 5 · 6 C = 30 C. Diese flossen in 60 Sekunden durch die Leitung. Die Stromstärke $I$ errechnet sich aus

$$I = \frac{Q}{t} = \frac{30 \text{ C}}{60 \text{ s}} = 0,5 \frac{\text{C}}{\text{s}} = 0,5 \text{ A}.$$

Diesen Wert muß das Gerät etwa anzeigen. Für den genauen Vergleich müßte man Druck, Temperatur und Wasserdampfgehalt des Gases in der Meßröhre berücksichtigen, ebenso die eventuell gemachten Ablesefehler.

> Strommesser sind Geräte, auf denen mit einem Blick die Stromstärke abgelesen werden kann.

Sie ersparen uns das mühevolle Bestimmen von Ladung und Zeit und das Rechnen.

**Ist die Stromstärke im selben Stromkreis überall gleich?**

**V₃** Die Reihenfolge von Strommesser, Glühlampe und Knallgaszelle kann im Stromkreis der Abb. 23.2 beliebig gewählt werden, ohne daß sich Knallgasentwicklung, Meßwertanzeige und Lämpchenhelligkeit verändern.

**V₄** Gleiches gilt für einen Stromkreis mit zwei hintereinandergeschalteten Lämpchen (Abb. 24.1). Bei A, B und C mißt man dieselbe Stromstärke. Wenn du an die fließenden Elektronen denkst, wird dir dies verständlich.

> An jeder Stelle eines Stromkreises hat der Strom die gleiche Stärke. Sie wird gemessen, indem man den Kreis auftrennt und den Strommesser einfügt.

**Vorsicht!** Ein Strommeßgerät kann nicht ohne Schaden direkt an eine Stromquelle angeschlossen werden! Es darf nur dann in einen Stromkreis gelegt werden, wenn noch ein Verbraucher vorhanden ist. Der Verbraucherstromkreis ist aufzutrennen. An der Trennstelle wird das Meßinstrument eingefügt. Dieses muß so konstruiert sein, daß nach seinem Einfügen derselbe Strom fließt wie zuvor. Nur dann hat die Messung auf den Vorgang, der gemessen werden soll, keinen Einfluß.

**V₅** Miß die Betriebsstromstärke von Kleinglühlampen und elektrisch betriebenen Spielzeugen. Vergleiche mit den Tabellenwerten.

**V₆** Auch die Stromstärken in Haushaltglühlampen und Haushaltgeräten können entsprechend der Schaltung in Abb. 23.2 gemessen werden. Dabei sind aber Vorsichtsmaßnahmen einzuhalten. Lehrerversuch!

| Stromstärkewerte | |
|---|---|
| Glimmlampe | 0,1—3 mA |
| Taschenlampenbirnen | 0,07—0,6 A |
| Haushalt-Glühlampen | 0,1—0,6 A |
| Heizkissen | 0,3 A |
| Bügeleisen, Tauchsieder | 2—5 A |
| Elektr. Ofen, Kochplatten | 5—10 A |
| Straßenbahnmotoren | etwa 150 A |
| Überlandleitung | 100—1000 A |
| E-Lock | 1000 A |
| Blitze | um 1 000 000 A |

**Aufgaben:**

1. Wie würdest du die Stärke des Wasserstroms messen, der in einer bestimmten Hahnstellung am Waschbecken zustande kommt?
2. Vergleiche die Einheit 1 Coulomb mit der Einheit 1 Ampere! Was ist der Unterschied?
3. Wieviel Knallgas wird durch einen Strom von 1 A in der Minute abgeschieden?
4. Stelle die Stromstärkewerte aller dir zugänglichen Taschenlampenbirnchen (Kleinglühlampen) in einer Tabelle zusammen! Die Werte sind meist in den Sockel eingeprägt.
5. Eine Taschenlampenbatterie gibt 8 h lang 0,2 A ab. Wieviel Knallgas könnte mit ihr erzeugt werden?
6. Definiere den Begriff „Stromstärke"!
7. Was bedeutet die Angabe $I = 2,4$ A?
8. Die Kursivbuchstaben $Q$, $I$ und $t$ stehen für Größen, die aufrechten Buchstaben C und A und s für Einheiten. Warum wohl?

## EI 3.2 Was geschieht in einer Batteriezelle?

**Galvanische Elemente**

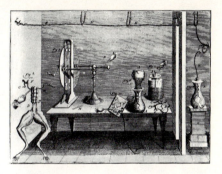

**25.1** Originalversuch des L. Galvani (1737—1798)

### Wie die ersten brauchbaren Stromquellen entdeckt wurden!

Der italienische Arzt und Naturforscher Luigi **Galvani** (1737—1798) entdeckte 1782, daß ein feuchter Froschschenkel zusammenzuckt, wenn er von zwei miteinander verbundenen Metalldrähten aus verschiedenem Material berührt wird. In dem zufällig entstandenen Stromkreis registrierte der Froschschenkel den Strom, der durch elektrochemische Vorgänge erzeugt wurde. Die beiden Metalle bilden mit der Feuchtigkeit ein sogenanntes **galvanisches Element**.

$V_1$ Ein ähnliches Element entsteht, wenn wir einen Kupfernagel und einen Eisennagel in einen Apfel stecken. Den entstehenden Strom können wir mit einem empfindlichen Strommesser nachweisen (mA-Bereich). Er ersetzt den Froschschenkel.
Aus dem Versuch des Galvani entwickelte der Italiener Alessandro **Volta** (1745—1827) die erste brauchbare Stromquelle.

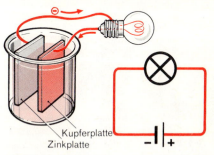

**25.2** Zink-Kupferelement (Voltazelle)

$V_2$ Wir stellen eine Voltazelle her, indem wir eine Kupferplatte und eine Zinkplatte in Kupfersulfatlösung ($CuSO_4$) eintauchen. Eine nach Abb. 25.2 angeschlossene Taschenlampenbirne (2,5 V/0,1 A) leuchtet, denn die Zelle wirkt als Elektronenpumpe. Vom Kupfer werden Elektronen angesaugt (+-Pol), am Zink quellen sie heraus (—-Pol). Die Pumpwirkung kommt durch chemische Vorgänge zustande. Galvanische Elemente entstehen immer, wenn zwei verschiedene Metalle in eine Säure, Lauge oder Salzlösung, einen sogenannten **Elektrolyten**, eintauchen. Dabei wird Metall verbraucht. Statt Metall kann man auf einer Seite auch Kohle verwenden.

> Zwei Platten aus verschiedenen Metallen, die in einen Elektrolyten eintauchen, bilden ein galvanisches Element. Dieses wirkt als Elektronenpumpe.

### Gebräuchliche Zellen

In einer Zelle der Taschenlampenbatterie steht ein Kohlestab in einem Zinkbecher (Abb. 25.3). Beide verbindet eingedickte Ammoniumchloridlösung ($NH_4Cl$) und eine dunkle, mit Kohlepulver vermischte Braunsteinmasse in einem Beutel. Die Kohle ist der positive, der Zinkbecher der negative Pol. Fließt Strom, so wird allmählich das Zink aufgelöst (zerfressen) und in Zinkchlorid übergeführt. Damit erschöpft sich die Batterie. Das Braunsteinpulver oxidiert den an der Kohle entstehenden Wasserstoff zu Wasser; andernfalls würde der Wasserstoff den Kohlestift nach kurzer Zeit von der Flüssigkeit isolieren.

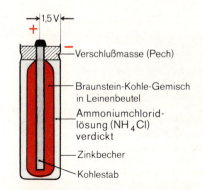

**25.3** Zelle einer Taschenlampenbatterie (Kohle-Zink-Element)

> **Merke dir,**
>
> wie galvanische Elemente gebaut sind;
>
> daß sie als Stromquellen dienen;
>
> wie der Bleiakkumulator arbeitet;
>
> die Besonderheiten einer Batterie aus parallelgeschalteten Elementen.

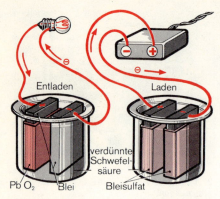

**26.1** Entladen und Laden eines Bleiakkus

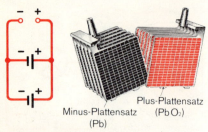

**26.2** Plattensätze einer Bleiakkuzelle, auseinandergeklappt; links Schaltbild zweier parallelgeschalteter Zellen

**Aufgaben:**

1. Säge die Zelle einer Taschenlampenbatterie auf! Zeichne ihren Bau und vergleiche mit Abb. 25.3!
2. Was bedeutet das Wort „Batterie" allgemein, was in der Elektrik? Vergleiche den Gebrauch in „Taschenlampenbatterie", „Batterie von Geschützen" und „Flaschenbatterie".
3. Welche Möglichkeiten hat ein Elektron in Abb. 26.2, um vom Plus- zum Minuspol zu gelangen?
4. Vergleiche parallelgeschaltete Akkuzellen mit parallelgeschalteten Wasserpumpen.
5. Die Fähigkeit einer Batterie, Elektronen im Stromkreis herumzupumpen, wird in Ah (Amperestunden) angegeben. Die Angabe 60 Ah heißt zum Beispiel, daß diese Batterie 1 Stunde lang 60 A, 2 Stunden lang 30 A, 4 Stunden lang 15 A und 60 Stunden lang 1 A aufrechterhalten kann. Bei eingeschalteter Autobeleuchtung fließt ein Strom von etwa 20 A. Wie lang kann dieser Strom von einer geladenen Batterie mit 74 Ah aufrechterhalten werden?

**V₃** Eine **Akkumulatorzelle** entsteht, wenn man zwei gleiche Bleiplatten längere Zeit in verdünnte Schwefelsäure eintaucht. Die Platten überziehen sich mit einer weißen Schicht aus Bleisulfat. Da sie unter sich gleich sind, wirkt die Zusammenstellung vorerst nicht als Stromquelle.
Schickt man aber einen Ladestrom durch die Zelle, so wird die mit dem positiven Pol der Ladestromquelle verbundene Platte dunkelbraun, es entsteht $PbO_2$ (Bleidioxid), die andere hellgrau, dort wird Blei (Pb) zurückgebildet. Nunmehr ist die Zelle ein galvanisches Element (+-Pol: braune Platte). Man kann mit ihr einige Zeit lang eine Taschenlampenbirne betreiben, wobei sich an beiden Platten wieder Bleisulfat bildet. Der Vorgang ist beliebig oft wiederholbar. Die Anordnung nennt man Akkumulator oder kurz Akku.
Beim Laden verbindet man den +-Pol der Batterie mit dem +-Pol der Ladeeinrichtung. Entsprechend verfährt man mit den —-Polen.
**Bleiakkumulatorzellen** bedürfen sorgfältiger Wartung: Nachfüllen von destilliertem Wasser, häufiges Laden bei Nichtgebrauch.
In den letzten Jahren hat der etwas teurere **Nickelcadmiumakkumulator** größere Bedeutung erlangt. Er braucht weniger Wartung und lebt länger. Seine Platten bestehen aus Nickel und Cadmium. Als Elektrolyt dient Kalilauge (KOH).

### Der Aufbau leistungsfähiger Zellen

Unsere Experimentierzellen können nur kleine Ströme erzeugen. Ihre „Elektronenförderung" ist gering. Will man leistungsfähige Anlagen haben, so schaltet man mehrere Zellen parallel, indem man einerseits die +-Pole, andererseits die —-Pole miteinander verbindet. Ein Elektron wird dann entweder von der einen oder anderen Zelle durch den Stromkreis gepumpt. Der Zellen**batterie** kann deshalb ohne Schaden ein stärkerer Strom entnommen werden als der Einzelzelle.

> Mehreren gleichartigen parallelgeschalteten Stromquellen kann man stärkere Ströme entnehmen als einer einzelnen.

Um das lästige Parallelschalten von Zellen zu sparen, baut man in die Gefäße moderner Akkumulatoren nach Abb. 26.2 viele parallelgeschaltete Platten ein. Außerdem vergrößert man die Oberfläche, indem man das Plattenmaterial porös auf ein Gitterwerk aufträgt.
Akkumulatoren und Akkumulatoraggregate werden häufig als Pufferbatterien in Land-, Wasser- und Luftfahrzeugen verwendet. Sie werden von einer mit dem Antriebsmotor verbundenen Lademaschine aufgeladen, die während des Betriebs auch die Verbraucher speist. In den Arbeitspausen des Motors übernimmt die Batterie die Stromversorgung.
Ein automatischer Schalter verbindet die Verbraucher wahlweise mit der Lademaschine oder der Batterie.

## EI 3.3 Warum schaltet man in vielen Batterien die Einzelzellen hintereinander?

### Die elektrische Spannung

**27.1** Batterien mit Zink-Kohle-Zellen

Die in Abb. 27.1 gezeigten Batterien bestehen alle aus mehreren Zink-Kohle-Zellen. Untersuche eine Stabbatterie aus zwei Zellen! Welche Pole sind verbunden? Welche Spannung ist für die Batterie und welche für eine Einzelzelle (Monozelle) angegeben?
Eine Zink-Kohle-Zelle häuft an ihrem —-Pol, dem Zinkbecher, Elektronen an, wenn auch in geringem Maße. Dort befinden sich mehr Elektronen, als die Atome benötigen, es herrscht **Elektronenüberschuß**. Am +-Pol, dem Kohlestift, werden Elektronen abgesaugt. Dort fehlen den Atomen Elektronen, es herrscht **Elektronenmangel**.
Die überschüssigen Elektronen auf dem negativen Pol werden von den teilweise entblößten positiven Atomkernen im +-Pol angezogen: Deshalb fließt ein Strom, wenn man die Pole verbindet. Man sagt auch, zwischen den Polen herrsche eine **elektrische Spannung**. Die Größe der Spannung ($U$) gibt man in Volt an. Sie ist ein Maß für die Größe von Elektronenmangel und Überschuß, vergleichbar dem Druckunterschied zwischen dem Saug- und Druckstutzen einer Wasserpumpe.

**27.2** So mißt man mit einem Spannungsmesser die Spannung zwischen den Klemmen einer Batterie

> 1 Volt (abgekürzt 1 V) ist die Einheit der elektrischen Spannung.

Diese Einheit wurde zunächst festgelegt durch die Spannung zwischen den Klemmen einer Voltazelle.

**V₁** Mit einem gebräuchlichen **Spannungsmesser** („Voltmeter") messen wir sie. Dazu verbinden wir die beiden Anschlüsse der Zelle mit je einer Buchse des Spannungsmeßgeräts. Dieses zeigt 1,1 V an.

Weil man zugunsten eines einheitlichen, internationalen Maßsystems die Spannungseinheit später anders festgelegt hat, messen wir einen etwa 10% zu großen Wert. Für Eichzwecke und Vergleichsmessungen dient heute die außerordentlich konstante Spannung eines **Normalelements**, der Quecksilber-Cadmium-Zelle. Sie beträgt 1,01865 Volt.

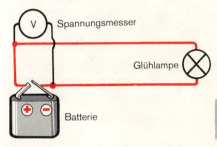

**27.3** Schaltbild zu Abb. 27.2. Beachte Schaltbild und Schaltart des Spannungsmessers!

**Beachte:** Eine Spannung besteht immer zwischen zwei Punkten. Beim Messen muß man den Spannungsmesser mit diesen verbinden. Siehe Abb. 27.3!

**V₂** Zwischen den Polen einer Zink-Kohle-Zelle messen wir die Spannung $U = 1{,}5$ V. Die Bleiakkuzelle stellt 2 Volt, die NiCd-Zelle 1,25 Volt bereit.
Diese geringen Spannungen reichen für viele Zwecke nicht aus. Durch einen einfachen Kunstgriff kann man aber leicht höhere erhalten.

> **Merke dir,**
> 
> was man unter der elektrischen Spannung versteht;
> 
> wie die Einheit 1 V festgelegt ist;
> 
> daß sich bei Hintereinanderschaltung von Elementen die Spannungen addieren;
> 
> daß man Spannungsmesser an die Punkte anschließt, zwischen denen man die Spannung messen will.

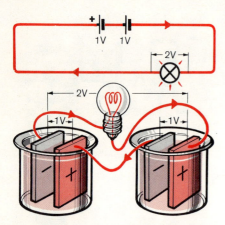

**28.1** So werden zwei Zellen hintereinandergeschaltet. Wir beobachten Spannungsverdopplung.

**28.2** So sind die Zellen einer Autobatterie miteinander verbunden!

| Spannungen | |
|---|---:|
| Voltaelement | 1 V |
| Kohle-Zink-Element | 1,5 V |
| Bleiakkuzelle | 2 V |
| Taschenlampenbatterie (3 Zellen) | 4,5 V |
| Autobatterie | 6 V; 12 V |
| Lichtnetz | 220 V |
| Elektrische Eisenbahn | 15000 V |
| Hochspannungsleitungen | 3000 V bis 380 000 V |

### Hintereinanderschaltung von Elementen

Wenn in einer Wasserleitung der Wasserdruck verdoppelt werden soll, muß man Wasser in ein höher gelegenes Speicherbecken pumpen. Dazu kann man zwei Pumpen, die einzeln für sich nicht ausreichen, hintereinander staffeln.

**$V_3$** Will man die Spannung 2 V haben, so müssen dementsprechend zwei Voltaelemente **hintereinander**geschaltet werden. Man verbindet dazu nach Abb. 28.1 den +-Pol der einen Zelle mit dem —-Pol der anderen. Dieselben Elektronen werden dann nacheinander von zwei Zellen „gepumpt". Erst eine Batterie von 220 hintereinandergeschalteten Zellen erzeugen 220 V, die Steckdosenspannung.

> Beim Hintereinanderschalten von Spannungsquellen addieren sich die Spannungen.

In der **Taschenlampenbatterie** sind 3 Zellen mit je 1,5 Volt hintereinandergeschaltet. Die Batteriespannung ist deshalb 4,5 V. Eine **Autobatterie** enthält meist 3 Akkumulatoren mit je 2 Volt Spannung und hat damit 6 Volt **Klemmenspannung**.

**$V_4$** Miß mit einem **Spannungsmesser** (Voltmeter) die Spannung verschiedener Stromquellen und vergleiche mit der Tabelle! Dazu müssen die beiden Voltmeteranschlüsse mit den Polen der Stromquelle nach Abb. 27.3 verbunden werden. Schalte während der Messung zusätzlich eine Glühlampe an.

> Die Klemmen eines Spannungsmessers werden mit den beiden Punkten eines Stromkreises verbunden, zwischen denen man die Spannung messen will.

**Kleinspannungen:** Spannungen zwischen 0 und 24 Volt. Der Umgang mit ihnen ist ungefährlich. Sie sind für Spielzeuge und Schülerexperimente zugelassen.
**Niederspannungen:** Spannungen zwischen 24 und 1000 Volt. Hier ist das Berühren von Leitungen um so gefährlicher, je größer die Spannung ist. Schülerexperimente sind streng verboten. Die Spannungen der Versorgungsnetze gehören in diese Gruppe. Es gelten bestimmte Sicherheitsvorschriften.
**Hochspannungen:** Spannungen über 1000 Volt. Das Berühren der Leitungen ist meist tödlich. Gute Isolation ist aufwendig und teuer.

**Aufgaben:**

1. Führe in einer Liste Namen, Spannung, Art und Zahl der Zellen käuflicher Batterien auf.
2. Wie wird ein Spannungsmesser angeschaltet? Wie wird demgegenüber ein Strommesser gebraucht?
3. Wieviel Bleizellen enthält eine 6 V-Batterie, wieviel eine 12 V-Batterie?

## EI 3.4 Wie arbeiten elektrische Heizgeräte?

**Techn. Anwendung der Wärmewirkung Thermostat**

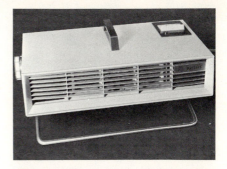

Im Heizlüfter der Abb. 29.1 wird die Wärmewirkung des elektrischen Stroms ausgenutzt.

**V₁** Um sie und ihre Anwendungen genauer studieren zu können, spannen wir nach Abb. 29.2 zwischen zwei Isolierstielen einen 50 cm langen Draht aus. Material: Konstantan; 0,2 mm ⌀. Seine Anschlüsse verbinden wir über Experimentierleitungen mit einer leistungsfähigen Stromquelle, z. B. einem geeigneten Netzgerät. Ein Strommesser in der Zuleitung zeigt die Stromstärke an. Der elektrische Strom erzeugt im Draht Wärme. Diese wird an die Luft abgegeben. Nach kurzer Zeit stellt sich eine ganz bestimmte Temperatur ein. Dann ist die vom Strom je Sekunde erzeugte Wärmemenge gerade so groß wie die vom Draht abgegebene Wärmemenge. Es herrscht „Wärme"gleichgewicht.

**29.1** Heizlüfter mit elektrischem Gebläse und Thermostat

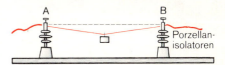

**29.2** Hier erhitzt der elektrische Strom einen Draht!

> In stromdurchflossenen Drähten wird Wärme erzeugt.

**V₂** Wir verstärken den Strom im Draht stetig durch Anlegen steigender Spannung. Der Draht glüht zuerst rot, dann weiß, schließlich schmilzt er. Dies unterbricht den Stromkreis.

**V₃** Statt Gleichstrom nehmen wir Wechselstrom. Die Versuchsergebnisse ändern sich nicht. Die Wärmewirkung ist unabhängig von der Stromrichtung.

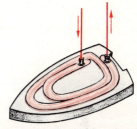

**29.3** Die Heizwendel ist in die Sohle des Bügeleisens einzementiert.

> Die Wärmeerzeugung steigt mit der Stromstärke.

### Anwendungen der „Stromwärme"

**Elektrisch beheizte Geräte** sind großenteils mit einem Heizdraht versehen, der einfach, oft aber auch doppelt gewendelt ist. Er wird von Glimmer- oder Porzellankörpern getragen. Die Wendeltechnik wird angewandt, wenn man lange Drähte auf kleinem Raum unterbringen muß.
**Im Heizstrahler** und im **Brotröster** sind die rotglühenden Heizdrähte und der Tragkörper deutlich sichtbar. Untersuche, wie sie isoliert sind.
In die Sohle moderner **Bügeleisen** ist eine Nut eingefräst. Die Heizwendel ist in diese Nut mit einem nichtleitenden, feuerfesten Zement eingekittet (Abb. 29.3). Der ebenfalls gewendelte Heizdraht im **Heizkissen** befindet sich im Innern einer Asbestschnur. (Asbest ist hitzebeständig und isoliert gut.) Diese liegt zwischen Textilstücken. Mit einem Schalter kann man drei Heizstufen wählen. Dazu wird zwischen drei verschiedenen Heizdrahtanordnungen umgeschaltet.

**29.4** Damit der Draht auf kleinem Raum untergebracht werden kann, ist er bei diesem Heizstrahler gewendelt.

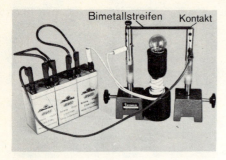

30.1 Ein Bimetallstreifen schaltet den Strom ein und aus (Versuch).

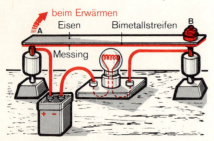

30.2 Ein Bimetallstreifen schaltet den Strom ein und aus (schematisch).

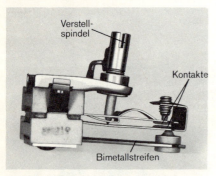

30.3 Thermostat aus einem Bügeleisen. Du erkennst, daß technische Geräte komplizierter sind als einfache Versuchsanordnungen.

Das von einem Motor angetriebene **Gebläse** in **Haartrocknern** und **Heizlüftern** bläst Luft durch einen Keramikkörper, in den die Heizdrähte eingewickelt sind. Der Luftstrom bewirkt eine verhältnismäßig starke Kühlung. Deshalb liegt das Wärmegleichgewicht bei Temperaturen unterhalb der Rotglut. Bei der **Fernzündung** werden Sprengladungen durch elektrisch erhitzte Drähte zur Explosion gebracht.

### Wie arbeitet ein Temperaturregler?

Viele Haushaltsgeräte, auch der oben abgebildete Heizlüfter, enthalten Temperaturregler, die den Strom durch die Heizdrähte automatisch ein- und ausschalten.

$V_4$ Im Versuch nach Abb. 30.1 und 30.2 wird gezeigt, wie ein solcher funktioniert. Die Glühlampe erwärmt den Bimetallstreifen AB. Schließlich hebt er sich bei A von der Kontaktspitze und unterbricht den Stromkreis. Nach Abkühlung schließt er ihn wieder selbsttätig. Die Ausschalttemperatur kann durch Heben oder Senken des Kontaktes A eingestellt werden.

**Heizkissen** enthalten einen solchen Regelautomaten als Überhitzungsschutz. Er ist fest eingestellt und schaltet den Strom aus, wenn eine gefährliche Temperatur erreicht ist.
In Bügeleisen, Warmwassergeräten und Waschmaschinen befinden sich ähnliche Regler. Die Temperatur läßt sich wählen, indem man den Kontaktstift mit Hilfe eines Drehknopfes verschiebt. Nach Erreichen der eingestellten Temperatur schaltet der Regler die Heizung ab. Wenn sich das Gerät abgekühlt hat, wird der Stromkreis von neuem geschlossen. Dadurch bleibt die Temperatur auf einem nahezu gleichbleibenden Wert stehen. Deshalb heißt der Regler auch **Thermostat**. (Von stare, lat. = stehen.)

$V_5$ Bringt man den Kontaktknopf A in Abb. 30.2 oberhalb des Streifens an, so wird beim Erwärmen der Stromkreis geschlossen. Inwiefern könnte eine solche Anordnung als automatischer Feuermelder dienen? Was kommt dann an die Stelle der Lampe? Warum lassen sich mit dieser Anordnung sogar Löschanlagen im richtigen Moment automatisch in Betrieb setzen?

---

**Merke dir,**

daß in einem stromdurchflossenen Draht Wärme erzeugt wird;

daß die erzeugte Wärmemenge mit der Stromstärke steigt;

wie Heizgeräte gebaut sind;

wie ein Thermostat arbeitet.

---

**Aufgaben:**

1. Untersuche alte Herdplatte, Tauchsieder, Bügeleisen u.ä.! Stelle fest, wie der Heizdraht untergebracht, isoliert und angeschlossen ist!
2. Blase Luft gegen den glühenden Draht in $V_1$! Warum wird er dunkler? Vergleiche mit dem Heizlüfter in Abb. 29.1!
3. Was geschieht, wenn in einem Heizlüfter der Motor stehenbleibt, aber trotzdem die Heizung weiterarbeitet?
4. Untersuche den Thermostaten aus einem Bügeleisen! Wie wird die Höhe der Schalttemperatur eingestellt?

## EI 3.5 Wozu fügt man in Stromkreise Sicherungen ein?

**Schmelzsicherung
Sicherungsautomat**

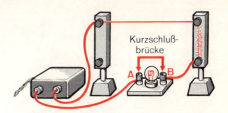

**V₁** Wir bauen nach Abb. 31.1 einen Stromkreis auf. Das in den Stromkreis geschaltete Lämpchen leuchtet. Beim Überbrücken der Lampenbuchsen entsteht ein Kurzschluß. Der Strom umfließt in der Drahtbrücke das Gerät und steigt stark an. Sofort schmilzt der kurze, dünne Draht, der als Sicherung zwischen den Klemmen rechts eingefügt ist. Er schaltet den Strom aus. Wird die Sicherung geflickt, indem man sie durch ein Metallstück überbrückt, so wird der obere Zuleitungsdraht heiß. Er ist überlastet.

31.1 Schaltbild zum Versuch, der die Wirkung einer Schmelzsicherung zeigt.

> Sicherungen unterbrechen bei Überlastung und Kurzschluß den Stromkreis.

Abb. 31.2 zeigt, wie man üblicherweise **Schmelzsicherungen** in einen Leitungszug einbaut. Der Sicherungsdraht (Schmelzdraht) befindet sich feuersicher im Innern einer Porzellanpatrone. In die Metallabdeckplatte der Patrone ist die Auslösestromstärke eingeprägt. Diese trägt in der Mitte außerdem noch ein farbiges Kennplättchen (rot 10 A, gelb 16 A, blau 20 A, grau 25 A), das nach dem Schmelzen des Drahtes abspringt und das Ansprechen der Sicherung anzeigt.

Das **Flicken** einer Sicherung, also das Ersetzen des durchgeschmolzenen Drahts durch einen anderen, ist streng verboten und bringt äußerste Gefahr: Wärmeentwicklung, Brände. In Experimentiergeräten werden die verschiedenen Stromkreise häufig durch **Bimetallauslöser** abgesichert. In ihnen fließt der zu sichernde Strom in einer Heizwendel um einen Bimetallstreifen. Ein starker Strom bringt diesen auf eine höhere Temperatur als ein schwacher. Überschreitet der Strom längere Zeit einen einstellbaren Wert, z. B. 5 A, so zieht der Streifen infolge seiner Krümmung die Sperrklinke zurück. Die eingebaute Feder drückt den Kontakthebel nach oben, der Strom wird unterbrochen. Erst wenn sich das Bimetallstück wieder abgekühlt hat, rastet der Kontakthebel nach dem Eindrücken in die Sperrklinke ein.
Auch die **Haushaltautomatsicherungen** enthalten solche Bimetallauslöser.

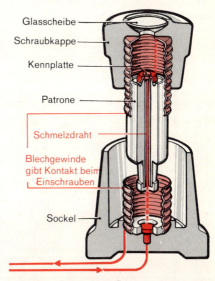

31.2 Die Sicherung wird berühr- und feuersicher in den Leitungszug eingebaut. Der Schmelzdraht befindet sich in der Porzellanpatrone.

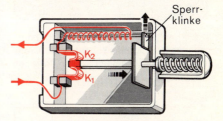

31.3 Bimetall-Überstrom-Auslöser

**Aufgaben:**

1. Warum muß in V₁ der Sicherungsdraht dünner sein als der Leitungsdraht?
2. Warum darf man Sicherungen nicht flicken?
3. Erkläre den Bimetallauslöser in Abb. 31.3!
4. Öffne ein Radiogerät und nimm die Feinsicherung heraus! Welche Höchststromstärke läßt sie zu? Wie ist sie und ihr Halter gebaut? Vorsicht! Vor dem Öffnen Netzstecker ziehen!

> **Merke dir,**
> wie die Schmelzsicherung arbeitet;
> die Funktion des Bimetallauslösers;
> welchem Zweck Sicherungen dienen.

**El 3.6 Welche chemischen Wirkungen des elektrischen Stroms sind in der Technik von Bedeutung?**

**Elektrolyse**

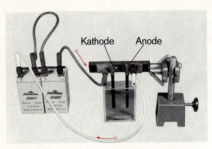

32.1 Elektrolyse von $CuCl_2$; Kupfer wird an der Kathode, Chlor an der Anode abgeschieden

Du kennst viele vernickelte und verchromte Metallgegenstände, z. B. deine Fahrradlenkstange. Metallüberzüge werden oft mit Hilfe des elektrischen Stroms hergestellt. Wir wollen untersuchen, was dabei geschieht.

$V_1$ Dazu tauchen wir zwei Kohlestifte als sogenannte Elektroden in ein Gefäß mit Kupfer(II)chloridlösung ($CuCl_2$). Der eine Stift wird mit dem Minuspol einer Batterie verbunden. Er ist damit **Kathode**. Vom anderen führt eine Leitung zum Pluspol. Er wird damit zur **Anode** (Abb. 32.1). Nachdem der Strom einige Zeit geflossen ist, hat sich die Kathode mit einer dünnen Kupferschicht überzogen. An der Anode steigen Gasblasen auf. Am Geruch erkennt man das Gas Chlor.
Wir haben durch Elektrolyse die Verbindung $CuCl_2$ zerlegt.

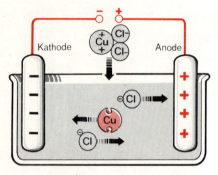

$V_2$ Trug die Anodenkohle von Anfang an einen Kupferbelag, so wird dieser vom Chlor abgelöst. Kupfer wandert dann vom Pluspol zum Minuspol. Man erkennt dies, wenn man nach Durchführung von $V_1$ umpolt.

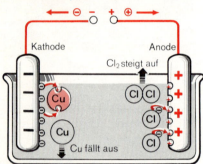

32.2 Positive Ionen wandern zur Kathode, negative zur Anode (oben). An Anode und Kathode scheiden sich Stoffe ab (unten).

> Der elektrische Strom kann Stoffe zerlegen. Bei einer solchen Elektrolyse wird das Metall immer an der Kathode (—) abgeschieden.

**Was geschieht beim Elektrolysevorgang?**

Ein Kupferchloridkristall (Formel $CuCl_2$) enthält doppelt soviel Chloratome wie Kupferatome. Dabei hat jedes Chloratom den Kupferatomen ein Elektron entrissen. Der Kristall besteht aus den Ionen $Cu^{++}$ und $Cl^-$. Bei seiner Auflösung in Wasser werden die Ionen voneinander getrennt. Neben Wasser enthält die Lösung dann:
1. **positive Kupferionen** $Cu^{++}$ (2 Elektronen fehlen). Kupferionen bleiben im Gegensatz zu Kupferatomen im Wasser und bewirken die blaue Farbe.
2. **negative Chlorionen** $Cl^-$ (1 Elektron überschüssig). Im Gegensatz zu den Chloratomen bilden Chlorionen kein Chlorgas.
Bringen wir in die Kupferchloridlösung zwei mit einer Gleichstromquelle verbundene Elektroden, so wandern die in der Lösung vorhandenen positiv geladenen $Cu^{++}$-Ionen zur Kathode und die negativen $Cl^-$-Ionen zur Anode. Die Wanderung erfolgt unter dem Einfluß elektrischer Anziehungs- und Abstoßungskräfte. (Von diesen hören wir genaueres später).
Wenn ein Cl-Ion an der Anode ankommt, wird ihm das überschüssige Elektron abgenommen, denn am Pluspol herrscht

**Merke dir,**

wie die elektrische Leitung in Flüssigkeiten zustande kommt;

wie Ionen entstehen und sich verhalten;

unter welchen Bedingungen man auf elektrischem Wege Stoffe zerlegen kann.

Elektronenmangel. Die Chloratome ohne das zusätzliche Elektron vereinigen sich zu Chlorgasmolekülen. Das Gas steigt in Blasen auf (Abb. 32.2 unten).
Ein $Cu^{++}$-Ion erhält die fehlenden Elektronen an der Kathode, denn dort herrscht Elektronenüberschuß. Die vollständig mit Elektronen versehenen Kupferatome fallen aus der Lösung aus und schlagen sich als rotes Kupfer nieder.
**Beachte:** In der Flüssigkeit wird der Strom nicht von Elektronen gebildet, sondern von positiven und negativen Ionen. Die beiden Ionenströme fließen gleichzeitig in entgegengesetzter Richtung. Nur der negative Ionenstrom ($Cl^-$) hat die gleiche Richtung wie der Elektronenstrom. Bei Stromrichtungspfeilen muß man deshalb stets angeben, für welche Art Teilchen (+ oder −) sie gelten.

### Anwendungen der Elektrolyse

Verwendet man in einer Elektrolysezelle als positiven Pol (Anode) eine Platte unreinen Kupfers, so scheidet sich am negativen Pol (Kathode) reines, hell glänzendes Kupfer ab. An der Anode geht dafür eine entsprechende Kupfermenge in Lösung. Verunreinigungen bleiben in der Flüssigkeit oder setzen sich auf dem Boden des Troges ab. So gewonnenes Kupfer heißt **Elektrolytkupfer**.
Die Metalle **Aluminium** und **Magnesium** werden durch Elektrolyse aus ihren Verbindungen (Erzen) abgeschieden. Deshalb baut man Aluminiumwerke dort, wo billiger Strom zur Verfügung steht.
Will man Löffel, Fahrradteile usw. aus unedlem Metall mit einem beständigeren, edleren Metall überziehen, so taucht man diese Gegenstände statt des Kohlestabes in die Lösung eines Silber-, Nickel-, Chrom- oder Goldsalzes und verbindet sie mit dem negativen Pol einer Stromquelle. Ihr positiver Pol wird an eine Platte aus dem betreffenden edleren Metall in der Lösung angeschlossen. Nach einiger Zeit haben die Gegenstände den entsprechenden Metallüberzug erhalten: **Galvanisches Versilbern, Vernickeln, Verchromen.**

Wenn man von einer Münze eine formgetreue Nachbildung erhalten möchte, stellt man zunächst deren Abdruck in Wachs, Gips oder Guttapercha her. Erhöhungen im Original sind im Abdruck Vertiefungen. Um den Abdruck leitend zu machen, wird er mit einem dünnen Graphitüberzug versehen und dann mit dem negativen Pol verbunden in einen Elektrolyten eingehängt (Abb. 33.1): **Galvanoplastik**.

$V_3$ Im **Wasserzersetzungsapparat** nach Abb. 33.2 scheidet sich an der Kathode Wasserstoff ab, an der Anode das halbe Volumen Sauerstoff. Da Wasser folgendermaßen in Ionen gespalten wird, können wir die Zersetzung verstehen:

$$H_2O \rightarrow H^+ + OH^-$$

Anodenreaktion:
$2\,OH^- \rightarrow H_2O + O + 2e^-$

Kathodenreaktion:
$2\,H^+ + 2e^- \rightarrow 2\,H$

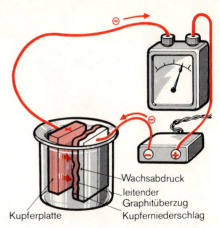

**33.1** Auf dem Wachsabdruck einer Münze scheidet sich Kupfer ab. Die Kupferionen wandern von + nach −, entgegengesetzt zu den Elektronen in den Drähten.

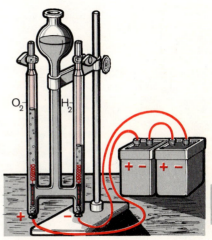

**33.2** Wasserzersetzungsgerät: Am −-Pol entsteht Wasserstoff, am +-Pol Sauerstoff.

**Aufgaben:**

1. Was ist ein Ion? Wodurch entsteht es?
2. Was versteht man unter Elektrolyse?
3. In welcher Elektrode herrscht Elektronenmangel, in welcher Elektronenüberschuß?
4. Erkläre die Funktion der Anode und der Kathode bei der Elektrolyse von $CuCl_2$! Wie erfolgt der Elektronenübergang?
5. Wäßrige Salzsäurelösung enthält die Ionen $H^+$ und $Cl^-$. Was erwartest du an den Kohleelektroden bei der Elektrolyse?
6. Was versteht man unter Galvanisieren? Woher kommt der Name?

## EI 3.7 Wissenswertes über die Glühlampe!

In Glühlampen werden durch den elektrischen Strom sehr dünne Drähte auf Weißglut erhitzt. Der Glühdraht ist gewendelt, damit er in dem kleinen Kolben untergebracht werden kann. Die Wendelung des Drahtes hat noch einen weiteren Vorteil:

$V_1$ Ein 1 m langes Stück Konstantandraht von etwa 0,4 mm $\varnothing$ wird auf eine Stricknadel aufgewickelt. Einen Teil der entstandenen **Wendel** formt man nach Abb. 34.2 zu einer **Doppelwendel**. Nun schaltet man ein gerades, ein gewendeltes und ein doppelt gewendeltes Drahtstück hintereinander und wählt den Strom so stark, daß das doppelt gewendelte Stück hellrot glüht. Die einfache Wendel ist dann dunkelrot. Das gerade Drahtstück sendet kein Licht aus, obwohl es vom gleichen Strom durchflossen wird. Durch das Aufwickeln des Drahts wird die Lichtausbeute gesteigert, weil sich die Wendeln gegenseitig aufheizen. Man erreicht bei gleich starkem Strom höhere Temperaturen und bekommt deshalb mehr Licht.

Die beste Lichtausbeute erhält man erst bei 6500 °C, der Temperatur der Sonnenoberfläche. Obwohl die ersten Glühlampen schon vor über hundert Jahren hergestellt wurden, sind wir hiervon noch weit entfernt: 1854 fertigte als erster der Deutsche **Heinrich Goebel** eine Kohlenfadenlampe und beleuchtete damit das Schaufenster seines Uhrengeschäfts in New York. Unabhängig hiervon verwendete auch der Amerikaner **Edison** 1879 Kohlefäden, die man aber höchstens bis 1800 °C erhitzen kann.

Ab 1905 wurden sie durch Glühfäden aus dem Metall Wolfram verdrängt, das unter allen Metallen den höchsten Schmelzpunkt hat (3400 °C). Dies war aber erst möglich, nachdem es gelungen war, aus dem spröden Metall dünne Drähte herzustellen (bis herab zu 0,013 mm $\varnothing$). Der Glaskolben der Glühlampe wird luftleer gepumpt, damit der Glühdraht nicht verbrennen kann. Außerdem ist jede Wärmeleitung und Wärmeströmung unterbunden.

Manche Lampen werden auch mit einem Gas gefüllt, das chemisch nicht mit Metall reagiert (Stickstoff, Krypton). Man vermeidet durch diese Maßnahme ein zu rasches Verdampfen der Glühfäden:

In der sogenannten **Halogenlampe** (Jod-Quarzlampe) mischt man dem Gas etwas Joddampf bei. Das Jod löst den entstehenden Metallbelag an der Kolbeninnenwand dadurch auf, daß gasförmiges Metalljodid gebildet wird. Dieses zerfällt in der Nähe der sehr heißen Wendel in seine Bestandteile, wobei sich das Metall wieder auf dem Draht niederschlägt. Die Lampe altert nur sehr langsam und kann deshalb bei höherer Temperatur betrieben werden, wobei sie im Vergleich zu anderen mehr Licht abstrahlt. Die Kolben der Lampen sind klein; sie bestehen aus Quarz, weil Joddämpfe Glas angreifen.

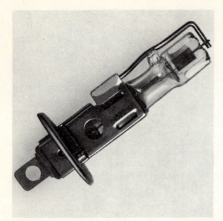

**34.1** Halogenlampe für einen Autoscheinwerfer

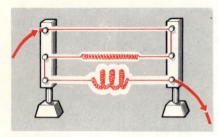

**34.2** Die Doppelwendel glüht heller als die Einfachwendel.

---

**Merke dir,**

warum in Glühlampen der Draht gewendelt ist;

warum sie nur gelbweißes Licht ausstrahlen;

welche Vorteile die Halogenlampe bietet.

---

**Aufgaben:**

1. Verfolge die Leitungsführung in einer Glühlampe mit Klarglaskolben!
2. Untersuche, wie der Glühfaden am Lampensockel angeschlossen ist! Dazu mußt du den Sockel vorsichtig ablösen.
3. Zerschlage eine ausgebrannte Glühlampe vorsichtig! Betrachte noch vorhandene Wendelstücke mit der Lupe! Ziehe die Wendel auseinander!

# El 4  Vom elektrischen Widerstand

## El 4.1  Wie groß ist die Stromstärke in einem Stromkreis?

**Ohmsches Gesetz**

Mit dieser Frage beschäftigte sich der rechts abgebildete deutsche Physiker G. S. Ohm vor rund 150 Jahren. Wir wollen die Antwort wie er durch einige Experimente finden.

**V₁** Dazu erhöhen wir in einem Stromkreis aus dünnem Draht (0,2 mm ⌀), Strommesser und Akkubatterie die Spannung. Wir erkennen, daß die Stromstärke ansteigt.

**V₂** Nun verlängern wir den Draht kontinuierlich. Dabei geht der Zeiger des Strommessers auf einen kleineren Wert zurück, obwohl die Spannung gleichbleibt.
Die erste Tatsache haben wir erwartet. Die zweite hängt damit zusammen, daß sich die Elektronen auf einer längeren Strecke an den Atomrümpfen vorbei zwängen müssen. Dadurch ist der **Widerstand**, den der Draht der Elektronenbewegung entgegensetzt, größer geworden.

35.1 Georg Simon Ohm (1789—1854) untersuchte den Zusammenhang von Strom und Spannung in einem Stromkreis.

> In einem Stromkreis steigt die Stromstärke mit wachsender Spannung, sie sinkt dagegen bei zunehmendem Widerstand.

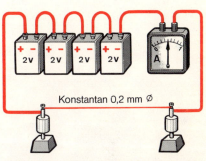

Ähnliche Verhältnisse liegen im Wasserstromkreis vor: Dort bewirkt größerer Druck, daß in jeder Sekunde mehr Flüssigkeit aus einem Hahn austritt. Schaltet man vor den Hahn jedoch lange, dünne Röhren, so vermindert sich dadurch die Wasserstromstärke erheblich, weil jetzt die Wasserteilchen auf einer längeren Strecke sich an der Rohrwand reiben.

35.2 Mit dieser Versuchsanordnung läßt sich zeigen, daß Strom und Spannung für einen Konstantandraht einander verhältnisgleich sind.

## Quantitative Untersuchung

**V₃** Um die zahlenmäßigen Beziehungen zu finden, messen wir nach Abb. 35.2 mit einem Strommesser die Stärke des Stromes $I$, der durch einen zwischen zwei Klemmen gespannten Draht fließt. Dieser besteht aus Konstantan, ist 0,5 m lang und 0,2 mm dick. Man schaltet zuerst eine Zelle, dann zwei, drei und vier Zellen eines Akkumulators in den Stromkreis ein und erhöht dadurch die anliegende Spannung $U$ stufenweise um je 2 Volt. Am Strommesser lesen wir ab, daß auch die Stromstärke verdoppelt, verdrei- und vervierfacht wird; siehe Tabelle für Kreis I. Wir erkennen:

> Spannung und Stromstärke stehen im geraden Verhältnis:
> 
> $U \sim I$. Dies ist das Ohmsche Gesetz.

Konstantandraht 0,2 mm ⌀
Querschnitt ≈ 0,032 mm²

Kreis I: 0,5 m Draht

| U | I | U/I |
|---|---|---|
| 0 V | 0 A | |
| 2 V | 0,25 A | |
| 4 V | 0,50 A | |
| 6 V | 0,75 A | |
| 8 V | 1,00 A | 8 V/A |
| 10 V | 1,25 A | |
| 12 V | 1,50 A | |
| 14 V | 1,75 A | |
| 16 V | 2,00 A | |

| Kreis II: 1 m Draht | | |
|---|---|---|
| U | I | U/I |
| 0 V | 0 A | |
| 2 V | 0,12 A | |
| 4 V | 0,25 A | |
| 6 V | 0,37 A | |
| 8 V | 0,50 A | 16 V/A |
| 10 V | 0,62 A | |
| 12 V | 0,75 A | |
| 14 V | 0,87 A | |
| 16 V | 1,00 A | |

Miß und rechne:

| Kreis III: 1,5 m Draht | | |
|---|---|---|
| U | I | U/I |
| 0 V | ... | |
| 2 V | ... | |
| 4 V | ... | |
| 6 V | ... | |
| 8 V | ... | ... |

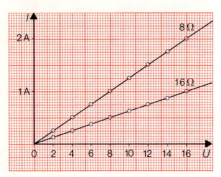

**36.1** Zu den Messungen an Kreis I und II

**Merke dir,**

daß der Strom in einem Stromkreis im gleichen Verhältnis wie die Spannung wächst;

daß er aber im umgekehrten Verhältnis zum Widerstand steht;

daß man den Widerstand $R$ durch den Quotienten $U/I$ angibt;

daß als Widerstandseinheit $1 \text{ V/A} = 1 \Omega$ benutzt wird;

wie das Ohmsche Gesetz in algebraischer Formulierung lautet, nämlich $R = U/I =$ constant.

**V₄** Wir wiederholen $V_3$, nachdem wir den Draht auf 1 m verlängert haben. Wieder gilt dieselbe Beziehung. Jedoch ist jetzt bei den einzelnen Spannungen der Strom nur halb so groß wie früher; siehe Tabelle für Kreis II!
Vergewissere dich, indem du die Stromstärke für gleiche Spannungen in Tabelle I und II vergleichst, z. B. für 6 V und 12 V!

**V₅** Was ist zu erwarten, wenn wir für die Messungen entsprechend $V_3$ jetzt 1,5 m (Kreis III) und später 2 m Draht nehmen (Kreis IV)? Rechne die Werte erst aus und prüfe dann nach! Zeichne mit den Werten ein Diagramm nach Abb. 36.1!

Es läßt sich nun zeigen, daß für ein und denselben Draht infolge der Proportionalität von $U$ und $I$ der Quotient $U/I$ konstant ist. Er hat in Kreis I die Größe 8 V/A, in Kreis II die Größe 16 V/A und in Kreis III die Größe 24 V/A. Siehe Tabellen, 3. Spalte.

Da wir annehmen dürfen, daß der 1 m lange Draht einen doppelt so großen, der 1,5 m lange Draht einen dreimal so großen Widerstand hat wie der 0,5 m lange Draht, können wir den Quotienten $U/I$ als Maß für den Drahtwiderstand ansehen:

> Der konstante Quotient $U/I$ ist ein Maß für die Größe des Widerstands eines Leiters.

Der Quotient bekommt das Symbol $R$ (von engl. resistance) und wird oft direkt „Widerstand des Leiters" genannt. Unser Draht in Kreis I hat dementsprechend den Widerstand $R = 8$ V/A; sprich: 8 Volt durch Ampere.

**Anmerkung:** Bei reinen Metallen wie Kupfer, Eisen und Aluminium, ist der Widerstand auch von der Drahttemperatur abhängig, also $U/I$ nicht konstant. Die Legierung Konstantan zeigt diese Abhängigkeit nur in geringem Maße. Dies enthebt uns der Aufgabe, bei unseren Versuchen die Temperatur konstant zu halten. Warum lassen sich die Versuche 1 bis 5 nicht mit Glühlampen durchführen?

**Was ist 1 Ohm?**

In unseren bisherigen Überlegungen benützten wir als Widerstandseinheit die Größe 1 V/A, die sich zwangsläufig bei der Quotientenbildung ergab. Diese abgeleitete Einheit heißt zu Ehren von G. S. Ohm, dem Entdecker des Proportionalgesetzes, auch 1 Ohm und wird abgekürzt 1 Ω geschrieben.

> Einheit für den Widerstand: $1 \dfrac{\text{V}}{\text{A}} = 1 \, \Omega$.

**Widerstandsbestimmung:** Wenn man den Widerstand eines Leiters bestimmen will, legt man eine Spannung geeigneter Größe an und mißt die Stromstärke. Dann bildet man den Quotienten der beiden Größen.

**Beispiele:** 1. Braucht man für 1 A die Spannung 1 V, so hat der Leiter den Widerstand

$$R = \frac{U}{I} = \frac{1\,V}{1\,A} = 1\,\Omega.$$

Erhöht man an ihm die Spannung auf 2 V, so fließen 2 A. Auch jetzt finden wir für $R$ den Wert 2 V/2 A = 1 Ω.

2. Erhält man dagegen bei 1 V den Strom 0,5 A, so ist der Widerstand

$$R = \frac{1\,V}{0,5\,A} = 2\,\Omega \text{ groß}.$$

2 V Spannung an diesem Widerstand erzeugen die doppelte Stromstärke, also 1 A.

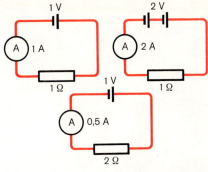

37.1 Schaltbilder zu den Beispielen 1 und 2 der Textspalte

### Die algebraische Formulierung des Ohmschen Gesetzes

Wir überzeugen uns durch einen Blick auf die Tabelle, daß der Quotient $U/I$ für alle zusammengehörigen Werte aus ein und demselben Stromkreis konstant ist. Gemäß obiger Überlegungen messen wir aber mit diesem Quotienten den Widerstand, so daß wir schreiben können:

$$R = \frac{U}{I} = \text{constant. Dies ist das Ohmsche Gesetz.}$$

Wir wenden die Beziehung auf Tabelle I und II an:
Für $R_I$ (0,5 m Konstantandraht von 0,2 mm ⌀)

$$R_1 = \frac{U}{I} = \frac{4\,V}{0,25\,A} = \frac{12\,V}{0,75\,A} = \ldots = 8\,\frac{V}{A} = 8\,\Omega,$$

Für $R_{II}$ (1m Konstantandraht mit 0,2 mm ⌀)

$$R_2 = \frac{U}{I} = \frac{4\,V}{0,5\,A} = \frac{12\,V}{1,5\,A} = \ldots = 16\,\frac{V}{A} = 16\,\Omega.$$

Die Ergebnisse stimmen auch hier mit der Vorstellung überein, nach der der Kreis II den doppelten Widerstand von Kreis I haben soll. Sind bei Problemen oder Aufgaben zwei der drei Größen ($U$, $I$, $R$) gegeben, so läßt sich die dritte nach algebraischer Umformung des Ohmschen Gesetzes $U/I = R$ allgemein ausdrücken:

$$U = R \cdot I; \quad I = \frac{U}{R}.$$

**Beispiele:** 1. In einem Stromkreis ist $R = 15\,\Omega$ (Spule). Man will die Stromstärke $I = 0,8$ A erhalten. Wie groß muß $U$ sein?

$$U = R \cdot I = 15\,\Omega \cdot 0,8\,A = 12\,\frac{V}{A} \cdot A = 12\,V.$$

2. Ein Schiebewiderstand hat 330 Ω. Zwischen Anfangs- und Endbuchse sind 220 V gelegt. Wie stark ist der Strom?

$$I = \frac{U}{R} = \frac{220\,V}{330\,\Omega} = \frac{2\,V}{3\,\Omega} = \frac{2\,V}{3\,V/A} = \frac{2}{3}\,A = 0,66\,A$$

**Aufgaben:**

1. Formuliere das Ohmsche Gesetz in Worten.
2. Welche Vorstellung hast du, wenn du das Wort elektrischer Widerstand hörst?
3. Wer hat den höheren Widerstand? Ein langer dünner oder ein kurzer dicker Draht?
4. Erkläre, warum zur Ermittlung des Widerstands eines elektrischen Geräts eine Strom- und Spannungsmessung notwendig ist.
5. Wie groß ist der Widerstand $R$ in einem Raumheizer, durch den bei Anschluß an $U = 220$ V der Strom $I = 10$ A fließt?
6. Welchen Strom erhält man, wenn dieses Gerät an 110 V angeschlossen wird?
7. Den unbekannten Widerstand eines Drahtes findet man, wenn man eine Spannung anlegt und die Stärke des Stromes mißt. Wie groß ist der Widerstand $R$ einer Netzglühlampe, die an 220 V angeschlossen von 0,1 A durchflossen wird?
8. Bestimme durch einen Versuch den Widerstand eines Taschenlampenbirnchens und vergleiche mit den Angaben auf der Fassung!
9. Durch eine Spule soll ein Strom $I$ von 1,5 A fließen. Sie hat laut Aufdruck 3 Ω Widerstand. Wieviel Volt braucht man?

## El 4.2 Wovon hängt der Widerstand eines Drahtes ab?

**Der Artwiderstand**

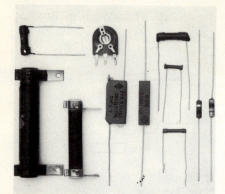

**38.1** Technische Ausführungen von Widerständen

In Abb. 38.1 sind einige Gebrauchswiderstände abgebildet. Was man bei ihrer Herstellung bedenken muß, wollen wir nun kennenlernen.

### Der Einfluß der Drahtabmessungen auf den Widerstand

Bereits im vorangehenden Kapitel fanden wir, daß $R$ mit der **Länge** eines Drahtes wächst. Wir bestimmten den Widerstand eines 1 m langen Konstantandrahts zu 16 Ohm; 2 m desselben Drahts hatten 32 Ohm.

> $R$ ist verhältnisgleich zur Drahtlänge
> $R \sim l.$

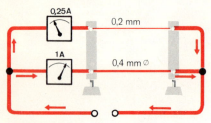

**38.2** Abhängigkeit des Widerstandes vom Drahtquerschnitt (Versuchsanordnung)

**V₁** Den **Einfluß der Drahtdicke** ermitteln wir, indem wir in der Schaltung nach Abb. 38.2 den 1 m langen, 0,2 mm dicken Konstantandraht mit einem gleichlangen von 0,4 mm Durchmesser vergleichen. Dieser hat die vierfache Querschnittsfläche $q$ (Abb. 38.3).
Die Stromstärke steigt von 0,25 A auf 1 A. Der Widerstand fällt entsprechend von 16 Ω auf 4 Ω, also auf den vierten Teil.

> $R$ steht im umgekehrten Verhältnis zum Drahtquerschnitt
> $R \sim \dfrac{1}{q}.$

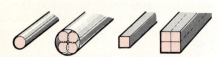

**38.3** Ein Draht doppelten Durchmessers hat vierfachen Querschnitt.

**V₂** Warum schlägt der Zeiger des Strommessers bis zum gleichen Wert aus, wenn wir statt des 0,4 mm dicken Drahts vier Drähte von 0,2 mm Durchmesser zwischen A und B spannen? Erkläre anhand von Abb. 38.3!

### Der Einfluß des Drahtmaterials auf den Widerstand

Bisher verwendeten wir bei unseren Versuchen Konstantandrähte. Nunmehr wollen wir reinen Kupferdraht verwenden.

**V₃** Bei 6 Volt entstand in unserem 0,2 mm dicken Konstantandraht eine Stromstärke von 0,27 Ampere. Wenn wir ihn durch einen Kupferdraht gleicher Stärke ersetzen, schlägt der Strommesser sofort bis zum Anschlag aus. Vorsicht! Nur kurzzeitig einschalten! Um die ursprüngliche Stromstärke und damit auch den ursprünglichen Widerstand zu erhalten, müssen wir den Draht auf etwa 30 m verlängern. Der Widerstand des 1 m langen Kupferdrahtes beträgt somit nur 1/30 des Vergleichswiderstandes aus Konstantandraht.

> Der Widerstand eines Leiters hängt vom Material ab.

---

**Merke dir,**

daß der Widerstand eines Drahtes
von der Länge,
vom Drahtquerschnitt (Fläche)
und vom Material abhängt;

daß die Metalle Kupfer und Aluminium gut, das Metall Eisen und die Legierung Konstantan schlecht leiten;

wie man mit der Gleichung
$R = \varrho \cdot l/q$ rechnet.

Um verschiedene Stoffe vergleichen zu können, gibt man die Größe des Widerstands an, den ein aus diesem Stoff hergestellter Draht von 1 m Länge und 1 mm² Querschnitt hat. Die gefundene Größe $\varrho$ wird **Artwiderstand** bzw. **spezifischer Widerstand** genannt. ($\varrho$, sprich rho, ist der griechische Buchstabe r). In der nebenstehenden Tabelle findest du einige wichtige Werte. Rechne $\varrho$ für Konstantan aus $V_1$ aus und vergleiche mit dem Tabellenwert.

| Artwiderstände $\varrho$ in $\frac{\Omega \cdot mm^2}{m}$ | |
|---|---|
| Kupfer | 0,017 |
| Silber | 0,016 |
| Aluminium | 0,028 |
| Eisen | 0,1 |
| Konstantan | 0,5 |
| Quecksilber | 0,94 |

### Wir rechnen mit dem Artwiderstand $\varrho$

Der Widerstand eines Drahts läßt sich nach der Gleichung

$$R = \varrho \cdot \frac{l}{q}$$

errechnen, wenn die Drahtabmessungen und der Artwiderstand bekannt sind. Umgekehrt finden wir für $\varrho$ die Beziehung

$$\varrho = R \cdot \frac{q}{l}.$$

Mit ihrer Hilfe läßt sich aus Experimenten für jeden Stoff der Artwiderstand bestimmen.

**Beispiele:** 1. Ein Konstantandraht der Länge $l = 2$ m mit dem Querschnitt $q = 0,032$ mm² hat nach unserer Versuchstabelle (S. 36, Kreis IV) den Widerstand $R = U/I = 32\ \Omega$. Es folgt:

$$\varrho = \frac{R \cdot q}{l} = \frac{32\ \Omega \cdot 0,032\ mm^2}{2\ m} = 0,5\ \frac{\Omega \cdot mm^2}{m}.$$

Prüfe an anderen zusammengehörigen Werten für $R$, $l$ und $q$, ob sich für Konstantan immer dasselbe errechnet!

2. Ein Kupferdraht von 0,2 mm ⌀ habe einen Querschnitt $q = \pi r^2 = 3{,}14 \cdot 0{,}1 \cdot 0{,}1\ mm^2 = 0{,}0314\ mm^2$. Ist seine Länge $l = 10$ m, so mißt man einen Widerstand $R$ von 5,4 $\Omega$. Für den spezifischen Widerstand gilt dann:

$$\varrho = \frac{R \cdot q}{l} = \frac{5{,}4\ \Omega \cdot 0{,}0314\ mm^2}{10\ m} = 0{,}017\ \frac{\Omega \cdot mm^2}{m}.$$

Die **Einheit** des spezifischen Widerstandes ist $1\ \Omega \cdot mm^2/m$. Sie hat keinen besonderen Namen.

Die hier gefundene Beziehung $R = \varrho \cdot l/q$ läßt sich umformen:

$$l = \frac{R \cdot q}{\varrho}; \quad q = \frac{l}{R} \cdot \varrho.$$

Dies braucht man gelegentlich (Aufgabe 8).

3. Der Widerstand $R$ einer 200 m langen Kupferleitung von 6 mm² Querschnitt ist:

$$R = \varrho \cdot \frac{l}{q} = 0{,}017\ \frac{\Omega \cdot mm^2}{m} \cdot \frac{200\ m}{6\ mm^2} = \frac{3{,}4}{6}\ \Omega = 0{,}567\ \Omega.$$

Querschnitte und Leitungslänge dieser Größen kommen z. B. beim Anschluß von Maschinen in Fabriken vor.

### Aufgaben:

1. Welchen Einfluß haben Länge und Querschnitt auf den Widerstand eines Drahts?
2. Welche Metalle leiten gut, welche weniger gut?
3. Erkläre, was die Aussage „Artwiderstand $\varrho = 0{,}017\ \Omega \cdot mm^2/m$" bedeutet.
4. Wie hängen die Begriffe Artwiderstand und Leitfähigkeit zusammen? Versuche eine Festlegung!
5. Laß dir von einem Elektriker Leitungsdrähte von verschiedenem Querschnitt zeigen (1,5; 2,5; 4; 6 mm²)! Überlege, wieviel Ohm jeweils 1 m des Drahtes hat! Ein Kupferdraht von 1 m Länge und 1 mm² Querschnitt hat 0,017 $\Omega$.
6. Hausleitungen sind oft 30, 40 oder 50 m lang und haben meist einen Querschnitt von 1,5 mm². Wieviel Ohm hat jedes Meter der Leitung? Wieviel Ohm liegen etwa zwischen Zähler und Steckdose?
7. Welchen Widerstand haben folgende Drähte?
a) 1 m Konstantandraht mit 0,1 mm ⌀;
b) 1 m Konstantandraht mit 0,4 mm ⌀;
c) 1 m Konstantanband von 0,1 mm Dicke und 2 mm Breite;
d) 20 m Kupferleitung von 1,5 mm² Querschnitt (Hausleitung);
e) eine „Aluminiumstromschiene" von 10 mm Dicke und 30 mm Breite, die 2 m lang ist ($\varrho_{Al} = 0{,}028\ \Omega \cdot mm^2/m$).
8. Eine Telefondoppelleitung besteht aus zwei Kupferdrähten von je 0,5 mm² Querschnitt. In der Leitung ist unterwegs ein Kurzschluß. Man legt an die beiden Leitungsenden 2 V Spannung und mißt eine Stromstärke von 0,05 A. Der Widerstand des kurzgeschlossenen Stückes ist also $R = U/I = 2\ V/0{,}05\ A = 40\ \Omega$. Wie weit ist die Kurzschlußstelle entfernt?

## El 4.3 Wie sind Widerstände konstruiert?

### Schiebewiderstand  Schichtwiderstand

**40.1** Schiebewiderstand und Drehwiderstand. Man erkennt ein wichtiges Konstruktionsprinzip.

Beim **Schiebewiderstand** (Abb. 40.1) ist auf ein Keramikrohr ein Konstantandraht gewickelt, welcher durch eine Oxidschicht an der Drahtoberfläche isoliert ist. Damit kann der Strom nicht von einer Windung unmittelbar zur nächsten gelangen. Er muß jeweils um das Rohr fließen. Der auf der Schiene gleitende Schieber (Abb. 40.2) hat die Isolierschicht längs seiner Bahn abgerieben und findet deshalb metallischen Kontakt mit dem Widerstandsdraht.

Auch der **Drehwiderstand** in Abb. 40.1 links hat einen veränderlichen Widerstandswert. Hier ist der Draht auf einen Porzellanring aufgebracht. Die Oxidschicht ist auf der Schmalseite abgerieben. Dort findet der als Dreharm ausgebildete Schleifer Kontakt mit dem Drahtmetall.

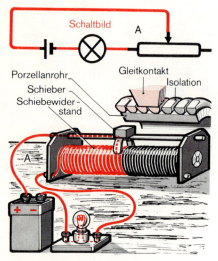

**40.2** Anordnung und Schaltbild für $V_1$

$V_1$ Je weiter wir den Schieber in Abb. 40.2 von der Anschlußstelle A wegrücken, um so länger wird der vom Strom durchflossene Draht, so daß der Widerstand ansteigt. Der Strom wird schwächer, die Lampe dunkler.

In Theatern und Lichtspielhäusern sind oft Schiebewiderstände in die Beleuchtungsstromkreise gelegt. Man kann dann die Lampen langsam aufleuchten und verlöschen lassen.

**Elektrische Leitungen** sollen wenig Widerstand haben. Man fertigt sie daher aus Material mit kleinem Artwiderstand, also aus Kupfer oder Aluminium, und macht sie relativ dick und so kurz wie möglich. Gleiches gilt für Steckkontakte, Schraubklemmen, Buchsen usw.

Die Leitung von der Steckdose zum Transformatorenhaus, einschließlich aller Verbindungen, hat üblicherweise einen Widerstand zwischen $0{,}1\,\Omega$ und $1\,\Omega$. Mehr als die Hälfte davon entfällt auf die Hausleitungen.

Die **Heizdrähte** in elektrischen Geräten müssen wesentlich größere Widerstände als die Zuleitungen haben. Darin soll ja Wärme entstehen. Man fertigt sie deshalb aus relativ langen, dünnen Konstantan- oder Chromnickeldrähten.

### Schichtwiderstände

In Radioapparaten, Fernsehgeräten, Meßinstrumenten werden oft Bauteile mit wesentlich höheren Widerständen benötigt. Sie bestehen aus einem Porzellanrohr mit Metallkappen. Auf das Porzellanrohr ist eine dünne Kohle- oder Metallschicht aufgedampft. Diese **Schichtwiderstände** kann man in allen Größen zwischen 10 Ohm und 50 Millionen Ohm (50 M$\Omega$) in jeder Radiohandlung kaufen. Oft vergrößert eine nachträglich in den Keramikkörper eingefräßte Nut den Widerstand.

**Beachte:** Für hohe Widerstandswerte gibt es weitere Einheiten: 1000 Ohm nennt man 1 Kiloohm (k$\Omega$), für 1 000 000 $\Omega$ sagt man 1 Megaohm (M$\Omega$).

---

$1\,\text{k}\Omega = 1000\,\Omega$
$1\,\text{M}\Omega = 1\,000\,000\,\Omega$

---

**Aufgaben:**

1. Vergleiche Schiebewiderstand und Drehwiderstand! Was ist gemeinsam? Worin liegen die Unterschiede?
2. Beschreibe das Bauprinzip von Schichtwiderständen!
3. Wo verwendet man Drähte mit hohem, wo Drähte mit kleinem Artwiderstand?
4. Warum werden im Leitungsbau die Metalle Kupfer und Aluminium bevorzugt?
5. Wieviel Ohm sind 3 k$\Omega$, wieviel 5,5 M$\Omega$?
6. Konstantandraht von 0,1 mm ⌀ hat je Meter einen Widerstand von 64 $\Omega$. Er glüht bei $I = 0{,}8$ A. Wie groß muß der Gesamtwiderstand $R$ sein, wenn der Draht beim Anschluß an 220 V glühen soll? Wieviel Meter Draht braucht man?

## El 4.4 Welchen Einfluß hat die Temperatur auf den Widerstand?

**Widerstandsthermometer
Supraleitung**

Schon G. S. Ohm fand, daß sich der Widerstand eines Drahts mit der Temperatur ändert. Dies läßt sich leicht zeigen:

**V₁** Wir wickeln eine Wendel aus 1 m Eisendraht von 0,5 mm ⌀ und schalten diese nach Abb. 41.1 in einen Stromkreis ein. Dann erhitzen wir den Draht mit einem Bunsenbrenner.
Die Stromstärke sinkt erheblich, obwohl die Spannung gleichbleibt.

41.1 Der Widerstand eines Drahts steigt mit der Temperatur. $U = 2$ V; $I_{(kalt)} \approx 2$ A

> Der Widerstand von Metalldrähten nimmt mit steigender Temperatur zu.

**V₂** Miß den Widerstand einer 25 W-Haushaltslampe bei 2 V Spannung (kalt). Vergleiche den gemessenen Wert mit dem, den der Lehrer im heißen Zustand bei 220 V festgestellt hat!

Der Lampenwiderstand nimmt im heißen Zustand, also bei etwa 2000 °C, den 10fachen Wert an! Beim Einschalten einer solchen Lampe fließt deshalb kurzzeitig das Zehnfache des Betriebsstroms.
**Konstantan,** eine Legierung aus Kupfer und Nickel, behält, wie schon der Name sagt, beim Erhitzen annähernd gleichen Widerstand. Deshalb verwendet man diese Legierung für Widerstände in Meßgeräten. Bei unseren Meßversuchen zum Ohmschen Gesetz enthob sie uns der schwierigen Aufgabe, trotz des fließenden Stroms die Temperatur konstant zu halten. Siehe auch Abb. 41.2!
**Widerstandsthermometer:** Der Strom in V₁ hängt bei festgehaltener Spannung nur von der Temperatur der Drahtwendel ab. Man kann die Anordnung daher vorteilhaft als sogenanntes Widerstands-Thermometer verwenden. Dazu müßte man dem Instrument statt der Ampereskala eine Temperaturskala geben. Mit solchen Thermometern kann man sowohl sehr hohe Temperaturen (bis zum Schmelzpunkt des betreffenden Metalls) als auch Temperaturen an schwer zugänglichen Orten messen (Flugzeugmotoren, Flammenkerne usw.).
**Supraleitung:** Bestimmte Metalle und Metallegierungen, z. B. Blei, verlieren bei Temperaturen in der Nähe des absoluten Nullpunkts (−273 °C) ihren Widerstand vollständig. In einem supraleitenden Stromkreis kann man deshalb Ströme lange Zeit ohne Verluste aufrechterhalten: Der Draht erwärmt sich nicht. Wenn der Strom einmal fließt, kann man auf die Stromquelle verzichten.
Supraleitendes Material verwendet man für die Spulen sehr starker Elektromagnete. Sie müssen mit flüssigem Helium gekühlt werden. Wenn es gelänge, supraleitende Kabel zu bauen, könnten durch sie mit Vorteil Hochspannungsleitungen ersetzt werden.

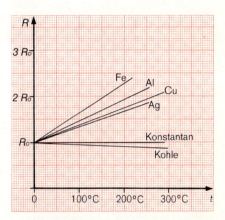

41.2 Abhängigkeit des Artwiderstandes von der Temperatur

> **Merke dir,**
>
> daß der Artwiderstand von Metallen mit der Temperatur steigt;
>
> welche Vorzüge die Legierung Konstantan hat;
>
> was Supraleitung ist.

**Aufgaben:**

1. Wie wirkt sich die Temperaturabhängigkeit des Widerstandes bei einer Glühlampe aus?
2. Studiere die graphische Darstellung Abb. 41.2! Welches Material wird in seiner Leitfähigkeit von der Temperatur am meisten, welches am wenigsten beeinflußt?
3. Welches Material würdest du für ein Widerstandsthermometer vorschlagen?

42.1 Bei der elektrischen Weihnachtsbaumbeleuchtung sind viele Lampen in Reihe geschaltet.

## El 4.5 Warum sind am Weihnachtsbaum viele Lampen hintereinander geschaltet?

**Reihenschaltung von Widerständen**

Eine elektrische Weihnachtsbaumbeleuchtung enthält meist 12 Lampen, die für eine Betriebsspannung von je 18 Volt ausgelegt sind. Die Lichterkette wird direkt aus der Steckdose betrieben. Dies ist möglich, weil die Lampen nicht parallel, sondern hintereinander geschaltet sind. Wir machen ein ähnliches Experiment!

$V_1$ | An einer Einzellampe wird nach Abb. 42.2 beim Anlegen von 18 Volt eine Stromstärke von 0,1 A gemessen. Somit ist ihr Widerstand

$$R = \frac{18 \text{ V}}{0{,}1 \text{ A}} = 180 \, \Omega.$$

Legten wir sie jedoch an eine Spannung von 220 V, so würde diese 12fache Spannung kurzzeitig den 12fachen Strom hervorrufen und die Lampe zerstören.

$V_2$ | Um den Strom wieder auf den erlaubten Wert zu bringen, haben wir auch den Gesamtwiderstand 12mal so groß zu wählen, z. B. indem wir noch 11 Lampen nach Abb. 42.3 dazu schalten. Dabei wird der Glühdraht 12mal so lang wie bei einer Lampe. Sein Widerstand steigt auf $12 \cdot 180 \, \Omega = 2160 \, \Omega$. Man braucht jetzt für die Stromstärke 0,1 A die Betriebsspannung $U = I \cdot R = 0{,}1 \text{ A} \cdot 2160 \, \Omega = 216 \text{ V}$.

$V_3$ | Von den 12 Lampen können wir 11 durch einen Widerstand von $11 \cdot 180 \, \Omega = 1980 \, \Omega$ ersetzen. (Abb. 42.4). Man nennt ihn **Vorwiderstand,** doch wirkt er ebenso, wenn wir ihn „hinter" die Lampe schalten. Er erhöht in beiden Fällen den Gesamtwiderstand auf $2160 \, \Omega$, verbraucht 200 V (wie 11 Lampen) und begrenzt damit die Stromstärke auf den richtigen Wert. Der Begrenzungswiderstand, den wir brauchen, wenn wir eine Glimmlampe betreiben, hat dieselbe Aufgabe.

Die Versuche $V_1$, $V_2$ und $V_3$ zeigen, daß sich der **Gesamtwiderstand $R_g$** einer Reihenschaltung aus der Summe der Einzelwiderstände errechnen läßt:

$$R_g = R_1 + R_2 + R_3 + \ldots + R_n$$

und daß man die Stärke des Stroms findet, wenn man die Betriebsspannung durch diesen Gesamtwiderstand teilt:

$$I = \frac{U_b}{R_g}.$$

Wenn die Einzelwiderstände gleich sind, verteilt sich die Betriebsspannung gleichmäßig auf sie.

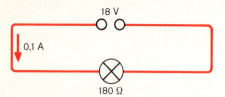

42.2 Schaltbild einer einzigen Lampe ($V_1$)

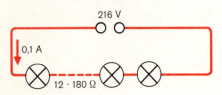

42.3 Schaltbild von 12 Lampen am Weihnachtsbaum und in $V_2$

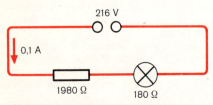

42.4 Elf Lampen wurden durch einen Widerstand mit 1980 $\Omega$ ersetzt.

## Die Reihenschaltung verschiedener Widerstände

Wir untersuchen zunächst die Spannungsverhältnisse an einem einfachen Versuchsaufbau:

**V₄** Hierzu messen wir in einem Stromkreis ähnlich Abb. 43.1 die Einzelwiderstände und die Spannungen, später auch noch den Strom. Wir finden:

$$R_g = R_1 + R_2 = 6\,\Omega + 12\,\Omega = 18\,\Omega$$

$$I = \frac{U_b}{R_g} = \frac{9\,V}{18\,\Omega} = 0{,}5\,A\,.$$

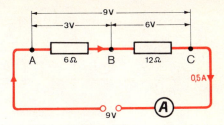

43.1 Schaltung zu $V_4$

Diese Stromstärke zeigt das Strommeßgerät an. Am Widerstand $R_1$ muß die Spannung

$$U_1 = I \cdot R_1 = 0{,}5\,A \cdot 6\,\Omega = 3\,V$$

liegen (Ohmsches Gesetz), am Widerstand $R_2$ die Spannung

$$U_2 = I \cdot R_2 = 0{,}5\,A \cdot 12\,\Omega = 6\,V\,.$$

Dies stimmt mit der Anzeige von Spannungsmessern, die an den Klemmen A und B bzw. B und C liegen, überein. Wie wir erwarten, addieren sich die beiden Teilspannungen

$$\boxed{U_B = U_1 + U_2\,.}$$

Die Widerstandskombination wirkt nebenbei als sogenannter **Spannungsteiler**, wobei die größere Spannung am größeren Widerstand liegt, so daß gilt:

$$U_1 = U_B \frac{R_1}{R_g} \quad \text{Beispiel: } U_1 = 9\,V \cdot \frac{6\,\Omega}{18\,\Omega} = 3\,V\,.$$

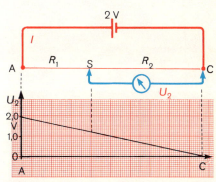

43.2 Kontinuierlich regelbare Spannung, mit Hilfe eines Abgriffs an einem Draht hergestellt. Oben: Schaltbild. Unten: Spannungsabfall zwischen A und C.

Diese **Spannungsteilerschaltung** heißt auch **Potentiometerschaltung** und erlaubt im Spezialfall des folgenden Versuches den Bau einer kontinuierlich regelbaren Spannungsquelle:

**V₅** Nach Abb. 43.2 schicken wir durch einen zwischen A und C ausgespannten Draht (1 m lang, 0,2 mm ⌀; Konstantan) einen Strom und messen die Spannung zwischen dem Punkt C und beliebigen Stellen S des Drahtes. Diese fällt gleichmäßig von A nach C ab.
Man spricht deshalb auch vom **Spannungsabfall** an einem Widerstand. Vergleiche mit dem vorangehenden Versuch!

$$\boxed{\text{Längs eines stromdurchflossenen Leiters fällt die Spannung linear ab.}}$$

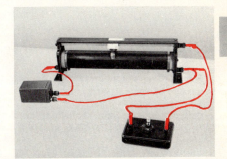

**V₆** An Stelle des geraden Drahts läßt sich auch ein Schiebewiderstand oder ein Drehwiderstand benutzen und mit ihm z. B. die Helligkeit eines Glühlämpchens regeln (Abb. 43.3). Welche Spannung liegt an der Lampe, wenn der Schieber bei A, in der Mitte zwischen A und B, bei B und in der Mitte zwischen B und C und bei C steht? Überlege! Rechne und miß nach!

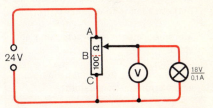

43.3 Mit Hilfe einer Potentiometerschaltung wird die Helligkeit einer Lampe geregelt. Oben: Versuchsanordnung. Unten: Schaltbild.

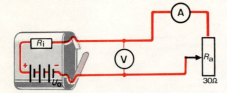

**44.1** So mißt man die Klemmenspannung in $U_{KL}$! Beachte, daß der eingezeichnete Widerstand $R_i$ im Innern der Batterie nicht zugänglich ist!

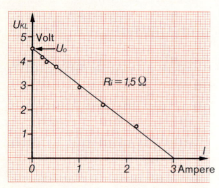

**44.2** Je größer der Strom ist, den man einer Taschenlampenbatterie entnimmt, desto kleiner wird die Klemmenspannung.

---

**Merke dir,**

wie Widerstände und Geräte in Reihe geschaltet werden;

daß sich bei der Reihenschaltung die Einzelwiderstände zum Gesamtwiderstand addieren;

daß die Spannungen an den Einzelwiderständen zusammen gerade die Betriebsspannung ergeben;

wie eine Potentiometerschaltung entsteht;

was man unter dem Innenwiderstand einer Stromquelle versteht;

wie sich dieser Innenwiderstand bei Belastung auf die Klemmenspannung auswirkt.

---

## Der Innenwiderstand von Stromquellen

**V₇** Eine **Taschenlampenbatterie** hat zwar eine Spannung von 4,5 V. Schließen wir sie jedoch mit einem Strommesser (Widerstand 0,1 Ω) kurz, so zeigt dieser nur eine Stromstärke von 3 A an.
Einen größeren Strom kann die Batterie nicht erzeugen: Im Stromkreis, und zwar hauptsächlich im unzulänglichen Innern der Batterie, liegt demnach ein Widerstand von rund 1,5 Ohm. Dieser begrenzt die Stromstärke.

**V₈** Wir messen die Klemmenspannung der Batterie, während wir nach Abb. 44.1 durch Verringern eines Schiebewiderstandes den Strom erhöhen.
Abb. 44.2 zeigt, daß diese Klemmspannung um so kleiner ist, je größer wir den Strom wählen. Ein Teil der chemisch erzeugten Urspannung $U_0$ fällt am Innenwiderstand ab.
Der Innenwiderstand ist bei einem **Akkumulator** wesentlich kleiner, weshalb wir V₇ nicht mit ihm wiederholen dürfen. Die zu erwartende große Stromstärke würde das Instrument zerstören (Widerstand eines 6 V-Akkus etwa 1/50 Ω; Kurzschlußstromstärke 300 Ampere). Wenn Autobatterien im Winter Temperaturen weit unter 0 °C ausgesetzt sind, steigt ihr Widerstand an. Dadurch erreicht der Strom beim Anlassen nicht die nötige Stärke und kann den wegen des dickflüssigen Öls schwerlaufenden Motor nicht anwerfen.
Beim Einschalten eines elektrischen Heizofens sinkt oft die Netzspannung etwas ab. Glühlampen werden dann dunkler. Dies kommt vom **Spannungsabfall in den Zuleitungen** zur Steckdose, der nur bei größeren Stromstärken merkliche Werte erreicht. Bei 10 A lassen sich gelegentlich bis zu 10 V Spannungsabfall messen (von 220 auf 210 V). Der Widerstand der Zuleitungen ist dann allerdings recht hoch (um 1 Ω). Er entspricht dem Innenwiderstand einer Batterie.
Ein **Bandgenerator** erzeugt zwar eine sehr hohe Spannung von etwa 250 000 V. Sein Innenwiderstand ist jedoch so hoch, daß nur wenige $\mu$A (1 $\mu$A = 1/1 000 000 A) fließen, wenn wir ihn kurzschließen.

**Aufgaben:**

1. Eine 4 V-Glühlampe mit 8 Ω Widerstand soll an 12 V gelegt werden. Welcher Vorschaltwiderstand ist notwendig? Wieviel Volt muß er verbrauchen?
2. In Abb. 43.2 wird der Schleifdraht doppelt so lang gemacht. Was ändert sich? Kann die Spannung auch jetzt noch zwischen 0 und 2 V geregelt werden?
3. Eine Weihnachtsbaumbeleuchtung enthält 17 gleiche Lampen. Welche Spannung liegt an einer einzelnen?
4. Eine Steckdose (220 V) hat einen „Innenwiderstand" von 2 Ω. Wie groß ist die Kurzschlußstromstärke? Um wieviel Volt sinkt die Spannung, wenn man einen Strom von 10 A entnimmt?
5. Widerstände mit 5 Ω, 70 Ω und 22 Ω wurden hintereinandergeschaltet. Wie groß ist der Gesamtwiderstand $R_g$?

## El 4.6 Welche Gesetze gelten im verzweigten Stromkreis?

## Parallelschaltung von Widerständen

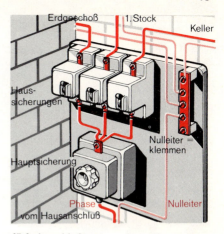

**45.1** Anschlußkasten einer Hausanlage. Die verschiedenen Stromkreise sind rot eingezeichnet. Du erkennst die Verzweigungspunkte.

Beim Betrieb mehrerer Geräte mit großer Strom„aufnahme" schaltet die Sicherung häufig automatisch den betreffenden Stromkreis wegen Überlastung aus. Berichte aus eigener Erfahrung! — Die Geräte sind in diesem Fall parallel geschaltet. Um den Vorgang zu verstehen, müssen wir untersuchen, wie groß die Stromstärke in der gemeinsamen Leitung, der Hauptleitung, ist.

**V₁** Zwei verschieden große Widerstände werden zueinander parallel an die Spannungsquelle von 6 V angeschlossen. Die Stromstärken $I_1$ und $I_2$ in den Zweigen können wir nach dem Ohmschen Gesetz ausrechnen. Mit den Werten der Abbildung 45.2 erhalten wir:

$$I_1 = \frac{U}{R_1} = \frac{6\,V}{6\,\Omega} = 1\,A \quad u. \quad I_2 = \frac{U}{R_2} = \frac{6\,V}{12\,\Omega} = 0{,}5\,A.$$

Das sind genau die Werte, die die Meßinstrumente anzeigen. Wir überlegen:
In Punkt A teilt sich der Gesamtstrom $I_g$, den das Meßinstrument III anzeigt, in die beiden Teilströme $I_1$ und $I_2$ auf, die sich im Punkt B wieder vereinigen. Elektronen, die vom Minuspol kommen, fließen also über den Zweig 1 oder den Zweig 2. Für den Gesamtstrom erwarten wir entsprechend dieser Vorstellung den Wert

$$I_g = I_1 + I_2 = 1\,A + 0{,}5\,A = 1{,}5\,A,$$

der durch das Meßinstrument bestätigt wird.
In Schaltungen mit vielen Zweigen gilt entsprechend

$$I_g = I_1 + I_2 + I_3 + \ldots + I_n.$$

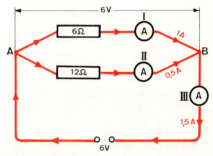

**45.2** Parallelschaltung zweier Widerstände, Schaltbild zu V₁

**V₂** In Abb. 45.3 ist eine weitere Versuchsanordnung wiedergegeben. Miß die Stromstärke in den einzelnen Zweigen und in der Hauptleitung. Rechne auch hier! Warum ist im Zweig mit dem kleinsten Widerstand der Strom am größten?

### Der Ersatzwiderstand einer Parallelschaltung

Denke dir die beiden Widerstände von V₁ in einen Kasten eingeschlossen. Dann hat dieser Kasten zwei Anschlüsse. Deshalb ist es sinnvoll, nach der Größe des Widerstandes zu fragen, der den Kasten ersetzt. Man nennt diesen Widerstand **Ersatzwiderstand!** Warum? Wir ermitteln ihn durch Errechnung aus den Meßwerten für Strom und Spannung zu

$$R_E = \frac{U}{I_g} = \frac{6\,V}{1{,}5\,A} = 4\,\Omega.$$

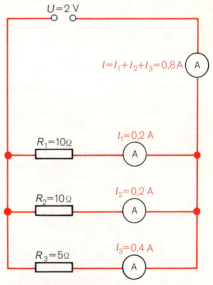

**45.3** Parallelschaltung dreier Widerstände; Schaltbild zu V₂

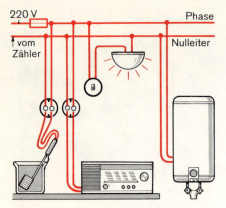

**46.1** Hausverteilung (schematisch); s. Aufgabe 3!

Ein Ausdruck für $R_E$, der nur die Widerstände $R_1$ und $R_2$ enthält, wäre für viele Zwecke günstiger, da in ihn keine Meßgrößen eingehen. Ein solcher Ausdruck ergibt sich, wenn wir zunächst auf die Gleichung $I_g = I_1 + I_2$ das Ohmsche Gesetz anwenden. Wir erhalten

$$\frac{U}{R_E} = \frac{U}{R_1} + \frac{U}{R_2}$$ und dividieren diese Gleichung

durch $U$. Der gewünschte Ausdruck lautet dann:

$$\frac{1}{R_E} = \frac{1}{R_1} + \frac{1}{R_2}.$$

Wir setzen die Widerstandswerte von $V_1$ ein:

$$\frac{1}{R_E} = \frac{1}{6\,\Omega} + \frac{1}{12\,\Omega} = \frac{3}{12\,\Omega}$$ und erhalten daraus

$R_E = 12/3\,\Omega = 4\,\Omega$ in Übereinstimmung mit den Messungen.

Für mehr als zwei Zweige läßt sich der Ersatzwiderstand analog finden aus

$$\frac{1}{R_E} = \frac{1}{R_1} + \frac{1}{R_2} + \frac{1}{R_3} + \ldots + \frac{1}{R_n}.$$

### Wann schaltet eine Sicherung den Strom aus?

Haushaltsicherungen legt man in die Phase der Hauptleitung. Die Stromverzweigungen kommen nach ihr. Mit jedem Gerät, das man zuschaltet, steigt der Strom an.
Die Sicherung ist nun so bemessen, daß sie anspricht, lange ehe die Leitungen gefährlich hohe Temperaturen annehmen. Eine Anlage arbeitet jedoch nur dann einwandfrei, wenn gewährleistet ist, daß die Summe aller Ströme den Abschaltwert der Sicherung nicht überschreitet. Ist diese Bedingung nicht erfüllt, muß man die vorgesehenen Geräte auf einige gesondert abgesicherte Kreise verteilen. Im Verteilerkasten befinden sich dann mehrere Sicherungen.
**10 A- und 16 A-Sicherungen** (Abschaltwert) sind zugelassen für Lichtstromkreise mit Kupferleitungen vom Mindestquerschnitt 1,5 mm².
**20 A- und 25 A-Sicherungen** läßt man nur für Leitungen zu, deren Kupferquerschnitt mindestens 2,5 mm² beträgt. Lampen mit Schraubfassungen dürfen nicht angeschlossen sein.
**Sicherungsautomaten** arbeiten folgendermaßen:
1. Bei Überlastungen, die den Sicherungsnennwert nur wenig überschreiten, trennt ein verhältnismäßig träger Bimetallschalter die Leitung auf.
2. Bei übergroßen Kurzschlußstromstärken unterbricht eine zusätzlich eingebaute Magnetauslösung den Stromkreis augenblicklich. Sie ist auf den 5fachen Nennwert eingestellt, damit sie nicht schon auf Einschaltstromstöße von Glühlampen anspricht.

---

**Merke dir,**

wie man Widerstände parallel schaltet;

daß dabei in der gemeinsamen Hauptleitung ein größerer Strom fließt als in jedem Zweig;

wie man Gesamtstrom $I_g$ u. Ersatzwiderstand $R_E$ errechnet;

warum eine Sicherung beim Zuschalten weiterer Geräte anspricht.

---

**Aufgaben:**

1. Was versteht man unter Parallelschaltung? Wodurch unterscheidet sie sich von der Reihenschaltung?
2. Formuliere das Gesetz von der Stromsumme in Worten!
3. Berechne in Abb. 46.1 die Stromstärke in der Hauptleitung! In den Zweigen fließen folgende Ströme: Tauchsieder 2,7 A; Radiogerät 0,2 A; Glühlampe 0,45 A; Heißwasserspeicher 4 A.
4. Warum ist bei Parallelschaltung mehrerer Widerstände der Ersatzwiderstand immer kleiner als der kleinste Teilwiderstand? Rechne mit $R_1 = R_2 = 5\,\Omega$.
5. Wie groß ist $R_E$, wenn man parallel zu einem 1-$\Omega$-Gerät einen Schiebewiderstand mit 1000 $\Omega$ schaltet?
6. Wie ändert sich der Ersatzwiderstand $R_E$, wenn man der Reihe nach immer mehr Widerstände mit 5 $\Omega$ parallelschaltet?
7. Errechne die Zweigströme und den Gesamtstrom für den Fall, daß man in Abb. 45.3 nicht 2 V, sondern 4,5 V anlegt!

## El 5 Elektrischer Strom und Magnetismus

### El 5.1 Hat ein elektrischer Strom auch Wirkungen außerhalb des Drahtes?

**Magnetfeld eines Stroms**

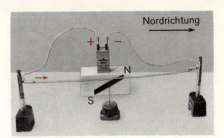

47.1 Örsteds Versuch mit modernen Mitteln. Kehrt man die Stromrichtung um, so wird die Magnetnadel entgegengesetzt ausgelenkt.

Im Jahre 1820 stellte der dänische Physikprofessor Johann Christian Örsted erstmals fest, daß ein elektrischer Strom die Magnetnadel beeinflußt. Diese Entdeckung der **magnetischen Wirkungen des elektrischen Stroms** erlaubt in der Folgezeit die Erfindung sehr vieler elektrischer Geräte.

**V₁** Entsprechend Abb. 47.1 stellen wir wie seinerzeit Örsted eine Magnetnadel unter einen nord-südlich verlaufenden Draht. Solange Strom fließt, wird die Nadel durch magnetische Kräfte aus der Richtung gebracht. Die Ablenkung kehrt sich mit der Stromrichtung um.

> Ein elektrischer Strom erzeugt in seiner Umgebung ein Magnetfeld.

**V₂** Die magnetischen Kraftlinien dieses Feldes werden sichtbar, wenn wir einen Leiter durch ein Loch in einen waagerechten Karton führen (Abb. 47.3) und Eisenfeilspäne aufstreuen. Die Eisensplitter ordnen sich zu Kreisen, deren gemeinsamer Mittelpunkt im Leiter liegt. Abb. 47.2!

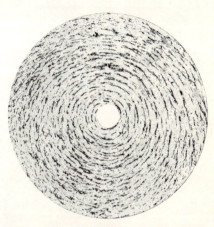

47.2 Feld eines Drahtes, sichtbar gemacht mit Eisenfeile

> Ein gerader, stromdurchflossener Draht wird von magnetischen Kraftlinien konzentrisch umschlossen.

Die **Richtung der Kraftlinien** geben uns kleine, eingebrachte Magnetnadeln an. — Erkläre, warum sie sich in Feldrichtung drehen! Vergleiche mit dem Ergebnis von V₁!

### Konventionelle Stromrichtung und Korkzieherregel

Die Zuordnung von Stromrichtung und Kraftrichtung in V₁ und V₂ ist eindeutig. Man findet sie durch die Anwendung folgender Regel: (Korkzieher- und Rechtsschraubenregel):

> Die magnetischen Feldlinien umlaufen den Strom in dem Sinn, wie man einen Korkzieher drehen muß, damit er in Richtung des Stromes fortschreitet
> (Stromrichtung von + nach —).

Ehe wir diese Regel anwenden (Abb. 47.3), müssen wir aber die Stromrichtungspfeile so umzeichnen, daß sie von + nach — weisen. Sie stehen dann gerade der Elektronenbewegung entgegen. So verfahren wird entsprechend einem internationalen Übereinkommen (= Konvention).

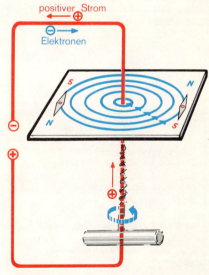

47.3 Die Richtung der Kraftlinien wird durch kleine Magnetnadeln angezeigt. Man findet sie auch mit Hilfe der Korkzieherregel.

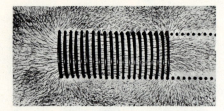

48.1 Feld einer stromdurchflossenen Spule. Es ist durch Aufstreuen von Eisenfeilspänen sichtbar gemacht worden.

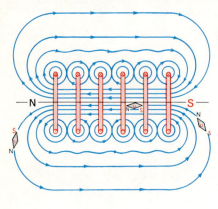

48.2 Diese Abbildung zeigt, wie sich eine Magnetnadel im Spulenfeld verhält. Beachte, daß die Kraftlinien in der Spule vom Südpol zum Nordpol zurücklaufen.

---

**Merke dir,**

daß ein elektrischer Strom von einem Magnetfeld begleitet ist;

wie die magnetischen Kraftlinien einen geraden Leiter umschlingen;

daß eine Spule sich wie ein Stabmagnet verhält;

welche Struktur das Spulenfeld hat;

wie man die Korkzieherregel anwendet;

was man unter der konventionellen Stromrichtung versteht.

---

Diese wurde, lange bevor man von Elektronen und Ionen wußte, getroffen. Sie legt fest:
Wenn nur die Wirkungen eines Stromes interessieren, tut man so, als ob der Strom aus positiven Teilchen bestünde. Auch wir werden künftig **konventionelle Stromrichtungspfeile** zeichnen, also Pfeile für positive Ströme. Zur Kennzeichnung findest du dann neben dem Pfeil ein +-Zeichen. Überlege zukünftig bei allen Stromrichtungspfeilen, was gemeint ist!

### Warum benutzt man in der Magnettechnik Spulen?

$V_3$ Wir wickeln aus dickem, steifem Kupferdraht eine Wendel mit etwa 5 cm $\varnothing$ und schrauben die entstandene Spule nach Abb. 48.1 in die Löcher eines vorbereiteten Kartons. Durch die Spule wird ein starker Strom geschickt. Dann streut man Eisenfeilspäne auf. Diese ordnen sich wie im Bild.

$V_4$ Wir untersuchen das Magnetfeld der Spule mit Hilfe einer kleinen Magnetnadel (Abb. 48.2).
Sie zeigt, daß im Innern der Spule ein starkes Magnetfeld besteht, dessen Feldlinien parallel zur Spulenachse laufen. Ein Spulenende verhält sich wie ein magnetischer Nordpol, das andere wie ein magnetischer Südpol, die ganze Spule wie ein (abschaltbarer) Stabmagnet.

> Eine stromdurchflossene Spule verhält sich wie ein Stabmagnet. Sie hat einen Nordpol und einen Südpol.

Weil das Magnetfeld einer Spule vielfach stärker ist als das eines geraden Drahtes, ist sie ein idealer elektromagnetischer Grundbaustein.
Die Korkzieherregel gibt auch die Richtung der Kraftlinien im Innern der Spule an: Dreht man den Korkzieher so hinein, wie ein Strom positiver Teilchen die Spulenachse umlaufen würde, so bewegt er sich in Richtung der Feldlinien. Seine Spitze kommt am Spulennordpol heraus.

**Aufgaben:**

1. Zeichne das Feld um einen stromdurchflossenen Draht und das Feld einer stromdurchflossenen Spule auf!
2. Kannst du die Kraftlinienrichtung (= Bewegungsrichtung eines Nordpols) mit Hilfe der Korkzieherregel finden?
3. Was versteht man unter der konventionellen (= positiven) Stromrichtung?
4. Aus welchem Grund ist die Spule ein so wichtiger Bauteil?
5. Erkläre, warum man mit Eisenfeilspänen den Verlauf der Feldlinien sichtbar machen kann! Beschäftige dich vorher noch kurz mit Kapitel EI 1.4!

## El 5.2 Warum steckt in den meisten Spulen ein Eisenkern?

### Elektromagnete

Am Kranhaken von Abb. 49.1 hängt ein sogenannter Hebemagnet. Er wird von oben den 8 t schweren Eisenbarren genähert. Wenn er sie berührt, schaltet man den Strom ein. Jetzt hält der Magnet die Barren fest. Man kann sie zusammen mit dem Magneten hochziehen. Die Anordnung erspart das mühsame Festbinden. Wie ist dies möglich?

**V₁** Eine Magnetnadel, die in einiger Entfernung vor der Öffnung einer Spule steht, wird beim Einschalten des Spulenstroms geringfügig abgelenkt. Nun wird in die Spule ein Weicheisenkern geschoben. Er verstärkt die Kraftwirkung auf die Nadel erheblich.
Wir erhalten in diesem Versuch einen starken Elektromagneten, weil das Spulenfeld die Elementarmagnete des Kerns ausrichtet. Der Kern wird dadurch zum Stabmagneten.

49.1 Dieser Hebemagnet trägt im Höchstfall 8 Tonnen.

> Ein Eisenkern verstärkt das Magnetfeld einer stromdurchflossenen Spule: Elektromagnet.

**V₂** Mit einem Elektromagnet können nach Abb. 49.2 schwere eiserne Gegenstände wie Schlüssel und Wägestücke festgehalten werden.
Schaltet man den Strom aus, so verliert die Spule selbst ihr Magnetfeld vollständig. Der Weicheisenkern bleibt aber schwach magnetisch zurück, weil einige Elementarmagnete ausgerichtet bleiben. Schwere Gegenstände fallen deshalb ab. Nur leichte Splitter können noch festgehalten werden.

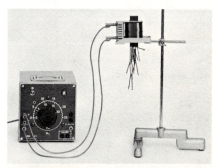

49.2 Diese Versuchsanordnung zeigt, wie ein Eisenkern die magnetischen Kräfte einer Spule verstärkt.

**V₃** Die Kraft eines Elektromagneten wird sehr groß, wenn die magnetischen Kraftlinien vollständig im Eisen laufen. Um dies zu erreichen, setzt man auf einen dicken, U-förmigen Eisenkern 2 Spulen. Sie werden so vom Strom durchflossen, daß die eine oben einen Nordpol, die andere einen Südpol aufweist. Prüfe mit einer Magnetnadel nach!
Ein aufgelegtes Eisenjoch wird mit großer Kraft angezogen (Abb. 49.3). Diese Kraft ist wesentlich kleiner, wenn zwischen Kern und Joch ein Spalt aus Luft oder einem anderen unmagnetischen Stoff bestehenbleibt, z. B. aus Pappe.

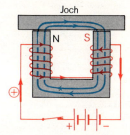

49.3 Wenn der magnetische Kreis geschlossen ist, sind die Kräfte besonders stark.

### Aufgaben:

1. Welches sind die wesentlichen Teile eines Elektromagneten?
2. Welche Vorteile bietet ein Elektromagnet im Gegensatz zum Dauermagneten? Welche Nachteile nimmt man in Kauf?
3. Erkläre, wie in Abb. 49.3 sich der „magnetische Kreis" schließt!
4. Warum eignet sich ein Hebemagnet zum Verladen von Schrott viel besser als Greifergeräte?
5. Suche die Pole des Magneten in Abb. 49.3 mit Hilfe der Korkzieherregel!

> **Merke dir,**
> 
> daß eine stromdurchflossene Spule mit Eisenkern Elektromagnet genannt wird;
> 
> daß bei geschlossenem Eisenkern die Magnetkraft besonders groß ist.

## El 5.3 Mit Hilfe von Elektromagneten lassen sich Vorgänge fernsteuern und automatisieren!

**Elektromagnetische Relais Klingel**

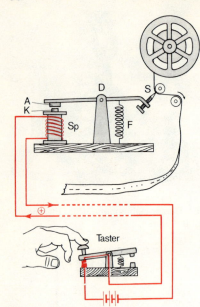

**50.1** Morsetelegraph

In Abb. 50.1 ist die prinzipielle Anordnung des um die Jahrhundertwende viel verwendeten **Morsetelegraphen** wiedergegeben (Telegraph = Fernschreiber).

**V₁** Wir bauen die Anlage mit Aufbauteilen nach. Wenn man die Taste drückt, wird der Weicheisenanker vom Kern der Spule angezogen. Warum?

Hierbei drückt der um die Achse D drehbare Hebel den Schreibstift S gegen den gleichmäßig von einem Uhrwerk bewegten Papierstreifen. Hört der Strom auf zu fließen, so zieht die Feder F den Schreibstift wieder etwas vom Papier weg. Bei einem kurzen Stromstoß gibt es somit auf dem Papierstreifen einen „Punkt", bei längerem Stromfluß einen „Strich". Durch Punkte und Striche werden die Buchstaben des Alphabets dargestellt.

Dieser Telegraph, erfunden vom Amerikaner Morse im Jahre 1832, ist veraltet. Eine Weiterentwicklung des Geräts liegt in der modernen **Fernschreibmaschine** vor. Im Geber mit Schreibmaschinentastatur werden beim Niederdrücken der Tasten die einzelnen Buchstaben in charakteristische Folgen von Stromstößen verwandelt. Diese steuern über Elektromagnete die Tasten der Empfangsschreibmaschine.

| | | | |
|---|---|---|---|
| e | · | t | — |
| i | ·· | m | — — |
| s | ··· | o | — — — |
| h | ···· | ch | — — — — |
| u | ··— | g | — — · |
| ü | ··— — | z | — — ·· |
| c | —·—· | ä | ·— ·— |
| x | —··— | p | ·— — · |
| k | —·— | r | ·—· |
| a | ·— | n | —· |
| w | ·— — | d | —·· |
| j | ·— — — | b | —··· |
| ö | — — — · | v | ···— |
| f | ··—· | l | ·—·· |
| y | —·— — | q | — — ·— |

**50.2** Die Morsezeichen

### Wie arbeitet die Klingel?

**V₂** Wir ersetzen den Papierstreifen durch eine Glocke und den Schreibstift durch einen Klöppel. Beim Einschalten des Stroms hört man einen einzigen Schlag.

**V₃** Wir bauen nach Abb. 50.3 einen Selbstunterbrecher ein: Der (positive) Strom fließt von der festen Kontaktschraube zum Anker und durch den Elektromagneten. Dieser zieht an, der Klöppel schlägt gegen die Glocke. Dies unterbricht den Strom von selbst. Der an einer elastischen Blattfeder befestigte Anker schnellt wieder in die Ausgangslage zurück, so daß der Stromkreis geschlossen wird und der Vorgang von neuem beginnt.

Auf diesem Prinzip der Selbstunterbrechung (Wagnerscher Hammer) beruht auch die **elektrische Hupe**. Den Anker ersetzt eine elastische Stahlmembran.

In **elektrischen Uhranlagen** sendet eine Zentraluhr (meist eine Pendeluhr) jede Minute einen Stromstoß an die im Gebäude verteilten Nebenuhren. Dieser Stromstoß durchfließt dort Elektromagnete, die über Anker und Zahnräder alle Zeiger gleichzeitig um einen Minutenstrich weiterrücken.

In **elektrischen Türöffnern** zieht der Strom durch einen Elektromagneten den Riegel aus dem Schloß.

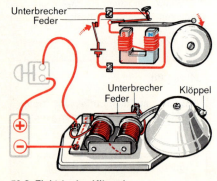

**50.3** Elektrische Klingel

## Was ist ein Relais?

Eine technische Ausführung eines Relais ist in Abb. 51.1 dargestellt. Abb. 51.2 (oben) zeigt die Schaltung.

**V₄** Wir bauen sie mit Experimentiergerät auf. Beim Niederdrücken der Taste wird der sogenannte Erregerkreis (rot) geschlossen und durch den Elektromagneten die Blattfeder angezogen. Diese schließt den blauen Arbeitsstromkreis, so daß die Lampe aufleuchtet.

**V₅** Aus diesem Relais mit Arbeitskontakt wird ein Relais mit Ruhekontakt, wenn man nach Abb. 51.2 den Schalter so anbringt, daß bei eingeschaltetem Magneten der Arbeitsstromkreis unterbrochen wird. Wie verhält sich hier die Lampe? Mit **Relais** lassen sich durch verhältnismäßig schwache Steuerströme starke Arbeitsströme fernschalten: Autoanlasser, Motoren von Straßenbahnen und Eisenbahnen, Verkehrsampeln, Bahnsignale. Relais stellen auch die Verbindungen beim Selbstwählfernverkehr her und sind wichtige Glieder in der Funk-Fernsteuerung.
Oft werden Relais mit mehreren Kontakten oder Kontaktsätzen ausgerüstet, die gleichzeitig die verschiedensten Aufgaben erfüllen können.

## Die magnetische Sicherung

Durch sie wird beim Überschreiten eines bestimmten Stromstärkewertes der Erregerstromkreis, der jetzt auch Arbeitsstromkreis ist, unterbrochen.

**V₆** Eine Schaltung wird entsprechend Abb. 51.3 aufgebaut. Wenn nur die Lampe brennt, ist der Strom zu schwach, um den Anker A anzuziehen. Erzeugen wir aber einen Kurzschluß, so geschieht dies; der Strom wird augenblicklich unterbrochen. Die Ansprechempfindlichkeit der Schaltung läßt sich durch Verändern der Spulenwindungszahl auf andere Werte bringen.

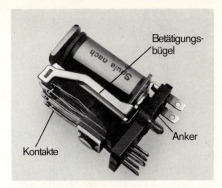

**51.1** Relais; technische Ausführung mit mehreren Kontakten

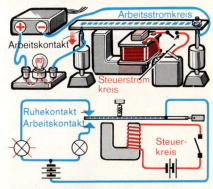

**51.2** Relaisschaltung mit Arbeitskontakt (oben) und Umschaltkontakt (unten)

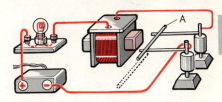

**51.3** Prinzip der magnetischen Sicherung

### Aufgaben:

1. Erkläre den Morsetelegraphen! Schätze, wieviel Zeichen in der Minute gegeben werden können!
2. Wie kommt die Selbstunterbrechung bei der Klingel, wie bei der magnetischen Sicherung zustande? Wo liegt der Unterschied?
3. Erkläre ein Relais mit Ruhekontakt und ein Relais mit Arbeitskontakt!
4. Wie müßte man ein Gerät mit Umschaltkontakt bauen?
5. Untersuche eine ausgediente Autohupe! Inwiefern unterscheidet sie sich von einer Klingel!

---

**Merke dir,**

wie Morsetelegraph und Klingel arbeiten;

was ein Relais bewirkt;

wodurch sich Arbeitskontakt und Ruhekontakt eines Relais unterscheiden;

das Prinzip der magnetischen Sicherung.

## EI 5.4 Wie überträgt der elektrische Strom unsere Sprache?

**Fernsprecher**

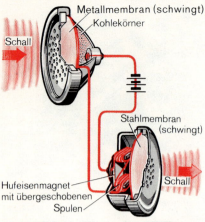

**52.1** Sprechkapsel (Kohlekörnermikrophon, oben) und Hörkapsel (Fernhörer, unten) eines Telephons. Die beiden Teile sind für eine Sprechverbindung zusammengeschaltet. Die Batterie befindet sich in der Zentrale.

**52.2** Versuch zur Funktion des Kohlekörnermikrophons (Aufgabe 3)

---

**Merke dir,**

wie im Kohlekörnermikrophon Schallschwingungen in Stromstärkeschwankungen umgewandelt werden;

wie der Fernhörer Stromstärkeschwankungen in Schallschwingungen zurückverwandelt;

wie man die beiden Bauteile schalten muß, damit es zur Sprachübertragung kommt.

---

Der Handapparat eines Fernsprechers enthält alle Teile, die zum Verständnis der Sprachübertragung wichtig sind. Abb. 52.1 zeigt uns diese Teile.

Das **Kohlekörnermikrophon** wurde im Jahr 1878 von den Amerikanern Hughes und Edison eingeführt. Wenn wir gegen dessen dünne Metallmembran sprechen, beginnt diese im Rhythmus der Sprache zu schwingen. Die hinter der Membran liegenden Kohlekörner werden beim Einwärtsschwingen zusammengepreßt. Hierdurch entsteht zwischen der Membran und dem Kontakt im Gehäuseboden eine besser leitende Verbindung. Der Strom im Kreis wird stärker. Schwingt die Membran auswärts, so lockert sich der Kontakt der Kohlekörner. Dabei steigt der Widerstand im Kreis, und der Strom wird schwächer.

> Im Mikrophon werden Schallschwingungen in Stromschwankungen verwandelt.

Im **Fernhörer** (erfunden im Jahr 1876 vom Amerikaner Bell) durchfließt dieser Strom schwankender Stärke eine Spule. Ihr Kern ist ein Dauermagnet, der eine vor ihm liegende Eisenmembran ein wenig anzieht. Diese magnetische Kraft wird durch den Spulenstrom mehr oder weniger verstärkt, so daß die Membran im Takte der Sprachschwingungen hin- und herschwingt. Ihre Bewegungen übertragen sich auf die Luft, welche sie als Schall zum Ohr weiterleitet.

**V₁** Wir schalten einen Fernhörer und ein Mikrophon nach Abb. 52.2 mit einer Taschenlampenbatterie in Reihe. Mit der Anordnung läßt sich unsere Sprache ohne Mühe einige 100 m weit übertragen. Die Überbrückung größerer Strecken erfordert wegen des zunehmenden Leitungswiderstandes Zusatzmaßnahmen.

Beim **Selbstwählbetrieb** werden nach Drehen der Nummernscheibe um z. B. 3 Löcher beim selbsttätigen Rücklauf dieser Scheibe 3 Stromstöße in die Leitung zum Vermittlersamt gegeben. Jeder Stromstoß zieht dort mittels eines Elektromagneten einen Anker einmal an und schiebt dadurch einen Kontaktarm durch ein Zahnrad um einen Anschlußpunkt weiter. Durch mehrmalige Wiederholung wird die Verbindung zum gewünschten Teilnehmer hergestellt.

**Aufgaben:**

1. Wie arbeitet das Kohlekörnermikrophon?
2. Wie arbeitet der Fernhörer?
3. Wenn in Abb. 52.2 auf die Membran des Mikrophons gedrückt wird, steigt der Strom. Beweise dies durch Einschalten eines Strommessers!

## EI 5.5 Warum wirkt ein Lautsprecher besser als ein Fernhörer?

## Lautsprecher

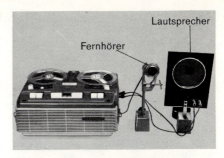

**V₁** Schalte nach Abb. 53.1 Lautsprecher und Fernhörer an ein spielendes Tonbandgerät an und berühre die Membran beider.

Du wirst feststellen, daß die Lautsprechermembran stärker vibriert. Infolge ihrer größeren Fläche setzt sie außerdem mehr Luft in Bewegung als die Membran des Fernhörers. Im Schnittbild des Lautsprechers (Abb. 53.2) erkennst du einen ringförmigen Permanent-Topfmagneten, in dessen Ringschlitz sich eine Spule befindet. Die Spule ist mit der leichtbeweglich im Rahmen sitzenden Membran starr verbunden. Sie wird vom Mikrophonstrom (nach Verstärkung) durchflossen. Dabei treten magnetische Kräfte auf. Im Luftspalt des Magneten laufen die magnetischen Kraftlinien radial. Sie werden von den Spulenwindungen jeweils senkrecht geschnitten.

53.1 Vergleich von Fernhörer und Lautsprecher hinsichtlich Schallabstrahlung

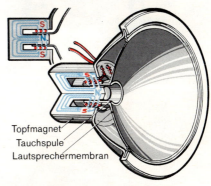

**V₂** Wir untersuchen die Kraftwirkung auf ein Spulenstück, indem wir einen leichtbeweglichen Leiter nach Abb. 53.3 durch das Feld eines Hufeisenmagneten führen und Strom hindurchschicken.

Der Leiter erfährt eine Kraft senkrecht zu seiner Erstreckung und senkrecht zu den magnetischen Kraftlinien. Deshalb bewegt er sich in Pfeilrichtung. Die Bewegungsrichtung kehrt sich um, wenn wir die Stromrichtung ändern.

53.2 Schnitt durch einen Lautsprecher. Man erkennt den Topfmagneten und die Spule.

> Auf einen stromdurchflossenen Leiter wird im Magnetfeld eine Kraft ausgeübt.

**V₃** Die Membran eines Lautsprechers bewegt sich nach außen, wenn wir einen Gleichstrom durch die Spule schicken, und nach innen, wenn wir den Strom umkehren (max. 1 A, Vorsicht!). Erkläre mit V₂!

Fließt dagegen durch die „Tauchspule" Wechselstrom im Rhythmus von Sprache und Musik, so wird die Membran zu Schwingungen gezwungen. Sie strahlt Schall ab.

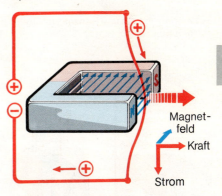

53.3 Versuchsanordnung zu $V_2$. Der Strom fließt durch ein „Lametta"band.

### Aufgaben:

1. Ein senkrecht zu den Feldlinien laufender, stromdurchflossener Draht erfährt Kräfte. Welche Richtung haben sie?
2. Wie ändern sich die Kräfte, wenn man die Stromrichtung umkehrt?
3. Warum wirkt ein Lautsprecher besser als ein Fernhörer?
4. Erkläre mit Hilfe von Abb. 53.3, warum jedes Stück der Lautsprecherspule in Abb. 53.2 in die gleiche Richtung gedrückt wird.
5. Nimm einen defekten Lautsprecher auseinander und untersuche, wie viele Windungen die Spule hat, wie sie an der Membran befestigt ist und wie man die Zuleitungsdrähte anbringt!

> **Merke dir,**
> 
> daß ein stromdurchflossener Leiter im Magnetfeld Kräfte erfährt;
> 
> wie ein Lautsprecher konstruiert ist;
> 
> warum er Schall abstrahlt.

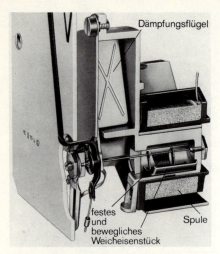

54.1 Dreheiseninstrument, technische Ausführung

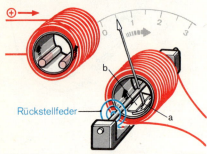

54.2 Grundversuch und Prinzip zum Dreheiseninstrument

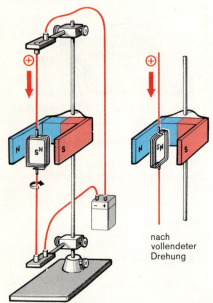

54.3 Dieser Versuch zeigt die Wirkungsweise eines Drehspulinstruments

### El 5.6 Wie funktionieren unsere Strommesser?

**Elektrische Meßinstrumente**

Elektrische Meßinstrumente arbeiten im wesentlichen auf magnetischer Grundlage, wobei Dreheisensysteme und Drehspulsysteme zu unterscheiden sind.

Das **Dreheisenmeßwerk** arbeitet entsprechend folgendem Versuch:   Symbol:

$V_1$ Wir legen zwei Weicheisenstifte nebeneinander in eine Spule (Abb. 54.2, links). Wenn wir den Strom einschalten, wird jeder Stift zu einem Magneten. Die beiden Nordpole liegen der einen Spulenöffnung zugewandt, die beiden Südpole der anderen. Die Stifte stoßen sich daher kräftig ab.
Ein brauchbares Instrument, dem dieses Prinzip zugrunde liegt, entsteht, wenn man ein Weicheisenstück (a) an der Spule und ein zweites (b) an einem drehbaren Zeiger befestigt (Abb. 54.2, rechts). Wenn ein Strom durch die Spule fließt, bewegt sich b unter dem Einfluß der magnetischen Kraft von a weg. Dabei wird die Rückstellfeder gespannt, die der Bewegung entgegenwirkt. Große Ausschläge des Zeigers gibt es deshalb nur bei starken Strömen. Ohne die Feder würde schon ein kleiner Strom den Zeiger ganz ausschlagen lassen. Ändert man die Stromrichtung, so wechseln an beiden Weicheisenstäben die Pole. Die Abstoßung bleibt bestehen. Man kann mit einem Dreheiseninstrument deshalb auch Wechselströme messen.

> Dreheiseninstrumente eignen sich für Gleich- und Wechsel-Strom.

Sie sind sehr robust und unempfindlich gegen Überlastung. Wir finden sie daher in den Schalttafeln von Industriebetrieben und in den Schaltwarten unserer Versorgungsnetze.
Bei Stromänderungen pendelt der Zeiger von elektrischen Meßgeräten einige Zeit um die neue Ruhelage. Dies erschwert das Ablesen. Man dämpft die Pendelbewegung deshalb durch einen Flügel, der in einer Kammer Luft in Bewegung setzen muß.

### Das Drehspulmeßwerk

Symbol:

$V_2$ Um das Prinzip dieses Meßsystems zu verstehen, hängen wir eine flache Spule an dünnen Drähten nach Abb. 54.3 zwischen die Pole eines Hufeisenmagneten. Die dünnen Drähte dienen gleichzeitig als Drehachse und zur Stromzuführung. Wird durch diese Drehspule ein Strom geschickt, so verhält sie sich wie ein Stabmagnet. Ihr Nordpol wird zum Südpol des Hufeisenmagneten gedreht. Der Drehung wirkt die Drillkraft des Aufhängedrahtes entgegen. Diese ist so gering, daß man selbst mit der primitivsten Versuchsanordnung noch sehr schwache Ströme nachweisen kann.

Beim technisch ausgeführten **Drehspulinstrument** ist die Spule auf einer Achse gelagert, mit der der Zeiger fest verbunden ist (Abb. 55.1). Die Drehspule befindet sich im Feld eines Hufeisenmagneten. Es wird durch einen Eisenkern verstärkt, der nur einen schmalen Luftspalt freigibt. Zwei Spiralfedern führen Strom zu und ab.

$V_3$ Wir schicken einen Strom zunehmender Stärke durch ein Drehspulinstrument. Der Zeigerausschlag wächst kontinuierlich.

Auf die stromdurchflossenen Spulendrähte wirken im Magnetfeld Kräfte ein. Sie verdrehen den Spulenkörper und spannen die beiden Spiralfedern um so mehr, je stärker der Strom ist. Ausschlag und Strom sind verhältnisgleich.

Abb. 55.2 zeigt, wie die Drehkraft zustande kommt: Die Spule befindet sich im radialen Feld. Die magnetische Kraft wirkt, wie die Pfeile angeben, senkrecht zum Feld und zum Spulendraht. Da der Strom auf der einen Seite nach hinten und auf der anderen nach vorn fließt, haben die Kraftpfeile entgegengesetzte Richtung. Ihre Drehwirkung ist aber gleichsinnig.

Drehspulinstrumente kann man bei gleichem Preis etwa tausendmal empfindlicher bauen als Dreheiseninstrumente. Sie haben aber auch einen Nachteil:

$V_4$ Wir wiederholen $V_2$, lassen aber den Strom einmal in der einen und dann in der anderen Richtung fließen. Der Zeiger schlägt in verschiedener Richtung aus. Erkläre mit Hilfe von Abb. 55.2!

$V_5$ Nun nehmen wir Wechselstrom. Jetzt zittert der Zeiger nur schwach um seine Ruhelage. Erkläre auch dies!

Wir erkennen:

> Drehspulinstrumente sind für Wechselstrom nicht geeignet.

### Gleichrichterinstrumente

$V_6$ Wir schalten nach Abb. 55.3 in den Meßinstrumentenkreis Gleichrichter ein. Nun werden auch Wechselströme angezeigt. Allerdings brauchen wir zwei Gleichrichter: Der zweite leitet den Gegenstrom am Meßinstrument vorbei. Warum ist jetzt die Empfindlichkeit kleiner?

**Aufgaben:**

1. Erkläre Aufbau und Wirkungsweise a) des Dreheiseninstruments, b) des Drehspulinstruments!
2. Was geschieht bei Dreheisen- und Drehspulinstrumenten, wenn man die Stromrichtung umkehrt?
3. Erkläre die Schaltung in Abb. 55.3!
4. Was deuten die Symbole der Instrumente an?

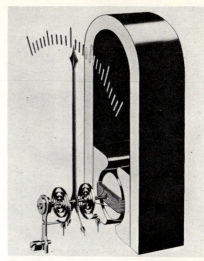

55.1 Meßwerk eines Drehspulinstruments

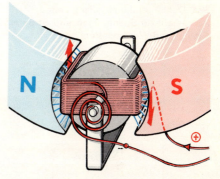

55.2 So kommt die Kraft auf die Drehspule zustande.

55.3 Mit Hilfe zweier Gleichrichter läßt sich ein Drehspulinstrument für Wechselstrombetrieb umbauen.

> **Merke dir,**
>
> wie ein Weicheiseninstrument arbeitet;
>
> wie es zum Ausschlag bei einem Drehspulinstrument kommt;
>
> welche Instrumente für Wechselstrom geeignet sind.

## El 5.7 Welche Einrichtungen besitzt ein Vielfachmeßinstrument?

### Spannungsmesser, Meßbereichserweiterung

**56.1** Demonstrationsvielfachmeßinstrument für Spannungen und Ströme, Gleich- und Wechselstrom

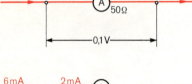

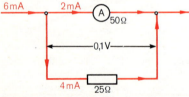

**56.2** Der Nebenwiderstand erweitert den Meßbereich des Instruments.

Das Schuldemonstrationsmeßgerät in Abb. 56.1 enthält ein einziges Meßwerk. Trotzdem kann man damit Ströme zwischen 1 mA und 10 A messen. Wir wollen untersuchen, wie es zu solchen **Meßbereichserweiterungen** kommt.
Unseren Untersuchungen legen wir dabei ein Meßwerk zugrunde, das bei 2 mA Strom Vollausschlag zeigt und dessen Spule einen Widerstand von 50 Ω hat. Dieses Instrument ist an Schulen meist vorhanden.

### Erweiterung der Strommeßbereiche

Mit dem genannten Instrument können wir zunächst Ströme zwischen 0 und 2 mA messen. Nun wollen wir den Meßbereich auf 6 mA erweitern.

**V₁** Deshalb leiten wir nach Abb. 56.2 durch Anschalten eines Nebenwiderstandes 4 mA am Meßwerk vorbei. Da am **Nebenwiderstand** (Fachausdruck: shunt) die gleiche Spannung liegt wie am Meßwerk, aber der doppelte Strom fließen soll, darf er nur halb so groß sein wie der Meßwiderstand. Er hat in unserem Fall 25 Ω.

> Der Meßbereich eines Strommessers kann durch Parallelschalten von Widerständen erweitert werden.

**V₂** Wollen wir den Meßbereich auf 100 mA erhöhen, so muß der Nebenwiderstand bei Vollausschlag den Strom $(100-2)\,\text{mA} = 98\,\text{mA}$ übernehmen. Dies kann er, wenn er $\frac{2}{98} = \frac{1}{49}$ des Meßwerkwiderstandes hat. In unserem Fall brauchen wir etwa 1 Ohm.
Andere Meßbereiche können entsprechend gewählt werden. Die Nebenwiderstände sind oft ins Gerätegehäuse eingebaut. Durch einen Schalter wählt man den aus, der gerade gebraucht wird. Wenn das Instrument nur mit einer einzigen Skala versehen ist, muß man den angezeigten Wert auf den Meßwert umrechnen. Bei einem oft verwendeten Schulinstrument werden deshalb die Widerstände zusammen mit der Skala ausgewechselt. Das Rechnen entfällt dann.
Es ist heute selbstverständlich, daß auch ein zuschaltbarer Gleichrichter vorhanden ist. Diesen benutzt man beim Messen von Wechselströmen.
**Wichtig:** Strommesser haben einen **Innenwiderstand**. Ist er mit dem Gesamtwiderstand in einem Stromkreis vergleichbar, so beeinflußt er die Stromstärke. Man fordert daher Instrumente mit sehr kleinen Eigenwiderständen.

Beispiel für Schulinstrumente:
bei 6 A: 0,05 Ω; bei 0,3 A: 1 Ω;
bei 1 A: 0,3 Ω; bei 0,1 A: 3 Ω.

---

**Merke dir,**

wie man den Meßbereich eines Strommessers und eines Spannungsmessers erweitert;

warum man einen Strommesser auch als Spannungsmesser benutzen kann;

was man hierbei beachten muß;

wie ein Vielfachinstrument konstruiert ist.

## Warum kann man mit einem Strommeßgerät auch Spannungen messen?

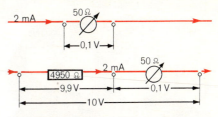

**57.1** Meßbereichserweiterung eines Spannungsmessers von 0,1 V auf 10 V

Dies verstehst du leicht: Das Meßwerk unseres Versuchsgerätes hat 50 Ω Eigenwiderstand. Es zeigt bei 2 mA Vollausschlag. Um diesen hervorzurufen, braucht man die Spannung

$$U = R \cdot I = 50 \cdot 0{,}002 \text{ A} = 0{,}1 \text{ V}.$$

**V₃** Erzeuge diese Spannung mit einer Potentiometerschaltung und lege sie ans Instrument. Halbiere sie dann!

Die Spannung 0,1 V bringt den Zeiger zum Skalenendwert. Der halbe Ausschlag (1 mA) wird von der Spannung 0,05 V zwischen den Klemmen hervorgerufen. Für $\frac{1}{10}$ des Ausschlags (0,2 mA) braucht man dagegen nur 0,01 V. Wir können mit diesem Amperemeter also auch Spannungen von 0 bis 0,1 V messen und es als Voltmeter verwenden.

> Mit Strommessern kann man nach Umeichung auch Spannungen messen.

Wir wollen nun Spannungen von 0 bis 10 V messen, also den Meßbereich auf 10 V erweitern. Dies ist die 100fache Spannung. Das Meßwerk darf höchstens von 2 mA durchflossen werden. Deshalb ist auch der Gesamtwiderstand auf den 100fachen Betrag zu erhöhen, also auf 5000 Ω.

**V₄** Schalte entsprechend dieser Überlegung nach Abb. 57.1 vor das Instrument einen Widerstand von 4950 Ω. Er ergibt zusammen mit den 50 Ω des Meßwerks die verlangten 5000 Ω! Lege an die Schaltung jetzt die Spannung 10 V! Du beobachtest Vollausschlag.

Der Vorschaltwiderstand verbraucht 9,9 V; dem Meßwerk bleiben 0,1 V, wodurch ein Strom von 2 mA zustande kommt, wie es sein soll.

**V₅** Miß nun die genauen Spannungen verschiedener Spannungsquellen! Vergewissere dich aber vorher, daß diese 10 V nicht übersteigen.

> Durch Vorschaltwiderstände läßt sich der Meßbereich von Spannungsmessern erweitern.

Vielfachmeßgeräte enthalten immer auch Vorwiderstände zur Spannungsmessung. Vor dem Messen wählt man mit einem Schalter den geeigneten aus.

**Wichtig:** Durch die oben besprochene Art von Spannungsmessern fließt immer ein geringer Strom. Er ist wegen des hohen Widerstands im Instrument meist klein und stört nicht. Nur in Sonderfällen muß man ihn berücksichtigen. Dann fordert man Instrumente mit hohen Innenwiderständen. Diese sind nur mit Hilfe elektronischer Schaltmittel zu erreichen (Meßverstärker).

**57.2** Schaltwerk eines Vielfachinstruments

### Aufgaben:

1. Durch welche Maßnahmen wird aus einem Strommesser ein Spannungsmesser?
2. Wozu dient der Nebenwiderstand (shunt), wozu der Vorwiderstand eines Meßwerks?
3. Welchen Widerstand muß man in Abb. 56.2 parallelschalten, wenn ein Meßbereich von 1 A entstehen soll?
4. Welcher Vorwiderstand ist in Abb. 57.1 nötig für einen Meßbereich von 30 V?

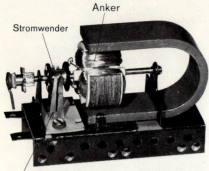

58.1 Einfacher Elektromotor. Man erkennt Feldmagnet, Anker und Stromwender.

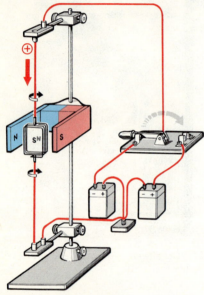

58.2 Anordnung zu $V_1$ und $V_2$. Beim Umlegen des Hebelschalters fließt der Strom entgegengesetzt durch die Spule.

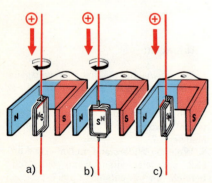

58.3 Drei Phasen einer halben Drehung der Spule

## EI 5.8 Nach welchem Prinzip arbeitet ein Elektromotor?

**Elektromotor mit Permanentmagnet**

Der Elektromotor ist ein guter Bekannter von dir, denn er dient in Haushalt und Gewerbe als Universalantrieb. Berichte und überlege, wie man sich ohne ihn behelfen könnte! Welche Vorteile hat der elektrische Antrieb?

In Abb. 58.1 kannst du die wichtigen Teile eines Elektromotors erkennen: Den **Feldmagneten**, den **Anker** mit der Ankerwicklung und den **Stromwender** mit den beiden Bürsten. Einige Versuche sollen dir zeigen, wie durch Zusammenwirken dieser Teile die Drehbewegung zustande kommt.

**$V_1$** Im Feld eines Hufeisenmagneten hängt eine leicht drehbare Spule (Abb. 58.2). Wenn wir den Strom einschalten, entstehen nahe den Spulenöffnungen Pole. Diese werden von den entgegengesetzten Polen des Feldmagneten angezogen, wobei sich die Spule von Stellung a) in Abb. 58.3 über die Stellung b) in Stellung c) dreht und dort zur Ruhe kommt (Gleichgewichtslage). Die Drehbewegung entsteht wie beim Drehspulinstrument durch magnetische Kräfte.

**$V_2$** Wir schalten in $V_1$ den Strom aus, kurz ehe die Spule die Gleichgewichtslage c) erreicht. Infolge ihres Schwungs dreht sie sich über diese hinaus weiter. Jetzt legen wir den Schalthebel vollends um, so daß der Strom über den zweiten Kontakt des Schalters in der Gegenrichtung fließt.

Spulennordpol und Spulensüdpol entstehen erneut, aber mit vertauschten Plätzen. Aus Anziehungskräften werden Abstoßungskräfte, und die Spule setzt ihre Drehung fort. Zeichne wie in Abb. 58.3!

> Im Elektromotor wird die magnetische Wirkung des elektrischen Stroms ausgenutzt.

Um eine Dauerdrehung zu erhalten, müßten wir nach jeder weiteren halben Drehung jeweils in den Gleichgewichtslagen den Strom umkehren. Das Umpolen ist mühsam und bei schnellaufenden Maschinen nicht mehr durchzuführen.

Hier schafft ein selbsttätiger **Stromwender**, ein sogenannter **Kommutator** Abhilfe. Abb. 59.1, zeigt einen Kommutatormotor. Um die magnetischen Kräfte zu verstärken, wurde die Spule mit einem Eisenkern versehen. Da der drehbare Teil, der Rotor, einem gespiegelten Anker und einem doppelten T ähnelt, nennt man ihn auch **Doppel-T-Anker**.

In die Nut des Ankers ist eine Spule gewickelt. Sie magnetisiert den drehbaren Eisenteil, sobald ein Strom fließt. Dadurch entstehen magnetische Kräfte zwischen den vier Polen, wodurch der Anker in Bewegung kommt. Erkläre dies an Abb. 59.1! Du mußt vier Kräfte finden. In welchem Drehsinn wirkt jede auf den Anker?

Wir untersuchen nun, wie der Stromwender gestaltet ist und was er bewirkt:

**V₃** Fest mit der Achse des Ankers verbunden, rotieren zwei gegeneinander isolierte Halbringe, auf denen zwei feststehende Kohlestifte schleifen, die sogenannten **Bürsten**. Durch sie fließt der Strom immer so der Spule zu, daß der obere Teil des Ankers Südpol ist und nach rechts gezogen wird. Nach einer Vierteldrehung stehen sich ungleichnamige Pole direkt gegenüber. Jetzt wechseln beide Bürsten auf die anderen Halbringe über, in der Spule ändert sich die Stromrichtung, Nord- und Südpol des Ankers tauschen die Plätze. Wo zuvor Anziehungskräfte auftraten, wirken jetzt Abstoßungskräfte, weshalb sich die Spule gleichsinnig weiterdreht. Beschreibe die Vorgänge nach einer weiteren halben Drehung!

> Im Elektromotor wird der Bewegungsablauf selbsttätig gesteuert.

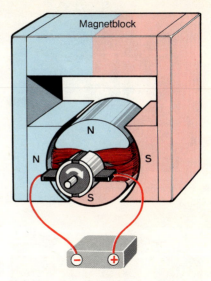

59.1 Motor mit Stromwender (Kommutator). Er steuert sich selbsttätig.

**V₄** Wir vertauschen die Anschlüsse des Motors an der Spannungsquelle. Die Drehrichtung des Ankers ändert sich. Erkläre!

**V₅** Wir schließen den Motor aus Abb. 59.1 an eine Wechselstromquelle an. In diesem Fall läuft er nicht. Wir versuchen eine Erklärung:
Bei Wechselstrombetrieb werden die Elektronen 50mal in der Sekunde in der einen und 50mal in der Gegenrichtung bewegt. Dadurch vertauschen sich die Magnetpole des Ankers 100mal in der Sekunde. Auch die magnetischen Kräfte ändern in diesem Rhythmus ihre Richtung. Den schnellen Wechselkräften kann der Anker nicht durch eine Dauerdrehung folgen. Wir spüren lediglich beim Berühren, daß er leicht vibriert.

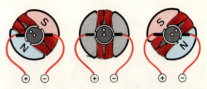

59.2 Hier sind drei aufeinanderfolgende Stellungen des Kommutators aufgezeichnet. Beachte, daß der obere Teil des Ankers immer Südpol bleibt!

**Aufgaben:**

1. Warum nennt man den Motorläufer auch Anker?
2. Welchem Zweck dient der Feldmagnet, welchem der Anker?
3. Warum und wann muß der Strom in einem Doppel-T-Anker umgepolt werden?
4. Erkläre, wie der automatische Stromwender (der Kommutator) funktioniert!
5. Wie kann man die Drehrichtung des Doppel-T-Ankers umkehren? Was ergibt sich daraus für den Betrieb mit Wechselstrom?
6. Zeichne in Abb. 58.3a die Polart und die Kraftpfeile ein unter der Voraussetzung, daß sich die Stromrichtung geändert hat.

> **Merke dir,**
>
> welche wichtigen Teile ein Elektromotor enthält;
>
> daß in ihm magnetische Kräfte wirken;
>
> wie es zur Drehung des Ankers kommt;
>
> warum ein zweipoliger Motor einen Totpunkt hat;
>
> was der Stromwender bewirkt.

**60.1** Moderner Kleinmotor

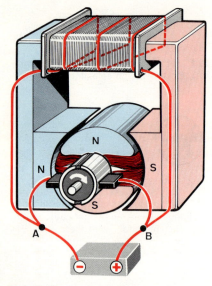

**60.2** Elektromotor mit Erregerwicklung in Nebenschlußschaltung.
Der Strom durch die Spule magnetisiert den U-förmigen Eisenteil mit den Polschuhen.

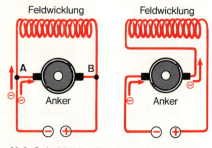

**60.3** Schaltbilder für Motoren: links Nebenschlußschaltung; rechts Hauptschlußschaltung. Pfeile für Elektronenbewegung.

**EI 5.9 Warum nimmt man bei den meisten Motoren statt eines Dauermagneten einen Elektromagneten?**

## Elektromotoren mit Feldwicklung

Zunächst finden wir einen sehr einfachen Grund: Elektromagnete sind leichter und billiger als gleichwertige Dauermagnete. Sie bringen jedoch noch weitere Vorteile. So können wir beispielsweise zwischen zwei Schaltungen wählen.

$V_1$ Ein **Nebenschlußmotor** entsteht, wenn Feld und Anker nach Abb. 60.2 zueinander parallel an die Stromquelle angeschaltet werden. Der Strom verzweigt sich in den Punkten A und B. Nebenschlußmotoren laufen im Leerlauf mit einer vorgegebenen Höchstdrehzahl. Beim Anlaufen entwickeln sie zunächst nur geringe Kräfte. Sie eignen sich zum Antrieb von Staubsaugern, Kaffeemühlen, Physikexperimenten usw.

$V_2$ Zum **Hauptschlußmotor** kommen wir, wenn wir Ankerwicklung und Feldwicklung in Reihe schalten (Abb. 60.3, rechts). Hauptschlußmotoren entwickeln beim Anlaufen sehr große Kräfte, sie eignen sich daher als Fahrzeugmotoren (Bahnmotoren) und als Anlaßmotoren im Kraftfahrzeug. Im Leerlauf „gehen sie durch" und zerstören sich selbst. Man muß sie deshalb bleibend mit einer Last kuppeln. Der wichtigste Vorteil des Motors mit Feldwicklung zeigt sich im folgenden Versuch:

$V_3$ Wir schließen den Motor in Haupt- oder Nebenschlußschaltung an eine Wechselspannungsquelle an. Im Gegensatz zum Motor mit Permanentmagneten läuft er. Erklärung:
Nach jedem Wechsel der Stromrichtung (alle hundertstel Sekunde) fließen die Ströme sowohl in der Anker- als auch in der Feldwicklung entgegengesetzt. Die Polung von Anker und Feld wechselt deshalb gleichzeitig, wobei die Kraftrichtung und damit auch die Drehrichtung erhalten bleibt. Weil solche Motoren beide Stromarten „verarbeiten", nennt man sie auch **Allstrommotoren**.

### Motor mit Trommelanker

Der Motor aus $V_3$ hat noch einen Fehler: Wenn der Richtungswechsel am Kommutator erfolgt, ist der Ankerstromkreis durch das Isoliermaterial zwischen den Metallsegmenten unterbrochen. Dieses ist breiter als die Bürsten, damit ein Kurzschluß über die Halbringe vermieden wird.

$V_4$ Zeige, daß der Motor in dieser Stellung nicht läuft! Er hat einen Totpunkt, der nur durch Schwung überbrückt werden kann.

Um diesen schwerwiegenden Nachteil zu vermeiden, wickelt man in die Schlitze eines Eisenzylinders mehrere gegeneinander verdrehte Spulen. Jede von ihnen schließt man an je zwei einander gegenüberliegende Metallsegmente des mehrfach unterteilten Kommutators an. Wegen seiner äußerlichen Ähnlichkeit mit dem Musikinstrument heißt der Anker jetzt **Trommelanker.** Wir untersuchen seine Eigenschaften.

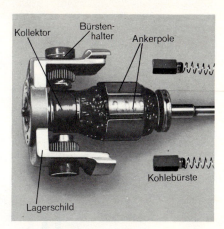

**61.1** Trommelanker eines Gleichstrommotors

|V₅| Dazu trennen wir die Feldwicklung in Abb. 61.2 ab und betreiben den Anker allein mit 2 V. Wenn wir ihn jetzt von Hand langsam drehen, können wir mit einer Magnetnadel prüfen, wo die Ankerpole entstehen und wie sie sich verlagern.

Man findet, daß in jeder Stellung beispielsweise die obere Hälfte Nordpole, die untere aber Südpole trägt. Liegt ein Eisensegmentpaar waagrecht, so ist es gerade unmagnetisch. Kurze Zeit später sind die Kohlebürsten auf das nächste Lamellenpaar gerutscht. Das unmagnetische Segment wird dadurch mit umgekehrter Polung magnetisch, während das nachfolgende seinen Magnetismus verliert.

Entsprechend diesem Verhalten wirkt auf den Trommelanker im Motor dauernd eine drehende Kraft ein. Totpunkte treten nicht auf. Gleichmäßiges Arbeiten ist im Gegensatz zum Doppel-T-Anker gewährleistet. Man findet daher nur selten Motore, die keinen Trommelanker haben.

Ein Mindestmaß an **Pflege** ist bei jedem Elektromotor unerläßlich:

1. Die Lager sind von Zeit zu Zeit nachzusehen und zu fetten. Eine Ausnahme machen Motoren mit selbstschmierenden Lagern aus ölgetränkten Kunststoffen.
2. Die Kohlebürsten nützen sich ab. Sie müssen in regelmäßigen Zeitabständen ersetzt werden. Oft haben sie einen Anschlag, der dafür sorgt, daß der Strom unterbrochen wird, wenn sie zu kurz geworden sind. Dann bleibt der Motor stehen.
3. In Elektromotoren entsteht Wärme. Diese wird durch einen Luftstrom abgeführt, der von einem auf der Welle sitzenden Lüfterrad axial durch den Motor geblasen wird. Die Belüftungsschlitze eines solchen Motors darf man nicht abdecken.

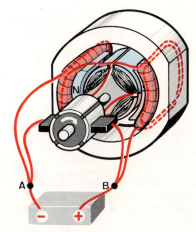

**61.2** Motor mit vierteiligem Trommelanker. Beachte die Polung der Eisensegmente!

### Aufgaben:

1. Zeichne eine Hauptschluß- und eine Nebenschlußschaltung! Bei welcher Schaltung kann der Feldstrom eine andere Größe haben als der Ankerstrom?
2. In welchen Stellungen hat der Doppel-T-Anker Totpunkte? Begründe!
3. Warum treten im Motor mit Trommelanker keine Totpunkte auf?
4. Wenn Strom durch die Drähte der Motorwicklungen fließt, entsteht Wärme. Erkläre, warum die Motorläufer oft Ventilatorflügel tragen und warum man die Lufteinlaßschlitze von Motoren nicht abdecken darf! Wie strömt die Luft durch den Motor?

---

**Merke dir,**

warum man die meisten Motoren mit einem Elektromagneten zur Felderzeugung versieht;

wie ein Hauptschlußmotor und wie ein Nebenschlußmotor geschaltet ist;

wodurch sich Doppel-T-Anker und Trommelanker unterscheiden;

welche Vorteile der Trommelanker bietet;

welche Motoren nur für Gleichstrom und welche sowohl für Gleich- als auch für Wechselstrom geeignet sind.

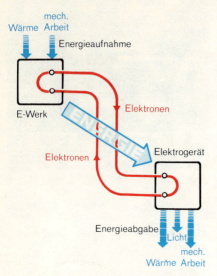

**61.1** Energie wandert vom E-Werk ins Elektrogerät. Die Elektronen laufen im Kreis.

## El 6 Elektrischer Strom und Energie

### El 6.1 Warum benutzen wir elektrische Geräte?

**Energieübertragung**

Wenn wir elektrische Geräte benutzen, berechnet uns das Elektrizitätswerk dafür den sogenannten **Arbeitspreis.** Er wird aufgrund von regelmäßigen Zählerablesungen festgestellt.
Der Zähler registriert die Arbeit, die von den im Stromkreis fließenden Elektronen in den nachgeschalteten Elektrogeräten verrichtet wird. Diese kann bestehen:
Im Erzeugen von **Wärme,** wie beispielsweise in Heizöfen, Tauchsiedern und Schweißgeräten.
Im Erzeugen von **Licht,** wie in Glühlampen und Leuchtröhren (Wärme ist hier Nebenprodukt).
Im Verrichten von **mechanischer Arbeit,** wie beispielsweise in Küchenmaschinen, Bohrmaschinen und Elektrosägen. Dies geschieht mit Hilfe von Elektromotoren.
In der Mithilfe beim **Übermitteln von Nachrichten,** wobei entweder **Schall** (Fernsprecher, Hörrundfunk, Klingel) oder **Licht** (Fernsehen, Signallampen) erzeugt wird.
Wir erkannten schon früher, daß Wärme, mechanische Arbeit und Licht verschiedene Formen der Energie sind. Aufgrund des Satzes von der Erhaltung der Energie können sie nicht aus dem Nichts entstehen. Damit ergibt sich folgender Tatbestand:
Die in obigen Beispielen genannten Elektrogeräte geben Energie in irgendeiner Form ab. Diese wird ihnen durch den elektrischen Strom, also die Elektronen, zugeführt.
Die Elektronen erhalten diese Energie im Elektrizitätswerk. Sie tragen sie als **elektrische Energie** in der Zuleitung zu den angeschlossenen Geräten. Dort wird sie abgegeben und erscheint in anderer Form (als Wärme oder mechanische Arbeit). Die energiearmen Elektronen strömen in der zweiten Leitung zum Elektrizitätswerk zurück, um ihre Funktion als Energieträger erneut auszuüben.

---

**Der Verbraucher**

Die Umwandlung elektrischer Energie in andere Energieformen nennt man auch **Verrichten elektrischer Arbeit.** Elektrische Energie wird dabei „verbraucht". Die umsetzenden Geräte heißen **Verbraucher.**

**Der Erzeuger (Generator)**

Die Stromquelle im Elektrizitätswerk „erzeugt" demgegenüber elektrische Energie. Man nennt sie daher **Erzeuger** (lat. **Generator**).

**Ursprung der elektrischen Energie**

**Elektrische Energie** stammt
a) bei **Wasserkraftwerken** aus der Energie der Lage;
b) bei **Dampfkraftwerken** aus dem Energiegehalt von Kohle, Öl und Gas (chemische Energie) sowie aus spaltbaren Atomkernen (Kernenergie);
c) bei **Galvanischen Zellen** aus dem an der Minuselektrode sich lösenden Metall (chemische Energie). Beim Laden eines Akkus wird das gelöste Metall zurückgewonnen. Die Energieumwandlung läuft rückwärts.

---

**Aufgaben:**

1. Was versteht man unter elektrischer Arbeit?
2. Wozu dient der Zähler?
3. In welchen Geräten verrichtet die Elektrizität a) mechanische Arbeit, b) in welchen erzeugt sie Licht, c) in welchen Wärme?
4. Beschreibe die Energieübertragung a) in der Taschenlampe, b) bei der Fahrradbeleuchtung!
5. Warum ist Energieübertragung mit Hilfe des elektrischen Stroms sehr bequem?

## El 6.2 Wann leuchten zwei Glühlampen gleich hell?

### Die elektrische Leistung

Manche Autos haben 12 V-, manche 6 V-Anlagen. Trotzdem müssen die Scheinwerferlampen die gleiche Lichtleistung aufweisen. Wenn man ihre technischen Daten vergleicht, stellt man fest, daß die niedere Spannung durch einen höheren Betriebsstrom ausgeglichen wird.
Um einen Einblick in die zugrunde liegenden Gesetze zu bekommen, untersuchen wir, wie die Größen Spannung, Stromstärke und Leistung in einem Stromkreis zusammenhängen. Wir verwenden dazu kleine, gleichartige Glühlampen.

63.1 Wodurch ist die verschiedene Lichtleistung bedingt?

### Welchen Einfluß hat die Stromstärke?

**V₁** Wir schließen eine Taschenlampenbirne (3,8 V, 0,07 A) an eine Batterie von 4,5 V nach Abb. 63.2 an. Sie wird von etwa 0,1 A durchflossen. Der Strom entwickelt in ihr Wärme und Licht. Die **Wärmeleistung** $P$ (Wärmeabgabe je Sekunde) dieses Lämpchens wollen wir allen folgenden Versuchen zugrunde legen.
Wenn wir ein zweites Birnchen parallelschalten, hat die Batterie die doppelte Stromstärke (0,2 A) zu liefern. Dafür ergibt sich die doppelte Wärmeleistung. Drei parallelgeschaltete Lämpchen entnehmen der Batterie die dreifache Stromstärke und geben dreifache Wärme je Sekunde ab.

> Die Leistung einer Glühlampe ist verhältnisgleich mit der Stromstärke: $P \sim I$.

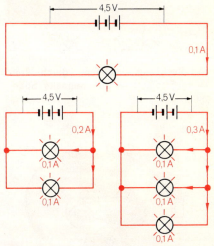

63.2 Die Leistung von Glühlampen wächst mit der Stromstärke.

### Welchen Einfluß hat die Spannung?

**V₂** Wir schalten jetzt zwei Glühlämpchen hintereinander. Dann leuchtet jedes schwächer auf als vorher, so daß zunächst kein Vergleich mit dem ersten Versuch möglich ist. Das Amperemeter zeigt wegen des erhöhten Widerstandes im Stromkreis wesentlich weniger als 0,1 A an. Wenn wir aber nach Abb. 63.3 die Spannung auf 9 V erhöhen, indem wir zwei Batterien hintereinanderschalten, erreichen beide Lampen wieder ihre normale Leistung. Die Gesamtleistung ist gegenüber einer Lampe verdoppelt. Das Amperemeter zeigt wieder 0,1 A an. Die Stromstärke kann also nicht allein für die Wärmeleistung maßgebend sein. Diese steigt vielmehr auch mit der Spannung an. Zeige entsprechend Abb. 63.3 unten, daß man für die dreifache Leistung die dreifache Spannung braucht!

> Die Leistung einer Glühlampe ist verhältnisgleich mit der Spannung: $P \sim U$.

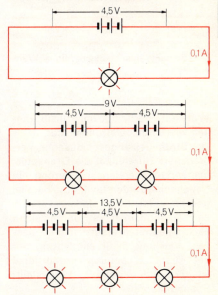

63.3 Die Leistung von Glühlampen wächst mit der Spannung.

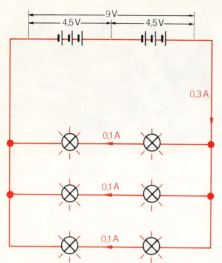

**64.1** Sechsfache Leistung durch dreifache Stromstärke und doppelte Spannung

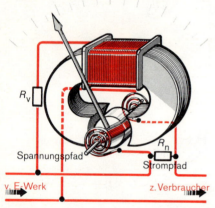

**64.2** So liegt das Meßwerk eines Wattmeters im Leitungszug.

**Wattmeter** arbeiten im Prinzip ähnlich wie Drehspulstrommesser.
Der Strom des angeschlossenen Verbrauchers durchfließt die Drehspule, der zur Meßbereichserweiterung ein Nebenschlußwiderstand $R_N$ parallel geschaltet ist: Strompfad.
Der Dauermagnet ist durch einen Elektromagneten ersetzt. Durch dessen Wicklung fließt ein Strom, der der Betriebsspannung proportional ist. Er wird durch $R_V$ eingestellt: Spannungspfad.
Der Zeiger folgt beiden Größen und zeigt unmittelbar die Leistung an.

## Wie errechnet man die elektrische Leistung?

**V₃** Wenn wir an zwei hintereinandergeschaltete Batterien (doppelte Spannung von 9 V) drei Reihen von je zwei hintereinandergeschalteten Birnchen legen (Abb. 64.1), fließt Strom der dreifachen Stärke (0,3 A), und wir bekommen in den insgesamt 6 Lämpchen die sechsfache Wärmeleistung gegenüber einem einzelnen.
Die Spannung war verdoppelt, die Stromstärke verdreifacht. Die Leistung eines elektrischen Geräts erhält man also, wenn man Spannung und Stromstärke multipliziert.

> Elektrische Leistung ($P$) = Spannung ($U$) · Stromstärke ($I$).
> $P = U \cdot I$.

Als Einheit für die **elektrische Leistung** dient dabei die Leistung, die ein Strom von 1 A bei 1 V Spannung hat. Diese Einheit heißt 1 Voltampere (1 VA), sie ist identisch mit der Einheit 1 Watt.
Die von der Mechanik her bekannte Leistungseinheit ergibt sich hier deshalb, weil die elektrischen Einheiten Volt und Ampere in ihrer Größe geeignet festgelegt wurden.
1 Watt ist eine kleine Leistung. Große Leistungen gibt man deshalb auch in den Einheiten 1 Kilowatt (kW) oder 1 Megawatt (MW) an.

> 1 VA = 1 W (Watt)
> 1 kW = 1 000 W;   1 000 000 W = 1 000 kW = 1 MW

## Beispiele für die Leistungsberechnung

1. Die elektrische Leistung eines unserer Birnchen ist

$$P = U \cdot I = 4{,}5 \text{ V} \cdot 0{,}1 \text{ A} = 0{,}45 \text{ VA} = 0{,}45 \text{ W}.$$

2. Sechs Birnen haben in der in Abb. 64.1 gezeichneten Schaltung

$$P = U \cdot I = 9 \text{ V} \cdot 0{,}3 \text{ A} = 2{,}7 \text{ VA} = 2{,}7 \text{ W}$$

Leistung. Dieselbe Leistung errechnen wir, wenn wir die eines einzelnen Birnchens (0,45 W) mit 6 multiplizierten. Erkläre diesen Sachverhalt!

3. **V₄** Durch den Heizdraht eines Tauchsieders fließt beim Anschluß an 220 V ein Strom von 2,7 A. Die Leistung hat die Größe

$$P = U \cdot I = 220 \text{ V} \cdot 2{,}7 \text{ A} = 594 \text{ W}.$$

Angegeben sind 600 W. Wodurch könnte die Abweichung bedingt sein?

4. Eine Bahnlokomotive nimmt bei der Spannung $U = 15 000$ V den Strom $I = 100$ A auf. Ihre Leistung beträgt somit

$$P = U \cdot I = 15 000 \text{ V} \cdot 100 \text{ A} = 1 500 000 \text{ W} = 1500 \text{ kW}.$$

## Wie errechnet man Stromstärke und Spannung aus der gegebenen Leistung?

1. Häufig sind auf Elektrogeräten, z.B. auf einem Heizofen, die Betriebsspannung (220 V) und die Leistung (1000 W) angegeben, die das Gerät bei dieser Spannung hat. Aus beiden Angaben kann man die Stromstärke im Gerät errechnen. Nach Umformung der Gleichung $P = U \cdot I$ folgt $I = P/U$.

$$I = \frac{P}{U} = \frac{1000\ W}{220\ V} = \frac{1000\ VA}{220\ V} = 4{,}55\ A.$$

Diese errechnete Stromstärke besteht nur bei der auf dem Gerät angegebenen **Nennspannung**.

2. Sind Leistung $P$ und Stromstärke $I$ angegeben, so folgt für die Spannung aus $P = U \cdot I$ die Beziehung

$$U = \frac{P}{I}.$$

Die Leistung eines Kraftwerkes von $P = 50\,000\ kW = 50\,000\,000\ W$ soll bei einem Strom von 900 A übertragen werden. Diese Stromstärke läßt der Leitungsquerschnitt zu. Die für die Übertragung der Leistung notwendige Spannung ist

$$U = \frac{P}{I} = \frac{50\,000\,000\ W}{900\ A} \approx 55\,500\ V.$$

3. Oft ist bei einem Stromkreis der Widerstand $R$ bekannt. Mißt man dazu noch die Stromstärke $I$, so läßt sich die Leistung aus beiden Angaben errechnen. Man muß dazu in die Gleichung $P = U \cdot I$ die am Widerstand $R$ liegende Spannung $U = R \cdot I$ einsetzen (Ohmsches Gesetz). Man erhält $P = U \cdot I = R \cdot I \cdot I = R I^2$. Es gilt also:

$$\boxed{P = R \cdot I^2}$$

Ein Schiebewiderstand von $R = 110\ \Omega$ wird von $I = 2\ A$ durchflossen. Die aufgenommene elektrische Leistung ist:

$$P = R \cdot I^2 = 110\ \Omega \cdot 2\ A \cdot 2\ A = 440\ VA = 440\ W.$$

Rechne in gleicher Weise die Leistung bei $I = 1\ A$ aus! Überlege, welche Spannung jeweils am Widerstand liegt!

Errechne die fehlende Größe!

| | Spannung $U$ | Strom $I$ | Leistung $P$ |
|---|---|---|---|
| Autolampe | 12 V | 3 A | ... |
| Bügeleisen | 220 V | ... | 1000 W |
| Waschmaschine | ... | 16 A | 3600 W |

---

**Merke dir,**

daß die elektrische Leistung von der Stromstärke und von der Spannung abhängt;

daß diese Abhängigkeit durch die Gleichung $P = U \cdot I$ ausgedrückt wird;

daß 1 W, 1 kW und 1 MW auch als Einheiten für die elektrische Leistung dienen;

wie diese Einheiten zusammenhängen;

wie man mit der Leistungsgleichung $P = U \cdot I$ rechnet;

wie ein Wattmeter prinzipiell aufgebaut ist und wie es in den Leitungszug eingefügt wird.

---

**Aufgaben:**

1. Was versteht man unter Wärmeleistung?
2. Von welchen Größen hängt die elektrische Leistung ab? Wie ist die Abhängigkeit im einzelnen zu formulieren?
3. Welche Einheiten benutzt man für die elektrische Leistung?
4. Vergleiche die beiden Autolampen! a) 12 V, 3 A; b) 6 V, 6 A.
5. Vergleiche die Autolampe in Aufgabe 4b) mit den folgenden beiden Taschenlampenbirnchen: c) 2,5 V, 0,1 A; d) 4 V, 0,3 A und erkläre das in der Überschrift angesprochene Problem!
6. Errechne die Stromstärke für folgende Glühlampen (Betriebsspannung 220 V): 15 W, 25 W, 60 W, 100 W! Rechne in Watt um: 2 kW (Motor), 4 kW (Waschmaschine), 3 MW (elektrische Bahnlokomotive)!
7. Berechne die Leistung eines Straßenbahnmotors ($U = 550\ V$; $I = 150\ A$)!
8. Wie groß ist die Stromstärke in folgenden Elektrogeräten (Anschlußspannung $U = 220\ V$)? Heizplatte 750 W; Bügeleisen 900 W; Radiogerät 30 W; Fernseher 300 W; Glühlampe 75 W.
9. Welchem Zweck dienen die Widerstände $R_V$ und $R_N$ in Abb. 64.2?

**66.1** Anzeigewerk eines Zählers

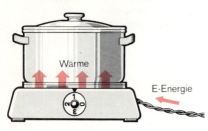

**66.2** Heizplatte auf Stufe 1

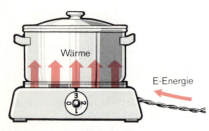

**66.3** Heizplatte auf Stufe 3. Was hat sich geändert?

---

**Einheiten für die elektrische Arbeit $W_{el}$**

**1 Ws** (verbraucht ein Gerät, das bei 1 V und 1 A genau 1 s lang betrieben wird).

**1 kWh** (verbraucht ein Gerät, das mit 1 kW Leistung 1 Stunde lang betrieben wird).

---

## El 6.3 Welche Einheit benutzt man zum Messen der elektrischen Arbeit?

**Ws, J kWh**

In Kapitel El 6.1 wurde klargelegt, was wir unter elektrischer Arbeit verstehen. Nun wollen wir untersuchen, von welchen Größen sie abhängt.

$V_1$ Wir schalten eine 3-Stufen-Kochplatte auf Stufe II unter Zwischenschaltung eines Zählers an das 220 V-Netz an. Die Zählerscheibe dreht sich mit einer bestimmten Geschwindigkeit. Bei Erhöhung der Leistung (Stufe III) läuft die Scheibe schneller, bei Verminderung der Leistung (Stufe I) langsamer.

Die Zählerscheibe treibt über ein Getriebe das Zählwerk an, das die dem Netz entnommene Energie anzeigt. Die Zählwerkanzeige ist um so größer, je größer die Leistung des eingeschalteten Gerätes ist (Leistung = Energieabgabe je Zeiteinheit) und je länger das Gerät eingeschaltet ist.

> Die elektrische Arbeit eines Geräts ist abhängig von Leistung (W, kW) und Betriebszeit (s, h).

Als Maßeinheit wird die Arbeit benutzt, die ein Gerät mit 1 W Leistung verrichtet, wenn es 1 s lang betrieben wird. Sie heißt 1 **Wattsekunde** (1 Ws) oder 1 Joule (1 J). Auch diese Einheit ist dir aus der Mechanik bekannt. Sie ist sehr klein, denn wir betreiben üblicherweise Geräte von mehreren hundert oder tausend Watt minuten- bzw. stundenlang. Deshalb mißt ein Zähler die elektrische Arbeit in Kilowattstunden (kWh).

> 1 kWh = 1000 Wh = 3600000 Ws = 3600000 J = 3600 kJ

Ein Zähler kann nach der Ablesung nicht auf Null zurückgestellt werden. Man muß daher beim Ablesen des in einem Monat verbrauchten Energiebetrags die Differenz zwischen dem Zählerstand am Anfang des Monats und dem Zählerstand am Ende des Monats bilden.

**Beispiel:** In einem 4-Personen-Haushalt war der
Zählerstand am 1. 7.   3240,8 kWh
Zählerstand am 1. 6.   2912,2 kWh
Die Differenz betrug   328,6 kWh

Es wurden im Monat Juni also 328,6 kWh verbraucht. Bei einem (heute üblichen) Preis von 12 Pf/kWh macht die Energierechnung 328 kWh · 0,12 DM/kWh = 39,36 DM. (Die Anzeige der $\frac{1}{10}$ kWh wird üblicherweise nicht berücksichtigt.) Das ist der sogenannte **Arbeitspreis.** Dazu kommt noch eine Grundgebühr von etwa 5,— DM.
Die Verbraucher können zwischen mehreren Tarifen wählen, die sich im Grundpreis und im kWh-Preis unterscheiden.

## Kann man die elektrische Arbeit im voraus berechnen?

Dies ist möglich, wenn wir nur vorher die Geräteleistung und die Betriebszeit wissen. Denn nach dem Obengesagten sieht man leicht ein, daß folgende Gesetzmäßigkeit auch für die elektrischen Größen gilt:

> Arbeit = verbrauchte elektrische Energie
> = Leistung · Betriebszeit
> $W_{el} = P \cdot t = U \cdot I \cdot t$

**Beispiele:** 1. Ein **Tauchsieder** mit der Leistung
$P = 600 \text{ W} = 0{,}6 \text{ kW}$ wird $t = 20 \text{ Minuten} = 1200 \text{ s} = \frac{1}{3} \text{ h}$
lang zum Warmwasserbereiten benutzt. Er setzt

$$W = P \cdot t = 0{,}6 \text{ kW} \cdot \tfrac{1}{3} \text{ h} = 0{,}2 \text{ kWh}$$

elektrische Energie in Wärme um. Bei einem Preis von 12 Dpf kostet dies 2,4 Dpf.

2. Ein Elektromotor in einer Pumpstation hat bei voller Belastung eine Leistungsaufnahme von $P = 3 \text{ kW}$. Er war an einem Tag 8 h lang in Betrieb, verbrauchte also die Energie

$$W = P \cdot t = 3 \text{ kW} \cdot 8 \text{ h} = 24 \text{ kWh}.$$

Die Betriebskosten sind $24 \cdot 12 \text{ Dpf} = 288 \text{ Dpf} = 2{,}88 \text{ DM}$.

3. An einer Taschenlampenbatterie (4,5 V) brennt eine Glühlampe (0,3 A) 5 h lang. Dann ist die Batterie erschöpft. Die Lampe hat die Leistung

$$P = U \cdot I = 4{,}5 \text{ V} \cdot 0{,}3 \text{ A} = 1{,}35 \text{ W} = 0{,}00135 \text{ kW}.$$

Sie entnimmt der Batterie die Energie

$$W = 0{,}00135 \text{ kW} \cdot 5 \text{ h} \approx 0{,}007 \text{ kWh}.$$

Die Batterie kostet 1,5 DM. Somit kostet eine kWh „Batteriestrom" rund 210 DM, also das 1750fache von 1 kWh „Netzstrom".

## Wieviel elektrische Energie erzeugt ein Kraftwerk?

Die Generatoren in Kraftwerken mittlerer Größe haben zusammen Leistungen um 500 000 kW. Betreibt man sie 24 Std mit Vollast, so können sie täglich die elektrische Energie $W_{el} = 500\,000 \cdot 24 \text{ kWh} = 12\,000\,000 \text{ kWh}$ mit einem Abgabepreis von 120 000 DM erzeugen. Da sie nicht immer mit voller Last laufen, ergibt sich ein wesentlich niedriger Durchschnittswert (um 30 %).
Das genannte Kraftwerk erzeugt im Jahr durchschnittlich die elektrische Energie

$$W_{el} = 12\,000\,000 \cdot 0{,}3 \cdot 365 \text{ kWh} = 1\,214\,000\,000 \text{ kWh}$$
$$\approx 1{,}2 \text{ Milliarden kWh}.$$

Diese Energie kann an die Haushalte zum Preis von etwa 100 Millionen DM verkauft werden.

---

**Merke dir,**

was man unter elektrischer Arbeit versteht;

wie sie sich äußert;

wovon sie abhängt;

wie man sie errechnet;

daß sie in Ws oder kWh gemessen wird;

wie man einen Zähler abliest;

wie man den Arbeitspreis berechnet.

1 Ws = 1 J;  1 kWh = 3,6 MJ
1 MJ = 1000 kJ = 1 000 000 J

---

**Aufgaben:**

1. In welchen Einheiten wird üblicherweise die elektrische Arbeit (= umgewandelte elektrische Energie) angegeben?
2. Wie beeinflussen Geräteleistung und Betriebszeit den Verbrauch an elektrischer Energie?
3. Auf einem Zähler steht: „800 Umdrehungen = 1 kWh". Was bedeutet dies?
4. Drücke in der Gleichung
$$W = 1 \text{ kW} \cdot 1 \text{ h} = 1 \text{ kWh}$$
die Leistung 1 kW in Watt und die Zeit 1 h in Sekunden aus und errechne dann das Ergebnis. Vergleiche mit Merksatz 2!
5. Wenn man elektrische Energie sparen will (der Ausdruck „Strom" sparen ist nicht ganz richtig), muß man vor allem darauf sehen, daß Verbraucher großer Leistung (Heizgeräte, Kochgeräte) möglichst kurzzeitig eingeschaltet sind. Warum?
6. Errechne die Kosten für elektrische Energie, wenn am 1.12.1969 der Zählerstand mit 3769 und am 2.1.1970 mit 4120 abgelesen wurde! Tarif: Grundpreis 5,40 DM; 11 Dpf je kWh.
7. Ein Motor mit 3 kW Leistung läuft in einem Gewerbebetrieb täglich 7 Std. Wie groß ist der Energieverbrauch? Was kostet der Betrieb bei 12 Dpf je kWh?

## El 6.4 Was kostet Wärme aus der Steckdose?

**68.1** Hier wird elektrisch geheizt. Wie teuer ist dies?

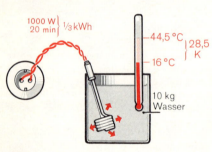

**68.2** Anordnung zu V₁

Wir wissen schon, daß elektrische Energie in Wärme umgewandelt werden kann. Nun wollen wir an Beispielen errechnen, was dies kostet.

**V₁** Dem Tauchsieder in Abb. 68.2 führen wir aus der Steckdose je Sekunde 1000 Joule an Energie zu ($\triangleq$ 1000 W). Er verwandelt diese vollständig in Wärme, die an das Wasser abgegeben wird und dessen Temperatur erhöht. Betreiben wir das Gerät 20 Minuten (= 1200 Sekunden = $\frac{1}{3}$ Stunde) lang, so wird insgesamt die Arbeit

$$W = 1000 \text{ W} \cdot 1200 \text{ s} = 1200000 \text{ J} = 1200 \text{ kJ} = 1{,}2 \text{ MJ}$$
$$= 1 \text{ kW} \cdot \tfrac{1}{3} \text{ h} = \tfrac{1}{3} \text{ kWh}$$

in Wärme verwandelt. Da 1 kg Wasser für 1 K Temperaturerhöhung etwa 4,2 kJ benötigt, errechnen wir für die 10 kg Wasser im Versuch eine Temperaturänderung von

$$\frac{1200}{10 \cdot 4{,}2} \text{ K} = 28{,}6 \text{ K},$$

was eine Messung bestätigt.

Für die verbrauchte elektrische Energie von $\frac{1}{3}$ kWh bezahlen wir 4 Dpf. Somit kommt 1 MJ = 1000 kJ an Wärme auf 3,33 Dpf, einen Preis von 12 Dpf je kWh vorausgesetzt.

Der **Raumheizer** in Abb. 68.1 sei 6 Stunden in Betrieb. Bei einer Leistung von 2000 W = 2 kW verbraucht er insgesamt 12 kWh und erzeugt damit 12 · 3600 kJ = 43200 kJ = 43,2 MJ an Wärme.
Die 6stündige Heizung kostet somit ungefähr 1,5 DM. Dies ist relativ teuer, da die gleiche Wärme mit Kohle, Öl oder Gas erzeugt nur auf etwa 0,50 DM kommt.

---

**Merke dir,**

elektrische Energie läßt sich vollständig in Wärme umwandeln;

1 kWh = 3600 kJ;

für 1000 kJ = 1 MJ elektrisch erzeugter Wärme bezahlen wir etwa 3 Dpf (bei 12 Dpf/kWh).

---

**Aufgaben:**

1. Wie lange braucht ein Tauchsieder (600 W), um 2 L Wasser von 15 °C zum Sieden zu bringen? Was kostet dies?
2. Eine Glühlampe hat 60 W Leistung. Vergleiche mit einem Ölofen, der auf Stufe I eine Heizleistung von 4500 kJ/h hat!
3. Vergleiche die Leistung des Ölofens auf Stufe IV (20000 kJ/h) mit der Leistung eines Raumheizers von 2 kW!

## El 6.5 Welchen „Stundenlohn" hat ein Elektromotor?

**Elektromotoren** werden zum Antrieb von Aufzügen, Kränen, Baggern und Werkzeugmaschinen verwendet. Sie verrichten dabei mechanische Arbeit. Der Motor bezieht die für die Arbeitsverrichtung notwendige Energie aus dem Netz. Wieviel Joule kann er abgeben, wenn er 1 kWh aufnimmt?

**$V_1$** Wir schließen einen Spielzeugmotor (4 V) an eine Taschenlampenbatterie an und messen die Leerlauf-Stromstärke.
Sie ist verhältnismäßig klein, solange der Motor leer läuft. Nun bremsen wir den Motor an der Achse ab. Er muß jetzt Reibungsarbeit verrichten. Sofort steigt der Strom an und damit auch die elektrische Leistung $P = U \cdot I$.

69.1 Hier verrichtet der Elektromotor die Hauptarbeit

> Wenn ein Motor eine größere mechanische Leistung abgeben muß, nimmt er eine größere elektrische Leistung aus dem Netz auf.

An der Motorachse kann die aus den elektrischen Meßwerten errechnete Leistung nicht vollständig abgenommen werden: Ein Teil der elektrischen Energie wird nämlich in der Motorwicklung in Wärme umgesetzt, ein zweiter Teil wird durch Reibung in den Lagern und an der Luft im Innern des Motors verbraucht. Diese Verluste sind bei kleinen Motoren verhältnismäßig groß. Man rechnet deshalb bei einer elektrischen Leistungsaufnahme von 1 kW nur etwa mit einer abgegebenen mechanischen Leistung von 0,9 kW. Der **Nutzeffekt** (Wirkungsgrad) von Elektromotoren ist also etwa $0,9 = 90\%$.

**Beispiel:** Ein Motor mit 1 kW Leistung benötigt, wenn er 1 h lang in Betrieb ist, 1 kWh an elektrischer Arbeit. Er gibt während dieser Betriebszeit bestenfalls die Arbeit

$$W_{el} = 1000 \text{ W} \cdot 3600 \text{ s} = 3\,600\,000 \text{ J} = 3{,}6 \text{ MJ}$$

Unter Berücksichtigung eines Nutzeffekts von 90% ergibt sich daraus die abgegebene mechanische Arbeit

$$W_{mech} = \frac{90}{100} \cdot 3{,}6 \text{ MJ} = 3{,}24 \text{ MJ}$$

Diese verhältnismäßig große mechanische Arbeit kostet nur 12 Dpf. Überlege, wie lange ein kräftiger Arbeiter dafür braucht (Leistung 80 J/s) und was es dann kostet (Stundenlohn 6 DM)!

> **Merke dir,**
>
> daß Motoren je nach ihrer Arbeitsleistung mehr oder weniger Energie dem Netz entnehmen;
>
> daß aus elektrischer Energie gewonnene mechanische Arbeit verhältnismäßig billig ist.

### Aufgaben:

1. Welche mechanische Arbeit entspricht der elektrischen Arbeit „1 kWh"?
2. Warum ist der Betrieb eines Elektromotors gegenüber anderen Antriebsarten so billig? Was ist der wirtschaftliche Vorteil?
3. Welche Arbeit verrichtet ein 5 kW-Elektromotor, wenn er 4 h lang in Betrieb ist? Wieviel Wasser kann man damit um 20 m heben?

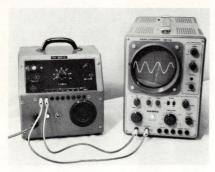

**70.1** Ein Elektronenstrahl schreibt den zeitlichen Verlauf einer Wechselspannung auf den Bildschirm eines Oszillographen

**70.2** Auslenkung des Elektronenstrahls durch Gleichspannung. Links: linke Buchse +; rechts: linke Buchse −

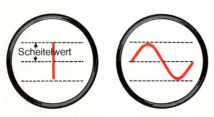

**70.3** Auslenkung des Elektronenstrahls durch Wechselspannung. Links: ohne Zeitablenkung; rechts: mit Zeitablenkung

---

**Scheitelwerte:**
Spitzenwerte (Maximalwerte) von Wechselspannungsgrößen. Sie werden in jeder Periode zweimal, aber nur während einer sehr kurzen Zeitspanne erreicht.

**Effektivwerte:**
Dies sind Rechengrößen, die aus der mittleren Leistung eines Wechselstroms abgeleitet sind.

---

## EI 6.6 Wie errechnet man die Leistung eines Geräts bei Wechselstrombetrieb?

**Effektivwerte**

Netzsteckdosen und Experimentierstromquellen stellen uns meist Wechselspannung bereit. Wir wissen aus Kapitel EI 2.6, daß an den Buchsenpaaren dieser Quellen in Abständen von $\frac{1}{100}$ sec die Pole wechseln und daß im angeschlossenen Stromkreis der Strom abwechselnd im und gegen den Uhrzeigersinn fließt.

**V₁** Ein Gleichspannungsmesser, den man mit Wechselspannbuchsen verbindet, zeigt den Wechselspannungsmittelwert, 0 V, an. Der Zeiger kann infolge seiner großen Masse den schnellen Richtungswechseln nicht folgen. Ein **Elektronenstrahloszillograph** ist in dieser Beziehung dem Drehspulinstrument überlegen:

**V₂** Wir verbinden seine Eingangsbuchsen mit den Klemmen einer 2-V-Batterie.
Der Elektronenstrahl verläßt seine Ruhelage nach oben oder unten je nach Polung. Die Auslenkung ist ein Maß für die Spannung, denn bei 4 V ergibt sich der doppelte Betrag.

**V₃** Mit 2 V Wechselspannung am Oszillographeneingang zeichnet der Strahl einen senkrechten Strich. Diesen können wir mit dem Drehspiegel oder mit der im Oszillographen eingebauten Zeitablenkung waagerecht auseinanderziehen. Infolge der Nachwirkung unseres Auges sehen wir dann nebeneinander, was zeitlich nacheinander abläuft, und erkennen:
Die Wechselspannung steigt von 0 bis zu ihrem sogenannten **Scheitelwert** an und nimmt dann stetig bis auf 0 ab. Derselbe Vorgang wiederholt sich mit umgekehrter Polung in der zweiten Halbperiode. Eine vollständige Periode des Netzwechselstroms dauert $\frac{1}{50}$ s.
Ist eine Wechselspannung mit 2 V Scheitelwert einer Gleichspannung von 2 V gleichwertig?

**V₄** Diese Frage beantworten wir, indem wir ein 2-V-Lämpchen an 2 V Gleichspannung und ein zweites, genau gleiches Lämpchen an eine Wechselspannungsquelle mit 2 V Scheitelspannung anschließen. (Stufenlos regelbares Netzgerät; Kontrolle des Scheitelwertes mit dem Oszillographen; siehe Abb. 71.1).
Das wechselstromgespeiste Lämpchen leuchtet weniger hell als das gleichstromgespeiste. Wir sehen leicht ein, warum: Der Wert der Gleichspannung ist unverändert 2 V. Die Wechselspannung erreicht diesen Wert nur in sehr kurzen Momenten. Die übrige Zeit ist sie kleiner. Gleiches gilt für die Ströme, die ja wegen des Ohmschen Gesetzes den sie erzeugenden Spannungen folgen.

**V₅** Wir regeln jetzt die Wechselspannung hoch, bis beide Lämpchen gleich hell sind. Sie setzen dann die gleiche elektrische Leistung in Wärme um. Am Oszillographen messen wir in diesem Fall den Scheitelwert

$$U_s = 2{,}8\,\text{V} = 2\,\text{V} \cdot \sqrt{2} = 2\,\text{V} \cdot 1{,}414.$$

Ein Gerät, das Wechselspannung dieses Scheitelwerts bereitstellt, erzeugt die gleichen Stromwirkungen (denselben Effekt) wie unsere Gleichspannungsquelle. Man sagt daher, es habe eine **Effektivspannung** von 2 V, und schreibt: $U_{\text{eff}} = 2\,\text{V}$. Für andere Spannungswerte sind die Verhältnisse analog.

> Die Effektivspannung ist der wirksame Spannungsmittelwert im Wechselstromkreis.

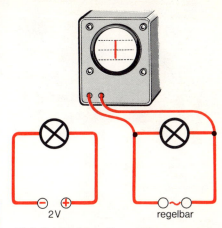

**71.1** Schaltbild zu $V_4$ und $V_5$

Der nach der Gleichung $I_{\text{eff}} = U_{\text{eff}}/R$ ausgerechnete Strom heißt **Effektivstrom,** und es gilt:

> Wechselstromleistung $P = U_{\text{eff}} \cdot I_{\text{eff}}$.

**Wechselstrom- und Wechselspannungsmeßgeräte,** (z. B. Drehspulmeßgeräte mit Gleichrichter oder Dreheisengeräte) zeigen meist unmittelbar die Effektivwerte an, weil man diese braucht, wenn es in der Technik um die Leistungsfähigkeit von Geräten und von Stromquellen geht. Dementsprechend ist die Netzspannung 220 V eine Effektivspannung. Ihr Scheitelwert liegt wesentlich höher. Er beträgt

$$U_s = 220\,\text{V} \cdot \sqrt{2} = 310\,\text{V}.$$

Wenn du die Kurve in Abb. 71.2 betrachtest, kannst du feststellen, daß der Wert 220 V genau eine halbe Periode lang unterschritten und eine halbe Periode lang überschritten wird.

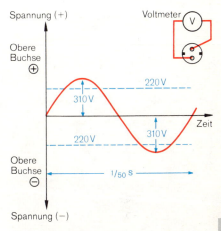

**71.2** Spannungsverlauf an der Steckdose

### Aufgaben:

1. Was versteht man in der Wechselstromtechnik unter dem Spannungsscheitelwert?
2. Warum ist eine Gleichspannung von 10 V nicht gleichwertig einer Wechselspannung mit dem Scheitelwert 10 V?
3. Wie hoch muß der Scheitelwert sein, damit die beiden Spannungen effektiv (von der Wirkung her beurteilt) gleich sind? Was versteht man dementsprechend unter Effektivspannung?
4. Zeige, daß die mit üblichen Meßinstrumenten gemessenen Spannungs- und Stromwerte bei $V_5$ denen des Gleichstromkreises in $V_4$ gleich sind.
5. Was für Werte werden dementsprechend von den Instrumenten angezeigt? Welche Vorteile hat ein Elektronenstrahloszillograph gegenüber Drehspulinstrumenten?
6. Errechne den Scheitelwert für eine Wechselspannung mit $U_{\text{eff}} = 24\,\text{V}$!

> **Merke dir**
>
> den Unterschied zwischen Gleich- und Wechselspannung;
>
> daß ein Oszillograph den zeitlichen Verlauf von Wechselspannungen zeigen kann;
>
> was man unter dem Scheitelwert und dem Effektivwert einer Wechselspannung versteht;
>
> wie Effektivwert und Scheitelwert zusammenhängen;
>
> die Frequenz (50 Hz) und die Periodendauer ($1/50$ s) der Netzwechselspannung.

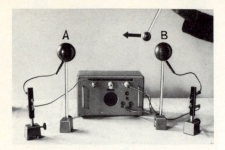

**72.1** In diesem Versuch wird Elektrizität portionsweise über die Unterbrechungsstelle transportiert.

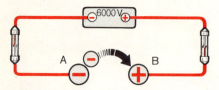

**72.2** Schaltbild zu Abb. 72.1

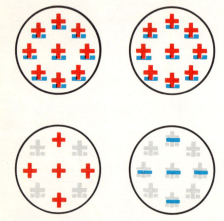

**72.3** Elektronenüberschuß und Elektronenmangel. Oben: zwei ungeladene Körper; unten: links Elektronenmangel, rechts Elektronenüberschuß

---

**Elektronen**
sind Körperchen, die negative elektrische Ladung tragen.

**Elektrische Spannung**
entsteht durch Unterschiede in der Elektronendichte des Leiters: Am —-Pol herrscht Elektronenüberschuß, am +-Pol Elektronenmangel.

---

## El 7 Elektrizität im Ruhezustand

### El 7.1 Wodurch unterscheiden sich die Pole einer Gleichspannungsquelle?

**Elektrische Ladung und Strom**

In diesem Abschnitt wollen wir uns mit der Natur der elektrischen Erscheinungen auseinandersetzen. Wir wiederholen hierzu, was wir schon wissen:
**Wasser,** das in einem Rohr fließt, können wir an einer Unterbrechungsstelle sehen, in Eimern auffangen und wegtragen. Fließt es an uns in einem Rohr vorbei, so sehen wir es zwar nicht, sein Fließen verrät sich aber durch das damit verbundene Rauschen oder durch die Umdrehungen eines Wassermessers.
Entsprechend gibt sich der unsichtbare **elektrische Strom** durch Wärme, Licht und magnetische Wirkungen zu erkennen. Sobald wir aber die elektrische Leitung unterbrechen, ist nichts mehr zu beobachten. Ist diese Aussage richtig?

$V_1$ Um dies zu klären, bauen wir nach Abb. 72.1 einen Stromkreis aus Hochspannungserzeuger, Glimmlampen und isoliert aufgestellten Metallkugeln zusammen. Dieser ist zwischen den Kugeln A und B unterbrochen. Deshalb leuchtet keine der beiden Glimmlampen.
Nun berühren wir die Kugel A, also den Minuspol der Spannungsquelle, mit einer dritten isoliert gehaltenen Kugel, dem sogenannten Löffel. Beim Berühren leuchtet die Glimmlampe kurz auf, weil Elektronen auf den Löffel gepumpt werden. Danach herrscht auf ihm **Elektronenüberschuß** wie auf dem —-Pol der Spannungsquelle. Wir sagen, er sei jetzt **negativ geladen.** Die zugeflossene Elektrizitätsmenge nennt man seine (negative) **Ladung.**
Nun transportieren wir den Löffel samt seiner Ladung zur Kugel B, also zum +-Pol. Beim Berühren blitzt die Glimmlampe auf. Sie zeigt an, daß jetzt Elektronen vom Löffel abfließen.
Darüber hinaus zieht die Spannungsquelle auch noch dem Löffel gehörende Elektronen ab, wodurch die positiven Atomkerne in die Überzahl geraten. Auf der Kugel herrscht **Elektronenmangel** wie auf dem +-Pol. Wir sagen, die Kugel sei jetzt **positiv geladen.**
Die von den überschüssigen positiven Kernen herrührende Elektrizitätsmenge nennt man ihre **positive Ladung.** Ihr Ladungsbild entspricht jetzt Abb. 72.3 unten links. Erkläre, was geschieht, wenn wir den Löffel wieder zur Kugel A zurückbringen!

---

Pluspol ≙ positive Ladung ≙ Elektronenmangel
Minuspol ≙ negative Ladung ≙ Elektronenüberschuß

**V₂** Berührt man den geladenen Löffel mit der Hand, so entlädt er sich. Ist er positiv gewesen (Elektronenmangel), so fließen Elektronen zu. War er negativ (Elektronenüberschuß), so fließen Elektronen ab.
Die Elektronenbewegung läßt sich mit einer Glimmlampe zeigen. Das Gas darin leuchtet um die Elektrode auf, an der die Elektronen einfließen.

## Was ist ein elektrischer Strom?

**V₃** Überbrückt man die Unterbrechungsstelle AB mit einem Leiter, so fließt in ihm elektrische Ladung (Elektrizität) gleichförmig als Strom, den wir an seiner andauernden Lichtwirkung in den Glimmlampen erkennen.

> Bewegte elektrische Ladung nennt man Strom.

Es ist also falsch zu sagen, in einem geladenen Metallkörper sei Strom. Dort befindet sich elektrische Ladung (Elektrizität) im Ruhezustand. „Strom" bezeichnet, dem Wortsinn entsprechend, nur fließende Ladung. Eine Steckdose steht also nicht unter „Strom", wenn kein Gerät angeschlossen ist. An ihr steht die Ladung zum Fließen bereit.
Auch von einer Stromquelle zu sprechen, ist nicht ganz richtig. In der Wissenschaft benützt man daher häufig den Ausdruck **Spannungsquelle**. Man geht dann von der Vorstellung aus, daß das betreffende Gerät Elektronenüberschuß und Elektronenmangel an seinen Polen erzeugt, was gleichbedeutend mit dem Vorhandensein einer Spannung ist.
In der Elektrotechnik nennt man Stromquellen alle Einrichtungen, die einen immer gleich starken Strom abgeben, unabhängig von der Beschaffenheit des äußeren Stromkreises. Entsprechend spricht man von einer Spannungsquelle, wenn die Spannung von der Belastung unabhängig ist. Dies trifft beispielsweise für eine Akkumulatorenbatterie und für die Netzsteckdose zu.

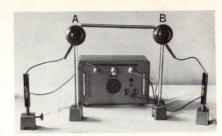

**73.1** Hier fließt im Gegensatz zu Abb. 72.1 die elektrische Ladung kontinuierlich.

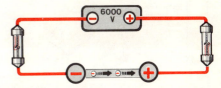

**73.2** Schaltbild zu Abb. 73.1

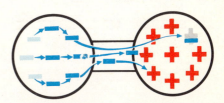

**73.3** So stellt man sich die Wanderung der negativen Ladungsträger (Elektronen) vom −-Pol zum +-Pol vor.

### Aufgaben:

1. An welcher Buchse einer Spannungsquelle herrscht Elektronenmangel, an welcher Elektronenüberschuß?
2. Wann trägt ein Körper positive Ladung, wann negative?
3. Erkläre, warum die Ausdrücke „elektrische Ladung" und „positive (negative) Elektrizität" im Sinn identisch sind!
4. Worin besteht ein Strom? In welcher Richtung fließen die Elektronen?
5. Beurteile bei V₁ die Richtung der Elektronenbewegung mit Hilfe des Aufleuchtens der Glimmlampen!
6. Warum muß der Löffel in V₁ isoliert gehalten werden?
7. Welche Ionen transportieren bei der Elektrolyse positive Ladung, welche negative?

> **Merke dir,**
>
> wann ein Körper positiv und wann er negativ geladen ist;
>
> was Elektronenmangel und was Elektronenüberschuß ist;
>
> daß man mit einem Körper sowohl negative als auch positive Ladung transportieren kann;
>
> daß ein elektrischer Strom kontinuierlich fließende Ladung ist;
>
> daß in der Glimmlampe der negative Drahtstift leuchtet.

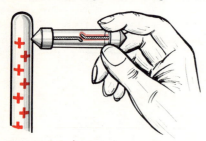

**74.1** Nachweis negativer Ladung

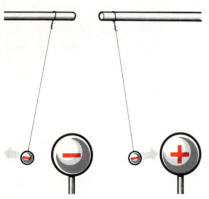

**74.2** Nachweis positiver Ladung

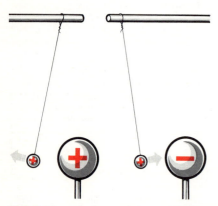

**74.3** Kräfte zwischen zwei geladenen Körpern ($V_5$)

**74.4** Kräfte zwischen geladenen Körpern ($V_6$)

### El 7.2 Warum beobachten wir beim Kämmen der Haare elektrische Erscheinungen?

**Elektrische Kräfte**

Wenn du frisch gewaschene, aber schon trockene Haare kämmst, treten unerwartete Erscheinungen auf: im Dunkeln sieht man kleine Funken, die Haare werden zum Kamm hingezogen, man hört ein leises Knistern. Wie kommt dies?

$V_1$  Reibe einen Kunststoffstab mit einem Stück Pelz oder Wolle und berühre ihn nach Abb. 74.1 mit einer Glimmlampe! Sie leuchtet kurz auf und zeigt dadurch an, daß negative Ladung wegfließt.
Beim innigen Berühren hat der Kunststoffstab dem „Reibzeug" Elektronen entzogen. Er wurde dadurch negativ aufgeladen (Elektronenüberschuß).

$V_2$  Ein mit Kunststoffolie geriebener Plexiglasstab zeigt bei der Versuchswiederholung dagegen, daß er positive Ladung trägt; denn die Glimmlampe leuchtet an dem vom Stab abgewandten Ende (Abb. 74.2).
Der Plexiglasstab gab bei dem Kontakt mit der Folie Elektronen ab. Er wurde daher positiv geladen (Elektronenmangel). In beiden Fällen verlieren die geriebenen Körper ihre Ladung über die Glimmlampe bzw. durch kleine Funken (Haar).

$V_3$  Da auf Nichtleitern die Ladungen unbeweglich sind, blitzt die Glimmlampe beim Berühren verschiedener Stellen eines geladenen Stabes mehrmals auf. Sie entlädt dabei nur die unmittelbare Umgebung der Berührungsstelle.

**Elektrische Kräfte**

$V_4$  Wir laden einen Isolierstab entsprechend $V_1$ auf. Der Stab ist jetzt in der Lage, infolge von **elektrischen Kräften** Papierschnitzelchen, Stoffasern und Staub anzuziehen. Auch beim Kämmen beobachten wir diesen Effekt. Da hin und wieder auch bereits am Stab sitzende Körperchen weggeschleudert werden, liegt die Vermutung nahe, daß auch **Abstoßungskräfte** auftreten können. Wir untersuchen die Bedingungen hierfür:

$V_5$  Eine kleine Kugel aus Aluminiumfolie wird an einem gut isolierenden Faden (ungefärbte Nähseide, Perlonrohfaser) aufgehängt. Diese Kugel erhält beim Berühren mit einem elektrisch geladenen Hartgummistab einen Teil von dessen negativer elektrischer Ladung (—). Nunmehr wirken zwischen dem negativ geladenen Stab und der negativ geladenen Kugel Abstoßungskräfte (Abb. 74.3, links).
Ein positiv geladener Plexiglasstab zieht dagegen die noch negativ geladene Pendelkugel an. Jetzt wirken Anziehungskräfte (Abb. 74.3, rechts).

**V₆** Hat die Kugel dagegen von einem Plexiglasstab positive Ladung bekommen, so wirken Abstoßungskräfte beim Nähern positiv geladener Körper und Anziehungskräfte beim Nähern negativ geladener Körper: Abb. 74.4.

> Gleichnamig geladene Körper stoßen sich ab, ungleichnamig geladene ziehen sich an.

### Das Elektroskop

Im vorstehenden Merksatz ist die wichtigste Eigenschaft elektrisch geladener Körper ausgesprochen. Sie erlaubt es, ein Nachweisgerät für ruhende Elektrizität zu bauen, das sogenannte **Elektroskop**.

**V₇** In einem Metallgehäuse ist, durch Kunststoff gut isoliert, ein Metallstab eingeführt. Er trägt ein leichtes Aluminiumblättchen. Wir berühren den Knopf dieses Elektroskops mit einem isoliert gehalterten und geladenen Metallstück. Die auf diesem vorhandenen gleichnamigen Ladungen verteilen sich wegen ihrer gegenseitigen Abstoßungskraft über den ganzen Stab und das bewegliche Blättchen. Dieses wird danach vom Stab abgestoßen.
Da Stab und Blättchen isoliert sind, bleibt der Ausschlag so lange bestehen, bis wir das obere Stabende mit der Hand berühren oder die Ladung mit einem isolierten Metallstück portionsweise abnehmen. Verwenden wir hierzu eine Glimmlampe, so zeigt sie durch kurzes Aufleuchten die abfließende Ladung an.
Mit Hilfe des Elektroskops können wir auch klären, warum wir für die beiden Arten der elektrischen Ladung die Zeichen + und − verwenden:

**V₈** Wir bringen auf ein Elektroskop mit einem isolierten Metallöffel Minusladung, bis sich das Blättchen weit abspreizt. Nun löffelt man Plusladung hinzu. Der Ausschlag nimmt stufenweise ab und wird schließlich null. Bei weiterer Zufuhr positiver Ladung spreizt sich das Blättchen erneut vom Stift weg:

> Gleiche Mengen entgegengesetzter Ladung heben sich in ihren Wirkungen auf. Sie neutralisieren sich.

Deshalb sind die Zeichen + und − geeignet, um die zwei Arten der elektrischen Ladung zu unterscheiden.

**V₉** Aufgrund dieses Verhaltens kann man eine Ladungsart, die ein Elektroskop trägt, feststellen. Man bringt Ladung von bekanntem Vorzeichen hinzu. Steigt der Ausschlag, so war auf dem Elektroskop gleichnamige Ladung, denn Ladungen gleichen Vorzeichens verstärken sich. Nimmt dagegen der Ausschlag ab, so trug das Elektroskop Ladung mit anderem Vorzeichen. Ein Teil von ihr wurde neutralisiert.

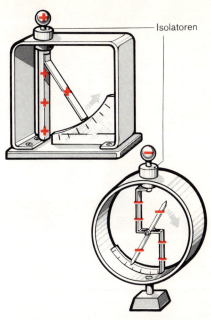

75.1 Nadelelektroskop und Blättchenelektroskop, beide geladen

> **Merke dir,**
>
> daß elektrisch geladene Körper Kräfte aufeinander ausüben;
>
> daß sich gleichnamige Ladungen abstoßen und ungleichnamige anziehen;
>
> wie ein Elektroskop gebaut ist und wie es arbeitet;
>
> wie man Ladungen neutralisiert.

**Aufgaben:**

1. Mit welcher Art Ladung wird in $V_1$ und $V_2$ das Reibzeug geladen? Prüfe unter Hinzunahme des letzten Versuchs!
2. Wann stoßen sich elektrisch geladene Körper ab, wann ziehen sie sich an?
3. Wie funktioniert das Elektroskop?
4. Wodurch kommt das Knistern beim Kämmen und beim Reiben von Isolierstäben zustande?
5. Was heißt „Ladung neutralisieren"? Gib Beispiele!
6. Wie prüft man die Art der Ladung, also die Polarität, eines Körpers? Vergleiche mit $V_6$!

## El 7.3 Welche Richtung haben elektrische Kräfte?

**Das elektrische Feld**

76.1 Die gesträubten Haare deuten das Kraftfeld um den Kopf einer geladenen Versuchsperson an.

In Abb. 76.1 ist eine Versuchsperson isoliert aufgestellt. Sie wird von einem Bandgenerator stark positiv aufgeladen. Ihre Haare sträuben sich infolge von elektrischen Kräften. Diese wirken ähnlich wie Magnetkräfte weit in den Raum hinein, wobei bestimmte Richtungen bevorzugt sind. Dies wollen wir genau untersuchen:

$V_1$ Man bringt auf den positiven Pol eines Bandgenerators kleine Watteflöckchen. Sie werden positiv aufgeladen und fliegen auf gekrümmten Bahnen zum negativen Pol. Die Bewegung wird durch elektrische Kräfte bewirkt. Die gekrümmte Bahn beweist, daß die Kraftrichtung vom Ort abhängt.
Am negativen Pol werden die Flöckchen zunächst entladen und dann mit negativer Ladung versehen. Dies dreht die Kraftrichtung um. Deshalb kehren die Teilchen auf ähnlichen Bahnen zum positiven Pol zurück.
Die von den leichten Körperchen beschriebenen Bahnen nennen wir **elektrische Kraftlinien** oder **elektrische Feldlinien**. Der von ihnen erfüllte Raum heißt **elektrisches Feld** (abgekürzt: E-Feld).

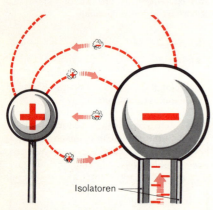

76.2 Kleine geladene Körper zeigen durch ihre Bewegung die Struktur des elektrischen Feldes an.

> In der Nähe elektrisch geladener Körper besteht ein elektrisches Feld.
> In ihm erfahren andere geladene Körper Kräfte.

Die elektrischen Kräfte im Feld wirken längs der Kraftlinien. Diese Linien liegen beliebig dicht. Wir zeichnen der Übersicht halber allerdings immer nur wenige.
Feldlinien enden immer an geladenen Körpern. Sie verbinden positive und negative Einzelladungen.
Man ist übereingekommen, sie mit Pfeilen zu versehen, die von der Plusladung zur Minusladung zeigen. Positive Körperchen bewegen sich also in Pfeilrichtung, negative entgegen.

### Feldlinienbilder

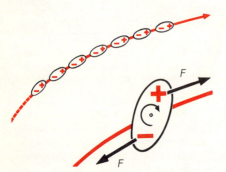

76.3 Grießkörner im elektrischen Feld. Sie bekommen Pole und ordnen sich infolge der wirkenden Kräfte.

$V_2$ Wir gießen eine dünne Schicht Rizinusöl, in dem etwas Grieß verrührt wurde, in eine flache Glasschale. In die Schicht tauchen runde Metallscheiben ein, die wir mit den Polen einer Hochspannungsquelle verbinden. Die Grießkörner reihen sich längs der Feldlinien kettenförmig an, so daß man deren Verlauf mit einem Blick übersehen kann.

Die länglichen Grießkörner bekommen im Feld einen positiven und negativen Pol. (Den Grund dafür besprechen wir im nächsten Kapitel.) Nach Abb. 76.3 wirken dann elektrische Kräfte auf die Körner, die sie in Feldrichtung drehen und in Ketten längs der Feldlinien ordnen.

## Feld zwischen ungleichnamig geladenen Scheiben (Abb. 77.1)

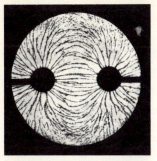
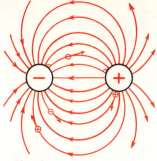

77.1 Feld entgegengesetzt geladener Kugeln

Links ist eine „Grießkörneraufnahme" dargestellt, rechts das Wesentliche schematisch aufgezeichnet. Die Feldlinien laufen in geschwungenen Bögen vom +-Pol zum −-Pol. Sie stehen senkrecht auf der Körperoberfläche. Erkläre die Bewegung der eingezeichneten, geladenen Körperchen! Ein ähnliches Feld bildet sich zwischen Steckdosenpolen und Batterieklemmen aus.

## Feld zwischen gleichnamig geladenen Scheiben (Abb. 77.2)

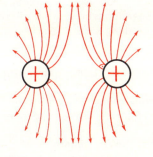

77.2 Feld gleichgeladener Kugeln

Hier laufen die Kraftlinien von beiden Körpern weg in den Raum hinaus. Die Kräfte werden kleiner, je weiter sich ein geladener Prüfkörper entfernt.

## Feld des Plattenkondensators (Abb. 77.3)

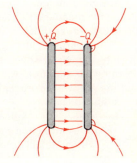

77.3 Feld entgegengesetzt geladener Platten: Plattenkondensator

Das Feld zwischen den ungleichnamig geladenen Platten weist zueinander parallele Kraftlinien auf. Man nennt es homogen. In diesem Feld wirken auf geladene Körper an jeder Stelle gleich große Kräfte in der gleichen Richtung.

### Aufgaben:

1. Wodurch entsteht ein elektrisches Feld?
2. Was läßt sich an den Feldlinien ablesen?
3. Wie bewegt sich ein positiver, wie ein negativer Körper in bezug auf die Kraftlinien?
4. In welcher Weise bewegt sich ein positiv geladener Probekörper, den man links oben an die positive Kugel in den Feldern der Abb. 77.1 und 77.2 einsetzt?
5. Löse Aufgabe 4 für negative Probekörper und negative Kugeln!
6. Wodurch zeichnet sich das Feld des Plattenkondensators aus?
7. Vergleiche das magnetische und das elektrische Feld! Welche Körper erfahren jeweils Kräfte?

---

**Merke dir,**

daß im Raum um geladene Körper ein elektrisches Feld besteht;

daß in diesem Feld auf andere geladene Körper Kräfte wirken;

daß die elektrischen Feldlinien die Richtung dieser Kräfte angeben;

wie man Feldlinien sichtbar macht;

was ein homogenes Feld ist;

den Verlauf der Feldlinien zwischen zwei Kugeln und im Innenraum eines Plattenkondensators.

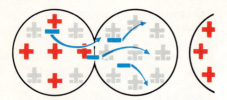

**78.1** So läuft der Vorgang der Ladungstrennung grundsätzlich ab.

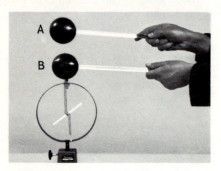

**78.2** Zu V₁ und V₂

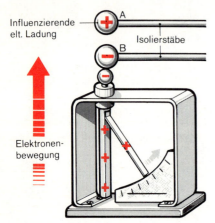

**78.3** Ladungstrennung durch elektrische Kräfte (Influenz)

---

**Merke dir,**

wie man mit Hilfe elektrischer Kräfte Ladungen trennt;

daß dieser Vorgang Influenz heißt;

wie ein Bandgenerator arbeitet;

was ein Faradaybecher ist und wozu er dient.

---

**El 7.4 Welche Möglichkeiten gibt es, um Elektronenüberschuß und Elektronenmangel zu erzeugen?**

**Ladungstrennung Influenz**

Wenn wir geladene Körper haben wollen, können wir diese nur paarweise herstellen. Dem positiv zu ladenden Körper müssen wir Elektronen wegnehmen. Der negativ zu ladende Körper bekommt sie. Dabei wird lediglich schon vorhandene positive und negative Elektrizität getrennt. Erkläre dies an Hand von Abb. 78.1. Erläutere, daß auch die dir bekannten Spannungsquellen in diesem Sinn Geräte zur Ladungstrennung sind!

**Influenz (Ladungstrennung im elektrischen Feld)**

Nun wollen wir eine weitere Möglichkeit zur Ladungstrennung kennenlernen, die sogenannte Influenz.

**V₁** Wir nähern nach Abb. 78.2 eine positiv geladene Metallkugel A dem Körper B, der den Kopf des Elektroskops berührt. Ohne daß eine Berührung stattfindet, spreizt sich das Blättchen ab.
Der positiv geladene Körper A zieht aus dem Metall des Meßwerks Elektronen nach oben. Unten bleibt positive Ladung zurück und verursacht den Ausschlag. Erkläre die Vorgänge mit Hilfe von elektrischen Kräften!
Entfernen wir die Kugel A, so strömen die Elektronen aus dem Kopf ins Meßwerk zurück, und der Ausschlag verschwindet. Wir erkennen:

> Im elektrischen Feld werden die Elektronen eines Metallkörpers verschoben: Influenz.

**V₂** Wir heben in Abb. 78.2 den Körper B ab, solange die Ladungen getrennt sind. Wenn wir jetzt den influenzierenden Körper A entfernen, werden die dem Meßwerk entnommenen Elektronen auf B festgehalten. B ist dementsprechend negativ geladen. Das Meßwerk bleibt wegen des Elektronenmangels positiv zurück: Wir haben Ladungen dauerhaft getrennt.

**V₃** Was geschieht, wenn wir jetzt mit B den Kopf des Elektroskops berühren? Wie weit schlägt der Zeiger nach der Berührung aus? Erkläre, ehe du den Versuch ausführst!
Im vorangegangenen Kapitel wurden in den Grießkörnern bei der Darstellung der Feldlinienbilder Ladungen durch Influenz getrennt. Sie erhielten einen positiven und einen negativen Pol. In Analogie zu den Vorgängen beim Magnetisieren spricht man hier von einem elektrischen Dipol.

## Der Bandgenerator

Im Bandgenerator werden Influenzvorgänge ausgenutzt. Er enthält zwei voneinander isolierte Walzen, über die ein endloses Gummiband läuft. Auf das Band werden am unteren Spitzenkamm infolge verwickelter Influenzvorgänge Elektronen aufgesprüht. Es nimmt sie nach oben mit. Im Innern des Generatorkopfs werden sie von einem zweiten Spitzenkamm abgenommen und auf dem isoliert gehalterten Metallkopf angehäuft. Er bildet den negativen Pol des Generators. Die Standkugel dient als positiver Pol. Aus ihr werden Elektronen abgesaugt, weil sie mit dem unteren Spitzenkamm verbunden ist. Die Anordnung dient als bequeme Hochspannungsquelle. Schulgeneratoren erzeugen etwa 200000 V Spannung zwischen Kopf und Standkugel.

## Der Faraday-Käfig (Abschirmbecher)

Die Entladung des Bandes im Innern des Generatorkopfs erfolgt vollständig, weil die freien Ladungen (Elektronen) infolge von Abstoßungskräften von der Innenwand des Hohlkörpers an die Außenwand abfließen (Faraday 1791—1867). Dazu drei Versuche:

**$V_4$** Eine isoliert aufgestellte Konservendose wird nach Abb. 79.2 mit einem Elektroskop verbunden und aufgeladen, bis sich das Elektroskopblättchen weit abspreizt. Aus dem Innern des Bechers kann man keine Ladung herauslöffeln. Der Elektroskopausschlag bleibt deshalb konstant, wenn wir es versuchen.

**$V_5$** Dagegen ist die Abnahme von Ladung an der Außenfläche leicht möglich: Rückgang des Ausschlags.

**$V_6$** Wir entfernen die Leitung zwischen Konservendose und Elektroskop und löffeln in die stark aufgeladene Dose weitere gleichnamige Ladung (Abb. 79.3). Ein geladener Löffel wird ganz leer, wenn man die Dose damit im Innenraum berührt. Zum Beweis wird der Löffel danach mit einem ungeladenen Elektroskop in Kontakt gebracht. Das Blättchen spreizt sich nicht ab.

### Aufgaben:

1. Was versteht man allgemein unter Ladungstrennung, was speziell unter Influenz?
2. Warum wird in $V_2$ das Elektroskop positiv, der Körper B aber negativ?
3. Was würde sich ändern, wenn der Körper A negativ geladen wäre?
4. Erkläre Bandgenerator und Faradaybecher! Beachte, daß sich gleichnamige Ladungen abstoßen, ungleichnamige anziehen!
5. Inwiefern handelt es sich um Ladungstrennung, wenn wir einen Kunststoffstab durch Reiben aufladen? Siehe Kapitel El 7.2!

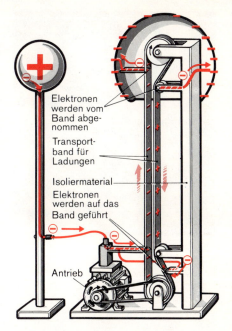

79.1 Bandgenerator schematisch. Das umlaufende Gummiband transportiert Elektronen auf den Generatorkopf.

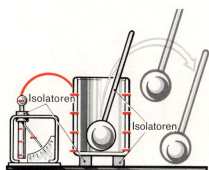

79.2 Aus dem Innern eines geladenen Hohlkörpers kann mit einem Löffel keine Ladung entnommen werden.

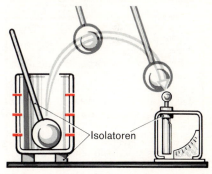

79.3 Die aus dem Innern des Hohlkörpers kommende Kugel ist ungeladen.

## El 7.5 Wie entstehen Gewitter?

**Spitzenwirkung**

Im allgemeinen neutralisieren sich, wie wir im vorhergehenden Abschnitt sahen, die entgegengesetzten Ladungen in den Körpern unserer Umgebung und treten nach außen nicht in Erscheinung. Deshalb blieb die Elektrizität dem Menschen so lange verborgen. Es dauerte auch lange, bis erkannt wurde, daß im Gewitter durch atmosphärische Vorgänge elektrische Ladungen getrennt und von verschiedenen Wolkenteilen fortgeführt werden. Die Vereinigung erfolgt unter Umständen in gewaltigen Blitzen von Wolke zu Wolke und von Wolke zur Erde.

Im **Blitz** wird Luft stark erhitzt. Sie dehnt sich dabei plötzlich aus und ruft den **Donner** hervor. Ist unter einer (negativ) geladenen Gewitterwolke die Erde entgegengesetzt (also positiv) geladen, so erfolgt der Ladungsausgleich als Blitz auf einem möglichst gut leitenden Weg. Hochragende Metallgegenstände, feuchte Bauwerke und nasse Bäume werden bevorzugt.

Man meide deshalb beim Gewitter möglichst die Nähe einzelner Bäume. Da die Blitzentladung bisweilen entlang der Erdoberfläche ausgreift, stelle man sich nicht breitbeinig auf oder lege sich gar hin, sondern gehe in Hockstellung.

**Zum Schutz vor Blitzschlägen** setzt man auf Kirchtürme und hochgelegene Gebäude Blitzableiter, die an der Außenseite des Hauses durch dicke Metallbänder mit dem feuchten Erdreich verbunden werden. Durch sie finden die Gewitterentladungen einen bequemen und ungefährlichen Weg. Schlägt der Blitz in ein ungeschütztes Haus, so sucht er entlang guter Leiter, also längs der Wasser- und Gasleitungen, der Kamine (Rußbelag leitet!) oder Antennen seinen Weg. Sind diese unterbrochen, so erfolgt die Entladung kurze Strecken weit durch die Luft oder über schlechte Leiter. Der Blitz zündet dann. Blitzentladungen über den menschlichen Körper sind meist tödlich. Sie bewirken häufig Lähmungen. Bei großen Blitzstromstärken beobachtet man auch Verbrennungen und Verkohlungen an den betroffenen Körperteilen.

80.1 Aufnahme eines Blitzes

80.2 In Blitzen vereinigen sich getrennte Ladungen.

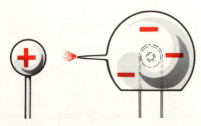

80.3 Spitzenwirkung: Aus einer Spitze strömen bei hohen Spannungen Elektronen aus.

### Die Wirkung des Blitzableiters

**V₁** Man nähert die kugelförmigen Pole eines Bandgenerators einander bis auf einige Zentimeter und nimmt die Maschine in Betrieb. Es springen knallende Funken (Blitze!) über.

**V₂** Setzt man auf die negative Kugel eine Nadel auf, so beobachtet man im Dunkeln an der Nadelspitze eine büschelförmige Leuchterscheinung. Die Funken bleiben aus. Aus der Spitze treten Ladungen aus. Der Ladungsverlust verhindert ein Anwachsen der Spannung auf den „Durchbruchswert": **Spitzenwirkung.** Darauf beruht der Blitzableiter.

---

**Merke dir,**

daß Blitze elektrische Entladungen sind;

daß die Wolken durch atmosphärische Vorgänge beim Gewitter aufgeladen werden;

wie man sich vor Blitzschlägen schützt;

was der Blitzableiter bewirkt.

# EI 8 Die elektromagnetische Induktion

## EI 8.1 Nach welchem Prinzip arbeitet die Fahrradlichtmaschine?

**Induktionsvorgänge**

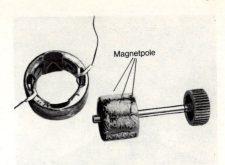

**81.1** Die wesentlichen Teile einer Fahrradlichtmaschine. Eisenfeilspäne zeigen die Pole des Magneten

Abb. 81.1 zeigt die wichtigsten Teile einer Fahrradlichtmaschine. Wir erkennen eine mehrpolige Magnettrommel, die auf einer Drehachse sitzt, und eine Spule, die von einigen Eisenblechstreifen umfaßt wird.

**V₁** Wir verbinden die Anschlüsse der Spule mit den Klemmen eines Spannungsmessers, stecken den Magneten hinein und drehen langsam an der Achse. Der Instrumentenzeiger schwankt um seine Nullage: Die Lichtmaschine erzeugt Wechselspannung.
Um das Geschehen grundsätzlich zu erfassen, untersuchen wir es an einer ähnlichen, aber übersichtlicheren Anordnung.

**V₂** Dazu schließen wir einen geeigneten Spannungsmesser (Meßbereich 0,3 V) nach Abb. 81.2 an eine Spule an. Sein Zeiger steht zunächst auf Null, wie wir erwarten. Führen wir aber einen Stabmagneten in die Spule ein, so beobachten wir einen Ausschlag. Dieser verschwindet wieder, wenn der Magnet in der Spule ruht. Während er herausgezogen wird, schlägt der Zeiger in entgegengesetzter Richtung aus.
Offensichtlich erfahren die Elektronen im Spulendraht während der Magnetbewegung einen Antrieb. An einer Spulenklemme entsteht dadurch Elektronenüberschuß, an der anderen Elektronenmangel. In Abb. 81.3 sind die einzelnen Phasen des Vorgangs dargestellt. Warum wirkt die Anordnung während der Bewegung des Magneten als Spannungsquelle?
Weitere Untersuchungen zeigen uns mehr Einzelheiten und führen schließlich zum allgemeinen Gesetz!

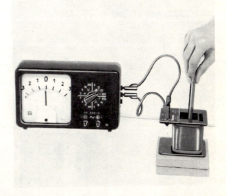

**81.2** Anordnung zu $V_2$

**V₃** Wir halten den Magneten fest und bewegen die Spule. Der Reihe nach stellen sich die Ergebnisse von $V_2$ ein.

**V₄** Wir wiederholen $V_2$, benutzen aber den anderen Pol des Stabmagneten. Wieder beobachtet man das bereits Beschriebene. Der Zeiger schlägt jedoch jeweils in Gegenrichtung aus. Was bedeutet dies für die Elektronenbewegung?

Die in $V_1$ bis $V_4$ beobachtete Erscheinung bezeichnet man als **elektromagnetische Induktion**. Sie wurde von dem englischen Physiker Michael Faraday (1791—1867) entdeckt. Er suchte lange Jahre nach einer Umkehr der 1820 entdeckten Magnetwirkung des elektrischen Stroms. 1832 fand er sie endlich. Auf seiner Entdeckung beruht die heutige Energietechnik.

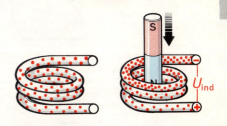

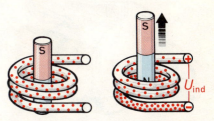

**81.3** So bewegen sich die Elektronen bei Induktionsvorgängen. Die Dichteänderung ist stark übertrieben.

82.1 Michael Faraday (1791—1867)

Die in unseren Versuchen beobachtete Spannung nennt man oft **Induktionsspannung.** Der zugehörige Strom heißt **Induktionsstrom.**

**V₅** Wir versehen unsere „Induktions"spule mit einem U-förmigen Eisenkern und nähern nach Abb. 82.2 einen Magneten. Während der Annäherung wird der Eisenkern magnetisiert. Jetzt schlägt der Zeiger weit aus: große Induktionsspannung. Beim Entfernen des Magneten verliert der Eisenkern seinen Magnetismus wieder (Entmagnetisierung). Die Induktionsspannung ist jetzt entgegengesetzt.
Alle unsere Beobachtungen lassen sich im folgenden Satz, dem **Induktionsgesetz,** zusammenfassen:

> Wenn sich im Innern einer Spule das Magnetfeld ändert, entsteht an ihren Klemmen eine Induktionsspannung.

Die Polarität der Spannung hängt von der Richtung des Magnetfeldes ab und davon, ob es momentan stäker oder schwächer wird.

### Die sogenannte Innenpolmaschine

Durch geringe Abwandlung von V₅ ergibt sich das technische Prinzip des Wechselstromgenerators.

**V₆** Wir lassen dicht über dem Eisenkern einen Hufeisenmagneten an einer verdrillten Schnur rotieren. Das Meßinstrument zeigt, daß dabei in der Spule eine Wechselspannung induziert wird. Erkläre das Ergebnis mit Hilfe des Induktionsgesetzes!
Die **Fahrradlichtmaschine** in Abb. 82.3 ist ein solcher Wechselspannungsgenerator. Sie enthält einen vierpoligen Magneten, der mit dem Antriebsrad auf einer drehbaren Achse sitzt. Die von den Nordpolen ausgehenden magnetischen Kraftlinien werden über Blechstreifen durch das Spuleninnere hindurch zu den Südpolen geführt. Während sich der Magnet dreht, ändert das magnetische Feld in jedem Streifen seine Richtung. Dadurch entsteht die Induktionsspannung.

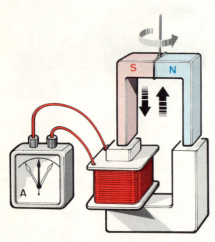

82.2 Prinzip der Innenpolmaschine. Gerade Pfeile: V₅; Drehpfeile: V₆

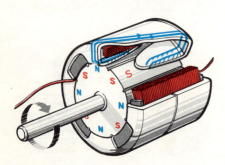

82.3 Der Fahrradgenerator ist eine Innenpolmaschine. Verfolge den Verlauf der Kraftlinien (blau)!

**Aufgaben:**

1. Formuliere das Induktionsgesetz in eigenen Worten! Was ist wesentlich daran?
2. Zunächst entsteht durch Induktion eine Spannung. Unter welchen Bedingungen kommt es zu einem Strom?
3. Warum läßt sich in $V_1$ bis $V_6$ nicht über längere Zeit Gleichspannung erzeugen?
4. Erkläre die Folge von Ursache und Wirkung in der Reihe Magnetfeldänderung — Elektronenbewegung — Induktionsspannung — Induktionsstrom!

## EI 8.2 Wovon hängt die Größe einer Induktionsspannung ab?

83.1 Die Induktionsspannung ist abhängig von der Zahl der Spulenwindungen.

In Kapitel E 8.1 haben wir nicht untersucht, durch welche Maßnahmen die Größe einer Induktionsspannung verändert werden kann. Dies wollen wir jetzt nachholen. Was vermutest du?

**V₁** Im Versuchsaufbau der Abb. 81.2 bewegen wir den Magneten verschieden schnell und beobachten die Größe des Zeigerausschlags.

**V₂** Wir benutzen zuerst einen schwachen, dann einen starken Magneten. Damit deren Bewegung immer gleich verläuft, lassen wir sie jeweils aus gleicher Höhe in die Spule fallen. Man erkennt:

> Die Induktionsspannung ist abhängig von der Geschwindigkeit und der Stärke der Magnetfeldänderung.

**V₃** Wir nehmen Spulen verschiedener Windungszahl, denselben Magneten und dieselbe Fallhöhe. Damit der Meßstromkreis unverändert bleibt, schalten wir die Spulen nach Abb. 83.1 hintereinander.

> Je mehr Windungen eine Spule hat, desto größer ist die Induktionsspannung an ihren Klemmen.

Induktionsspannungen lassen sich auch mit Hilfe von **Elektromagneten** erzeugen:

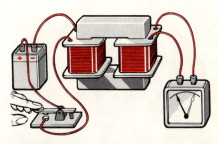

83.2 Induktionswirkung beim Ein- und Ausschalten eines Magnetisierungsstroms

**V₄** Baue die Versuchsanordnung nach Abb. 83.2 auf! Schalte den Magnetisierungsstrom aus und ein und beobachte den Instrumentenausschlag!
Beim Einschalten wächst das Magnetfeld an, beim Ausschalten verschwindet es. Erkläre den dadurch verursachten Induktionseffekt! Wie ändert sich die Größe der Induktionsspannung, wenn man den Magnetisierungsstrom vergrößert? Warum gibt es keine Induktion, wenn der Strom in der Erregerspule mit unverminderter Stärke fließt?

### Aufgaben:

1. Von welchen Faktoren hängt die Größe der Induktionsspannung ab?
2. Warum ist die Induktionsspannung in V₃ beim Einschalten anders gerichtet als beim Ausschalten?
3. Was erwartest du für ein Ergebnis, wenn in V₄ a) eine Induktionsspule mit halber Windungszahl genommen wird, b) das Joch wegbleibt?

> **Merke dir,**
>
> wie das Induktionsgesetz lautet;
>
> welche Rolle die Magnetfeldänderung bei Induktionsvorgängen spielt;
>
> wovon die Richtung der Induktionsspannung abhängt;
>
> welchen Einfluß die Spulenwindungszahl auf die Größe der Induktionsspannung hat;
>
> wie die Innenpolmaschine arbeitet;
>
> daß man mit Hilfe von Induktionsvorgängen auf die Dauer nur Wechselspannung erzeugen kann.

## EI 8.3 Wie arbeitet die Autolichtmaschine?

**Gleichstrommaschine Dynamoprinzip**

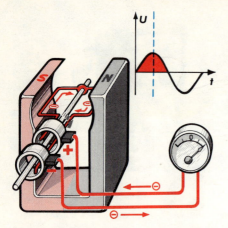

**84.1** Rotation einer Spule im Magnetfeld. Es entsteht Wechselspannung (gezeichnet ist nur 1 Windung).

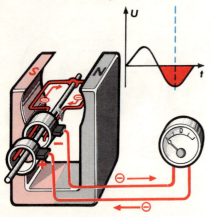

**84.2** Die Spule hat sich um eine halbe Drehung weiterbewegt: negativer Höchstwert der Spannung.

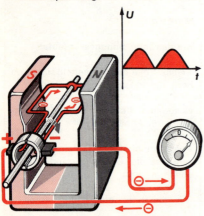

**84.3** Im äußeren Stromkreis fließt pulsierender Gleichstrom, da der Kommutator im richtigen Augenblick die Anschlüsse vertauscht.

Mit einem Innenpolgenerator, z.B. der Fahrradlichtmaschine, kann man nur Wechselspannungen erzeugen. Die Autolichtmaschine muß dagegen Gleichspannung bereitstellen, weil man nur damit Akkumulatoren laden kann. Auch sie arbeitet nach dem Induktionsprinzip. Wir wollen dies näher untersuchen:

**V₁** In Abb. 84.1 dreht sich eine flache Spule um eine waagrechte Achse zwischen den Polen eines Magneten. In der gezeichneten Stellung gehen keine magnetischen Kraftlinien durch die Spulenfläche. Ihre Zahl nimmt aber rasch zu, wenn sich die Spule dreht. Das Feld in ihr ändert sich also momentan schnell. Dementsprechend entsteht in der Schleife eine Induktionsspannung. Der vordere Schleifring wird Pluspol (Elektronenmangel), der hintere Minuspol (Elektronenüberschuß). Im äußeren Stromkreisabschnitt, der über Kohlebürsten angeschlossen ist, hat der Elektronenstrom deshalb die angegebene Richtung.

Steht die Schleife senkrecht, so ist das Feld in ihr gerade am stärksten. Es ändert sich aber einen Augenblick lang nicht. Spannung und Strom sind Null. Beim Weiterdrehen steigen beide mit umgekehrter Polung an. Erst in der Stellung der Abb. 84.2 erreichen sie erneut einen Höchstwert. Jetzt ist aber der vordere Schleifring positiv und der hintere Schleifring negativ geworden.

Die neben den Bildern abgedruckten Diagramme geben den Verlauf der Spannung mit der Zeit während einer Umdrehung an. Die blaue Hilfslinie markiert jeweils den Zustand im nebenstehenden Bild. Die Maschine erzeugt Wechselstrom.

**V₂** Verwenden wir nach Abb. 84.3 die bereits vom Motor bekannten Halbringe als **Kommutator,** so bleibt die rechte Kohle stets negativ, die linke stets positiv. Denn sobald sich in der Leiterschleife die Stromrichtung umkehrt, werden die Anschlüsse zum äußeren Teil des Stromkreises vertauscht.

In den Leitungen außerhalb der Maschine fließt deshalb ein Gleichstrom wechselnder Stromstärke. Man spricht von pulsierendem Gleichstrom. Er entsteht durch mechanische Gleichrichtung des Wechselstroms in der Spule.

> In Gleichstromgeneratoren wird die induktiv erzeugte Wechselspannung mechanisch gleichgerichtet.

**Anmerkung:** Mechanische Gleichrichter werden in zunehmendem Maße durch Halbleiteranordnungen ersetzt, die ohne bewegliche Teile arbeiten und damit weniger Störungen verursachen. In diesem Fall schaltet man hinter einen reinen Wechselstromgenerator einen geeigneten Gleichrichtersatz.

**V₃** Die Stromschwankungen einer Kommutatormaschine werden kleiner, wenn mehrere Wicklungen gegeneinander versetzt werden (Abb. 85.1). Die Einzelströme aus den versetzten Spulen müssen dann an einem in Segmente unterteilten Metallring, dem **Kollektor**, abgenommen werden.

**V₄** Zur Verstärkung der Induktionswirkung werden die Einzelspulen in einen Weicheisenkern eingebettet, der mitrotiert (**Trommelanker**).
Statt eines Dauermagneten wird oft ein Elektromagnet zur Felderregung verwendet. Dieser könnte den Strom z. B. aus einer Batterie beziehen. **Werner von Siemens** hatte den genialen Gedanken, den Erregerstrom der Maschine selbst zu entnehmen. Abb. 85.2 zeigt eine dafür mögliche Schaltung. Maschinen, die nach diesem Prinzip arbeiten, heißen **Dynamomaschinen**.

> Dynamoprinzip: Der Erregerstrom wird von der Maschine selbst geliefert.

Da im Eisen immer ein Restmagnetismus übrigbleibt, wird beim Anlaufen im Anker eine kleine Spannung induziert. Wenn die Verbraucher abgeschaltet sind, verursacht sie einen Strom in der Erregerwicklung. Dadurch wird das Magnetfeld und auch die Induktionswirkung stärker. Nach einiger Zeit liefert die Maschine die volle Spannung.
Jetzt können die Verbraucher zugeschaltet werden. Dies geschieht bei der Autolichtmaschine automatisch durch den in Abb. 85.2 eingezeichneten magnetischen Regler, dessen Anker erst nach Erreichen der Betriebsspannung angezogen wird.

**Geschichtliches:** Im Jahre 1832 entdeckte Faraday die elektromagnetische Induktion. Damit war die breite Anwendung der Elektrizität in greifbare Nähe gerückt. Man versuchte in der Folgezeit auf dem Induktionsprinzip beruhende, technisch brauchbare Generatoren zu konstruieren. Der entscheidende Durchbruch gelang aber erst im Jahr 1866 Werner von Siemens mit seinem Dynamoprinzip. Dieses Jahr kann man daher als das Geburtsjahr der Elektrotechnik ansehen.

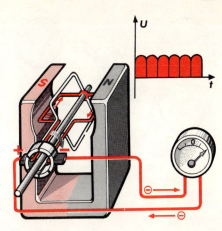

**85.1** Durch mehrere, gegeneinander versetzte Wicklungen läßt sich der Stromverlauf glätten.

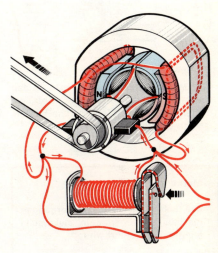

**85.2** Selbsterregter Gleichstromgenerator (Dynamomaschine). Der Magnetschalter schließt erst, wenn die Maschine voll erregt ist.

**Aufgaben:**
1. Welche Funktion haben die Schleifringe und Bürsten in den Abb. 84.1—84.3 und 85.1?
2. Welche der in Abb. 84.2, 84.3, 85.1 und 85.2 im Prinzip dargestellten Maschinen liefern Wechselstrom, welche Gleichstrom?
3. Wie arbeitet die Dynamomaschine? Erkläre das Prinzip der Selbsterregung beim Anlaufen der Maschine!
4. Was bewirkt der Regler in Abb. 85.2?
5. Warum ist eine Fahrradlichtmaschine kein „Dynamo"?

> **Merke dir,**
>
> daß beim Drehen einer Spule im Magnetfeld durch Induktion eine Wechselspannung entsteht;
>
> wie man diese Wechselspannung durch einen Kommutator gleichrichten kann;
>
> wie eine Dynamomaschine arbeitet.

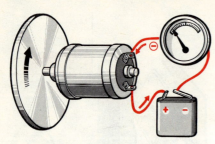

**86.1** Maschine als Motor: Die aufgesetzte Scheibe wird in Umdrehung versetzt. Elektrische Energie geht in mechanische Energie über.

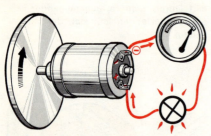

**86.2** Maschine als Generator: Durch den fließenden Induktionsstrom wird die Scheibe gebremst. Mechanische Energie geht in elektrische über.

---

**Merke dir,**

daß bei vielen Induktionsvorgängen mechanische Energie in elektrische Energie übergeführt wird;

wie das Lenzsche Gesetz lautet.

---

**Aufgaben:**

1. Warum mußt du kräftiger in die Pedale treten, wenn du das Fahrradlicht einschaltest?
2. Verfolge die Energieumwandlungen in $V_1$ und $V_2$!
3. Wende das Lenzsche Gesetz auf die Induktionsvorgänge in den Abbildungen des Abschnitts EI 8.1 an. Wo erzeugt der Strom in der Induktionsspule jeweils den Nord- und den Südpol?

---

**EI 8.4 Entsteht bei Induktionsvorgängen Energie ohne Gegenleistung?**

**Lenzsches Gesetz**

Immer wieder wird der Vorschlag gemacht, einen Generator mit einem geeigneten Elektromotor anzutreiben. Der Generator soll dann Strom und Spannung für den Motor liefern, so daß man ein Perpetuum mobile erhält, das man als Antriebsmaschine nutzen könnte. Wir wollen untersuchen, warum dies unmöglich ist.

$V_1$ Auf die Achse eines kleinen Modell-Elektromotors mit Permanentmagnet setzen wir eine Pappscheibe als Schwungrad. Beim Schließen des Stromkreises in Abb. 86.1 kommt die Scheibe rasch auf hohe Drehzahlen. Sie behält ihren Schwung auch nach dem Ausschalten.

$V_2$ Nach Abb. 86.2 schließt man, während die Scheibe noch rotiert, an die Klemmen ein Glühlämpchen (4 V/0,3 A) an. Dieses leuchtet kurz auf. Die Scheibe bleibt sofort stehen.

Wir haben in $V_2$ den Motor als Generator benutzt. Im Anker fließt jetzt ein verhältnismäßig starker Induktionsstrom. Am Instrumentenausschlag erkennt man, daß er entgegengesetzte Richtung hat wie der Motorstrom. Der Maschinenanker bekommt bei Generatorbetrieb deshalb entgegengesetzte Pole wie bei Motorbetrieb: Wir verstehen die Bremswirkung.

Unser Versuchsergebnis läßt sich folgendermaßen verallgemeinern:

> **Induktionsströme sind so gerichtet, daß sie dem Vorgang entgegenwirken, der sie erzeugt.**

Dies ist das **Lenzsche Gesetz**. Es wurde von dem Physiker Lenz im Jahre 1834 erstmals ausgesprochen.

**Energiebetrachtung:** Das Glühlämpchen in $V_2$ gab Licht und Wärme, also Energie ab. Gleichzeitig wurde die Scheibe gebremst. Die zum Betrieb des Lämpchens gebrauchte elektrische Energie muß daher aus der Bewegungsenergie der Scheibe stammen. Wir erkennen einen wichtigen Sachverhalt:

> **Magnetelektrische Generatoren wandeln mechanische Energie in elektrische um.**

Durch genaue Messungen an Generatoren läßt sich feststellen, daß die entstehende elektrische Arbeit der zugeführten mechanischen Arbeit gleich ist. Man muß allerdings dabei die in den Wicklungen durch den fließenden Strom erzeugte Wärme berücksichtigen. Für Induktionsvorgänge gilt also der Satz von der Erhaltung der Energie ebenfalls. Das beschriebene Perpetuum mobile ist somit unmöglich.

## EI 8.5 Welche elektrische Einrichtungen arbeiten auf Grund von Induktionseffekten?

Die **Zündspule im Auto** hat zwei Wicklungen über einem Eisenkern. Eine davon wird vom Batteriestrom durchflossen. Ein vom Motor angetriebener Schalter (der Unterbrecher) unterbricht diesen Strom im richtigen Augenblick. Das Magnetfeld bricht zusammen. In der zweiten Wicklung mit vielen Windungen entsteht dabei eine Spannung von etwa 15000 V, die den Zündfunken an der Zündkerze auslöst.

Im **Tauchspulmikrophon** (dynamischen Mikrophon) ist eine leicht bewegliche Membran mit einer Spule verbunden, die in den Luftspalt eines starken Magneten eintaucht. Die Spule gerät in Schwingung, wenn Schall die Membran trifft. Da sich dabei in ihr das magnetische Feld rhythmisch ändert, entsteht an den Spulenenden durch Induktion eine Wechselspannung. Sie kann einen Verstärker steuern. Ihr zeitlicher Verlauf entspricht dem des Schalls.

Beim **magnetischen Tonabnehmer** wird die Induktionsspule von der Abnehmernadel in Schwingung versetzt. Die darin von einem festen Magneten induzierte Wechselspannung schwankt im Rhythmus der Erhöhungen und Vertiefungen in den Plattenrillen.

Im **Tonbandgerät** speist während der Aufnahme der verstärkte Mikrophonstrom einen kleinen Elektromagneten, den sogenannten Tonkopf (Abb. 87.3). Vor dessen Luftspalt wird ein mit magnetisierbarem Material beschichtetes Kunststoffband, das Tonband, gleichmäßig vorbeigezogen. Starker Strom bewirkt starke, schwacher Strom schwache Magnetisierung des Bandteils, der sich gerade vor dem Kopf befindet. Zur Wiedergabe wird das Band von neuem am „Tonkopf" vorbeigeführt. Die verschieden stark magnetisierten Stellen des Bandes erzeugen dabei eine wechselnde Magnetisierung im Weicheisenkern des Kopfes. In dessen Spule entsteht durch Induktion ein Strom, der nach Verstärkung einen Lautsprecher in Schwingung versetzt.

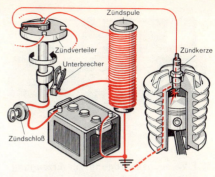

87.1 Autozündanlage. An den Zündverteiler sind vier Zylinder angeschlossen. Nur einer ist gezeichnet. Welche Aufgabe hat der Verteiler?

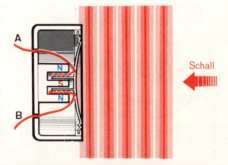

87.2 Dynamisches Mikrophon: Umwandlung von Schallschwingungen in Stromschwankungen durch Induktion

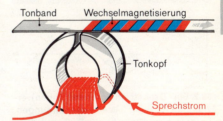

87.3 Wechselmagnetisierung eines Tonbands bei der Aufnahme

### Aufgaben:

1. Erkläre die Autozündanlage in eigenen Worten. Welche wichtige Funktion hat der Unterbrecher, welche der Verteiler?
2. Warum hat die zweite Wicklung der Zündspule sehr viele Windungen?
3. Erkläre das Tauchspulmikrophon!
4. Welche physikalischen Prinzipien sind im Tonbandgerät angewandt? Betrachte für Aufnahme und Wiedergabe getrennt!

---

**Merke dir**

die Arbeitsweise:

der Autozündung,

des Tauchspulenmikrophons,

des Tonbandgeräts.

## El 8.6 Was ist Drehstrom? Wie wird er erzeugt?

**Drehstromgenerator und Drehstromnetz**

**88.1** Versuchsanordnung zur Erzeugung von Drehstrom. Der rotierende Elektromagnet wird von dem Batteriestrom erregt.

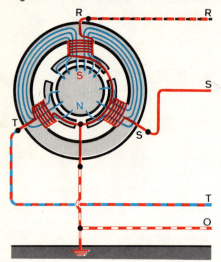

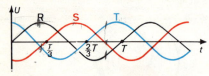

**88.2** Ein Drehstromgenerator (oben) erzeugt gleichzeitig 3 Wechselspannungen. Er speist die Stromkreise R, S und T. Die Ströme in den 3 Drehstromleitungen erreichen nacheinander ihren Höchstwert (unten).

**88.3** Drehstromsteckdose Typ Perilex

Die Versorgung unserer Dörfer und Städte mit elektrischer Energie erfolgt heute fast ausnahmslos mit **Drehstrom**. Dieser wird in Kraftwerken durch riesige Generatoren erzeugt, die nach dem Innenpolprinzip gebaut sind. Abb. 88.1 zeigt eine Versuchsmaschine, Abb. 88.2 das Prinzip und Abb. 89.1 einen Großgenerator.

Der aus Eisenblechringen zusammengesetzte **Ständer** trägt die 3 Spulen R, S und T, die gegeneinander um je $\frac{1}{3}$ des Umfangs, also um je 120°, versetzt sind. Im Ständerinnern dreht sich eine zweipolige Magnettrommel, der **Läufer**. Die von seinem Nordpol ausgehenden magnetischen Kraftlinien verlaufen über das Eisen des Ständers zum Südpol und durchsetzen auf diesem Weg auch die Spulenkerne. Mit dem Läufer rotiert auch das Magnetfeld, wobei die Spulenkerne im Rhythmus der Drehbewegung magnetisiert und entmagnetisiert werden.

**V₁** Mit der Anordnung in Abb. 88.1 läßt sich zeigen, daß dabei drei Wechselspannungen gleicher Frequenz entstehen. Bei jeder Umdrehung durchläuft jede der drei Spannungen eine Periode. Alle drei haben wegen des symmetrischen Baus der Maschine gleiche Scheitelwerte und damit auch gleiche Effektivwerte.

Allerdings erreicht die Spannung in der Spule S diesen Scheitelwert später (um $\frac{1}{3}$ Umdrehung) als die Spannung in der Spule R. In T wiederholen sich die Induktionsvorgänge mit einer Verspätung von $\frac{2}{3}$ Umdrehungen gegenüber R. Die Graphik in Abb. 88.2, unten, gibt die Spannungen in ihrem zeitlichen Verlauf wieder. Sie haben eine **Phasenverschiebung** von $\frac{1}{3}$ der Umdrehungszeit (120°) gegeneinander.

**V₂** Eigentlich erwarten wir sechs Verbindungsdrähte zwischen Drehstromgenerator und Verbraucher. Es genügen aber vier, wenn die inneren Spulenenden miteinander verbunden werden. Man nennt dies Verkettung.
Der vierte Draht dient als gemeinsame Rückleitung. Er heißt **Mittelpunktsleiter** oder Nulleiter und wird üblicherweise geerdet. Die Leitungen R, S und T nennt man **Phasenleiter**.

> Drehstrom besteht aus drei miteinander verketteten, phasenverschobenen Wechselströmen.

In einer **Drehstromsteckdose** sind die vier Leiter durch je eine gesonderte Buchse vertreten (Abb. 88.3). Der Flachkontakt in der Mitte dient für Schutzschaltungen, z.B. zur zusätzlichen Erdung. Dieses Steckkontaktsystem wird bei allen Neuanlagen verwendet und löst das alte Flachsteckersystem ab. Es ist kompakter und weniger störanfällig als das alte und bietet größere Sicherheit.

Große **Drehstromgeneratoren** sind oft mehrere Meter lang. Der Magnet im Innern ist ein Elektromagnet, der über zwei Schleifringe durch Gleichstrom gespeist wird. Der Erregerstrom wird in einer kleinen, auf der Generatorachse sitzenden Dynamomaschine erzeugt. — Die Effektivspannung an jeder Spule liegt üblicherweise zwischen 1000 und 30 000 V. Die effektiven Ströme, die bei Vollast entstehen, betragen bis zu 10 000 A.

### Welche Vorteile hat ein Drehstromnetz?

a) Drehstrom ist gleichzeitig Wechselstrom

$V_3$ Wir verbinden die Klemme R, die Klemme S und schließlich die Klemme T einer Drehstromleitung nach Abb. 89.2 über drei gleiche Glühlampen mit dem Nulleiter. Vorsicht! Lehrerversuch! Die Lampen brennen alle gleich hell. Ein Wechselspannungsmesser zeigt zwischen jedem Phasenleiter und dem Mittelpunktsleiter dieselbe Spannung an, nämlich 220 V. Sie heißt **Phasenspannung** oder Sternspannung, die Schaltung nennt man **Sternschaltung**. Jedes der drei Leiterenden bildet zusammen mit dem Nulleiter eine Wechselspannungsquelle. Alle unsere zweipoligen Geräte sind in dieser Weise ans Drehstromnetz angeschaltet.

> Zwischen den Drehstromleitungen R, S und T und dem Nulleiter liegen jeweils 220 V Wechselspannung.

b) Leitungsersparnis

$V_4$ Verbinden wir nur die Klemme R einer Drehstromleitung über eine Glühlampe mit dem Nulleiter, so fließt in diesem der Lampenstrom, wie der eingeschaltete Strommesser zeigt (Abb. 89.3). Wenn wir gleichzeitig zwischen S und 0 und zwischen T und 0 gleiche Lampen legen, fließt im Nulleiter kein Strom (Name!). Denn nach Abb. 88.2, unten, führt in jedem Augenblick **eine** Leitung den gleich großen, aber entgegengesetzt gerichteten Strom wie die beiden anderen zusammen. Sie dient diesen anderen als Rückleitung. Man kann dann den Nulleiter entbehren. Nehmen wir die dritte Lampe weg, so muß der Nulleiter ihren Strom übernehmen.

> Bei gleicher Belastung der drei Phasenleiter fließt im Nulleiter kein Strom.

Das Elektrizitätswerk ist bemüht, die Verbraucher so anzuschließen, daß im Durchschnitt gleiche Belastung aller drei Zweige eintritt. Geringe Unterschiede gleicht der Nulleiter aus. Wenn große Gebiete mit elektrischer Energie versorgt werden, gelingt die Verteilung der zweipoligen Geräte auf die drei Drehstromzweige so gut, daß der Nulleiter ganz überflüssig wird. Bei Hochspannungsleitungen fehlt er daher fast immer. Durch diese Maßnahme werden im Leitungsbau wesentliche Kosten eingespart.

**89.1** Läufer (oben) und Ständer (Mitte) eines Drehstromgenerators mit 300 000 kW Leistung. Ganz unten die erste Siemens-Maschine mit 52 W Leistung aus dem Jahr 1866.

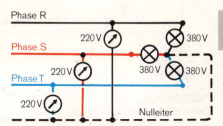

**89.2** Drei Verbraucher am Drehstromnetz in Sternschaltung

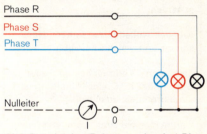

**89.3** Bei gleicher Belastung der drei Phasen führt der Nulleiter keinen Strom. Er ist entbehrlich.

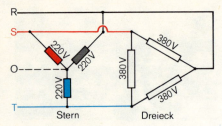

**90.1** Verbraucher in Stern- und Dreieckschaltung. Ermittle zu jedem Verbraucher den Stromkreis!

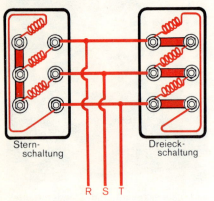

**90.2** In Drehstrommotoren befinden sich immer drei Wicklungen. Durch verschiedenes Verbinden der sechs Anschlußklemmen läßt sich bequem Sternschaltung oder Dreieckschaltung herstellen.

---

**Merke dir,**

daß Drehstrom durch Verketten von drei Wechselströmen entsteht;

wie man Drehstrom herstellt;

wodurch sich die drei Phasen unterscheiden;

wie der Nulleiter zu seinem Namen kommt und welche Funktion er hat;

daß man Verbraucher entweder in Stern- oder in Dreieckschaltung ans Drehstromnetz anschließt;

warum man bei Drehstromnetzen zwei Spannungen zur Verfügung hat (220/380 V).

---

c) Es sind zwei Spannungen verfügbar

Neben der in a) besprochenen Sternschaltung, die in Abb. 90.1 links noch einmal dargestellt ist, gibt es eine zweite, die **Dreieckschaltung.** Sie ist auf der rechten Seite des Bildes aufgezeichnet. In ihr liegen die drei Widerstände jeweils zwischen zwei Phasenleitern. Kontrolliere, ob damit alle Anschlußmöglichkeiten ausgeschöpft sind!
Für einen Strom, der z. B. durch R zu und durch T abfließt, liegen die beiden Generatorspulen R und S in Reihe. Wir erwarten eine höhere Spannung als 220 V an den Lampen.

$V_5$ Ein Spannungsmesser zeigt zwischen R und S, zwischen R und T und auch zwischen T und S jeweils 380 V an. Eingeschaltete Netzglühlampen leuchten übermäßig hell. Daß wir 380 V und nicht 440 V messen, liegt daran, daß die Wechselspannungen zwischen je zwei Spulen, die wir hintereinandergeschaltet (verkettet) haben, nicht gleichzeitig ihren Scheitelwert erreichen (Abb. 88.2).

> Ein Drehstromleiternetz stellt immer zwei Spannungen zur Verfügung: 220 und 380 V.

Die **verkettete Spannung** (Dreieckspannung) ergibt sich aus der Phasenspannung (Sternspannung) durch Malnehmen mit $\sqrt{3} = 1{,}73\ldots$

$$U_v = U_p \cdot \sqrt{3} = 220\,\text{V} \cdot \sqrt{3} = 380\,\text{V}.$$

Beim Anlassen mancher Motoren werden die drei Wicklungen zunächst in Sternschaltung (220 V) ans Drehstromnetz gelegt. Wenn der Motor angelaufen ist, geht man durch Umlegen eines Hebels auf Dreieckschaltung (380 V) über. Dadurch vermeidet man überhöhte Anlaufströme. Vergleiche mit Abb. 90.2!

**Aufgaben:**

1. Vergleiche ein Drehstromnetz mit einem Wechselstromnetz!
2. Wodurch unterscheiden sich die drei Wechselströme, die im Drehstromnetz verkettet sind?
3. Welche Aufgabe hat der Mittelpunktsleiter im Drehstromnetz? Welchen Strom führt er bei gleicher Stromstärke in den Phasenleitern?
4. Welche Schaltmaßnahmen liefern am Drehstromnetz 220 V, welche 380 V Wechselspannung?
5. Von Mast zu Mast einer Drehstromfreileitung führen 4 Drähte (R, S, T und 0). Warum ist der Nulleiter oft dünner als die anderen?
6. Warum spart man bei Verwendung von Drehstrom Kupfer?
7. Zeige die drei Stromkreise bei Sternschaltung und bei Dreieckschaltung. In welchen Spulen erfahren die Elektronen jeweils den Antrieb?

## EI 8.7 Wie arbeitet ein Drehstrommotor?

### Das Drehfeld

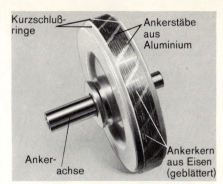

91.1 Kurzschlußläufer eines Drehstrommotors

Die Verwendung von Drehstrom bringt im Elektromotorenbau wesentliche Vorteile:

**V₁** Drei Spulen mit Eisenkern werden nach Abb. 91.2 versetzt aufgestellt. Ihre inneren Anschlüsse verbindet man. Die äußeren kommen an die Buchsen R, S und T einer Drehstromsteckdose. Vorsicht! Lehrerversuch! Stellt man eine Magnetnadel in die Mitte der Anordnung, so rotiert diese.

**Erklärung:** Wenn in den Leitungen R und T gerade die Ströme zufließen, so entstehen an den Innenseiten der Spulen Nordpole. Die dritte Spule (S) ist dann vom starken Rückstrom durchflossen und erhält einen kräftigen Südpol. Da die drei Leitungen R, S und T fortdauernd ihre Rolle wechseln, rotieren die entstehenden Nord- und Südpole ständig im Kreis. Dem dadurch entstehenden Drehfeld folgt die Nadel. Sie dreht sich gleich schnell (synchron).

91.2 Versuchsanordnung zur Erzeugung eines Drehfeldes. Die Magnetnadel läuft synchron mit dem Feld.

> Mit Drehstrom kann man ein Drehfeld erzeugen.

Durch Vertauschen von zwei Zuleitungen (z.B. R und S) kehrt sich der Drehsinn des Feldes und der Nadel um. Warum?

**V₂** Wir bringen in dasselbe Drehfeld einen leicht drehbaren Ring mit senkrechter Achse (Abb. 91.3, links). Die Kraftlinien des Feldes durchsetzen die Ringfläche. Ruht der Ring, so ändert sich in ihm das Magnetfeld ständig. Dadurch wird in der kurzgeschlossenen Windung ein Strom induziert. Der Ring wird zum Elektromagneten und wie die Magnetnadel im Sinne des Drehfeldes zur Rotation gezwungen. Er bleibt dabei allerdings hinter dem Feld zurück und läuft asynchron (= nicht synchron).

91.3 Ringläufer und Käfigläufer. Sie rotieren langsamer als das Feld.

**V₃** Den Käfiganker der Abb. 91.3, rechts, können wir uns aus mehreren Ringen entstanden denken. Auch er rotiert im Drehfeld. Wird er mit Eisen ausgefüllt (Verstärkung des Feldes), so entsteht der **Kurzschlußläufer**.

**Drehstrommotoren mit Kurzschlußläufer** (Abb. 91.1) sind ideale Antriebsmaschinen, denn sie haben keine sich abnutzenden Bürsten wie Gleichstrommotoren. Bei Belastung, also beim Abbremsen, werden sie geringfügig langsamer, erhöhen aber dabei das Drehmoment stark.

> **Merke dir,**
>
> wie ein Drehfeld entsteht;
>
> warum eine Magnetnadel darin synchron mitläuft;
>
> warum im Drehfeld ein Kurzschlußläufer rotiert;
>
> welche Vorteile Drehstrommotoren bieten.

**Aufgaben:**

1. Was ist ein Drehfeld? Wie kommt es zustande?
2. Wie verhält sich eine Magnetnadel und wie ein leicht beweglicher Metallring im Drehfeld?

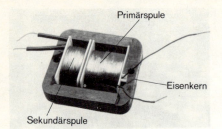

**92.1** Transformator ohne Gehäuse. Man erkennt den geblätterten Kern und die beiden Spulen.

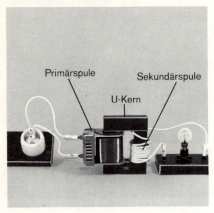

**92.2** Experimentiertransformator. Aufbau von $V_1$

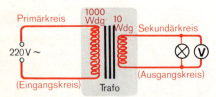

**92.3** Schaltbild zu $V_1$

| Primärkreis | Sekundärkreis | | |
|---|---|---|---|
| $U_1$ | $n_1$ | $n_2$ | $U_2$ |
| 220 V | 1000 | 1 | 0,22 V |
| | | 5 | 1,1 V |
| | | 10 | 2,2 V |
| 220 V | 500 | 1 | 0,44 V |
| | | 5 | 2,2 V |
| | | 10 | 4,4 V |
| 110 V | 500 | 1 | 0,22 V |
| | | 5 | 1,1 V |
| | | 10 | 2,2 V |

## El 8.8 Wie arbeiten Transformatoren?

**Transformatoren**

Der Transformator ist ein sehr häufig verwendeter Bauteil in elektrischen Anlagen und elektronischen Geräten. Jeder Transformator (Kurzwort: Trafo) besteht aus einem ringförmig geschlossenen Eisenkern, der aus dünnen Blechlamellen zusammengesetzt ist. Auf diesen sind Spulenpakete aufgeschoben, die fast immer zwei voneinander isolierte Wicklungen tragen.

$V_1$ Wir bauen einen Transformator nach Abb. 92.2 aus einer Spule mit 1000 Windungen und einem geblätterten U-Kern zusammen. Um den freien Schenkel des U-Kerns wickeln wir 10 Windungen aus isolierter Kupferlitze (Experimentierkabel).
Die Spule mit der hohen Windungszahl verbinden wir mit den Buchsen der Netzsteckdose. Sie ist jetzt **Eingangsspule oder Primärspule**. Die Spule mit 10 Windungen speist ein Glühlämpchen. Sie dient als **Ausgangs- oder Sekundärspule**. Das Lämpchen leuchtet. Ein ihm parallelgeschalteter Spannungsmesser zeigt 2,2 V an. Wie kommt dies?
Im Primärkreis fließt Wechselstrom. Er erzeugt im Eisenkern ein sich periodisch änderndes Magnetfeld. Dieses durchsetzt auch die zweite Spule und induziert in ihr eine zweite Wechselspannung, die Sekundärspannung. Sie hat eine andere Größe als die Primärspannung.

> Transformatoren sind Spannungswandler.

Zwischen Primärwicklung und Sekundärwicklung besteht keine leitende Verbindung. Ausgangs- und Eingangskreis sind also elektrisch vollständig voneinander getrennt: Die Ausgangsspule wirkt als neue, unabhängige Spannungsquelle. Dies ist eine wichtige Eigenschaft aller Transformatoren.
Die Trenneigenschaft ist für Transformatoren in Experimentiergeräten von großer Bedeutung. Solange diese Eigenschaft besteht, lassen sich sekundärseitig gefahrlos niedere Spannungen entnehmen. Jegliche Berührung des Experimentierenden mit dem Phasenleiter des Netzes ist dann unterbunden.

$V_2$ Wir verändern die Windungszahl unseres Experimentiertransformators und die Primärspannung nach den Angaben nebenstehender Tabelle und messen jeweils die Sekundärspannung.
Du erkennst:
Die Spannungen am Transformator verhalten sich wie die zugehörigen Windungszahlen.

$$\frac{U_1}{U_2} = \frac{n_1}{n_2}$$

Prüfe an Hand der Tabelle nach!

## Der Hochspannungstransformator

**V₃** Legen wir an eine selbstgewickelte Spule von 20 Windungen eine Spannung von 4 V aus einem leistungsfähigen Schultransformator an, so können wir an der Spule mit 1000 Windungen eine Netzglühlampe (220 V/15 W) betreiben; die Spannung wird heraufgesetzt (**Hochspannungstransformator**).

**V₄** Verwenden wir Spulen von 500 und 23000 Windungen, so ergibt sich das Übersetzungsverhältnis 1 : 46. Mit einer Primärspannung von 220 V erhalten wir eine Sekundärspannung von 10000 V. Sie speist den Hochspannungslichtbogen in Abb. 93.1.

93.1 Transformator mit dem Übersetzungsverhältnis 1:46. Er liefert sekundär 10000 V für den Hochspannungslichtbogen.

## Wie verhalten sich die Ströme am Transformator?

**V₅** Wir schließen die Sekundärspule eines Transformators mit einem Nagel kurz. Übersetzung 1000 : 20; Primärspannung 220 V. Der Nagel glüht auf und schmilzt durch. Trotz der geringen Spannung von 4,4 V im Sekundärkreis fließt ein Strom von etwa 100 A, denn der Widerstand dieses Stromkreises ist sehr klein ($\approx 0{,}05\ \Omega$). Ein Strommesser im Primärkreis zeigt jedoch nur etwa 2 A an.
Die Stromstärke im Primärkreis geht fast auf Null, wenn der Sekundärkreis unterbrochen wird. Jetzt arbeitet der Transformator im Leerlauf. Wir erkennen, daß er nicht nur die Spannungen, sondern auch die Ströme verändert:
Die Ströme im Transformator verhalten sich umgekehrt wie die Windungszahlen:

$$\frac{I_2}{I_1} = \frac{n_1}{n_2}$$

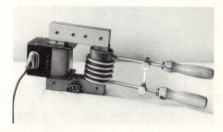

93.2 Trotz des großen Sekundärstroms fließt nur ein kleiner Primärstrom: Stromübersetzung.

Der Primärstrom richtet sich dabei nach dem Sekundärstrom. Diesen können wir durch den Widerstand im Sekundärkreis wählen.
Der kleinere Strom fließt immer in der Spule mit größerer Windungszahl, also auf der Hochspannungsseite. Hier nimmt man deshalb dünnere Drähte als auf der Niederspannungsseite.

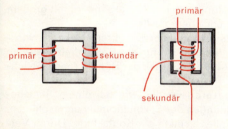 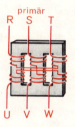

93.3 Transformatortypen: Kerntransformator (links), Manteltransformator (Mitte), Drehstromtransformator (rechts)

**Merke dir,**

wie ein Transformator arbeitet;

daß Primärwicklung und Sekundärwicklung eines Transformators nicht leitend miteinander verbunden sind;

wie der Transformator Spannungen übersetzt;

wie er Ströme verändert;

warum Trafokerne geblättert sind;

zu welchem Zweck man Transformatoren braucht.

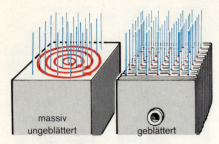

**94.1** Die Wirbelströme im massiven Trafokern (links) werden weithin vermieden, wenn man den Kern „blättert" (rechts).

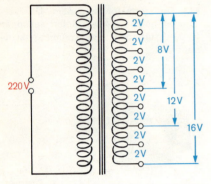

**94.2** Schaltbild eines Stufentransformators. Welche Spannungen lassen sich noch abgreifen?

### Die Leistungsbilanz

Wir berechnen die Eingangsleistung und die Ausgangsleistung des Transformators während des Durchschmelzens des Nagels:
Eingangsleistung $P_1 = U_1 \cdot I_1 = 220\,\text{V} \cdot 2\,\text{A} = 440\,\text{W}$,
Ausgangsleistung $P_2 = U_2 \cdot I_2 = 4\,\text{V} \cdot 100\,\text{A} = 400\,\text{W}$.

> Eingangsleistung und Ausgangsleistung eines Transformators sind nahezu gleich.

Der fehlende Leistungsanteil wird im Gerät in Wärme umgesetzt (Verlustleistung). Wie groß ist sie im Beispiel? Was folgt daraus für die Gültigkeit des Energiesatzes?

### Warum sind Trafokerne geblättert?

Ein Trafokern aus massivem Eisen bildet nach Abb. 94.1 um Teile des Magnetfeldes eine kurzgeschlossene Spule mit einer Windung. Da er gut leitet, fließt im Kern ein großer Strom, der unerwünschte Wärme erzeugt. Derartige Ströme werden **Wirbelströme** genannt. Um sie zu verringern, wird der Kern aus dünnen, voneinander isolierten Lamellen zusammengesetzt. Die Isolation wird durch eine dünne Oxidschicht auf der Blechoberfläche bewirkt.

### Wozu braucht man Transformatoren?

**Niederspannungstransformatoren** werden zum Beispiel zur Stromversorgung von Klingeln, Spielzeugen und für physikalische Experimente verwendet. Sie trennen die angeschlossenen Stromkreise von den gefährlichen Netzleitungen ab. Wenn sie mehrere hintereinandergeschaltete Wicklungen haben, stehen mehrere Spannungen zur Verfügung (Stufenprinzip, Abb. 94.2).
Auch Transistorgeräte mit Netzbetrieb werden von Niederspannungstransformatoren gespeist, desgleichen Ladegeräte für Autobatterien.
Beim **Elektroschweißen** kommt man mit niederen Spannungen aus, da die Widerstände beim Schweißen klein sind. Die notwendigen starken Ströme (mehrere 100 A) werden der Sekundärwicklung eines Schweißtransformators entnommen. Diese „Schweißwicklung" ist aus Kupferbändern mit großem Querschnitt (etwa 1 cm²) hergestellt.
**Radionetztransformatoren** haben mehrere Sekundärwicklungen: eine davon liefert 6,3 V für die Röhrenheizung, eine zweite erzeugt 250 V für den Betrieb der Röhren (nach Gleichrichtung).
In **Regeltransformatoren** werden wie bei einem Schiebewiderstand die Windungen der Sekundärspule angeschliffen. Auf den blanken Stellen schleift ein Kontaktarm. Durch Verdrehen dieses Arms läßt sich die Spannung nahezu kontinuierlich ändern.

### Aufgaben:

1. Erkläre, wie ein Transformator arbeitet!
2. Warum kann Gleichstrom nicht transformiert werden?
3. Was versteht man unter dem Übersetzungsverhältnis eines Trafos? Wie wirkt es sich auf die Sekundärspannung aus?
4. Ein Transformator hat auf der Primärseite 1200 Windungen, auf der Sekundärseite 300. Wie groß ist das Übersetzungsverhältnis?
5. Welche Sekundärspannung ergibt sich in Aufgabe 4, wenn primär 220 V anliegen?
6. Ein Schweißtransformator setzt die Netzspannung von 220 V auf 10 V herunter. Es fließen 440 A durch die Schweißstelle. Wie groß sind Übersetzungsverhältnis und Primärstrom?
7. Warum kann man für Trafos keine massiven Eisenkerne nehmen?

**El 8.9 Die Versorgung unserer Städte mit elektrischer Energie**

**Hochspannungsleitungen, Verbundnetz**

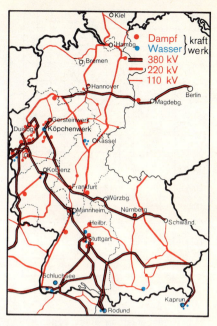

95.1 Westdeutsches Verbundnetz

Elektrische Energie kann man heute wirtschaftlich nur in Großkraftwerken erzeugen. Diese Energie muß dann teilweise über weite Strecken transportiert werden. Die dabei auftretenden Probleme betrachten wir an einem Beispiel:
Ein mittelgroßes Werk habe eine elektrische Leistung von 440 000 kW = 440 MW (Megawatt). Bei 220 V Spannung ist zur Übertragung dieser Leistung ein Strom von 2 000 000 A erforderlich, denn es gilt:

$$P = U \cdot I = 220\,V \cdot 2\,000\,000\,A = 440\,000\,000\,W.$$

Bei dieser Stromstärke brauchte man Drähte mit etwa 1 m (!) Durchmesser. Schon für eine 100 km lange Drehstromleitung würde der Kupfervorrat der Erde nicht ausreichen. Man erhöht deshalb im Kraftwerk die Spannung mit Hilfe von Transformatoren auf 220 000 V. Dadurch sinkt die Stromstärke:

$$P = U \cdot I = 220\,000\,V \cdot 2000\,A = 440\,000\,000\,W.$$

Für den relativ kleinen Strom von 2000 A auf der Hochspannungsseite genügen etwa 1 cm dicke Drähte. Diese müssen allerdings wegen der notwendigen Sicherheitsabstände an hohen Masten mit langen Auslegern an Isolatorenketten aufgehängt werden.
In der Nähe der Verbraucher wird die Spannung stufenweise erniedrigt, und zwar um so mehr, je stärker sich das Netz verzweigt. Große **Umspannstationen** formen die Spannung auf 60 000 V, 15 000 V oder 6000 V um. Sie enthalten immer auch **Hochspannungsschalter**, mit denen die Zweigleitungen bei Reparaturarbeiten abgeschaltet werden können. Am Ende der 6000-V-Leitungen stellt dann eine letzte Transformatorenstation die Gebrauchsspannung von 220 V her. Sie speist das **Ortsnetz**.
Zwei Versuche zeigen uns den Vorteil der Hochspannungsleitung. (Vorsicht! Lehrerversuche!)

**V₁** Wir schalten eine Glühlampe (220 V/15 W) an die Netzsteckdose an, legen aber zusätzlich einen Widerstand mit 10 000 Ohm in den Stromkreis. Die Lampe leuchtet nicht, denn der Widerstand, der als Ersatz für eine lange Leitung dient, verbraucht fast die gesamte Spannung (Abb. 95.2 oben). Der Strom im Kreis ist sehr klein.

**V₂** Nun setzen wir einen Hochspannungstransformator (1:20) vor und einen Niederspannungstransformator (20:1) hinter dem Widerstand ein (Abb. 95.2 unten). Der Strom im Hochspannungszweig (4400 V) ist jetzt so gering, daß der Spannungsverbrauch am Widerstand kaum mehr ins Gewicht fällt. Deshalb leuchtet die Lampe.

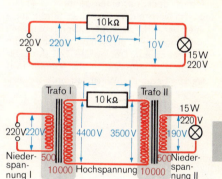

95.2 Beim Transport elektrischer Energie ist Hochspannung vorteilhaft: Modellversuch.

---

**Merke dir,**

weshalb man elektrische Energie vorteilhaft über Hochspannungsleitungen transportiert;

wie elektrische Energie erzeugt wird und welche Vorteile die einzelnen Kraftwerkstypen bieten;

was ein Verbundnetz ist.

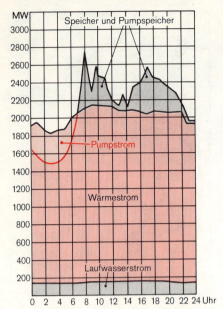

**96.1** Tagesbelastung eines sogenannten „Verbundsystems". Der „Laufwasserstrom" deckt nur einen geringen Teil des Energieverbrauchs. Speicher- und Pumpspeicherwerke erzeugen „Spitzenstrom", sie fangen die starken Änderungen im Verbrauch auf. Der größte Teil der elektrischen Energie wird in Dampfkraftwerken erzeugt: „Wärmestrom".

### Warum haben wir ein Verbundnetz?

**Die Belastung unserer E-Werke durch die Verbraucher** schwankt stark. Nachts wird wenig elektrische Energie benötigt. Sie ist dann besonders billig (Nachtstromtarif). Etwa gegen 6 Uhr, 12 Uhr und 17 Uhr ist die Abnahme besonders stark. Alle Kraftwerke laufen dann mit voller Belastung.
Für die Erzeugung elektrischer Energie werden folgende Möglichkeiten ausgenutzt:
1. E-Werke, die in den Staustufen unserer Flüsse eingebaut sind (**Laufwasserwerke**), liefern immer elektrische Energie ins Netz. Wenn man sie abschalten würde, liefe das Flußwasser ungenutzt über das Wehr. Ihr Betrieb ist so billig, daß auch kleine Werke wirtschaftlich sind.
2. Große **Dampf-E-Werke** werden meist in unmittelbarer Nähe von Industriebetrieben und großen Städten betrieben. In Deutschland erzeugen sie den größten Teil der elektrischen Energie (etwa 80 bis 90%) aus Kohle und Öl. Nachts wird ihre Produktion gedrosselt. Nachteil: Lange Anheizzeit.
3. **Atomkraftwerke** sind ebenfalls Dampfkraftwerke. Die Wärme wird allerdings nicht durch Verbrennen von Substanzen, sondern durch Kernspaltungsprozesse in Atomreaktoren erzeugt. Sie werden zukünftig in immer stärkerem Maße die konventionellen Kraftwerke ablösen.
4. Die **Speicherkraftwerke** am Fuß von Stauseen im Hoch- und Mittelgebirge decken den Spitzenbedarf, denn ihre Turbinen kann man rasch anlaufen lassen. Sie sind täglich nur kurzzeitig voll in Betrieb. Wenn sie stillstehen, geht kein Wasser verloren; es bleibt im See.
5. Das **Pumpspeicherwerk** ist die einzige Möglichkeit, überschüssige elektrische Energie wirtschaftlich zu speichern. Hier wird nachts von den Kraftwerken erzeugte, aber nicht gebrauchte Energie dazu verwendet, um Wasser ins hochliegende Staubecken zu pumpen. Das Wasser steht dann tagsüber zusätzlich zur Verfügung. Aus billigem „Nachtstrom" wird teurer „Tagesstrom".

### Verbundnetz
Da elektrische Energie nicht in nennenswertem Umfang gespeichert werden kann, ist eine reibungslose Versorgung aller Verbraucher zu Spitzenzeiten nur durch Zusammenschalten der E-Werke in einem großen Gebiet möglich. Dies führt in letzter Stufe zu einem europäischen Verbundnetz. Abb. 95.1 zeigt einen Ausschnitt.

### Aufgaben:
1. Welche Bedeutung haben Transformatoren und Hochspannungsleitungen bei der Energieversorgung?
2. Warum wird nachts elektrische Energie billiger abgegeben?
3. Wozu dient ein Pumpspeicherwerk?
4. Ein Autoakkumulator mit 70 Amperestunden (Ah) und 6 V speichert 6 · 70 VAh = 0,42 kWh. Wie viele Akkumulatoren dieser Art wären nötig, um die in 1 Std. erzeugte Energie eines Kraftwerkes von 110000 kW zu speichern.
5. Die Abb. 96.1 zeigt die Belastungskurven eines Verbundnetzes. Wie groß ist der Unterschied zwischen Spitzenlast und Mindestlast? Welche Werke sind jeweils im Betrieb?

# Sach- und Namenverzeichnis

Abschirmbecher El 69
absolute Temperatur Wä 12
absoluter Druck $M_1$ 72
absoluter Nullpunkt
　Wä 3, 12, 20
Adhäsionskräfte $M_1$ 60
Aggregatzustand $M_1$ 3;
　Wä 28
Akkumulator El 26, 44
Allstrommotor
Amontons Wä 11
Ampere El 23
Amplitude Ak 2
Anker El 58, 59
Anode El 32
Anziehungskraft der Erde
　$M_1$ 6
Aräometer (Senkwaage)
　$M_1$ 66
Arbeit, elektrische El 66, 67
Arbeit, mechanische
　$M_1$ 29, 34
Arbeitsgas Wä 50
Arbeitspreis El 62, 66
Archimedisches Gesetz
　$M_1$ 62
Archimedes $M_1$ 63
Artesischer Brunnen $M_1$ 57
Artgewicht (Wichte) $M_1$ 14
Artwärme Wä 25
Artwiderstand El 39, 41
Atmosphäre $M_1$ 51, 69
Atmosphärische Maschine
　Wä 47, 50
Atom
– Hülle El 13
– Kern El 13
Atomkraftwerke El 96
atü $M_1$ 72
Aufdruckkraft $M_1$ 63
Aufgleitfläche Wä 64
Auftauchen $M_1$ 64
Auftrieb $M_1$ 62, 80
Ausbreitungsgeschwindig-
　keit von Wellen Ak 14
Ausdehnung beim Erwärmen
　Wä 5, 8, 10, 20
Ausdehnung beim Gefrieren
　Wä 9
Ausdehnungsanomalie von
　Wasser Wä 8
Auslenkung Ak 2

Balkenwaage $M_1$ 7
Bandgenerator El 44, 79
Bar (bar), Druckeinheit
　$M_1$ 51
Barograph Wä 60
Barometer $M_1$ 75, 76
– Stand $M_1$ 76
Batterie El 25, 26, 27, 28
Benz, Karl Friedrich Wä 50
Bewegungsenergie $M_1$ 44, 45
Bewegungszustand $M_1$ 4
Bimetall Wä 6
Bimetallauslöser El 31
Bimetallstreifen El 30
Bimetallthermometer Wä 6
Blättchenelektroskop El 75
Bleiakkumulator El 26
Blitz El 80

Blitzableiter El 80
Bodendruckkraft $M_1$ 63
Boyle-Mariottesches Gesetz
　$M_1$ 73
Brennkammer Wä 57
Brennschlußgeschwindigkeit
　Wä 57
Briefwaage $M_1$ 36
Brownsche Bewegung Wä 21
Bügeleisen El 29
Bürsten El 59

Celsius, Anders Wä 3
Chemische Wirkung des el.
　Stroms El 15
Cirruswolken Wä 64
Coulomb El 22
Curtis Wä 49

Daimler, Gottlieb Wä 50
Dampfdruck Wä 41
Dampfheizung Wä 36
Dampfkraftwerk El 62, 96
Dampfmaschine Wä 47
Dampfturbine Wä 49
Dämpfung Ak 2
Destillation Wä 33, 34
Diamant $M_1$ 16
Dichte $M_1$ 13, 14
– von Flüssigkeiten $M_1$ 66
– von Gasen $M_1$ 68
Dipol, magnetischer El 4
Diesel, Rudolf Wä 54
Dieselmotor Wä 54
Doppel-T-Anker El 58
Doppelwendel El 34
Drehachse $M_1$ 33, 35
Drehfeld El 91
Dreheisenmeßwerk El 54
Drehmoment $M_1$ 34
Drehspulmeßwerk El 54, 55
Drehstrom El 88 ff.
– generator El 88, 89
– motor El 91
– netz El 89, 90
– steckdose El 88
Drehzahl, kritische Ak 13
Dreieckschaltung El 90
Drift Wä 63
Driftbewegung v. Elektronen
　El 13
Druck $M_1$ 50 ff.
Druck, absoluter $M_1$ 72
Druckausbreitung $M_1$ 51
Druckeinheiten $M_1$ 51, 72, 75
Druckerhöhung durch
　Erwärmen Wä 11
Druckhöhe $M_1$ 59
Druckkräfte $M_1$ 50 ff.
Druck, kritischer Wä 39
Druckmessung $M_1$ 59
Druckpumpe $M_1$ 78
Dynamomaschine El 85

Echo Ak 6
Echolot Ak 6
Edison, Th. El 34
Effektivwerte El 70
Eichung Wä 3; $M_1$ 9
Eigenfrequenz Ak 2
Einfachwendel El 34
Einspritzpumpe Wä 54

Eisenkern El 49
Eispunkt Wä 3
Elastizität $M_1$ 15, 17
Elektrische Kräfte El 74, 76
Elektrische Ladung El 72
Elektrischer Strom El 9 ff.
Elektrisches Feld El 76
Elektrische Schläge El 19
Elektrische Spannung El 27
Elektrische Unfälle El 19
Elektrisieren El 19
Elektrizitätsmenge El 22
Elektrizität, negative El 13
– positive El 13
Elektroden El 32
Elektrolyse Wä 3
Elektrolyt El 25, 32
Elektrolytkupfer El 33
Elektromagnet El 49
Elektromechanisches
　Äquivalent El 69
Elektromotor El 58, 59
Elektron El 13
Elektronengas El 13, 14, 80
Elektronenmangel El 72
Elektronenpumpe El 14
Elektronenstrahloszillograph
　El 70
Elektronenüberschuß El 72
Elektroschweißen El 94
Elektroskop El 75
Elementarmagnete El 4, 5
Energie $M_1$ 43 ff.
Energie, elektrische El 62
Energieerhaltungssatz Wä 45
Energietransport El 95
Energieversorgung El 96
Energieumwandlung $M_1$ 45
Erdanziehungskraft $M_1$ 6
Erdfeld, magnetisches El 8
Erdleiter El 18
Erdschluß El 20, 21
Erdung El 18
Ersatzwiderstand bei
　Parallelschaltung El 45, 46
Erstarren Wä 28, 29
Erstarrungspunkt Wä 29
Erstarrungswärme Wä 31
Erzeuger El 62
Expansion Wä 43
Experiment $M_1$ 1

Fahrradlichtmaschine
　El 81, 82
Fahrradluftpumpe $M_1$ 74
Faraday, M. El 81
Faradaykäfig El 79
Feder $M_1$ 9
Federhärte $M_1$ 9
Federschwinger Ak 1, 2
Feinsicherung El 31
Feld, elektrisches El 76
– magnetisches El 66 ff.
Feldlinien, elektrische El 77
Feldlinien, magnetische
　El 6, 7
Feldmagnet El 58
Fernhörer El 52
Fernschreibmaschine El 50
Fernsprecher El 52
feste Körper Wä 24
feste Stoffe Wä 39

Festigkeit $M_1$ 15, 16
Feststoffrakete Wä 58
Fettgehalt der Milch $M_1$ 66
Fieberthermometer Wä 4
Fixpunkte Wä 3
Flaschenzug $M_1$ 27
Flüssiggas Wä 41
Flüssigkeiten $M_1$ 3, 24, 40
– Eigenschaften $M_1$ 49 ff.
– Kraftübertragung $M_1$ 51
Flüssigkeitsbremse $M_1$ 53
Flüssigkeitsrakete Wä 58
Föhn Wä 62
Formänderung $M_1$ 4
Freiballon $M_1$ 80
freie Weglänge Wä 40
Freistrahl-Turbine $M_1$ 48
Frequenz Ak 2, 3; El 17
Frequenzverhältnisse von
　Tönen Ak 11
Frontgewitter Wä 64
Fulton Wä 47

Galilei Op 38
Galvani, L. El 25
Galvanische Elemente El 25
Galvanische Zelle El 25, 62
Galvanisieren El 33
Galvanoplastik El 33
Gase $M_1$ 3; Wä 28, 40
– Eigenschaften $M_1$ 68
– Litergewicht (Tab.) $M_1$ 68
– Kraftübertragung $M_1$ 68
Gasdruck (Eigendruck) $M_1$ 71
Gasgesetze Wä 10, 11, 12
Gasgleichung Wä 11, 12
Gasturbine Wä 56
Gay-Lussac Wä 11
Gefahr durch elektrischen
　Strom El 19 ff.
Gefahrenverhütung El 19, 21
Geflügeltränke $M_1$ 72
Gefrierpunktserniedrigung
　Wä 29
Generator El 62
Geräusche Ak 8
Geruchverschluß $M_1$ 57
Gesamtwiderstand bei
　Reihenschaltung El 43
Getriebe $M_1$ 37, 39
Gewicht $M_1$ 5 ff.
Gewicht, spezifisches
　(Wichte) $M_1$ 14
Gewitter Wä 62; El 80
Gleichgewicht $M_1$ 18, 19
Gleichgewicht der Kräfte
　$M_1$, 11
Gleichrichterinstrumente
　El 55
Glimmlampe El 15, 17
Glühlampe El 12, 34
Goebel, H. El 34
Goldene Regel $M_1$ 28, 30, 42
Grade Wä 3
Gramm (g) $M_1$ 7
Gravitation $M_1$ 6
Grundton Ak 8, 11
Guericke, Otto von $M_1$ 70

Haftreibung $M_1$ 22
Hahnluftpumpe $M_1$ 74
Halogenlampe El 34

Hangabtrieb $M_1$ 41
Härte $M_1$ 15, 16
Haufenwolken Wä 62
Hebebühne $M_1$ 53
Hebel $M_1$ 33 ff.
Hebemagnet El 49
Heber $M_1$ 77
Heizgeräte, elektrische El 29
Heizkissen El 29, 30
Heizwert Wä 24
Heronsball $M_1$ 71
Hertz, H. Ak 2
Hertz (Hz, Einheit) Ak 2
Hintereinanderschaltung El 28
Hochdruckgebiet Wä 63
Hochspannung El 28
Hochspannungsleitungen El 95
Hochspannungsschalter El 95
Hochspannungstransformator El 93, 95
Höhenmesser $M_1$ 76
Hookesches Gesetz $M_1$ 9
Hörbereich Ak 3
Hörgrenzen Ak 3
Hörschwelle Ak 9
Hubarbeit $M_1$ 29
Hufeisenmagnet El 1, 7
Hupe El 50
Hydraulische Presse $M_1$ 52
Hydrostatischer Druck M 54, 55, 56
Hygrometer Wä 61

Ideales Gas Wä 11
Impulstriebwerk Wä 56
Index $M_1$ 11
indifferentes Gleichgewicht $M_1$ 19
Induktion (elektromagnetische) El 81 ff.
Induktionsgesetz El 82
– spannung El 82, 83
– strom El 82
Influenz El 78
Inklinationswinkel El 8
Innenpolmaschine El 82
Innenwiderstand El 44, 56
Intervalle Ak 11
Ionen El 32
Isobaren Wä 59
Isolationsfehler El 21
Isolatoren El 11, 12, 13

Joule (Einheit) $M_1$ 29
justieren $M_1$ 10

Kalorie Wä 23
Kältemischung Wä 32
Kaltfront Wä 59, 63 ff.
Kaltluft, polare Wä 63
Kaplan-Turbine $M_1$ 48
Kapillarwirkung $M_1$ 61
Kapselluftpumpe $M_1$ 74
Kathode El 32
Kehlkopf Ak 13
Keilriemen $M_1$ 38
Kelvin Wä 3
Kettenübertragung $M_1$ 38
Kilogramm (kg) $M_1$ 7
Kilopond (kp) $M_1$ 9
Kilowatt (kW) $M_1$ 31, El 64
Kilowattstunde (kWh) El 66
Klänge Ak 8
Klangfarbe Ak 8, 13
Kleinspannung El 28
Klemmen El 12
Klingel, elektrische El 50

Knall Ak 7, 8
Knallgasentwicklung El 22
Kohäsionskräfte $M_1$ 60
Kohlekörnermikrofon El 52
Kohle-Zinkelement El 25
Kollektor El 85
Kommutator El 58, 60, 84
Kompaß El 2, 3
Kompression Wä 43
Kompressor $M_1$ 71
Kondensationskerne Wä 34
Kondensationspunkt Wä 33
Kondensationswärme Wä 35, 62
Kondensstreifen Wä 34
Konstante $M_1$ 13
Konstantan El 36, 41
Konvektion Wä 15
konventionelle Stromrichtung El 47
Körper $M_1$ 2
Kraft $M_1$ 4 ff.
Kraftarm $M_1$ 33, 35
Kräfte, elektrische El 74, 76
Kräftegleichgewicht $M_1$ 11
Kräfte, magnetische El 1 ff.
Kraftlinien, elektrische El 76
Kraftlinien, magnetische El 6, 7
Kraftlinienrichtung (magn.) El 5, 47
Kraftmesser $M_1$ 8, 9
Kraftrichtung $M_1$ 12, 25
Kraftweg $M_1$ 26, 27
Kraftwerk El 67
Kreiselpumpe $M_1$ 79
Kreiskolbenmotor Wä 53
Kugellager $M_1$ 23
Kühlschrank Wä 42
Kühltruhe Wä 16
Kumuluswolken Wä 62
Kurbel $M_1$ 37
Kurzschluß El 12
Kurzschlußläufer El 91

labiles Gleichgewicht $M_1$ 19
Ladung, elektrische El 72
Ladungstrennung El 78
Lageenergie $M_1$ 43, 45
Landregen Wä 64
Landwind Wä 61
Längenausdehnung Wä 5, 6
Längenausdehnungskonstante (Tab.) Wä 7
Längswelle Ak 16
Lastarm $M_1$ 33, 35
Lastweg $M_1$ 26, 27
Läufer El 88, 91
Laufwasserwerke El 96
Lautsprecher El 53
Lautsprechermembran Ak 4
Lautstärke Ak 9
Leistung, elektrische El 63
Leistung, mechanische $M_1$ 31
Leistungsgewicht Wä 51
Leistungsmesser El 64
Leiter El 11, 12
Leitfähigkeit El 19
Leitungsprüfer El 18
Leitungen El 12
Lenzsches Gesetz El 86
Lichtwirkung des el. Stroms El 15
Lochsirene Ak 11
Lokomotive Wä 47
Lösungswärme Wä 32
Luftballon $M_1$ 80
Luftdruck $M_1$ 69, 70, 75, 76; Wä 59, 60

Luftfeuchtigkeit Wä 60
Luftpumpen $M_1$ 74
Lufttemperatur Wä 60
Luftverdichtung Ak 4
– verdünnung Ak 4

Machscher Kegel Ak 7
Magnete El 1 ff.
Magnetfeld El 6, 7
Magnetfeld eines Drahts El 47
Magnetische Feldlinien El 7
Magnetische Kräfte El 1 ff.
Magnetisches Grundgesetz El 3
Magnetische Stromwirkung El 15, 47
Magnetische Substanzen El 5
Magnetismus El 1–8
Magnetkompaß El 2, 3
Magnetnadel El 2, 7
Magnetpole El 2 ff.
Manometer $M_1$ 59
Masse $M_1$ 6
Masseneinheit $M_1$ 7
Massenverhältnis (Rakete) Wä 58
Maßeinheiten $M_1$ 8
Mayer, Julius Robert Wä 45
Membranmanometer $M_1$ 59
Membranpumpe $M_1$ 74
Membransonde $M_1$ 56
Meßbereichserweiterung El 56, 57
Meßgefäß (Ablesung) $M_1$ 61
Meßgeräte $M_1$ 2
Meßinstrumente, elektrische El 54 ff.
Meßverstärker El 57
Mikroampere El 23
Mikrophon El 52, 87
Milliampere El 23
Millibar (mbar) $M_1$ 59
Mischtemperatur Wä 22
Mißweisung El 2
Mitschwingen, erzwungenes Ak 12
Molekularkräfte $M_1$ 60; Wä 19
Moleküle $M_1$ 17; Wä 19
Morse El 50
Morsetelegraph El 50
Mostwaage $M_1$ 66
Mundharmonika Ak 10
Musikinstrumente Ak 10 ff.

Nachbrenner Wä 56
Nadelelektroskop El 75
Naturgesetz $M_1$ 3
Nebel Wä 61
Nebenschlußmotor El 60
Nebenwiderstand (shunt) El 56
Newcomen Wä 47
Newton (Einheit) $M_1$ 8
Newtonmeter $M_1$ 29
Nichtleiter El 11, 12, 13
Netzfrequenz El 17
Nickelcadmiumakkumulator El 26
Niederschläge Wä 62
Niederspannung El 28
Niederspannungstransformator El 94
Normalelement El 27
Normalkraft $M_1$ 21
Normfrequenz Ak 11
Normort $M_1$ 8
Normton Ak 11

Nullpunkt, absoluter Wä 11, 20

Oberflächenspannung $M_1$ 60; Wä 20
Obertöne Ak 8
Ohm (Einheit) El 36
Ohm, G. El 35
Ohmsches Gesetz El 35 ff.
Ohr Ak 5
Okklusion Wä 64
Oktave Ak 11
Öldruckbremse $M_1$ 53
Ortsnetz El 95
Otto-Motor Wä 50
Otto, Nikolaus August Wä 50

Papin, Denis Wä 39, 47
Parallelschaltung El 16
– von Widerständen El 45
Pascal (Einheit) $M_1$ 51
Passat Wä 63
Pelton-Turbine $M_1$ 48
Pendel Ak 1
Permanentmagnet El 1
Perpetuum mobile Wä 45
Pfeifen Ak 10
Phase El 18
Phasenleiter El 18
Phasenspannung El 89
Phonskala El 9
plastisch $M_1$ 15, 17
Plattenkondensator El 77
Plattenspieler Ak 12
Pole, magnetische El 2 ff.
– einer Stromquelle El 10
Polsuchlampe El 17
Potentiometer El 43
Potenzflaschenzug $M_1$ 28
Preßluft $M_1$ 71
Primärspule El 92
PS (Einheit) $M_1$ 31
PTL-Triebwerk Wä 56
Pumpen, Luft $M_1$ 74
– Wasser $M_1$ 78, 79
Pumpspeicherwerke El 96

Quecksilber Wä 2
Quecksilberbarometer $M_1$ 75; Wä 60
Quecksilbersäule $M_1$ 59
Querwelle Ak 14, 15

Radiosonde Wä 60
Rakete Wä 57
Regeltransformator El 94
Reibung $M_1$ 21 ff.
Reibungsarbeit $M_1$ 29
Reibungskraft $M_1$ 21
Reibungszahl $M_1$ 22
Reif Wä 61
Reifendruckmesser $M_1$ 72
Reihenschaltung El 15, 28
– von Widerständen El 42
Relais El 50, 51
relative Luftfeuchtigkeit Wä 61
Resonanz Ak 12
Resultierende $M_1$ 12
Rezipient $M_1$ 74
Riementrieb $M_1$ 38
Rolle, lose $M_1$ 26
Rolle, feste $M_1$ 25
Rollenlager $M_1$ 23
Rollreibung $M_1$ 22, 23
Röhrenmanometer $M_1$ 59
Rückstellkraft Ak 1
Rückstoß Wä 57

Saiteninstrumente **Ak** 10
Sammler (siehe Akkumulator)
Sättigungsmenge **Wä** 61
Saugen **M**₁ 77
Saugheber **M**₁ 77
Saugpumpe **M**₁ 78
Schallausbreitung **Ak** 4
Schalleiter **Ak** 5
Schallempfindung **Ak** 5, 8
Schallenergie **Ak** 9
Schallerreger **Ak** 1
Schallfeld **Ak** 5
Schallgeschwindigkeit **Ak** 6
Schallquelle **Ak** 1
Schallreflektion **Ak** 6
Schallverstärkung **Ak** 12
Schallwelle **Ak** 5, 16
Schalter **El** 10
Schaltzeichen **El** 9
schauerartige Niederschläge **Wä** 64
Schaukel **Ak** 1
Scheibenbremse **M**₁ 53
Scheitelwert **El** 70
Schichtwiderstand **El** 40
Schichtwolken **Wä** 64
Schiebersteuerung **Wä** 48
Schiebewiderstand **El** 40
schiefe Ebene **M**₁ 41
Schiffshebung **M**₁ 64
Schleusenanlage **M**₁ 58
Schmelzen **Wä** 20, 29
Schmelzpunkt **Wä** 29
Schmelzsicherung **El** 31
Schmelzwärme **Wä** 30
Schmerzschwelle **Ak** 9
Schmierung **M**₁ 23
Schnellkochtopf **Wä** 39
Schraubenfeder **M**₁ 8, 9
Schub **Wä** 57
Schuko- **El** 21
Schutzerdung **El** 21
Schutzisolierung **El** 21
Schutzkontakt **El** 21
Schutzleitung **El** 21
Schweben **M**₁ 64
Schweredruck **M**₁ 54, 55
Schwerkraft **M**₁ 6
Schwerpunkt **M**₁ 18
– (von Schiffen) **M**₁ 66
Schwimmen **M**₁ 64, 65
Schwimmlage **M**₁ 65
Schwingbewegung **Ak** 1, 2
Schwingungen **Ak** 1 ff.
Seewind **Wä** 61
Seil **M**₁ 24
Seilwinde **M**₁ 39
Seitendruckkraft **M**₁ 63
Sekundärspule **El** 82
Selbstwählbetrieb **El** 52
Senkwaage (Aräometer) **M**₁ 66
Shunt **El** 56
Sicherheitsfaktor **M**₁ 15
Sicherung **El** 31, 46, 51
– automat **El** 31, 46, 51
Sieden **Wä** 20
Siedepunkt **Wä** 3, 33
Siedepunktserhöhung **Wä** 34
Sieden bei erhöhtem Druck **Wä** 39
– bei vermindertem Druck **Wä** 40

Siemens, W. v. **El** 85
Spannung, elektrische **El** 27
Spannungen (Tabelle) **El** 28
Spannungsabfall **El** 43
Spannungsenergie **M**₁ 44, 45
Spannungsmessung **El** 27, 28
Spannungsquelle **El** 73
Spannungsteiler **El** 43
Spannungsverbrauch **El** 43
Spannungswandler **El** 92
Spannung, verkettete **El** 90
Speicherkraftwerke **El** 96
spezifisches Gewicht (Wichte) **M**₁ 14
spezifische Wärmekapazität **Wä** 25
spezifischer Widerstand **El** 39
Spitzenwirkung **El** 80
Sprachrohr **Ak** 9
Spritzflasche **M**₁ 71
Spule **El** 48 ff.
Spülmittel **M**₁ 60
stabiles Gleichgewicht **M**₁ 19
Stabmagnet **El** 1, 7
Ständer **El** 88, 89
Standfestigkeit **M**₁ 20
Stange **M**₁ 24
Staumauer **M**₁ 56
Staustrahltriebwerk **Wä** 56
Stechheber **M**₁ 77
Steigung **M**₁ 42
Steilheit **M**₁ 41
Stephenson **Wä** 47
Sternschaltung **El** 89
Stimmorgan **Ak** 13
Stoff **M**₁ 2
–, fester **M**₁ 3
Strahltriebwerk **Wä** 55
Stratosphäre **Wä** 60
Stratuswolken **Wä** 64
Stromkreis **El** 9 ff.
Strommesser **El** 23
Stromquelle **El** 10, 73
Stromrichtung **El** 47, 48
Stromstärke **El** 22 ff.
– (Tabelle) **El** 24
Stromversorgungsgerät **El** 10
Stromwandler **El** 93
„Strom"wärme **El** 29
Stromwender **El** 58, 60
Stufenprinzip (Rakete) **Wä** 58
Stufentransformator **El** 94
Supraleitung **El** 41
Symbol **M**₁ 11
Synchrongetriebe **M**₁ 40

tarieren **M**₁ 13
Taschenlampenbatterie **El** 25, 28, 44
Tau **Wä** 61
Taucher **M**₁ 55, 71
Tauchtiefe (maximale) **M**₁ 55
Tauchsieder **El** 67
Tauchspulenmikrophon **El** 87
Technik **M**₁ 1
Telegraph **El** 50
Teleskopkolben **M**₁ 53
Temperatur **Wä** 1
– absolute **Wä** 11
– kritische **Wä** 35
Thermometer **Wä** 2
Thermosflasche **Wä** 17

Thermostat **Wä** 6
Thermostat **El** 30
Tiefdruckgebiet **Wä** 59, 63
Tiefgang **M**₁ 65
Tiefseetauchkugel **M**₁ 67
TL-Triebwerk **Wä** 55
Tonabnehmer, magnetischer **El** 87
Tonbandgerät **El** 87
Töne **Ak** 3, 8
Tonfrequenz **Ak** 3
Tongemische **Ak** 8
Tonhöhe **Ak** 3
Tonleiter **Ak** 11
Topfmagnet **El** 53
Torr (Einheit) **M**₁ 75
Torricelli **M**₁ 75
Totpunkt **M**₁ 36; **El** 59
Transformatoren **El** 92 ff.
Trommelanker **El** 60, 61, 85
Trommelfell **Ak** 5
Troposphäre **Wä** 60
Turbine **M**₁ 48
Turbinen-Luftstrahl-Triebwerk **Wä** 55
Turboprop-Antrieb **Wä** 56
Türöffner, elektrischer **El** 50

Überdruck **M**₁ 72
Überschallknall **Ak** 7
Übersetzungsverhältnis **M**₁ 33
Uhranlage, elektrische **El** 50
Ultrarot-Strahlen **Op** 43
Ultraschall **Ak** 3
Umspannstation **El** 95
Unfälle, elektrische **El** 21
Unmagnetische Substanzen **El** 5
Unterseeboot **M**₁ 67
Unterstützungspunkt **M**₁ 20
Urkilogramm **M**₁ 7

Vakuum **M**₁ 69, 70
Vakuumdestillation **Wä** 40
Verbraucher **El** 62
Verbundene Gefäße **M**₁ 57
Verbundnetz **El** 95, 96
Verbundsystem **El** 96
Verbundwerkstoffe **M**₁ 16
Verdampfen **Wä** 20
Verdampfungswärme **Wä** 35
Verdichtungsstoß **Ak** 7
Verdünnungsstoß **Ak** 7
Verdunstung **Wä** 20, 37
Verformung **M**₁ 11, 17
Vergaser **Wä** 50
Versuch **M**₁ 3
Vielfachmeßinstrument **El** 56 ff.
Viertaktmotor **Wä** 50
Volta **El** 25
– Zelle **El** 25
Volumen **M**₁ 13
Volumenausdehnungskonstante **Wä** 8, 10
Vorwiderstand **El** 42, 57

Wankel-Motor **Wä** 53
Wärme **Wä** 1 ff., 44, 45
Wärmeausdehnung **Wä** 5, 8, 10

Wärmeleitung **Wä** 13, 19
Wärmeleistung **Wä** 23; **El** 63
Wärmemenge **Wä** 22
Wärmemitführung **Wä** 15
Wärmestrahlung **Wä** 17
Wärmewirkung des el. Stroms **El** 15
Warmfront **Wä** 59, 63, 64
Warmluftsektor **Wä** 64
Warmwasserheizung **Wä** 15
Waschmittel **M**₁ 60
Wasserdruck **M**₁ 58
Wasserkraftwerk **El** 62
Wasserleitung **M**₁ 57
Wasserräder **M**₁ 47
Wassersäule **M**₁ 55, 59
Wasserversorgung **M**₁ 57
Wasserwellen **Ak** 14, 15
Wasserzersetzung **El** 33
Watt (Einheit) **M**₁ 31, **El** 64
–, James **Wä** 47
Wattmeter **El** 64
Wattsekunde (Ws) **El** 66
Wechselgetriebe **M**₁ 39
Wechselschaltung **El** 16
Wechselstrom **El** 17
Wechselstrommeßgeräte **El** 71
Weglänge, freie **Wä** 20
Wellen **Ak** 14 ff.
Wellenberg **Ak** 15
Wellenlänge **Ak** 15
Wellental **Ak** 15
Wellrad **M**₁ 37
Wendel **El** 34
Wetterelemente **Wä** 60
Wetterkarte **Wä** 59, 63
Wetterkunde **Wä** 59
Wettersatelliten **Wä** 60
Wetterstation **Wä** 59, 60
Wettervorhersage **Wä** 63
Wichte **M**₁ 14
Widerstand, elektrischer **El** 35, 38, 39, 41
Widerstände (Parallelschaltung) **El** 45, 46
– (Reihenschaltung) **El** 42, 43
–, technische **El** 40
Widerstand, spezifischer **El** 39, 41
Widerstandsthermometer **El** 41
Winde **Wä** 61
Winkelheber **M**₁ 77
Wirbelströme **El** 94
Wirkungen des elektrischen Stroms **El** 15
Wirkungsgrad **Wä** 24, 49
Wirkungslinie **M**₁ 35
Wolken **Wä** 62

Xylophon **Ak** 10

Zähler **El** 62
Zahnradpumpe **M**₁ 79
Zahnradübertragung **M**₁ 38
Zündspule **El** 87
Zusammenhangskräfte **M**₁ 17
zweiseitiger Hebel **M**₁ 33
Zweitaktmotor **Wä** 52
Zyklone **Wä** 59

# Tabellenverzeichnis

## MECHANIK I

| | Seite |
|---|---|
| Dichte $\varrho$ | $M_1$ 13 |
| Härteskala | $M_1$ 16 |
| Leistungen (Beispiele) | $M_1$ 31 |
| Litergewicht von Gasen | $M_1$ 68 |
| Luftdruck und Höhe | $M_1$ 76 |
| Reibungszahlen | $M_1$ 22 |
| Steigung und Steilheit | $M_1$ 42 |
| Technische Daten eines Kfz | $M_1$ 40 |

## WÄRMELEHRE

| | Seite |
|---|---|
| Heizwert von Brennstoffen | Wä 24 |
| Längenausdehnungskonstante | Wä 7 |
| Schmelzpunkt | Wä 29 |
| Siedepunkte | Wä 34 |
| Siedepunkt des Wassers bei erhöhtem Druck | Wä 39 |
| Siedepunkt des Wassers bei vermindertem Druck | Wä 40 |
| Spezifische Schmelzwärme | Wä 30 |
| Spezifische Verdampfungswärme | Wä 36 |
| Spezifische Wärmekapazität | Wä 25 |
| Volumenausdehnungskonstante | Wä 8 |

## AKUSTIK

| | |
|---|---|
| Frequenzverhältnisse musikalischer Intervalle | Ak 11 |
| Schallgeschwindigkeit | Ak 6 |

## ELEKTRIK

| | |
|---|---|
| Artwiderstände | El 39 |
| Leiter und Nichtleiter | El 11 |
| Spannungen | El 28 |
| Stromstärken | El 24 |